海洋生物資源の有効利用

Effective Use of
Marine Biological Resourses

編集：内藤　敦

シーエムシー出版

序

　広大な海洋は，地球表面積の約70％を占めており，そこで大型生物から微生物に至る多種多様の生物を育んでいる。思えば今から約35億年前の想像もつかない太古の原始地球上に最初に誕生した未分化の原始生命体は，海洋という保護された環境の中でこそ生命活動が可能であった。爾来，長い長い時間の経過のなかで原始生命体は環境の変化に適応しながらゆっくりとしかも確実に進化の道をたどった結果，今日のような多くの種類の海洋動・植物，微生物へと分化してきた。しかしこれら海洋生物の生態，自然界における役割分担などについて我々がもっている知識はあまりにも少なく，多くの未知の領域を残している。

　さて，新しい生理活性物質の探索研究は一段と競争の度合を深め，陸生の動・植物，微生物にとどまらず，広く未開拓の分野である海洋の動・植物，微生物までをその探索の対象としてきた。しかも海洋生物は新奇生理活性物質の宝庫としてますます熱い眼差しがそそがれようとしている。幸いに日本は四方を海に囲まれ，恵まれた立地条件をもつ一方で，国内で長年涵養されてきた高いレベルの探索，育種，培養の諸技術や，近年著しく進歩した微量物質の単離，同定，構造決定法に支えられて，海洋生物由来の新しい生理活性物質発見の可能性はますます大きいと期待されている。探索研究の対象とする物質は，医療，薬理，農薬などの研究分野において直接役立つものばかりではなく，活性が低いかあるいは全く認められない化合物でも，その構造がユニークであるならば，有機合成化学的手法によって活性物質へと導くことも可能であろう。

　他方，海洋の生物資源の保護と，積極的には安定した海産生物の採取を目的として，獲る漁業にかわって公海や沿岸海域を活用した栽培漁業の重要性が認識されて，各方面で多大の努力が続けられている。これらの研究分野は，単に漁獲対象生物についてだけでなく，海洋の物理，化学，生物学的知識に加え，食物連鎖系を構成する生態系全体に関する総合的認識が必要であり，一専門領域の力だけでは成就しえない学際的課題をもっている。

　そこで今回は，"海洋生物資源の探索と利用"という主題のもとに各分野で活発に研究活動をしておられる日本の第一線の研究者の方々に御執筆をおねがいしたところ，皆快くお引き受けいただいたことは企画者としてこの上ないよろこびであり，執筆者各位に厚く御礼申し上げたい。

お蔭様で海洋生物資源に関する各分野の最新の研究情報と実験技術,文献に至るまで詳しくかつ広くまとめることができたことは幸いであった。本書の出版をよい機会に研究者間のコミュニケーションを密にし,共同研究の輪を拡げ,より円滑に研究が発展するようにと念ずるものである。
 海洋生物資源に関する研究は,今後ますます多くの研究者の関心を引き,一層の進展が期待される。新しい観点から編集したこの本が,各研究者の研究推進のお役に立つことができれば企画者として望外のよろこびである。

1986年2月

三共株式会社

内 藤 　 敦

普及版の刊行にあたって

　本書は16年前の1986年，まさに海洋が地球の生態系維持のために最も重要な貢献をしていること，またそこから得られる海洋資源は，人類にとってQOLの改善，向上に無限の可能性をもたらしてくれるであろうと大きく期待され始めた格好の時期に初版が刊行されました。"海洋生物資源の探索と利用"という主題のもとに生物，化学，物理の各分野で積極的に研究活動を展開しておられた第一線の研究者の皆様に御執筆をお願いし，先端的研究成果を集大成したものでした。しかし"歳月人を待たず"と言いますように，御執筆頂いた先生の中にはお亡くなりになった方もあり哀惜の念にたえませんが，他方では本書に非常に貴重な論文を残して頂いたことに心から感謝申し上げたいと思います。

　本書は関心をお持ちの各方面の研究者に広く活用して頂いていることと推察いたします。筆者は幸いにも企画・編集を担当いたしました役得と申しましょうか，本書を精読しながら偶然にも海水中に酵母が生息しているのではないか，とくに有史以来今日に至るまで人類が深く馴染み，広く利用してきたものと同種の酵母を見出せるかも知れないと思い至りました。そして探索研究の結果，海水から酵母―海洋酵母―を発見して1992年に世界で初めて開発に成功しました。

　当時，製パン用イースト工業界では活性化をはかるべく各社が新しい機能をもった酵母の開発に鎬を削っていた時期でしたから，タイミングよく発売した海洋酵母とこれを使用して作った爽やかでマイルドな風味のパンは業界に大きな波紋を広げました。さらに本酵母の強力な醸酵能に着目して，醸造協会へ依頼したアルコール醗酵力試験の結果を参考にして，酒類の業界にも受け入れて頂きました。現在までにワイン，焼酎，発泡酒などの製造にも役立ち，それぞれに海洋酵母の特性がよく生かされた話題性の高い飲料として，愛飲者に提供できているのは誠に微生物屋冥利に尽きると申せましょう。

　このように本書は汲めども尽きないアイデアの宝庫であると言えますし，普及版発刊によってこの分野に関心と興味をお持ちの技術者，研究者にさらに広く購読されてご自身の専門分野においてより価値ある一冊となりますように願って止みません。

2002年9月

三共株式会社

内　藤　　敦

　なお本書は，1986年『海洋生物資源の探索と利用』―未利用微生物・動植物の探索と育種―として刊行されました。縮刷版を刊行するにあたり，内容は当時のままであることをご了承願います。

2002年9月

株式会社シーエムシー出版　編集部

執筆者一覧（執筆順）

多賀 信夫	東京大学名誉教授	
平田 義正	名城大学　薬学部	
中山 大樹	山梨大学　工学部	
椿　啓介	筑波大学　生物科学系	
	（現）東京農業大学　総合研究所	
土倉 亮一	京都教育大学　教育学部	
中桐 　昭	筑波大学　生物科学系	
岡崎 尚夫	三共㈱　醗酵研究所	
清水 　潮	東京大学　海洋研究所	
	（現）東洋水産㈱　研究開発部	
大和田 紘一	東京大学　海洋研究所	
	（現）熊本県立大学　環境共生学部	
芝　恒男	東京大学　海洋研究所	
	（現）（独）水産大学校　食品化学科	
絵面 良男	北海道大学　水産学部	
	（現）北海道大学名誉教授	
今田 千秋	東京大学　海洋研究所	
	（現）東京水産大学大学院　水産研究科	
奥谷 康一	香川大学　農学部	
	（現）香川大学名誉教授	
横浜 康継	筑波大学　下田臨海実験センター	
	（現）志津川町自然環境活用センター	
越智 雅光	高知大学　理学部	
坂上 良男	東京工業大学名誉教授	
小林 淳一	三菱化成生命科学研究所	
	（現）北海道大学　大学院薬学研究科	
遠藤 　衛	サントリー㈱　生物医学研究所	
本多 　厚	東京薬科大学　第一生化学教室	
安元 　健	東北大学　農学部	
	（現）（財）日本食品分析センター　多摩研究所	
伏谷 伸宏	東京大学　農学部	
中島 敏光	海洋科学技術センター　海洋開発研究部	
橋本 　惇	海洋科学技術センター　深海研究部	
	（現）長崎大学　水産学部	

（執筆者の所属は、注記以外は1986年当時のものです）

目　　次

第1章　海洋生物資源の有効活用

1　海洋微生物資源の有効利用
　　　　　　　…多賀信夫… 1
　1.1　はじめに…………………………… 1
　1.2　海洋微生物の生理学的・生態学
　　　　的特性………………………………… 1
　1.3　海洋微生物の有効利用とその可
　　　　能性………………………………… 2
　　　1.3.1　生物活性物質の生産………… 2
　　　1.3.2　餌料としての微生物の利用… 3
　1.4　おわりに…………………………… 4
2　海洋生物由来の生理活性物質
　　　　　　　…平田義正… 6
　2.1　はじめに…………………………… 6
　2.2　海洋生物由来の生物活性成分研
　　　　究の特徴…………………………… 6
　2.3　海洋生物からの生産物の実用化
　　　　例…………………………………… 6
　　　2.3.1　ネライストキシン
　　　　　　（Nereistoxin）………………… 6
　　　2.3.2　カイニン酸（Kainic acid）… 6
　2.4　海洋生物の生理活性物質ならび
　　　　に行動制御物質…………………… 7
　　　2.4.1　海洋生物のホルモン………… 7
　　　2.4.2　海洋生物のケモレセプショ
　　　　　　ン……………………………… 7

　2.5　生物発光…………………………… 12
　　　2.5.1　ウミホタルの発光…………… 14
　　　2.5.2　オワンクラゲ（*Aequorea*）の
　　　　　　発光…………………………… 14
　　　2.5.3　腔腸類ウミシイタケ（*Renilla*）… 14
　　　2.5.4　発光魚………………………… 14
　　　2.5.5　ホタルイカの発光…………… 14
　　　2.5.6　その他の海産生物発光……… 14
　2.6　その他の生理活性物質…………… 15
　2.7　おわりに…………………………… 15
3　海洋生物資源の有効利用…中山大樹… 18
　3.1　海洋生物資源という概念につい
　　　　て…………………………………… 18
　3.2　海洋の性格………………………… 18
　3.3　水産資源の有効利用……………… 19
　　　3.3.1　水産資源の性格……………… 19
　　　3.3.2　浅海…………………………… 19
　　　3.3.3　深い海の表層………………… 20
　　　3.3.4　深海底………………………… 20
　3.4　栄養塩の補給……………………… 21
　3.5　遺伝子資源………………………… 22
　　　3.5.1　生理活性物質と微生物……… 22
　　　3.5.2　海洋微生物の生態…………… 22
　　　3.5.3　海産光合成微生物集殖法…… 23
　3.6　潜在資源の有効利用……………… 23

3.6.1 受光面の利用……………… 23
3.6.2 溶存物質の利用……………… 25
3.6.3 空間の利用……………… 25

第2章 海洋微生物

1 海生菌の探索・分離・培養
　　　　　　　…椿　啓介… 28
　1.1 はじめに（海生菌類とは）……… 28
　1.2 海生菌類の分類学上の位置と特
　　　徴………………………………… 29
　　1.2.1 採集と分離培養……………… 31
　1.3 海生菌類の同定………………… 35
2 海生菌（Arenicolous）の探索・分
　　離・培養………………土倉亮一… 38
　2.1 はじめに………………………… 38
　2.2 砂浜海岸に住んでいる海生菌…… 38
　　2.2.1 初期の調査…………………… 38
　　2.2.2 試料採取と観察の能率的な
　　　　　方法………………………… 39
　　2.2.3 本邦の砂浜海岸に分布する
　　　　　海生菌……………………… 40
　　2.2.4 砂浜に住む海生菌の採取適
　　　　　期はいつごろか…………… 41
　　2.2.5 砂浜の表層と底層で菌数は
　　　　　異なるか…………………… 43
　2.3 砂浜へ漂着する海生菌………… 44
　　2.3.1 砂粒状に有機質を与えて海
　　　　　生菌をつりとる…………… 44
　　2.3.2 種々の有機質による海生菌
　　　　　の検出数…………………… 44
　　2.3.3 海藻に移行しやすい海生菌… 44
　　2.3.4 砂粒上の子実体形成の温度

　　　範囲……………………………… 46
　2.4 Arenicolous 海生菌の分離と培
　　　養………………………………… 46
　　2.4.1 子のう胞子の発芽…………… 46
　　2.4.2 分離菌株の培地上の性質…… 46
　2.5 おわりに………………………… 47
3 海洋酵母………………中桐　昭… 48
　3.1 はじめに………………………… 48
　3.2 海洋酵母とは…………………… 48
　3.3 海洋酵母の分離源および基質… 50
　　3.3.1 海水……………………………… 50
　　3.3.2 海泥および海砂などの沈積
　　　　　物…………………………… 52
　　3.3.3 プランクトン………………… 52
　　3.3.4 海藻…………………………… 53
　　3.3.5 高等植物……………………… 53
　　3.3.6 動物…………………………… 53
　　3.3.7 鉱油…………………………… 55
　3.4 おわりに………………………… 55
4 海洋放線菌……………岡崎尚夫… 58
　4.1 はじめに………………………… 58
　4.2 海洋における放線菌の分布と種
　　　類………………………………… 58
　4.3 海洋放線菌の生理的特異性…… 61
　4.4 生理活性物質探索源としての海
　　　洋放線菌………………………… 63
　　4.4.1 SS-228 Y…………………… 64

4.4.2　Aplasmomycins …………… 65	5.4.6　おわりに……………………111
4.4.3　Istamycins ……………… 66	6　海洋細菌由来の生理活性物質……………113
5　海洋細菌………………………………… 69	6.1　タンパク質分解酵素阻害剤（プロ
5.1　従属栄養細菌…………清水　潮… 69	テアーゼインヒビター）
5.1.1　従属栄養細菌の分布………… 69	…今田千秋，多賀信夫…113
5.1.2　従属栄養細菌の分離と培養… 75	6.1.1　はじめに……………………113
5.1.3　従属栄養細菌の分類………… 79	6.1.2　プロテアーゼインヒビター
5.2　好圧細菌………………大和田紘一… 83	生産菌の分離と培養………114
5.2.1　はじめに……………………… 83	6.1.3　プロテアーゼインヒビター
5.2.2　深海域における微生物群集	生産菌の分類と同定………115
の代謝活性……………………… 83	6.1.4　インヒビター生産菌の培養
5.2.3　個々の細菌と好圧性………… 85	条件の検討…………………118
5.2.4　熱水噴出口周辺における微	6.1.5　インヒビターの精製および
生物群…………………………… 89	諸性状…………………………121
5.3　光合成細菌……………芝　恒男… 94	6.1.6　考察およびまとめ…………128
5.3.1　はじめに……………………… 94	6.2　抗腫瘍性物質…………奥谷康一…130
5.3.2　Rhodospirillaceae, Chro-	6.2.1　はじめに……………………130
matiaceae, Chlorobiaceae… 94	6.2.2　細菌の多糖体とは…………130
5.3.3　好気性光合成細菌	6.2.3　Vibrio の多糖体 ……………130
Erythrobacter …………… 99	6.2.4　Pseudomonas の多糖体 ……131
5.3.4　海洋からは分離されていな	6.2.5　フルクタン……………………132
い光合成細菌…………………100	6.2.6　Serratia の多糖体 …………134
5.4　低温細菌………………絵面良男…104	6.2.7　海泥の細菌の多糖体………135
5.4.1　はじめに……………………104	6.2.8　Vibrio algosus 類似菌の
5.4.2　低温菌の存在………………104	多糖体…………………………136
5.4.3　低温細菌の特性……………106	6.2.9　その他の抗腫瘍性多糖体に
5.4.4　プラスミド…………………110	ついて…………………………136
5.4.5　発光性低温細菌……………110	6.2.10　おわりに……………………137

第3章　海洋植物と生理活性物質

1　多彩な海の植物…………横浜康継…139	1.1　はじめに……………………………139

- 1.2 海藻と海草 …………………… 141
  - 1.2.1 海底の種子植物 …………… 141
  - 1.2.2 海への回帰 ……………… 141
  - 1.2.3 海藻という植物 …………… 142
- 1.3 海藻の色彩 …………………… 142
  - 1.3.1 身近な海藻とその色 ……… 142
  - 1.3.2 紅藻・褐藻・緑藻 ………… 143
- 1.4 多彩な紅藻 …………………… 143
  - 1.4.1 紅藻の色素組成 …………… 143
  - 1.4.2 生育環境と色彩 …………… 144
  - 1.4.3 海中の光と補色適応 ……… 144
- 1.5 色彩の変化に乏しい褐藻 …… 145
- 1.6 緑藻の色素組成 ……………… 147
  - 1.6.1 深所の緑藻 ………………… 147
  - 1.6.2 浅所の深所型緑藻 ………… 148
  - 1.6.3 シホナキサンチンを欠く深所種 …………………… 148
  - 1.6.4 始原緑藻の色 ……………… 151
  - 1.6.5 緑の植物の出現 …………… 151
- 1.7 おわりに …………………… 151
- 2 海藻由来の生理活性物質 ── 農業用ケミカルズの探索 ── **越智雅光** … 153
- 2.1 はじめに …………………… 153
- 2.2 微生物に対する活性成分 …… 153
  - 2.2.1 ハゴロモ科の海藻から得られた活性成分 ……………… 153
  - 2.2.2 アミジグサ科の海藻の活性成分 …………………… 154
  - 2.2.3 カギノリ科の海藻の活性成分 …………………… 157
  - 2.2.4 ユカリ科の海藻の活性成分 … 158
  - 2.2.5 フジマツモ科の海藻の活性成分 …………………… 160
- 2.3 植物に対する活性成分 ……… 161
- 2.4 昆虫に対する活性成分 ……… 162
- 3 食用海藻由来の抗潰瘍物質
   坂上良男 … 166
- 3.1 はじめに …………………… 166
- 3.2 抗潰瘍物質の検索 …………… 167
- 3.3 アサクサノリ含有抗潰瘍物質 … 168
  - 3.3.1 単離 ………………………… 168
  - 3.3.2 物理化学的性状 …………… 169
  - 3.3.3 生物学的性質 ……………… 169
- 3.4 オゴノリ含有抗潰瘍物質 …… 171
  - 3.4.1 単離 ………………………… 171
  - 3.4.2 物理化学的性状 …………… 172
  - 3.4.3 生物学的性質 ……………… 172
- 3.5 おわりに …………………… 174

第4章 海洋動物由来の生理活性物質

- 1 薬理活性物質（その1） **小林淳一** … 177
- 1.1 はじめに …………………… 177
- 1.2 イモ貝の生理活性物質 ……… 177
  - 1.2.1 イモ貝の毒器官 …………… 177
  - 1.2.2 ジェオグラフトキシン …… 178
  - 1.2.3 ストリアトキシン ………… 179
  - 1.2.4 エブルネトキシンとテズラトキシン ……………… 179
  - 1.2.5 その他の生理活性物質 …… 179
- 1.3 海綿動物の生理活性物質 …… 180

1.3.1	アアプタミン類	180	3.2.5	*Telesto riisei* ... 211
1.3.2	ケラマジン ...	180	3.3	魚類および貝類に含まれるプロスタノイド ... 211
1.3.3	テオネリン類 ...	180		
1.3.4	セストキノン ...	181	3.4	おわりに ... 213
1.3.5	アゲラシジン類とアゲラシン類 ...	181	4	Toxinについて ... **安元 健** ... 216
			4.1	はじめに ... 216
1.3.6	プレアリン類 ...	182	4.2	イソメ毒の農薬への応用 ... 216
1.4	ホヤの生理活性物質 ...	183	4.3	ナトリウムチャンネルに作用する毒 ... 216
1.4.1	ブロモユージストミンD ...	183		
1.4.2	パリセン酸 ...	183	4.3.1	テトロドトキシン ... 216
1.5	腔腸動物の生理活性物質 ...	184	4.3.2	サキシトキシンと誘導体 ... 217
1.5.1	デオキシザルコフィン ...	184	4.3.3	シガトキシン ... 218
1.5.2	イソギンチャクの紫外吸収物質 ...	184	4.3.4	ブレベトキシン ... 219
			4.4	カルシウムチャンネルに作用する毒 ... 220
1.6	その他の生物 ...	184		
1.7	おわりに ...	184	4.4.1	マイトトキシン ... 220
2	薬理活性物質（その2） **遠藤 衛** ... 187		4.4.2	オカダ酸 ... 220
2.1	はじめに ...	187	4.4.3	パリトキシン ... 221
2.2	抽出と一次スクリーニング ...	187	4.5	その他の毒 ... 222
2.3	細胞毒性化合物 ...	189	4.5.1	ネオスルガトキシンとプロスルガトキシン ... 222
2.4	冠血管拡張作用化合物 ...	194		
2.5	海綿から得られた血圧低下作用物質 ...	198	4.6	おわりに ... 223
			5	抗腫瘍物質 ... **伏谷伸宏** ... 225
3	海産プロスタノイドと抗腫瘍活性 ... **本多 厚** ... 202		5.1	はじめに ... 225
			5.2	海洋動物の抗腫瘍活性 ... 225
3.1	はじめに ...	202	5.3	海綿動物 ... 225
3.2	腔腸動物に含まれるプロスタノイド ...	203	5.4	腔腸動物 ... 228
			5.5	環形，軟体，外肛および棘皮動物 ... 230
3.2.1	*Plexaura homomalla* ...	203		
3.2.2	*Lobophyton depressum* ...	206	5.5.1	環形動物 ... 230
3.2.3	*Euplexaura erecta* ...	206	5.5.2	軟体動物 ... 230
3.2.4	*Clavularia viridis* ...	206	5.5.3	外肛動物 ... 232

  5.5.4 棘皮動物 ……………… 233
5.6 原索および脊椎動物 …………… 233
  5.6.1 原索動物 ……………… 233

5.6.2 魚類 ……………………… 234
5.7 おわりに ……………………… 235

第5章 海洋生物資源利用の実際技術

1 海洋生物生産のための深層水利用技術 ………………**中島敏光**… 237
 1.1 はじめに ……………………… 237
 1.2 深層水の諸特性 ……………… 238
 1.3 生物生産のための深層水利用技術 ……………………………… 241
  1.3.1 技術開発の状況 ……… 241
  1.3.2 技術開発事例 ………… 241

 1.4 今後の展望 …………………… 247
2 深海生物調査手法の現状 …**橋本 惇**… 250
 2.1 はじめに ……………………… 250
 2.2 航法システム ………………… 250
 2.3 測深と海底面の探査 ………… 252
 2.4 光学機器による深海生物調査 … 254
 2.5 潜水調査船と無人潜水機 …… 256
 2.6 おわりに ……………………… 258

第1章　海洋生物資源の有効活用

1　海洋微生物資源の有効利用

多賀信夫＊

1.1　はじめに

　地球表面の約70％に当る広大な面積を占め，しかも大きな生物生産力を保有している海洋は，鯨類，魚介類，海藻類などの大型生物をはじめとして顕微鏡的な微生物にいたるまで，実に多種多様な生物の生息場所である。

　われわれ人間は，これまでこれら豊富な海洋の生物資源のうち，食糧となりうる大型生物のみを漁業の対象として捕獲し，利用してきた。しかし，この捕ることのみを目的とした海洋漁業も，乱獲によってその漁獲高の減少が目立つようになり，近年識者の間では，捕るだけではなく，天然資源の保護ならびに培養が必要であるという認識がもたれるようになった。水産生物種苗を人工的に生産育成し，それを沿岸海域に放流して成体となったものを再捕しようという「栽培漁業」，あるいは養成池で水産生物種苗を育成して利用する「養増殖漁業」の重要性が認識され，その技術に関連する基礎的な諸研究が，日本のみならず，近年諸外国においても盛んに行われつつあるのは，上記のような背景に基づいている。

　一方，従来は全く利用されていなかった漁獲対象生物以外の種々の海洋生物についても，近年これらの生物から全く新奇な化合物が次々と探索・発見されてきたことを契機として，従来はあまり着目されていなかった海洋微生物についても，新奇な生理活性物質の生産者としての可能性を探索しようという気運が高まりつつある。

　本節では，上記のような最近の動向をふまえ，特に海洋微生物の有効利用を考える場合の参考として，従来海洋微生物に関して得られている基礎的な知見ならびに最近の応用的な研究情報のいくつかについて概説する。

1.2　海洋微生物の生理学的・生態学的特性

　海洋の環境は陸地のそれと異なっており，したがってこのような場に適応して生息する海洋微生物は，塩分要求あるいは耐塩性，低温性，耐水圧性あるいは好圧性などに関して，陸生微生物

＊　Nobuo　Taga　東京大学名誉教授

とは全く異なった生理学的特性を持っている。このことは、海洋微生物を探索・分離しようとする場合に特に留意すべき点であるが、その概要については既に成書[1]に記述されているので、それらの記述ならびに本書の第2章の記述を参照されたい。

また、海洋の現場では、種々の生物が互いに拮抗的、相助的あるいは捕食的・被捕食的な関係を保ちつつ生存している。このような生物群相互の生態的関係を明白に解明することは、海洋生物生態学上の重要な課題でもあり、これまでに細菌と植物プランクトンとの相助的関係、細菌と動物プランクトンおよび他の海産動物との相助的あるいは捕食的関係、微生物相互の拮抗的関係などに関してかなり多くの研究が行われてきた。これらの研究成果についても、既にその概要が前述の成書[1]に記述されているので、それらを参照されたい。

さらに、微生物とくに細菌や酵母は、海洋の現場において、海水中に遊離状に懸濁浮遊して生存しているだけでなく、動植物体表面や海水中の懸濁粒子、あるいは海底土の粒子に付着した状態で生存し、時には海産生物体内に共生的な状態で生存することもある。このような異なった形式で分布する微生物の菌相あるいはそれらの生理学的性状は、相互にかなり異なっていることが多い。したがってこのことは、特定の目的から、新たに微生物を分離・探索しようとする場合に、特に留意されるべき点であると思われる。

1.3 海洋微生物の有効利用とその可能性

1.3.1 生物活性物質の生産

抗生物質を生産する海洋細菌に関する最初の研究は、RosenfeldとZoBell (1947)[2]によって行われ、9株の分離菌株が*Bacillus*や*Micrococcus*などの被験菌の増殖を阻止することが報告された。その後も1970年までの間に、沿岸海域から分離された放線菌や細菌による抗生物質の生産に関する研究が数人の研究者によって行われた。しかし、微生物が生産する抗生物質の性状や化学構造までを詳細に研究した例はほとんどなく、唯一の研究例として、新種の海洋細菌*Pseudomonas bromoutilis*によって生産された抗生物質が2-(3,5-dibromo-2-hydroxy-phenyl)-3,4,5-tribromopyrroleであることを明らかにした研究(Burkholder et al., 1966 ; Lovell, 1966)[3,4]があるだけである。また、海洋微細藻類、海藻類、海綿、腔腸動物、軟体動物など種種の生物の抗菌性あるいは生物活性物質の生産に関しても、これまでに数々の研究が既に行われた。これら過去の研究の概要については、前述の成書[1]ならびにBurkholder (1973)のレビュー[5]に記述されているので、これらを参照されたい。

過去における上記の研究経過をみても分るように、海洋微生物を新奇な生物活性物質の生産源として有効に利用できるのではないかという期待は、特に海洋の生物を対象として研究してきた研究者の間にはかなり以前からあったように思われるが、過去においてはこのような応用的分

野の研究を特に積極的に推進しようとした研究者が少なかったように思われる。ところが近年，新奇な生物活性物質の探索源として，再び海洋微生物を見直そうという気運が高まりつつあり，下記のいくつかの研究事例はこのような趨勢を物語っている。

 Okami et al. (1976)[6]は，沿岸海水から分離された放線菌 Streptomyces griseus が抗マラリヤ性物質 aplasmomycinを生産することを見いだし，さらに Okami et al. (1980)[7]は，人間の虫歯の原因と考えられている細菌 Streptococcus mutansが生産するグルカン（$α-1, 3 ; α-1, 6$グルカン）を分解する酵素グルカナーゼを，海洋細菌分離株 Bacillus circulans が生産することを報告している。また，Umezawa et al. (1983)[8]は，多数の海洋細菌を分離・探索した結果，90株のうち6菌株が顕著な抗腫瘍性を有する多糖類を生産することを見いだし，そのうちの1菌株 Flavobacterium uliginosum MP-55が生産する抗腫瘍性物質を marinactanと命名し，発表した。これらの研究は，いずれも当初から医用薬としての利用を目的とした新奇な生物活性物質の探索源を，海洋微生物に求めた事例である。

 さらに最近では海洋細菌に由来する生物活生物質の探索研究も次第に盛んになりつつあり，これらのうち抗腫瘍性物質の研究（奥谷）とプロテアーゼインヒビターの研究（今田）の概要については，それぞれ本書の第2章の記述を参照されたい。これらの研究以外に，深海微生物の生産する生物活性物質の検索的研究も伏谷(1985)[9]らによって進められ，これまでにかなりの成果が得られている。彼らの研究では，日本海溝などの深海底堆積物から分離された78株のグラム陽性細菌について，それらが生産する種々の生物活性物質の検索が行われた。その結果，明らかな抗ガン性を示したものはなかったが，ヒトデ胚の発生を阻害したものは多かったという。また抗菌活性の強かった Bacillus sp. 5-15-3株（4,310mの海底から分離）から3つの抗菌物質，3-amino-3-deoxy-D-glucose，2-メチル酪酸およびイソ吉草酸が分離・同定され，さらにグラム陽性細菌9-0-20株（8,260mの海底から分離）からは抗カビ性物質と抗細菌物質とがそれぞれ単離された。

 以上に述べた研究事例からも分るように，新奇な生物活性物質の生産者として海洋微生物を探索しようとする本格的な研究は，近年ようやく緒に就いたばかりであるといえる。したがって，今後さらに海洋の各所から広く微生物を分離し，それらの生物活性物質の生産能を検索することによって，数々の有用物質が見いだされる可能性は十分にある。

1.3.2 餌料としての微生物の利用

 人間の医用薬，健康食品および発酵食品として，また家畜の飼料あるいはその添加物として，数種の有用陸生微生物の培養物あるいはその菌体そのものが従来しばしば利用されてきた。このような微生物の有効利用法には既に長い歴史がある。しかし一方，海洋微生物について考えてみると，上記のような有効利用の方途はまだあまり開発されていないといえる。あえてその一例を

挙げるとすれば、養増殖漁業の基礎となる有用水産動物種苗生産用の初期飼料として、海洋微生物を利用しようという試みを挙げることができる。

さて、孵化したエビ類や貝類の幼生あるいは魚類の稚仔を育成するいわゆる「種苗生産」の技術は、海洋の自然生態系に見られる生物生産の機構、すなわち「植物プランクトンを起点とする食物連鎖」の系を人為的に模倣することによって、従来その大筋が確立されてきた。この場合の初期飼料生物としては、従来珪藻類や海産クロレラなどの微細藻類が多用されてきたが、これらの飼料生物大量培養には大規模な施設が必要であり、しかもその生産性が自然の光条件によって左右されるという欠点があった。そこで近年、上記以外に自然生態系で重要視されているいわゆる「デトライタス食物連鎖（腐性連鎖）」系を、種苗生産の過程に導入した技術開発に関心が集まり、その基礎的研究が行われつつある。この食物連鎖系においては、自然海水中の有機物やデトライタスとそれを分解する細菌その他の微生物が動物の飼料として重要な役割を演じているが、この点に関しては既に解説書（多賀，1982)[10]が発表されているので、その内容を参照されたい。

上記のような食物連鎖系を実際に水産動物種苗（幼生）あるいはその飼料となる飼料動物（アルテミア、コペポーダ、シオミズツボワムシなど）を大量生産する系に導入しようとする場合には、次の二つの方法が考えられ、既にその基礎的な実験結果が発表されている。第一の方法は、自然海水に適当な有機物と栄養塩とを人為的に混入して通気培養を行い、その結果増殖した微生物群集（細菌や酵母）の生成物を飼料として動物幼生に投与する方法である。このような飼料は慣習的に「微生物フロック」飼料と呼ばれるものである。第二の方法は、幼生の育成に効果の認められる微生物を予備試験で選択し、その純粋培養株（細菌や酵母）のみを大量培養して、生成した「フロック飼料」を幼生に投与する方法である。魚類の稚仔の育成に重要な飼料動物であるシオミズツボワムシやクルマエビ幼生の飼育に、上記第二の方法で生成した「細菌フロック飼料」を投与した結果[11]、またアルコール発酵母液を有機物源として生成した「微生物フロック」ならびにこのフロックから純粋分離された海洋酵母株を用いて生成した「微生物フロック」をシオミズツボワムシの大量培養に用いた結果[12]などが既に公表されているが、これらの飼料が実際の種苗生産の場にはまだそれほど広く応用されていない。しかし、上記後者のアルコール発酵母液によって生成した「微生物フロック」を用いて生産したシオミズツボワムシは、クロダイおよびアユの稚仔魚の育成[13]に十分に効果が認められているので、今後このような方式がさらに広く用いられるようになると思われる。

1.4 おわりに

以上に述べた海洋微生物資源の有効利用の事例はごく一部であり、今後の開発研究によりさらに別の利用の方途も開けるものと推察される。例えば、海洋微生物が生産する特殊な酵素の有効

利用もそのひとつである。また，近年海産下等生物のなかには，海綿のように有用な生物活性物質を含むものがあり，一方これら下等生物に共生する微生物の存在も次第に明らかにされつつある。したがって，この種の特殊な共生微生物の性状を詳細に調べ，その有効利用の方途を探索することも今後の課題のひとつであろう。

文　献

1) 多賀信夫，海洋微生物（海洋学講座 11），東京大学出版会，p.230 (1974)
2) W.D. Rosenfeld, C.E. ZoBell, *J. Bacteriol.*, **54**, 393 (1947)
3) P.R. Burkholder, *et al.*, *Appl. Microbiol.*, **14**, 649 (1966)
4) F.M. Lovell, *J. Amer. Chem. Soc.*, **88**, 4510 (1966)
5) P.R. Burkholder, in "Biology and Geology of Coral Reefs, Vol II, Biology I, (Edited by O.A. Jones and R. Endean)", Academic Press, pp.117-182 (1973)
6) Y. Okami, *et al.*, *J. Antibiot.*, **29**, 1019 (1976)
7) Y. Okami, *et al.*, *Agric. Biol. Chem.*, **44**, 1191 (1980)
8) H. Umezawa, *et al.*, *J. Antibiot.*, **36**, 471 (1983)
9) 伏谷伸宏，深海微生物の産生する生物活性物質の検索，昭和59年度科学研究費補助金（一般研究 B）研究成果報告書 (58480067), p.39 (1985)
10) 多賀信夫，微生物の生態(10), 学会出版センター, pp.45-63 (1982)
11) 多賀信夫，ほか，瀬戸内海栽培漁業協会資料 (No.13), p.45 (1979)
12) 東原孝規，ほか，日水誌，**49**, 1001 (1983)
13) クリーン・ジャパン・センター（財団法人），発酵と工業，**42**, 764 (1984)

2 海洋生物由来の生理活性物質

平田義正*

2.1 はじめに

地球表面積の71%を占め,動物の種類も地球上の80%が海洋に棲むといわれている。しかし海洋生物のいろいろな研究は,陸地生物の研究に較べれば遅れている。ことに沢山の生物活性成分の発見が期待されるにもかかわらずその活性成分の化学的研究も遅れている。

海洋生物を主なタンパク源として食用に用いている日本人にとっては,海洋生物の生物活性物質の研究は欠くことのできないものである。例えば,海産生物の有毒成分の研究は,薬用資源の探索のためだけでなく食用資源確保のためにも必要である。

2.2 海洋生物由来の生物活性成分研究の特徴

海洋生物成分の分離・構造決定などの基本的な研究方法は,陸上生物の場合とほとんど異ならない。しかし海洋生物の場合は,その分布や生態がわかっていないものが多いので,その点に関しては苦心を要する。採集や生物作用の試験などでは陸上生物と異なる点が多い。また生息する環境が海水であるために,生物活性成分が相当に異なることが期待される。たとえば,性フェロモンなどの場合は,媒体は水であるから陸上生物のように必ずしも揮発性でなくとも,ごく微量のものが海水に溶ければよい。海水に含まれるハロゲン化合物,ことに臭素化合物が多いのも特徴の一つである。また水溶性のものに,有機化学的に興味ある特異な構造のものが多いことも期待される特徴の一つである。

2.3 海洋生物からの生産物の実用化例

海洋生物の臓器などから取り出されるホルモン・ビタミン・油脂・核酸分解物などは広く実用化されているものも多いがここには述べない。

2.3.1 ネライストキシン (Nereistoxin)

イソメならびにオサムシから殺虫含硫黄塩基成分ネライストキシンを分離し[1],構造式が決められた[2]。ネライストキシン並びに多くの関連化合物の合成と生物試験の結果パダンを開発した[3]。これはニカメイチュウ以外にも効力があり,武田薬工(株)の大型商品となり国内需要とほぼ同量のものが輸出できるまでになったとの事である。(詳しくは安元,p.216を参照のこと)

2.3.2 カイニン酸 (Kainic acid)

海人草は古くから回虫駆除薬として用いられていたが,その有効成分の分離・構造決定がわが

---

* Yoshimasa Hirata 名城大学 薬学部

2 海洋生物由来の生理活性物質

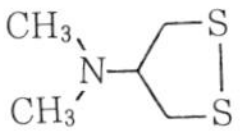

(1) ネライストキシン 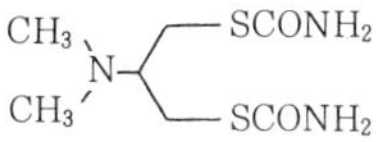　　(2) パダン 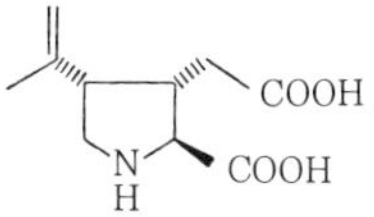　　(3) α-カイニン酸

図 1.2.1　海産産物の実用化された例

2.4 海洋生物の生理活性物質ならびに行動制御物質
　海洋生物も陸上生物と同様に，生体内機能は内分泌系のホルモンによって支配され，個体間の相互作用はフェロモン（同一種間），アロモン・カイロモン（異種間）によって制御される。

2.4.1 海洋生物のホルモン
　魚類のホルモンは，脳下垂体ホルモン・インシュリンなど相当幅広く研究されているが，いずれも糖タンパク・タンパク・ペプチド・ステロイドなどで，陸上生物と類似した点が多いので無脊椎動物ヒトデのホルモンについてのみ述べる。
　ヒトデ *Asterias forbesi* の放射神経熱水抽出物を，その成熟個体に注入すると卵が放出される[5]。Schuez らはこの神経細胞由来の活性ペプチドを生殖巣刺激物質（GSS）と呼び，この作用で卵巣内に低分子性の卵成熟誘導物質（MIS）が生成すると考えた[6]。この物質を金谷らは，*A. amurensis* の卵巣を GSS で処理した液から分離し1-メチルアデニンと確認した。この物質は今までのところすべてのヒトデ類に対して活性である[7]。
　Heilbrunn らはヒトデ卵巣中に GSS に拮抗する物質を認め[8]，池上らがこれを単離・構造決定をした[9]。
　そのほか，エビなど甲殻類の体色変化に関するホルモン（ペプチド）・脱皮ホルモン等が有名である。

2.4.2 海洋生物のケモレセプション
　下等動物で個体間の相互作用を行うためには物質の存在が必要な場合が多い。同一種個体間の場合をフェロモン，異種個体間の作用物質をアレロケミックス（Allelochemics）（他感作用物質）と呼ぶ。フェロモンはその作用から放出フェロモン（性フェロモン等）と引き金フェロモン（ミツバチ女王物質）とに分ける。アレロケミックスもアロモン（Allomone: 防御・忌避物質のように出す側に利益を与える），カイロモン（Kairomone: 人の炭酸ガスに蚊が引きつけられるように受ける側に有利な場合）との2つに分ける。

第1章　海洋生物資源の有効活用

これらは陸上動物ではよく研究されているが，海洋生物についても相当に知られている。当然，陸上生物の作用物質としては，割合揮発度の高いテルペン類が多く見られるが，海洋生物の作用物質にはペプチド・ステロイド・センブレノイド等のように割合揮発度の低いものもある。

(1) フェロモン

①性フェロモン

魚類については性フェロモンの存在が認められているものは多いが化学的な詳細は不明である[10]（ナマズ・ニシン・グッピー等）。

甲殻類のイワガニ・イチョウガニの雄に対する性誘引物質はクラスタエクダイソンだとされている[11]。そのほか甲殻類の性フェロモンとしてエクジステロン[12]・炭水化物[13]らしきものが発表されている。

②警報フェロモン

コイ・ナマズのような淡水魚には警報フェロモンを出すものがある。

イソギンチャク Anthopleura elegantissima は，傷つけられるとそれが放出する警報フェロモン，アントプレオリン（anthopleurine）によって，同種個体が特長ある収縮を示す。この収縮をおこさせる警報フェロモンは（3-carboxy-2,3-dihydroxy-N,N,N-trimethyl)-1-propanaminium chloride とされた[14]。

[$(CH_3)_3$N-CH_2-CHOH-CHOH-CO_2H]Cl^-

後鰓類 Navanax inermis の警報フェロモン：この動物を強く刺激すると，黄色の水に不溶な物質を分泌して後追する仲間に知らせる。この黄色物質を感知した仲間は直ちに方向を変えて逃げる。この黄色粘液から警報フェロモン・ナバノンA，B，Cを単離・構造決定した[15]。

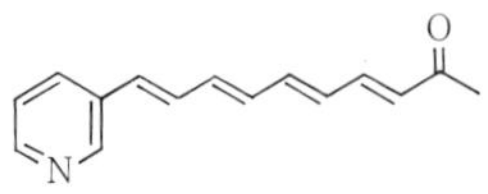

ナバノンA

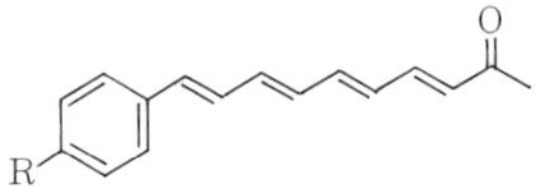

ナバノンB　R＝H
ナバノンC　R＝OH

図1.2.2　*Navanax* の警報フェロモン

③集合フェロモン

陸上動物と同様に，魚類も集団で行動するといろいろな点で有利な場合が多い。

（例）ニシン[16]，ナマズ[17]，ゴンズイ[18]，ムシロガイ[19]

④着生誘起因子

固着生活をする海洋無脊椎動物も，その多くは幼生のある時期には浮遊生活をする。それには着生

2 海洋生物由来の生理活性物質

する時に着生現象の選択にいくつかの要素があるが、ケミカルシグナルが重要である[20]。このなかには、フジツボのキプリス幼生のように同種か分類学上近い関係にある種によって誘起されるものと、無関係な種によって誘起されるものとがある。前者の例としてフジツボキプリス幼生の着生は、フジツボ関連のものの抽出物だけでなく[21]、その他いくつかの節足動物の抽出物も活性を示す[20]。後者の例としては、フジツボの類は海綿 *Halichondria panicea* にも付着する[20]。またウミウシの類の幼生が、餌となるハマサンゴの一種に種特異的に着生・変態をする[22]。

幼生の着生と多少関連して大変興味の深い化合物は、最近ユムシの一種 *Bonellia viridis* から分離・構造決定されたボネリン（bonellin）と称する色素である。幼生がもし雌に接触することなしに化学的に不活性な物に着生生活を送ると雌となり、雌の吻部に接触して着生すると、成長を阻害され、小さな寄生性の雄になって雌の体内に生活する。この雌雄決定因子がボネリンである。1939年分離され[23]、構造決定された。この化合物は天然のクロリンと非常に類似した化合物である[24]。活性物質としていろいろなアミノ酸との縮合体も得られている[25]。ボネリンは広範囲の生物や細胞に成長抑制作用がある[26]。抗腫瘍性も期待されている[27]。（p.230 参照）

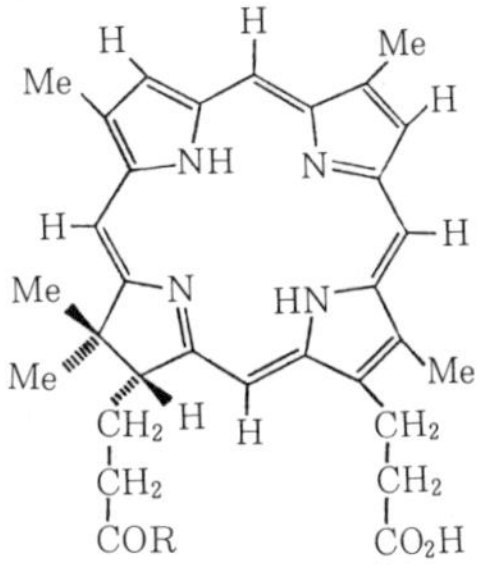

(2) 異種個体間作用物質

異種個体間の作用物質としてアロモン・カイロモンの2種が見られることは前にも述べた。

①アロモン

ハコフグはその動作が鈍いために、刺激すると身を守るために皮膚から粘液性のものを分泌し、それが魚毒性を示す。それから魚毒性のパフトキシン（pahutoxin）が分離・構造決定された[27]。

$$\left[CH_3(CH_2)_{12}-\underset{\underset{OCOCH_3}{|}}{CH}\ CH_2COO(CH_2)_2N^+(CH_3)_3 \right]$$

ボネリン   R=OH
ネオボネリン R=-NHCHCH₂CH₃
                    |
                   CH₃
                    |
                   CO₂H

図1.2.3 ボネリンならびにアミノ酸縮合体

ウシノシタの一種 *Pardachirus marmoratus* は攻撃をうけると背びれやしりびれの根元から粘液を放出して敵を撃退する[28]。サメに対して忌避性があること[29]や魚毒性ペプチドの存在が報告されている[30]。日本ではこれと同属のミナミウシノシタ *P. pavoninus* の魚毒性がペプチドとパボニニン（pavoninin）と名付け構造をきめた一連のステロイド配糖体の双方に起因することを見出し、サメに対する忌避性も認めた[31]。紅海産ウシノシタ（*Moses sole*）からも同様なステロイド配糖体 mosesin 1～5 を分離し、mosesin 5 以外の構造を決めた[32]。

タコの墨：このなかにキノンがあり、ウツボ、カニなどの感覚を麻痺させる[33]。ウツボの場合

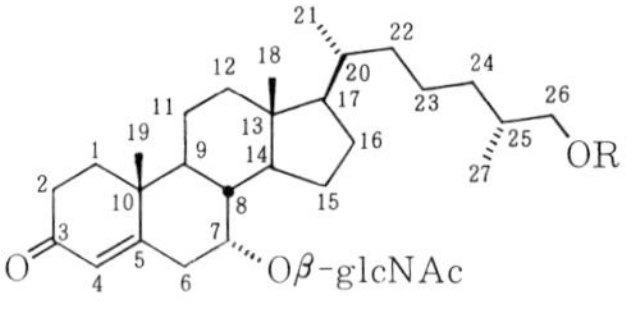

第1章 海洋生物資源の有効活用

パボニニン-1 **1**：R = Ac
　　-2 **2**：R = H

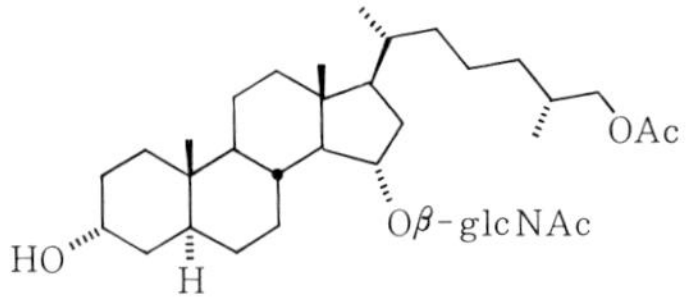

パボニニン-4 **4**

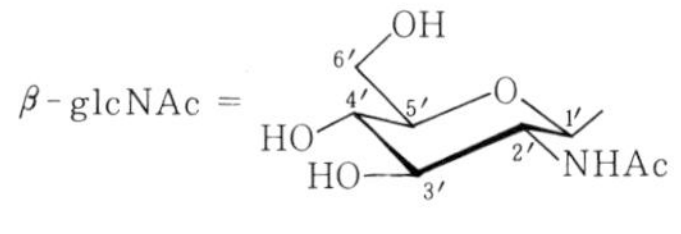

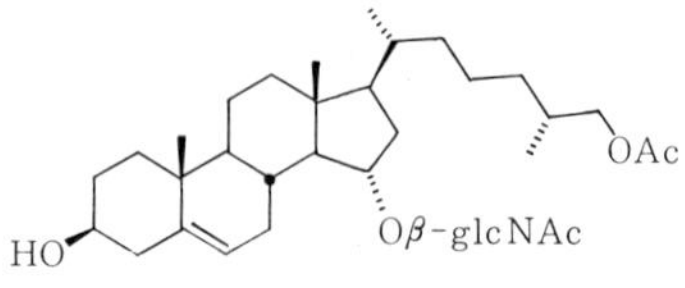

β-glcNAc =

パボニニン-5 **5**

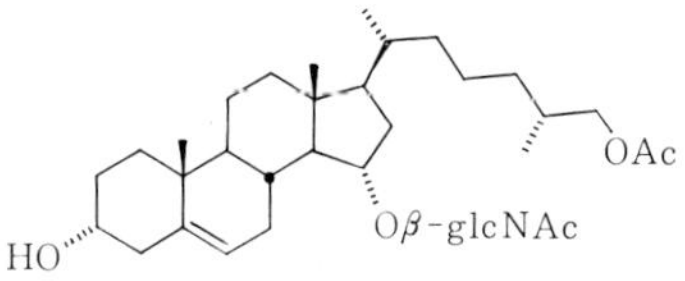

パボニニン-3 **3**

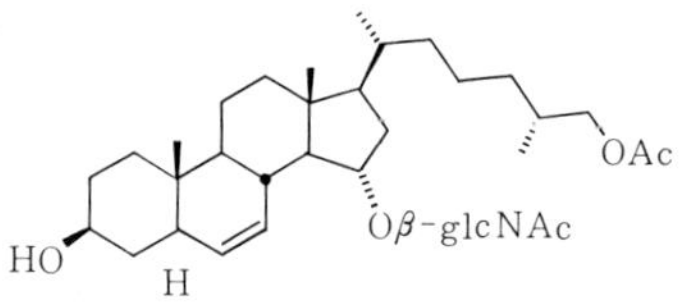

パボニニン-6 **6**

ミナミウシノシタの忌避物質

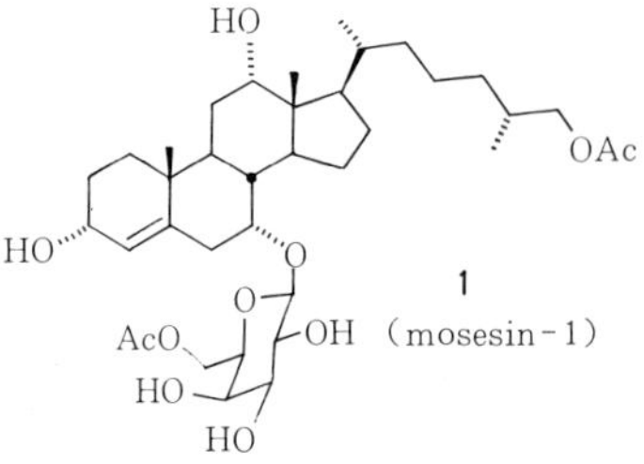

1（mosesin-1）

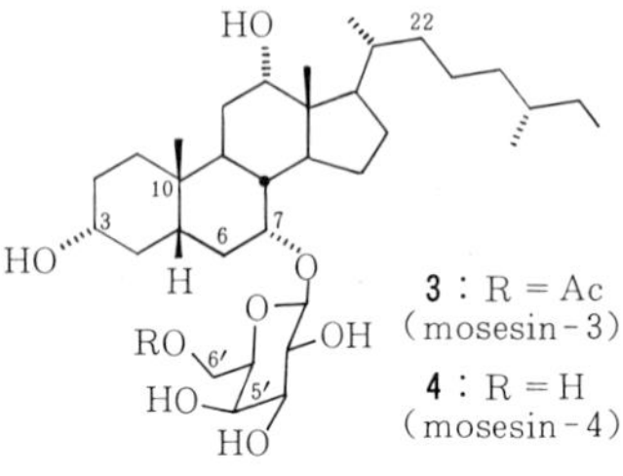

3：R = Ac（mosesin-3）
4：R = H（mosesin-4）

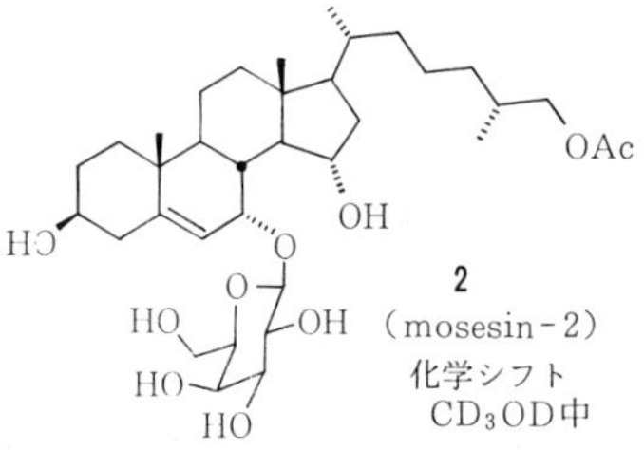

2（mosesin-2）
化学シフト
CD$_3$OD中

紅海産ウシノシタの忌避物質

図 1.2.4　ウシノシタの忌避物質

には防御,カニの場合には防御・捕食のアロモンである。

ウニ類や他の海岸生物も各種キノン誘導体を同様な目的(防御)に用いる[34]。

ナマコ:ナマコはキュビエル管と呼ばれる粘着性の糸状のものを放出する。それにホロスリン(holothurin)その他のサポニン系化合物が含まれ魚毒性・溶血作用があり,ことにサメが非常に低濃度でも忌避する[35]。

ウミウシの類は,殻を持たないのに色彩が鮮やかで動作が純いので防御物質を出すものが多い。例えばタテヒダイボウミウシ *Phyllidia varicosa* が魚などに対して有毒な粘液を出すことが知られていた[36]。このウミウシが食べる海綿 *Hymeniacidm* sp. からも同一のもの 9-isocyano pukeanone を取り出し構造をきめた[37]。ウミウシ同様アメフラシの類も独特な構造と生物活性の化合物(臭素化合物など)を持つものも多いが,その餌の海藻から来ると考えられる[38]。これらの化合物は,ウミウシやアメフラシにとってはアロモンであり,カイロモンでもある。そのほかアメフラシの一種から魚に忌避反応を起こさせるパナセン(panacene)等が分離構造決定された[39]。

ソフトコーラル *Sarcophylum glaucum* からサルコフィンなど[40],*Lobophytum* sp. からロボライド[41]が単離構造決定されたがいずれもセンブレノイドである。軟体動物 *Onchidella binneyi* からセスキテルペンであるオンシダールを取り出した[42]。

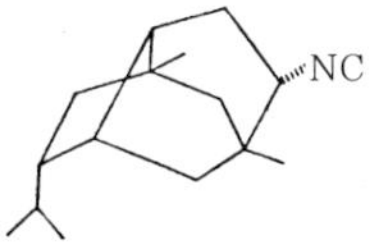

9-イソシアノプケアナン 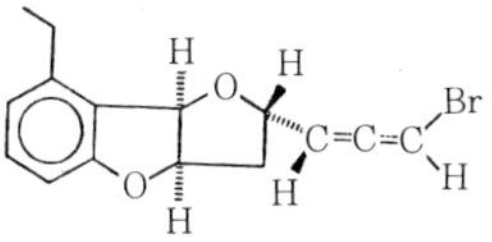　　パナセン

ウミウシならびにアメフラシの忌避物質

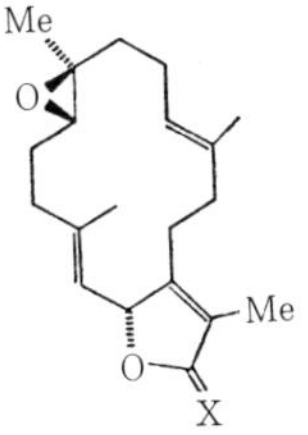

サルコフィン
X=O　X=H$_2$

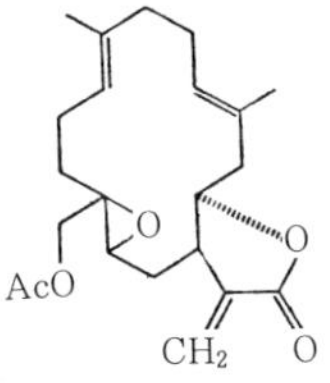

ロボライド

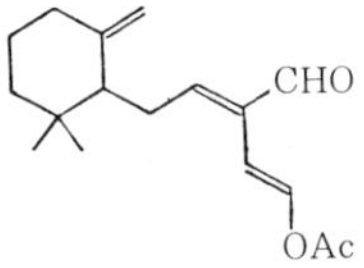

オンシダール

ソフトコーラルの忌避物質　　　　軟体動物の忌避物質

図 1.2.5　軟体動物およびソフトコーラルの忌避物質

② カイロモン

前述のタテヒダウミウシの9-イソシアノプケアナン,アメフラシと紅藻,幼生の付着などは当然カイロモンでもあると考える。

サケやマスのいる水中に手を入れると,その匂いを察知して逃げる。その原因物質が手から出る痕跡のL-セリンであることが判った[43]。この物質は種によって異なる。

腹足類 Strombus sp. やクモガイ (Lambis lambis) は,貝を食べるクロミナシ (Conus marmoreus イモガイ科で捕食毒を持つ) が近づくと逃げる[44]。捕食者から逃げ出す化合物にはいろいろなものがあり,類似の例が沢山知られている。(p.177参照)

軟体動物とヒトデ:種々の軟体動物は捕食者であるヒトデから逃げることができるが,ヒトデのステロイドサポニンをごく低濃度で感知することができるからだとされている ($0.2 \sim 0.4 \times 10^{-9}$ M)[45]。

クラゲの着生:クラゲの幼生は,海藻ヨレモクに好んで着生するが,これはヨレモクのなかに幼生の付着ポリプの形成を誘発させる物質が存在する可能性があるとされていた。北原,加藤らはこのカイロモンを単離・構造をきめたが,既知物質 σ-トコトリエノールとそのエポキシ誘導体であった[46]。着生の問題としては,フジツボのキプリス幼生,フジツボの海綿への着生,ウミウシ Phestilla sibogae のハマサンゴへの着生[47],ボネリンなどすでに述べたものも多い。

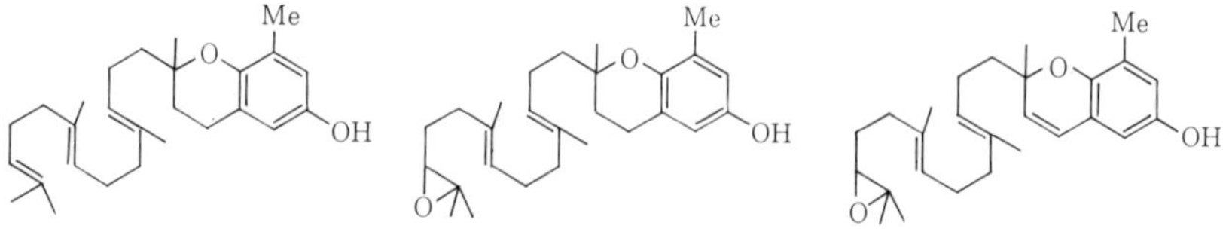

δ-トコトリエノール　　エポキシド　　デヒドロエポキシド

図1.2.6　ヨレモク中のクラゲ幼生着生成分

索餌誘起物質:無脊椎動物のサンゴやヒドラは,餌になる生物から出る還元型グルタチオンやプロリンで索餌行動をおこす。例えば,ヒドロ虫類に対してはL-proline がその行動をおこさせる[48]。そのほかにも沢山のものが知られているが,多くの場合アミノ酸やペプチドである[49]。

2.5　生物発光

発光生物は,陸上ではホタル・ツキヨタケ,ヒカリコメツキなどが若干知られているだけで,大部分は海産生物である。また,現在までに解明された海産生物の発光は,その発光機構は勿論,

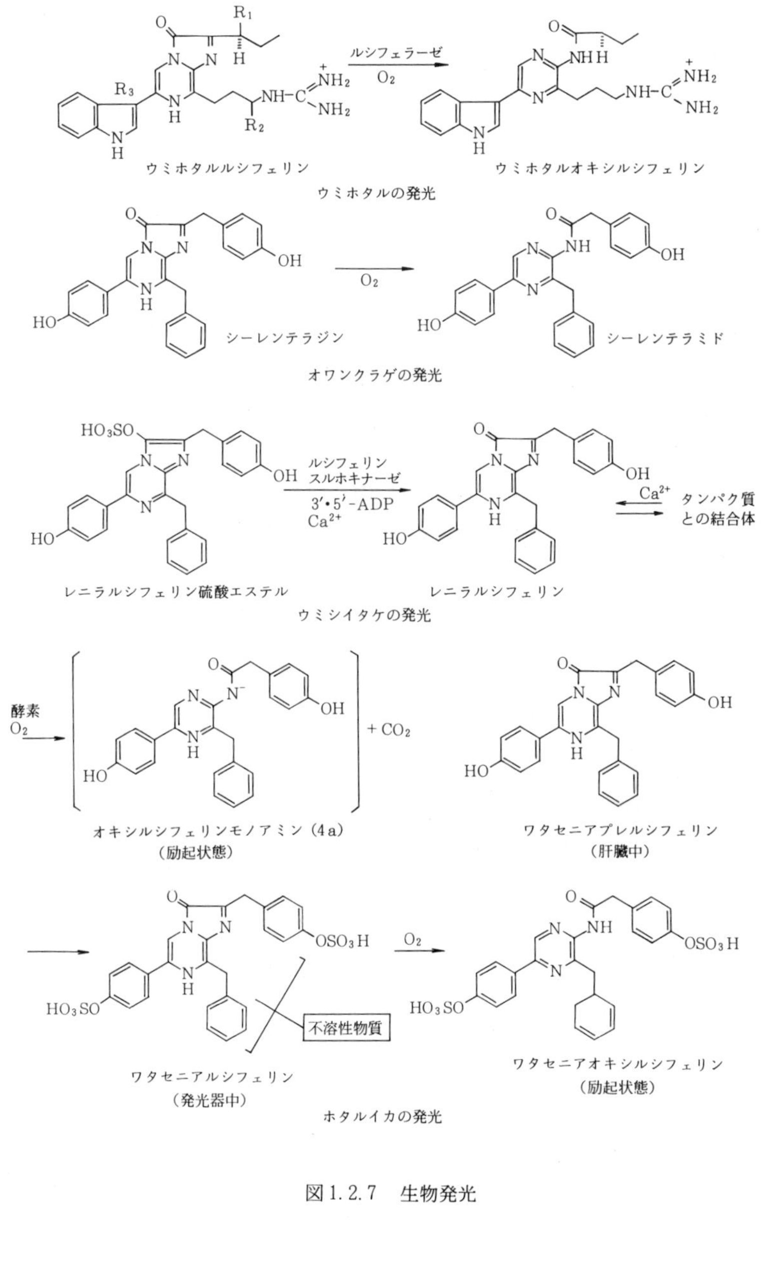

2 　海洋生物由来の生理活性物質

図 1.2.7　生物発光

発光物質の本質的な部分はほとんど同一である。

2.5.1 ウミホタルの発光

海産生物の発光は，最初に化学的に解明されたウミホタル Cypridina hilgendorfi の発光が一番良く研究されている[50]。

発光機構に関しても沢山の研究がある。

現在までに判明している海産生物の発光は，このウミホタルの系統のものに属するもので，R_1 R_2R_3 のグループが異なるだけである。（図 1.2.7 のウミホタルルシフェリン参照）

2.5.2 オワンクラゲ (Aeguorea) の発光

オワンクラゲからは，発光物質を直接取り出すことはできなかったが，Ca^{2+} が存在すると酸素なしで発光することのできる発光タンパク質エクオリンを抽出した[51]。Ca^{2+} で発光させたあと，低分子蛍光物質をタンパク質の部分から分離できた。発光のウミホタルと類似の反応をすると考え，元の発色団シーレンテラジンの構造式を出した[52]。

2.5.3 腔腸類ウミシイタケ (Renilla) の発光

レニラルシフェリン (Renilla luciferin) は上記と同一であることが決定された[53]。

エビ (Oplophorus spinosus; Heterocarpus laevigatus) からはこれと同一のものが取り出された[54]。

2.5.4 発光魚

キンメモドキとツマグロイシモチからウミホタルルシフェリン[55]，ハダカイワシ類のサンゴイワシやスイトウハダカからレニラルシフェリンを抽出した[56]。発光魚には発光細菌の共生によって光るものもある[57]。

2.5.5 ホタルイカの発光

イカには，発光細菌の共生によって光る浅海性のものが多いが，有名なのは富山湾の深海性のホタルイカ (Watasenia suntillans) である。後藤らは，ホタルイカから発光生成物ワタセニアオキシルシフェリン (Watasenia oxyluciferin) を取り出し[58]，その構造からワタセニアルシフェリンの構造を推定した。井上らは，ホタルイカの肝臓から発光物質を取り出したらその構造はレニラルシフェリンと同一であった（ワタセニアプレルシフェリンと命名した）[59]。結局ワタセニアプレルシフェリンもレニラルンフェリンと同一のものであった。

2.5.6 その他の海産生物発光

海産生物の生物発光は沢山知られているが，有名で未解決のものは，夜光虫，ヒカリゴカイ，オキアミ等であるが，これらの生物発光物質は上記のものと相当異なるようである。

2.6 その他の生理活性物質

ホヤの色素：ホヤ類は，血液中に選択的にバナジウム，鉄，モリブデン，ニオブなどを濃縮することができる。この役目をはたしているらしい化合物チュニクローム類（tunichrome B-1）が単離構造決定された[60]。

2.7 おわりに

海洋生物はホルモンなどをはじめとして，自己の生存に有用でしかも特異な構造をもった生理活性物質を種々生産している。その中には薬理作用を示す物質も含まれており，現在迄に，相当数の物質が単離され生理活性が確認されている。

しかし冒頭にも述べたように，海洋生物に関する知見は未だ少なく，単離・同定された物質についても詳細な生理活性が不明なものも多い。今後，海洋に関係する諸科学の発展に伴い，さらに種々の新規化合物が発見されるものと大きく期待される。

文　献

1) 新田清三郎, 薬誌, **54**, 648 (1934)
2) Y. Hashimoto, *et al., Ann. N. Y. Acad. Sci.* **90**, 617 (1960)
3) K. Sakai, *Agr. Biol. Chem.*, **32**, 678, 1199 (1968); **34**, 926, 935 (1970)
4) 村上信三, ほか, 薬誌, **73**, 1026 (1953); **75**, 1253 (1955); 宮崎道治ほか, **75**, 695 (1955); 上農義雄ほか, 薬誌, **75**, 840 (1955)
5) A. B. Chaet, *et al., Biol. Bull.*, **117**, 407 (1959)
6) A. W. Schuez, *et al., Exp. Cell Res.*, **46**, 624 (1967)
7) H. Kanatani, *et al., Nature*, **221**, 273 (1969)
8) L. V. Heilbrunn, *et al., Biol. Bull.*, **106**, 158 (1954)
9) 池上晋ら, 生化学, **50**, 655 (1978)
10) 梅津武司, 日水誌, **32**, 352 (1966)
11) J. S. Kittredge, *et al., Fish. Bull.*, **69**, 337 (1971)
12) N. Hammond. Thése Univ. Claude Bernard Lyon p. 106 (1975)
13) A. A. Christopher, *et al., Science*, **190**, 1225 (1975)
14) N. R. Howe, *et al., Science*, **189**, 386 (1975)
15) H. L. Sleeper, *et al., J. Am. Chem. Soc.*, **99**, 2367 (1977)
16) E. R. H. Jones, *J. Conseil.*, **27**, 52 (1962)
17) W. N. McFarland, *et al., Science*, **156**, 260 (1962)
18) 木下治雄, 動雑, **81**, 241 (1972)

19) M. Crisp, *Biol Bull.*, **136**, 355 (1969)
20) P. T. Grant, *et al.*, "Chemoreception in Marine Organisms" Academic Press, London p. 177 (1974)
21) E. W. Knight-Jones, *J. Exp. Biol.*, **30**, 584 (1953)
22) D. J. Faulkner, *et al.*, "Marine Natural Product Chemistry" Plenum Press, New York p. 403 (1977)
23) E. Lederer, *Compt. Rend.*, **209**, 528 (1939)
24) A. Pelter, *et al.*, *J. Chem. Soc. Commun.*, 999 (1976); *Tetrahed. Lett.*, 1881, 2019 (1978)
25) L. Gariello, *et al.*, *Experientia*, **34**, 1427 (1978)
26) R. F. Nigrelli, *et al.*, *Fed. Proc. Fed. Am. Soc. Exp. Biol.*, **26**, 1197 (1967)
27) D. B. Boylan, *et al.*, *Science*, **155**, 52 (1967)
28) E. Clark, *Natl. Geogr.*, **146**, 719 (1974)
29) S. H. Gruber, *et al.*, *Naval Res. Rev.*, **34**, 18 (1982)
30) P. Rosenberg "Toxins, Animal, Plant and Microbial" Pergamon Press, Oxford p. 539 (1978)
31) K. Tachibana, *et al.*, *Science*, **226**, 703 (1984); *Tetrahed.*, **41**, 1027 (1985)
32) 第27回天然有機化合物討論会（広島）要旨集 545頁 (1985)
33) J. S. Kittredge, *et al.*, *Fish. Bull.*, **72**, 1 (1974)
34) H. Singh, *et al.*, *Experientia*, **23**, 624 (1967); I. R. Smith, *et al.*, *Aust. J. Chem.*, **24**, 1487 (1971); T. Matsuno, et al., *Chem. Pharm. Bull. Jpn.*, **20**, 1079 (1972)
35) 松野隆男ら，薬誌，**86**, 637 (1966); 木村欣士，化学と工業，**16**, 1023 (1963); R. F. Nigrelli, *Fed Proc.*, **26**, *Fed Proc.*, **26**, 1197 (1967)
36) R. E. Johannes, *Veliger*, **5**, 104 (1963)
37) B. J. Burreson, *et al.*, *J. Am. Chem. Soc.*, **97**, 4763 (1975)
38) P. J. Scheuer, *Israel J. Chem.*, **16**, 52 (1977)
39) R. Kinnel, *et al.*, *Tetrahed. Lett.*, **3913** (1977)
40) 20) と同一文献 17頁
41) Y. Kashman, *et al.*, *Tetrahed. Lett.*, 1159 (1977)
42) C. Irland, *et al.*, *Bioorg. Chem.*, **7**, 125 (1978)
43) D. R. Idler, *et al.*, *J. Gen. Physiol.*, **39**, 889 (1956)
44) C. J. Berg. Jr., *Am. Zool.*, **12**, 427 (1972)
45) A. B. Jurner, *et al.*, *Nature*, **233**, 209 (1971); S. Ikegami, *et al.*, *Tetrahed. Lett.*, 1601 (1978)
46) 加藤忠弘ら，化学と生物，**14**, 472 (1976)
47) 22) の403頁
48) C. Fulton, *J. Gen. Physiol.*, **46**, 823 (1963)
49) H. M. Lenhoff, *et al.*, 20) の143頁
50) O. Shimomura, *et al.*, *Bull. Chem. Soc. Japan*, **30**, 929 (1957); Y. Haneda, *et al.*, *J. Cell. Comp. Physiol.*, **57**, 55 (1961); Y. Kishi, *et al.*, *Tetrahed., Lett.*, 3427, 3437, 3445 (1966)

51) O. Shimomura, *et al.*, *J. Cell. Comp. Physiol.*, **59**, 223 (1962); **61**, 275 (1963); **62**, 1 (1963); Y. Kohama, *et al.*, *Biochemistry*, **10**, 4149 (1971)
52) O. Shimomura, *et al.*, *Biochemistry*, **11**, 1602 (1972); *Tetrahed. Lett.*, 2963 (1973)
53) S. Inoue, *et al.*, *Tetrahed. Lett.*, 2685 (1977); K. Hori, *et al.*, *Proc. Natl. Acad. Sci. U.S.*, **74**, 4285 (1977); K. Hori, et al., *Biochemistry*, **12**, 4463 (1973)
54) S. Inoue, *et al.*, *Biochemistry*, **17**, 994 (1978)
55) F. H. Johnson, *et al.*, *Proc. Natl. Acad. Sci. U.S.*, **47**, 486 (1961)
56) S. Inoue, *et al.*, *Chem. Lett.*, 253 (1979)
57) 羽根田彌太ら, 海洋学講座第8巻 東大出版 189頁 (1977)
58) T. Goto, *et al.*, *Tetrahed. Lett.*, 2321 (1974)
59) S. Inoue, *et al.*, *Chem. Lett.*, 141 (1975)
60) 32) 古川淳ら600頁 (1985)

3 海洋生物資源の有効利用

中山大樹[*]

3.1 海洋生物資源という概念について

　生物資源という言葉は，まだ熟成，固定しておらず，海洋生物資源という言葉には，カテゴリーを異にする，いくつもの概念が含まれている。整理すれば，次のようになろうか。

水産資源：現に産業規模のバイオマス生産があるもので，将来の課題は，生物の種類，生産ないし加工法の改良などである。

遺伝子資源：生理活性物質を作る海洋生物などが，これに属する。海は探索の場であって，必ずしも生産の場である必要はなく，極端な場合，1個の細胞から，必要な遺伝子のクローニングに成功すれば，海とは縁が切れる。

潜在資源：水産資源にしても遺伝子資源にしても，人が利用するようになる前から，そのままの形で存在していたものである。これに対して，広大な受光面，立体的な海洋空間，水，塩分，二酸化炭素，莫大な量のその他の物質などは，弓のないバイオリンのようなもので，そのままでは永久に鳴り出さない。ここに何らかの人為的操作を加えることにより，マスとしての生産が実現するかもしれない。この種の未発の資源を，潜在的海洋生物資源と呼ぶことにする。ここで主役を演ずるのは生物であるが，最終製品は必ずしも狭義のバイオマスとは限らず，金属等であるかもしれない。

3.2 海洋の性格

　生物生産の第一歩は，一次生産，即ち，燃えかすである二酸化炭素にエネルギーを吹き込んで還元し，有機化する過程である。一次生産が進行するための要素は，しかるべきエネルギー，水，二酸化炭素，窒素，リンおよび微量元素である。

　これらの要素のうち，いちばん不足しているものが制限因子となり，それを上限とする一次生産が起きて，それなりの食物連鎖が続く。生きているバイオマスは水中に留まるが，死骸，脱落部分，排泄物などは，いわゆるマリンスノーとなって海底に沈んで腐敗する。

　このようなわけで，原則として，海底には栄養塩が豊富に存在し，海底から遠い深海の表層は，栄養塩に乏しい。浅海は，表層と海底が近い上に，陸からの流入もあり，表層にも栄養塩がある。

　一方，光は上から来るので，海が深くなるほど，表層では栄養塩が，深部では光が制限因子になる。このようなことがあるので，一口に海と言っても，浅海と深海，水面と海底，水の濁り具合などによって，かなり性格が異なり，最近話題を呼んでいる熱水域では，硫化水素などの生化

---

[*] Ohki Nakayama　山梨大学　工学部

学的燃料が太陽エネルギーの代わりの役を果たしている。

一次産業の要素に注目して海を区分すれば，表1.3.1のようになろう。表の×欄を○に変え，エネルギー欄のひとつおよび生体原料のすべてが○になったとき，一次生産の条件が整い，高次生産への道が開かれることになる。

表1.3.1　一次生産の条件から見た海と陸

一次生産の要素		深海				浅海			陸	
		表層	中層	海底		表層	海底		可耕地	砂漠等
				通常域	熱水域		清澄域	濁水域		
エネルギー源	光	○	×	×		○		×	○〜×	○
	還元物質	×			○	×			×〜○	×
生体原料	N, P	×				○			○〜×	×
	水，微量元素	○							○〜×	×
	CO_2	90 mg/ℓ（陸の150倍↗）							0.6 mg/ℓ	
地球表面に占める％		63.9				7.8			6.3	13.1

3.3　水産資源の有効利用

3.3.1　水産資源の性格

昔，狩猟は人類の主要な食糧調達手段であった。今，機関銃やヘリコプターを持ち出したら，野獣は，たちまち根絶やしになってしまう。海は陸より広いが，本質的な違いはない。漁労技術の進歩は水産を発展させてきたが，今や狩猟型水産の自己否定要因になってしまった。捕鯨の全面禁止は，その桐一葉と言ってよかろう。

狩猟は畜産に，採集は農業に席を譲ったように，水産も，全面的な増殖時代に入らざるを得ないだろう。水中生物のうち，野獣や野草に相当する部分は，むしろ保護し，収穫する分は別に増やすという方式である。こうなると，水産資源という言葉は，今，泳いでいる魚より，将来，増殖に役立つ潜在的水産資源の意味に解する方がよいかもしれない。

採卵，孵化，養殖，放流などの高次生産技術や，流通，加工技術は高度に進んでいる。しかし，これらは如来様の掌の上で見栄を切っている孫悟空のようなもので，一次生産という，しっかりした掌があっての話だ。

3.3.2　浅海

この観点から表1.3.1を見ると，海は陸上の可耕地とくらべて優るとも劣らぬ一次生産の場であり得る。特に浅海は，水の濁りさえなければ，一次生産のための一般的な条件がよく揃っている。浅海の濁りは，おおむね，川から持ち込まれる物質によるもので，アマゾンや黄河など，河水にもともと懸濁質が多い場合は致し方ないが，都市を流れる川の場合は，富栄養化の影響が大

きい。
　仮に川の水が透明であっても，窒素やリンなど，栄養塩が多いと，表層の明るいところに植物プランクトンが過度に発生し，動物プランクトンを経て，ネクトンやベントスへの食物連鎖が滞ると，水が濁り，海底に光が届かなくなる。
　生態系の総合的な光合成と呼吸が平衡するところ，即ち補償点は，日光が1％に減衰するあたりとされており，水がきれいな場合，これは約100mの深度である。水が濁るにつれて，魚礁造成や藻場育成，特に後者のための適地が狭まる。したがって，浅海活用の基本は過栄養化防止であり，それには排水からリンや窒素を取り除くことに努める他ない。

3.3.3　深い海の表層

　深い海では，太陽の光が約1％に減衰する補償点付近に植物プランクトン密度の極大値がある。つまり，海底から拡散して来た栄養塩は，ほとんど暗闇に等しいわずかな青い光の下でプランクトンに吸収されてしまい，光が豊富な表層にはほとんど届かず，これが一次生産の制限因子になっている。
　表層に栄養塩を持ってくる方法の中で，唯一と言ってよい公認の話題は人工湧昇流である。これは，海の中に下から上に向かう水流を生じさせて，栄養塩に富む深層水を湧き上がらせようというもので，さまざまな構想が提案されているが，致命的な問題が二つある。第一は，経済効果にくらべて，海洋土木工事のための持ち出しの方がはるかに大きいこと，第二は，どんなに無理しても，本当に深い海には歯が立たないことである。
　浅海の過栄養化防止と深海表層の適栄養化を，一挙に実現するには，下水等から回収したリンや窒素を，沖の海面に運ぶのが最も合理的であろう[1)～9)]。

3.3.4　深海底

　海底には栄養塩が豊富に存在するから，ここに光を送れば，一次生産が誘発される。海底に光を送るには，フレネル，レンズ等で集めた日光を光ファイバーで送る方法が提唱されているが，深海で，大規模におこなうことは無理だろう。
　放射性廃棄物と蛍光物質を一緒にして透明体に封入したものを沈める案[10)]は，この点には問題がないが，藻類等が付着して，光る面を汚す心配は光ファイバーの場合と同じである。
　熱水域では，化学的独立栄養菌による一次生産が出発点となって生物群落が発達することが知られているが，産業規模の生産は期待できない。このような特殊な水域でない，ふつうの深海にも，低い密度で深海生物が棲息しているが，これは，有光層から降ってくる有機物がエネルギー代謝の出発点になっているものと考えられる。深い海の表層に栄養塩を移入して生物生産を誘発すれば，生産量の何％かが海底の生物群に利用されることが期待される。

3　海洋生物資源の有効利用

3.4　栄養塩の補給

　未利用海域での生産力増強は、光と栄養塩をドッキングさせることによって達成されるが、栄養塩の方が持ち運びに便利なので、これを有光層に運ぶ方が、当面、現実的である。なかでもマイナスの価格を持つ下水中の栄養塩が最も有利である。

　現在、下水処理技術は、コンパクトで、余剰汚泥が出ないような装置で BOD を除去し、高次処理により、栄養塩、主として窒素を抜き取って放流する方向を目指して進んでいるかに見える。

　しかし、下水には、避けることができない恒常的な成分として、栄養塩や重金属が含まれており、BOD 除去と同時に、これらも取り除く方式が望ましい。そのためには、余剰汚泥ゼロを目指すのではなく、少量の余剰汚泥に、栄養塩や重金属をなるべく濃く含ませて、定常的に抜き取る方が良かろう。この方向に沿った下水処理システムの私案を図 1.3.1 に示す[11)~13)]。これは、現行の活性汚泥法を出発点としたものだが、将来、発展が予想される固定化菌体法や直接嫌気法でも、それなりの変法の開発が可能である。

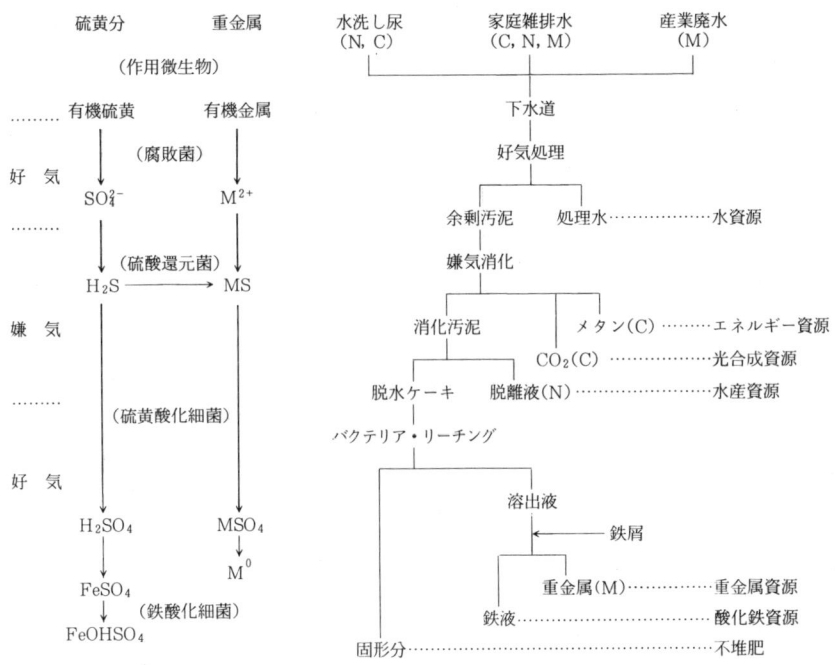

図 1.3.1　下水の完全資源化システム案
（C, N, M：それぞれ，炭素，栄養塩および重金属の主な流れを示す）

この方法によれば，下水中の栄養塩は，重金属を含まない形で脱離液の中に濃縮される。脱離液は，弱いタール香のある淡黄色の液で，海水で数万倍にうすめられても，海産浮游珪藻に対して，顕著な増殖促進作用を示すことが証明されている[14]。下水とか汚泥とかいうと，衛生問題が気になるが，サルモネラ等の病原菌は嫌気消化によって殺され[15]，海産プランクトンは，それに追い打ちをかけることがわかっている[16]～[21]。

脱離液を，どのあたりに運ぶのが良いかということは，海洋学や水産の専門家に検討して頂ければよい。運搬の方法としては，当面は，屎尿投棄船やタンカーを用いればよく，ゆくゆくは，潜水自走タンカーの製作，しかるべき無人島に中継基地を設ける方法，パイプライン方式など，いろいろ考えられる。

また，栄養塩に富む脱離液は，古典的な水産増殖用ばかりでなく，後述のメタグリカルチャーに使うこともできよう。

3.5 遺伝子資源

本書のほとんどのページは，このことを扱っているので，ここでは補遺的な記述に留めておく。

3.5.1 生理活性物質と微生物

貝毒等のほとんどは，貝の遺伝子の支配の下に合成されたものではなく，餌となる微細藻類が作る algotoxin であることが証明されている。海産の特殊な動物は，大量収獲も飼育も容易でないが，微細藻類なら，原則として，培養が可能である。フグ毒すら，起源は細菌ではないかと考えられるようになっているが，細菌ならさらに培養しやすく，プラスミド支配であれば，クローニング成功の可能性もある。海産動植物起源の生理活性物質の第一生産者が微生物であることが判明すれば，その後の研究開発がきわめて有利に展開する。

3.5.2 海洋微生物の生態

海水中の溶存有機物の総量は莫大だが，濃度はきわめて低く，しかも，その大部分は難分解性のものである。このような環境に適応している真性の海洋細菌は，一般に，有機物濃度が高い培地には生育できない oligotroph である。一方，海の中には，利用されやすい有機物濃度が比較的高い微環境があり，ここが，海洋細菌等の主な棲息場所になっている。

それは，浮游物や底泥粒子の表面，海産動植物の表面や動物の腸管内，死骸や排泄物の内部等である。例えばアマモの周囲には酵母や乳酸菌が多く，筆者もアマモから，鞭毛のある *Streptococcus* を分離したことがある。

植物プランクトンの有機物分泌に関しては，多くの研究があるが，これらの周囲には，陸上植物の根圏（rhizosphere）に類した微環境が成立する。植物プランクトンの光合成や光呼吸による溶存酸素濃度勾配の変化に応じて，周囲の細菌が機敏に反応することも知られている[22]。

もうひとつ，無視できないのが共生の現象である。原虫など，水棲無脊椎動物の細胞内に，細菌や単細胞藻類が共生している例はきわめて多く，前者はミトコンドリア，後者は葉緑体の起源の説明に使われている。

細胞内共生ではないが，熱帯や亜熱帯産のホヤの体腔内に住んでいる *Prochloron* は，フィコビリン色素を持たない球状原核藻で，紅藻以外の真核藻や高等植物の葉緑体の起源ではないかという説があるが，まだ培養には成功していない[23]。

温泉の好熱細菌は，熱や薬品に強い酵素の猟場として注目されてきたが，深海熱水域の，桁違いの好熱菌は，新しい遺伝子資源として，期待を集めている。

海には，まだまだ珍しい微生物が棲んでいるものと想像されるが，Kris が，世界中の深海に分布していることを見出して，Krasil'nikovia という新しい門を樹てた奇妙な微生物が，実は引き上げる途中，櫛クラゲに接触した時にスライドグラスに付着した粘着細胞だったという例もあり，培養に成功しないうちは，手放しでは安心できない。

3.5.3 海産光合成微生物集殖法

海産微生物の分離・培養は，それぞれ工夫した方法によればよいが，御参考までに，筆者が浅海の試料に用いている方法を述べておく。

濾過海水に，次の液を $1\,\text{ml}/\ell$ ずつ加えたものを基礎培地とする：$0.09\%\,KH_2PO_4$，$0.5\%\,FeCl_3 \cdot 6H_2O$，$0.5\%\,EDTA\,2Na \cdot 2H_2O$，$7.2\%\,KNO_3$。

基礎培地に寒天を2％加えたものを試験管に分注し，115℃15分オートクレーブをかけて殺菌し，斜面に固める。一方，寒天を加えない基礎培地を別に殺菌しておき，斜面の高さの約1/3量，無菌的に加える。この2相培地に海水，底泥等の試料を加え，しかるべき照度で照明しながら，例えば20℃で培養すると，色とりどりの藻類が，寒天上，液の中など，それぞれの好みの場所に小コロニーを作るので，単藻分離の出発点として好都合である。

海の試料には，寒天分解菌が含まれていることが多く，そのうち，寒天が溶けて，溶存有機質がふえて来ると，光合成細菌が増殖して赤くなることが多い。基礎培地に何か特殊な物質を添加したり，微量の有機物を加えた液体培地を，クビレ試験管に入れ，クビレの上にビー玉をのせて培養する等の変法もある。後者の場合，ビー玉から上には光有機栄養性の藻類，下には光合成細菌がふえてくる[24]。

3.6 潜在資源の有効利用

3.6.1 受光面の利用

人口増加率を定数 r と仮定する Malthus（1798）の人口理論では救いがないが，人口を N とした時，人口増加率を $r-hN$ とする Verhulst（1838）-Pearl（1920）の理論によっても，人口

第1章 海洋生物資源の有効活用

増加曲線が平らになるのは，変曲点 $r/2h$ の倍のところである。平たくいうと，今すぐ人口調節のために全力をあげても，世界人口は，やがて，今の倍になることを覚悟せねばならないということである[25]。

また，石油涸渇後のエネルギー問題に対しては多くの提案があるが，プラスチックスをはじめとする有機原料の供給法については名案が提示されていない。これらは要するに，熱力学第二法則にさからって無機炭素を濃縮し，さらに第一法則にさからって，これを還元する問題である。しかも，微量で高価な生理活性物質と違って，バルクの量が要求されるものであるから，太陽エネルギーを使うに限る。

表1.3.1によれば，外洋は，可耕地の10倍の面積を持ち，N，P以外の光合成要素はすべて揃っており，しかも無機炭素は，既に空中の150倍に濃縮されている。これを活用するのが正道であろう。しかし，陸地に適応してしまった高等植物を使うことはできない。

誰しも考えるのは，高等植物より遥かに増殖が早い微細藻類だが，これは，バイオマスの収穫が容易でない。かりに経済的に収穫できたとしても，超精密機器である葉緑体をタンパク扱いするのは，ICを目方で売り買いするような芸のない話だ。

ひるがえって考えてみると，米でも芋でも，固定化葉緑体としての緑の葉はシーズンを通して大切に使い，光合成産物は，緑の細胞の外へ運び出して，胚乳の中や地下など，光合成の邪魔にならないところに貯える。

微細藻類の活力と，高等植物の知恵を組み合わせれば，画期的な生産システムの構築が可能であろう。その実例が珊瑚礁である。珊瑚虫の肉の細胞の中には，Zooxanthella と総称される単細胞藻類が共生しているが，これは，宿主の成長に見合う速度でしか増殖せず，余分な光合成産物を，自己の細胞外，換言すれば珊瑚の細胞内に分泌し，これが珊瑚に利用される。このようにして，食物連鎖によらない動物生産がおこなわれ，その速度は，陸上の一次生産を上まわることさえあるらしい[26]。

珊瑚は骨があって無駄なので，例えばクラゲのようなものに，分子状窒素固定能力がある藍藻などを仕込めば，不足する要素はリンだけとなる。リン酸が少しずつ溶け出るような浮游体を浮かべておけば，Anabaena を埋め込んだ青や褐色のクラゲ，Trichodesmium を共生させた赤いクラゲ等が，浮游体の周囲に群がるだろう。クラゲは，魚のように泳ぎまわってエネルギーを浪費することがないが，嵐が来れば深く潜るぐらいの自主性は持っているし，収穫も容易である。

浮游体は，信号を発したり，指令を受けて，あるていど航行できるようにしておくのがよく，また，クラゲの底棲世代を過ごさせる模擬海底をつけておくのもよかろう。

必須アミノ酸に富むクラゲ，牛肉の味のクラゲ，デンプンや油の多いクラゲ等を作ることは，遺伝子工学の将来の課題になろう。

有機物を分泌する固定化藻類と,有機物を用いて水素を発生する光合成細菌と燃料電池を組み合わせた太陽エネルギー変換ユニットなどは,物質の消耗を伴わないから,砂漠を使うことができるが,水や二酸化炭素が多量に必要なバルク産業は,なるべく海へ持って来て,しかも自力で情況判断して,自主的に最適化を図ってくれる生物を活用する方式がよい。私は,このような再構築型の新しい生物産業を metagriculture (超農業) と呼んでいる[27]。

3.6.2 溶存物質の利用

リンの資源であるグアノは,海水中のリンが,プランクトン・魚・海鳥という食物連鎖の末に濃縮されたものである。現在,都市に近い海では,処理下水から来る窒素分がプランクトン生育の制限因子になる程度に,リンが増加している。

ポリリン酸の形でリンを高度に蓄積する菌などが知られており,グアノを掘り尽くす前に,リンを回収する技術が完成することが期待される。その他,ストロンチウムを濃縮する放散虫,バナジウムやチタンを濃縮するホヤなど,海には特定の物質を蓄積する生物が少なくない。海水中のウランの物理化学的な吸着は日程にのぼっているが,エントロピーの局所的減少を伴う濃縮の仕事は,生物を自己増殖性の吸着材として使うのが有利である。

例えば,発電所の冷却水の水路などは,常時,莫大な量の新しい海水が流入し,毎年,おびただしい量の付着性バイオマスを除去しなければならない。このような場合,工夫によってはバイオ鉱床として利用することも可能であろう。

3.6.3 空間の利用

世界中で,海の利用がさかんだが,そのほとんどは浅海の破壊的利用である。海洋土木にせよ,船舶工学にせよ,強度が要求されるのは,液-固,液-気の境界であって,海の中へ入ってしまえば,比重さえ合わせれば,静かな定温無重力空間である。その証拠に,陸上では立ちあがることさえできないクラゲでも,颯爽と振舞っている。

1工程につき1個のビーカーを用意するのが化学工業の行き方であるとすれば,超微細化した100個のビーカーを1個の細胞の中に収め,無数の均質な細胞を1工程で使うのがバイオインダストリーである。器用に設計された1基のバイオリアクターは100工程にも相当し,通気が不要なら,いくらでもスケール・アップできる。

地価が高く,重力や温度変化に悩まされる陸上より,海中にオートメーション化された軟構造の大型バイオリアクターを作る方が有利な例が,今後,いろいろ現れて来ることが予想される。特に海洋起源の新しい微生物を使う産業の場合,その可能性があろう[28]。

第1章 海洋生物資源の有効活用

文　　献

1) 中山大樹, 環境汚染問題と漁業問題の同時解決法
　―マリン・ラグーン―, 発酵と工業, **35**, 597-599 (1977)
2) O. Nakayama, Marine lagoon combined with ocean pasture, 9th Intnl. Seaweed Sympo., Santa Barbara, Aug. 1977, *Abst. J. Phycol.*, **13**, Suppl. 48 (1977)
3) 中山大樹, 海洋プランクトンによる環境浄化の技術的特色, 食品工業, **21**, 16-22 (1978)
4) O. Nakayama, Marine lagoon, a plan for the enhancement in marine production by trophic wastes, 5 th Intnl. Congr. Food Sci and Technol., Kyoto, Sept. Abst. 70 (1978)
5) 中山大樹, 廃水処理と海産蛋白生産を兼ねる方法および装置, 公開特許公報, 昭 53-139357 (1978)
6) O. Nakayama, Treatment of night soil by means of marine microalgae, US-Japan Intersoc. Microbiol. Congr., Honolulu. May (1979)
7) 中山大樹, マリン・ラグーンによる海洋バイオマス, 遺伝, **36**, 10-14 (1982)
8) 中山大樹, 雨宮由美子, 大野正夫, 太陽エネルギーによる屎尿等の水産資源化, エネルギー・資源, **4**, 6-10 (1983)
9) 中山大樹, マリンラグーン構想, 生物による環境浄化 (東京大学出版会), 217-230 (1980)
10) 中山大樹, 蛋白源としてのユウグレナ, 食品開発, **5**(4), 28～31 (1969)
11) 中山大樹, 下水汚泥からの重金属除去回収, PPM, **14**(5), 23～28 (1983).
12) 中山大樹, 下水等の生物による資源利用システム, 発酵と工業, **43**(2), 148～155 (1985)
13) 中山大樹, 下水汚泥からの重金属除去方法に関する研究, 再生と利用, **8**, 28, 6～11 (1985)
14) 中山大樹, 嫌気消化脱離液の水産資源化, PPM, 15(3), 50～56 (1984)
15) 中山大樹, 嫌気消化し尿中における食物中毒菌等の消長, 発酵工学会誌, **59**, 297-302 (1981)
16) 中山大樹, 大野正夫, 海水中での腸内細菌の消長に及ぼす屎尿等の影響, 日本水産学会誌, **47**, 165-169 (1981)
17) J. McCambridge, T. A. McMeekin, Effect of solar radiation and predacious microorganisms on survival of fecal and other bacteria, *Appl. Environ. Microbiol.*, **41**, 1083-1087 (1981)
18) R. B. Kapuscinski, R. Mitchell, Solar radiation induces sublethal injury in *Escherichia coli* in seawater, *Appl. Environ. Microbiol.*, **41**, 670-674 (1981)
19) R. S. Fujioka, H. H. Hashimoto, E. B. Siwak and R. H. F. Young, Effect of sunlight on survival of indicator bacteria in seawater, *Appl. Environ. Microbiol.*, **41**, 690-696 (1981)
20) 犬飼 晃, 桜井善雄：日光による水中の大腸菌群細菌の減衰, 日本陸水学会甲信越支部会会報, 4, 416 (1980)
21) 中山, 環境と微生物をめぐる最近の話題から, PPM, 14(9), 62～70 (1983)

22) O. Nakayama, Actions of microalgae in anaerobic environments, Proc. 1st Intnl, Congress of IAMS, 2, 507～511 (1974)
23) 中山, 第1回国際藻類学大会印象記, 発酵と工業, **40** (10), 950～954 (1982)
24) 中山, 鞭毛藻の工業的利用の可能性について, 醗酵工学雑誌, **48** (7), 416～424 (1970)
25) 中山, 藻類による食糧生産, 発酵と工業, **37** (11), 1032～1040 (1979)
26) 中山大樹, サンゴとオニヒトデ, 発酵と工業, **43** (6)。564～565 (1985)
27) 中山大樹, メタグリカルチャー, 上, 中, 下, 日経産業新聞, 4月9～11日 (1985)
28) 中山大樹, 21世紀の海洋開発, 化学と生物, **18** (8), 546～550 (1980)

第2章　海洋微生物

1　海生菌の探索・分離・培養

椿　啓介*

1.1　はじめに（海生菌類とは）

　菌類という用語はかつては広い意味で用いられ，古くは下等植物に入れられて藻類と対比され，光合成能力を本質的に欠くものと一括されたものであった。しかし，現在では体制や生殖法などの面から植物界と一線を画し，菌界（Kingdom Fungi）として独立させる考えが強い。学問的な分け方とは別に，いわゆるカビ，キノコ，酵母が含まれている。これらは古くから応用微生物の分野で人生と関わりの深いものであるが，大部分は陸上生活をするものとして知られており，海中にカビが生活しているということは一般には頭の中に入れられていなかったようである。海の微生物というと普通は赤潮を構成するプランクトンとか，あるいはバクテリアなどが考えられ，カビがいるということは常識の外側におかれやすい。しかし，海にカビ（糸状菌類，微小菌類と言われる）が生活の場をもっている事実はかなり古くから知られていた。一般にミズカビ群といわれる海水菌類の仲間は淡水のものと近縁で，魚や海藻の病原菌として水産学上で知られていた。これらのカビとは別個に，海生菌類というものが研究されてきたのは陸上のものに比べてかなりおくれ，近々40年程度の歴史しかない。ただし近代科学の進展にともない，その進み方は急速で主に米英で発展してきている。研究態勢も分類地理学的なものと平行して環境科学・生化学・細胞学など広い分野で活発な研究がおこなわれ，現在では国際海生菌シンポジウムも開かれ，本年（1985）は第4回目で10数カ国から研究者が集まり，国際組織として独立しつつある状態である。
　さて，研究が進むにつれて海生菌類の定義が問題となってくる。海生菌類とは，特別な科とか目とかの分類群を指すものでなく，海に生活の場をもっている，言わば生態群であるのでその定義に種々の議論がある。簡単にのべると，海に生活し，その生活史を全うする菌類を一括して海生菌類（あるいは海水菌類）ということになっている。これらの生活は，プランクトンなどと異なり，すべて酸素を強く要求する好気性である菌類の仲間であるから，生活の場は深い海底にはなく，浮遊している流木とか海藻などに付着（あるいは寄生）しており，そこから養分を取り入れながら溶存酸素の比較的多い海の表層近く，あるいは海岸の波打ち際などにひそんでいること

---

*　Keisuke Tubaki　筑波大学　生物科学系

1 海生菌の探索・分離・培養

が大部分である。そして菌類の特性のひとつである菌糸をのばし、成熟すると子実体と称するそれぞれ特徴ある生殖器官をそれら基質の上に形成して胞子をそこから放出する。このような生活様式をもつ菌類であるから、後に示すような特別な採集・分離操作を必要とし、したがって陸生菌とはかなり異なった方法による。土壌菌のような希釈平板法は適さない。海水を平板培地に流し込むと、当然アオカビなど各種の菌類が培地上に生育してくるが、それらは現在では海生菌類とは呼ばない。何故なら、単に飛来したのみである可能性が強く、そこに海で生活するという証拠がないからである。

以上のように学問的な意味から真の海生菌類と称するものは海水に適応した生活様式をもっているが、海という環境から広く菌類を得る目的によっては海生菌類とは言えないが海の底泥から見出される菌類も分離することもある。これらは陸生菌と区別できないことが多いが、底泥は豊富な微生物相をもっているので興味ある対象ではある。分離法については後にのべる。

海生菌類全体については J. Kohlmeyer & E. Kohlmeyer[1]の成書に詳細にのべられており、日本においても成果はまとめられつつある[2～4),6]。

1.2 海生菌類の分類学上の位置と特徴

菌類は全体で 6,000 近くの属、65,000 近くの種類からなる大群であるから、その中で海生菌類がどの位置で占める割合が高いかに触れる必要があり、そのため菌類分類体系の大要を下にのべておく[5]。

鞭毛菌類（Mastigomycotina）：鞭毛という泳ぐための器官を備えた遊走細胞（遊走子）をもつものが大部分であり、水中生活のものが多く、ミズカビなどが代表的で、海では魚や海藻に病気を起こす種類がある。

接合菌類（Zygomycotina）：陸上生活の種類が大部分で、ケカビなどが代表的である。接合子を形成する。

子嚢菌類（Ascomycotina）：有性生殖の結果、子嚢という袋状の器官ができ、その中に原則として4個、あるいは8個の子嚢胞子ができる。菌類の中の大世帯で単細胞を主体とする *Saccharomyces* などの酵母からアカパンカビ、チャワンタケなど大型のものまで多様である。陸生菌が当然多いが、近年、海生菌の研究対象となって急速に探索されている種類はこの仲間のものが多いので、やや詳しくのべておく。前述の子嚢がたくさんあつまって子嚢果という器官が形成されたものが酵母（子嚢酵母）以外の大部分の子嚢菌類であり、その子嚢果の形状によって不整子嚢菌類、核菌類、小房子嚢菌類および盤菌類に4大別される。海にいるカビのほとんどは前3者に含まれ、さらに興味ある点は、海には2番目の核菌類に入るものが圧倒的に多いことである。核菌類の特徴は図 2.1.1 のようにトックリ形の子嚢果（子嚢殻；被子器ともいう）をつくる

ことで，その中に縦に子嚢胞子をならべた細長い子嚢が並び，成熟すると各子嚢の外壁がくずれて，ばらばらになった子嚢胞子が上部の首の先端部分に開く孔（孔口）から外に押し出される。この子嚢果は虫ピンの大きさぐらいのものまであり，流木などの表面にできると慣れれば肉眼でも判別できるほどである。さらにこの海生の核菌類の大きな特徴として，成熟した子嚢胞子に，種類に特有な付属物（appendage）が備わっていることである。この付属物は図2.1.2に示すようにきわめて特徴があり，現在ではその形成法が系統を反映するものとされ，詳細な形態学的あるいは細胞学的な検討が分類する上に要求されている。機能的には海水に浮遊しやすく，基質に付着しやすいためと考えられているが判然とした理由ではない。子嚢果は何故か黒色〜暗色のものが多い。

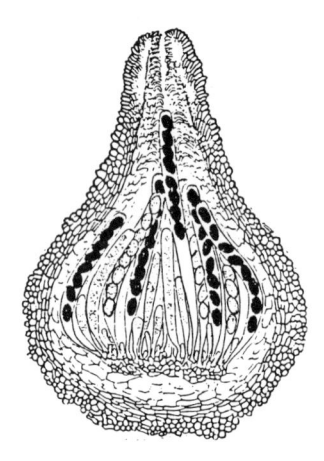

図2.1.1 核菌類の子嚢殻

担子菌類（Basidiomycotina）：陸上のキノコが大部分で，未だ海からキノコ形のこの仲間は見つかっていない。担子菌が陸上で分化したからという説が強いが，数種の担子菌のみ見出されている。ただし海生の酵母として *Leucosporidium* などの発見は有名である（酵母参照）。

不完全菌類（Deuteromycotina）：以上の3群とちがって有性生殖器官の形成が未だ見つかっていないものを集めた菌群で，性という面から見ると有性生殖が不明なので分類学上で不完全だという意味である。繁殖はこのため性の区別のない無性の分生子という胞子による。大部分は子嚢菌類につながっている。海にいる不完全菌類はかなり多く，その分生子の形はさまざまで図2.1.2にそのいくつかを示してある。

以上が分類学上の大要であるが，子嚢菌類全体の属に対する海生菌類の属の割合は表2.1.1のようになる。もちろん，研究が急速に進んでいる仲間であるから正確な数字ではなく，ひとつの傾向を示すものである。

表2.1.1 子嚢菌類・不完全菌類のなかに占める海生の属の数

分類群	属数合計	海生の属	海生の種類
不整子嚢菌綱	110以上	2	2
核　菌　綱	340以上	37	95
盤　菌　綱	345	1	1
小房子嚢菌綱	784	5	約60
不完全菌亜門	1680	40	56

なお，海泥から平板法によって直接分離される菌類は上記のような特殊な海生菌類とは異なり，陸生および水生の一般菌類と同様なものであるが，海という環境においても死滅せずに生存していると思われ，幾分，分類学的には限られているようである。特に記すべき点としては，陸上の糞生菌とよばれる仲間と同様な子嚢

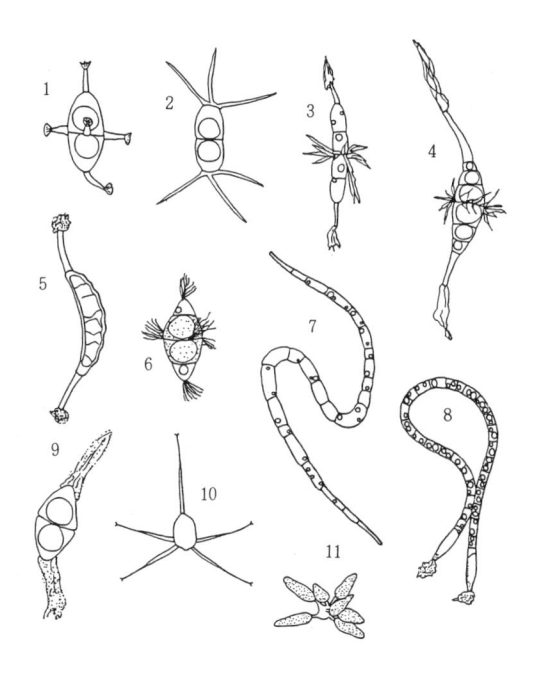

図2.1.2　海生菌類の子嚢胞子および担子菌類，不完全菌類の分生子の付属物
1. *Chaetosphaeria* sp.　2. *Corollospora trifurcata*　3. *Cor. intermedia*
4. *Cor. lacera*　5. *Cor. tubulata*　6. *Cor. cristata*　7. *Lindra thalassiae*
8. *Lindra* sp.　9. *Halosphaeria pilleata*（以上海生子嚢菌類）
10. *Nia vibrissia*（海生担子菌類）　11. *Asteromyces cruciatus*（海生不完全菌類）

菌類のいくつかが見られることである。ほとんどの海底の子嚢菌類は不整子嚢菌類あるいは核菌類に入るものである。海泥という諸有機物質が蓄積される条件によるのであろう。底泥といっても深海ではきわめて少なく，主として沿岸あるいは湾内が採集の対象となる。

1.2.1　採集と分離培養

　海生菌類の胞子は当然ながら海水中に放出されるので，言わば当初から海水に懸濁したかたちで分散している。したがって海水を採取してその中に胞子を見出す確率はほとんどないに等しく，細菌や酵母などに用いられる希釈平板法はカビの場合に全く不適である。そのため海生菌類の採集には種々の方法が考案され，純粋培養株を得て諸研究に供するためのノウハウはこの採集法につきるといっても過言でない。場合によっては陸上の落葉などからカビを見つけるような野外観

察的な操作も必要となる。次にその各種採集法をのべる[3),4),6)]。

(1) 採集法

① 流木採集法：海岸に流れついた流木のほか，海藻やヤシの実などを採り，その表面に形成されている子実体を確認して分離に供する方法で最も古くから使われている。ルーペを片手に海岸を歩き，打ち上げられた上記の基質をとり，表面を詳しく観察する。常にしぶきをかぶる大きな流木では見つかる可能性も高く，比較的小さい流木は表面がえてして摩滅しているが凹みや裂け目の中に子嚢果を見出すことができる。さらに湿室法ともいうが，流木などを採り，シャーレ中の湿室に移しておくと，内部の菌類の子実体が表面に形成されてくるので低倍率の実体顕微鏡下で容易に観察される。海藻やアマモなどの植物も，直接観察下で変色した部分に暗色の子実体を見出すこともでき，また湿室法で観察する。ただし，このように流れついたものに生育している菌類といっても，すでに陸上にあった頃に着生していた元来が陸生菌のものもあり，慣れないと判別に苦しむことがある。すなわち，海で生活史を全うする菌か否かはこの方法では証明することが難しい。この理由から次のパネル法が考案されたわけである。

② 木材パネル法：滅菌した材片を海水中に放置し，その上に生育してくる菌類を得る方法で，言わば釣菌法あるいは集積培養である。この方法によると明らかに海水中で生活史をまわしている菌類を得ることが可能である。材としてはバルサが柔らかいので生育しやすく，その他竹片などいろいろの基質が用いられる。海中に放置する期間は普通は1～6カ月で十分であり，1年ぐらい放置すると材が崩れ去ることがある。1～3カ月毎に海から取り上げ，材片の表面に付着した汚泥，介殻などをけずりとった上で上記のシャーレ中の湿室に保つと1週間～5日ほどで一斉に海生菌類が生育してくる。実体顕微鏡下で先ず生育を確認してから常法の検鏡に供する。木材パネル片はこのように一定期間おきに取り上げてみると，出現する海生菌類の順序も月毎に異なるので全体像を知りやすい。このため数片をまとめてロープでつなぐか，あるいは小容器に納めると良い。筆者はポリエチの籠を使っている。ロープをつけたまま滅菌する場合はガス滅菌を用いうる。長期間海水に放置することで注意すべきは，心ないいたずらと台風による流失であり，このため湾内のイカダなどにロープを強く結びつけておくことが必要である。この木材着生菌を特に lignicolous 海生菌類とよんでいる。

③ 海泡法：海岸にできる泡塊を集め，その中から胞子を直接，マニュピレーターなどにより分離する。海風が海岸に向けて強くふく日が最適で，容易に泡をポリ袋などに集めることができ，海藻の多い冬～春などが適時である。泡の中には海に放出された胞子がたくさん取り込まれており，分離材料としての成功率は高い。代表的な泡塊を写真2.1.1で示す。

④ 海砂法：海岸の砂を採取してシャーレに納め，その上に滅菌材片をおいておくと，砂中にまじっていた菌類がやがて材片に移って生育してくる。この仲間は砂粒や貝殻などに好んで生育

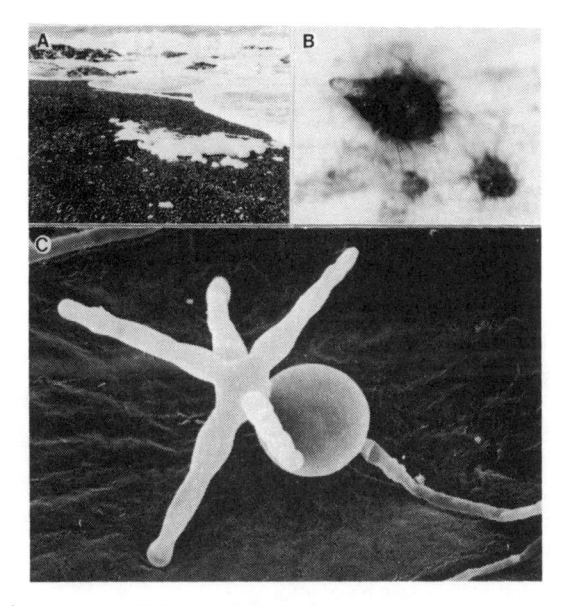

写真 2.1.1　A. 海岸にできた海水の泡
　　　　　　B. パネル上に形成された子嚢殻（×90）
　　　　　　C. 海生不完全菌類 *Orbimyces* の分生子，走査電顕像

する海生菌類で，一般にarenicolous菌類と区別してよばれ（詳細は別項（p.38～p.47）を参照する），特殊な生態をもっている一群である。

　以上が一般に用いられる方法で，この他にも多量の海水をメンブレンフィルターで集めたり，遠沈法で集めたりすることもできるが，混在する珪藻などの多量のプランクトンに邪魔されやすい。

　海生菌類を採集するおおよその方法は以上のとおりであるが基質はこの他さまざまのものがあり，すべてが対象となる。冬～春の間，海岸に打ち上げられる海藻，アマモなどの植物は好適な材料となり，カキの貝殻などにも特殊なものの付いていることがある。最近，植物保護の面からも話題となっているマングローブ植物も好材料である。日本列島は南北に長く，北海道北端と沖縄県諸島の海に見いだされる海生菌類構成種には差があり，特に南方海域に分布する海生菌類には今後の研究に期待するところが多い。流木，海藻，植物遺体，泡塊，海砂などの採集は余り時間を要しないので短期間の旅行でも集めることができよう。携帯用のアイスボックスの最近のものは，かなり能率よく低温に保ち得るので採集旅行に欠くことはできない。

第2章 海洋微生物

(2) 分離培養

① 培地:海水中で生育しているので当然ながら海水培地を基本とする。海水は天然海水を使用しても良いが成分は一定せず,地域および気象条件により成分に変動も生ずるので,むしろ人工海水の方が便利である。人工海水の組成にも種々あるが海産動物や海藻にくらべても海生菌類はそれほど過敏でないので市販されている熱帯魚用の人工海水,あるいは特に研究用に市販されているものは十分に使用できる。むしろ組成が一定している利点がある。pHは海水の条件に近くして滅菌後に7.5〜8.0にするのが普通。陸生あるいは淡水生のカビが一般に微酸性を好むことは良く知られているが,海生菌類は海水がアルカリ側であることから,むしろ微アルカリを好むことも海生菌類の大きな特性のひとつでもあり,研究するうえに常に注意しなければならない。最も良く用いられる培地は海水・酵母エキス・ブドウ糖寒天培地で,ブドウ糖1%,酵母エキス0.1%を基本とする。炭素源としてはブドウ糖以外にも粉末セルロースが木材着生菌の発育に良好結果を与えることもあり,また可溶性デンプンも子嚢果形成に好適のこともある。一般にビタミン要求性があるので酵母エキスは必要である。栄養菌糸の生育にはさほど難しい条件はないが,子嚢果の形成を求める場合は,上記の合成培地からブドウ糖を抜き,その代わりにバルサ材細片,割箸,イネワラ,その他の植物片を寒天培地に突き挿し,あるいは液体培地に半没させて,接種培養することもある。

② 温度:特別のばあいを除き,20〜25℃で培養する。25℃以上では発育が急におとろえることが多く,30℃に上げてはならない。ただし,栄養増殖と子実体形成の見かけ上の適温は一致せず,生活史を全うさせる目的のばあいは,当初むしろ室温に保つことが有効であろう。自然界における菌類の生態と分離培養株とされた後に得られるデータとの不一致は,他にもしばしば認められる現象で今後の課題のひとつでもある。

③ 分離操作:菌類,特に微小なカビのばあい,分離とは,元来見えないものを見えるようにする操作であるが,すでにのべたように海生菌類の胞子は海水中に放出された時点ではきわめてうすい suspension の状態にあり,細菌や酵母のような希釈平板法は用いられない。したがって,上記の諸採集法によって確実に菌類の存在が認められる状態にまずおいてから分離がはじまる。実際には木材パネル,流木などの上で海生菌類の生育があることをあらかじめ30〜40倍の実体顕微鏡下で認め,さらに高倍率(400〜1,000倍)でおよその胞子の形質を確認する。この際後々の同定のため,材料となった基質は分離成功後に乾燥して大切に保存し,同時に基質から得られた子実体のプレパラートも一緒に保存しておく。分離株が栄養増殖のみで子実体形成の再現性ができない場合もよくあるからである。基質上からの分離は直接分離でおこない,実体顕微鏡下で滅菌針により胞子を釣り上げて平板に移植する。海の材料には細菌汚染が多いので,抗生物質は幾分濃度を高める必要がある。普通はストレプトマイシン(100 mg/ℓ)とペ

ニシリン(100 mg/ℓ)を併用するか,テトラサイクリン(500 mg/ℓ)を用いている。平板に移された胞子は平板裏面から顕微鏡下で存在を確認し,翌日からさらに発芽状況をしらべる。発芽を確認し,菌糸増殖のはじまった胞子は釣菌して新しい培地に移し,分離が完了する。この操作には相当の熟練があっても雑菌混入率は低くないので,ミクロマニュピレーターの装置がほしい。これにより単胞子を間違いなく分離でき,比較的大きな胞子であるカビのばあいは簡易型で十分役立てることができる。泡の採集品のばあい,常温におくと急速な細菌による汚染がはじまるので可能な限り早く分離に供する。泡は採取後の移動の間に液化するので,その沈殿部分をピペットで各1ml程度取り,分離用平板に均一にひろげ,このばあいは細針で単胞子を釣り出すことが必要となり,ミクロマニュピレーターが不可欠となる。マニュピレーターで清浄な平板上に胞子を移し,発芽の確認をした後,培地に移植して培養株を得る。

慣れてくると,実体顕微鏡下で子嚢果の側面を軽く針先で圧迫すると孔口部から**子嚢胞子**が白い塊状となって押し出されてくるので,その塊状胞子ごと釣りあげたり,あるいは分生子を釣りあげて分離することもできる。

④ 海底泥からの分離:前記のように,海底泥から各種の菌類が常法の希釈平板法で分離されるが,これらは純粋な海生菌類ではなく,海という特殊な環境からの分離株という程度に解釈しておく。採集と分離法には内外を通じて多くの方法があるが,日本では上田[7]の研究が詳しい。生態学的な見地から詳細に調査するばあいを除き,一般に分離だけを目的とするときには特別な採取器材は必要とせず,普通の採泥器を用いる。筆者が港湾内海底泥で試みたときは,採取した湿検体2gを3mlの滅菌生理食塩水に投じ,撹拌した後,その0.1mlを分離用寒天培地平板にひろげて培養,分離した。当然ながら表層には最も菌類が多く,ヘドロの多い海泥ではあったが20〜30cmの深さでは極端に菌数が低下した。分離頻度の高い順では *Penicillium-Aspergillus-Trichoderma-Fusarium-Geotrichum-Paecilomyces-Mucor-Rhizopus-Acremonium-Cladosporium-Chaetomium-Doratomyces-Phoma* の諸属のものであった。この他,子嚢菌類の *Emericellopsis* の分離頻度が陸上の試料にくらべてはるかに高い点が目立った。また,*Talaromyces*(*Penicillium* の有性時代の1つ)もかなり多い。海底泥はそこに流入する河川の影響が大きく,汚染度の調査の対象ともなるが,同時に良い分離源でもあろう。

1.3 海生菌類の同定

海生菌類の同定に必要な文献はその研究歴がそれほど古くないので,陸生菌類のばあいのような入手し難い古典的なものは比較的少ない。分類ばかりでなく生態的な説明が詳しくのせられてあるJ. & E. Kohlmeyer(1979)[1]の成書はその点不可欠で,従来の主な文献はすべて引用してあるので便利である。図と写真も載っているが,さらに詳しい図集は同じ著者らにより出版され

第2章 海洋微生物

ており[8]，現在でも入手できる。

　すでにのべたように材片などの基質上に形成された子囊果から分離した株でも，材上の形質の再現性は培養下で求めることが難しく，したがって分離源となった材片自体が同定の材料となる。そこに形成されている子囊果のばあい，同定のためしらべるべき形質は，子囊果の性質（閉子囊殻か子囊殻かなど），形，色，大きさなど，子囊の形，大きさ，構造（一重壁か二重壁か），先端孔口部構造などや，子囊胞子の形，大きさ，細胞数，付属物の有無およびその構造など，さらに現在では子囊果壁の構造が重要な分類基準となっているので切片をつくり記録する。子囊胞子付属物は透明なものが多く，通常の透過光下の顕微鏡観察では判別しにくいことがある。このばあいはトルイジン・ブルーで染色すると酸性多糖類反応により赤く染まることが多い。位相差あるいは微分干渉装置があれば問題はない。付属物の形質は重要な分類基準であるので成熟した胞子について十分に観察し写真を撮っておくことが望ましい。走査型電顕下の観察も重要で現在では普通に要求されている。これらの観察に用いたプレパラートは永久プレパラートとして大切に保存しておく。基質上の子実体の観察の次に培養株の観察であるが，栄養菌糸のみのばあいでも，培地上の生育状況，適温をしらべる。培養下で子囊果形成をみることは容易でないが，成功例もかなりあるので長い時間にわたり観察をつづける。海水培地に上記のような自然基質を投入しておくのも子囊果形成に役立つ。さらに子囊胞子からの培養株では不完全時代の発現にも常に注意をはらい，分生子の有無とその形質は重要なので十分に観察する。不完全菌類のばあいは，分生子の形成は培地上でも比較的みられやすいので，基質上と培養下での比較，分生子の形成方法は詳細に検討する。

　不完全菌類であり分生子しか形成されないものでも栄養菌糸の構造は詳細に観察しておく。特にその隔壁部に注意し，かすがい連結の有無についてしらべる必要がある。もし備わっているばあいは担子菌類であることを示しているからである。担子菌類である疑いが濃い時は，隔壁構造を透過型電顕で観察し，隔壁孔の詳細な検討をおこなう。

　以上，海生菌類のおおよその概念，採集法，分離培養法などについて述べたが，周辺を海にとりまかれた日本においては研究の緒についたばかりといえよう。陸生菌と異なり，むしろ海の環境に適応してアルカリ側を好む海生菌類の生産する生理活性物質の研究は，北と南を同時にさぐり得る日本で大いに期待したいものである。さらに発展すれば，海水と淡水の混じりあった汽水に分布する菌類，あるいは，より苛酷な条件下の塩湖に分布する菌類にも及ぶ。純海生菌類ばかりでなく，海の底泥の菌類に関しても日本における研究者の数は少なく，これらは，いわゆる wastebasket の菌類といわれる1つであろう。今後の成果に期待するところである。

文　　献

1) J. Kohlmeyer, E. Kohlmeyer, "Marine Mycology, The Higher Fungi", Academic Press, N. Y. (1979)
2) 長谷川武治, ほか, 海の微生物, 大日本図書 p.67 (1974)
3) 宇田川俊一, ほか, 菌類図鑑 (上), 講談社 p.46 (1978)
4) 青島清雄, ほか, 菌類研究法, 共立出版 p.126 (1983)
5) 椿啓介, ほか, ウエブスター菌類概論, 講談社 (1985)
6) 門田元・多賀信夫, 海洋微生物研究法, 学会出版センター p.193 (1985)
7) 山里一英, ほか, 微生物の分離法, R & D プランニング (1985) (印刷中)
8) J. Kohlmeyer & E. Kohlmeyer, "Icones Fungorum Maris", Cramer, Weinheim and Lehre (1964-1969)

2 海生菌(Arenicolous)の探索・分離・培養

土倉亮一[*]

2.1 はじめに

海生菌の中には海中で生活する以外に,海岸に打ちあげられたさまざまな動植物性由来の有機質を分解して生活を営むかびの一群が知られている。とくに海岸の砂質を好んで,砂浜の砂粒上や貝殻片の表面に子実体を形成する海生菌は arenicolous marine fungi とよばれている。海生菌の子実体が,砂浜の砂粒や貝殻片のような珪酸質または石灰質の硬い物体の表面に特異的に着生することは W. Höhnk[1)]が初めて図示しており,のちに J. Kohlmeyer[5)], J. Koch[3)], K. Tubaki[9)]らによって確認された。砂粒上あるいは硬質物上に子のう殻を形成する海生菌8種が報告[6)]されていたが,近年,G. Rees ら[19)]は北欧のスカゲラ海峡に面するデンマークの砂丘海岸(57°22′N, 9°43′E)において海辺の砂中に埋まった木片をとりまいている砂粒上から43種の海生子のう菌を見出しているが,同氏らはこれらの海生菌を lignicolous marine fungi として扱っている。

筆者は1975年以来,本邦海岸の砂質にすむ海生菌の採取を試みたが,意外にも残された問題の多い分野であり,今後多分に有用なものとして利用できるかもしれないという性質の微生物であるように思われる。以下,本邦海岸における分布と調査の状況を述べ,基礎研究の資料を提供したい。

なお,砂質を好み,砂粒上に住む海生菌の種類には,未だ種名のつけられていないもの[10), 17)],種名が変更されたもの[2)],あるいは,最近,種名が与えられたもの[4), 8)]などがいくつかあるので,筆者の数年前の報告[11)〜18)]に記されている旧種名と新しい種名との関係を十分留意して文献を参照していただきたい。

2.2 砂浜海岸に住んでいる海生菌

2.2.1 初期の調査

砂浜海岸にどのような状態で海生菌が生活しているかという生態的な問題がはっきりしない初期の調査では,各地の海岸の砂を採取して研究室に持ち帰り,実体顕微鏡で観察したり,砂粒を平面培地上において発育してくる菌糸体を分離培養するというようなことを反復していた。しかし,海生菌らしい菌株は得ることができなかった。このような採取法の繰返しのなかで,波打ちぎわに生えている海藻を採取して,その小片を培地上に移植しておく実験を加えてみた。1975年11月および翌1976年11月に京都府北部の箱石浜で採取したウミトラノオ(*Sargassum tunbergii*)の藻体表面に着生している *Corollospora maritima* 菌の子のう胞子を見つけ,単一胞子分離を

[*] Ryoichi Tokura 京都教育大学 教育学部

行って，わずかに2菌株を得ることができた。斜面培地の試験管の内壁に子のう殻が多数形成されたのは培養2カ月後であった。子のう殻をこわすと，直接，子のう胞子があらわれ，海水中の子のう胞子には特徴のある附属物が備わっていることを確認した。これらの胞子体が海岸の波打ちぎわに寄せる海泡中にいることもわかってきた。

2.2.2 試料採取と観察の能率的な方法

砂浜海岸に打ちあげられた木竹材片が砂に埋もれている場合，それらがいつ砂浜に流れ着いたのか，またどのようにして砂に埋もれたのかは不明であるが，少なくとも数カ月以上経過したと考えられる木竹材片ではそれらをとりまいている砂粒の表面は黒味を帯びている。それは砂粒をつなぎとめるように黒色の菌糸が網状にまん延して，マット状になっている。このようなマット状をできる限り崩れないようにして，その約100gをスプーンですくいとり，ポリエチレンカップ（大きさ，径8cm，深さ5cm）に入れる。このとき材片に接していた砂粒面を上にしておくことも，のちの試料観察を正確かつ能率的に処理する点で有効である。調査の当初はポリエチレン袋に試料砂を投入していたが，菌体の検出に多大の労力と時間を費やさなければならなかった。

砂のほかに，砂粒が接している材片の表面を刃物で3×3cm大，1mmくらいにうすくけずりとって別の容器に納める。

ポリカップに採取した材料を実体顕微鏡下に通常，×10〜15で観察すると，砂粒または貝殻片上に海生菌の子実体が形成されている状態がわかる。子実体の表面に細かい砂粒が密着して，子実体をとりかこんでいることもある。また，砂粒上に分生胞子が塊って着生していることも見られる。最近では実体顕微鏡の倍率を50倍くらいに高めると，子実体の表面の平滑あるいは規則的な模様から，検出菌の種類を類推することも可能になった。試料砂が石英や貝殻片でできていると写真2.2.1に示すように黒色の子実体の確認は容易であるが，頁岩，シルト岩，チャートなどの暗色の砂粒上の子実体は発見しにくくなるので，ズーム式の実体顕微鏡で拡大したほうがよい。また，1試料中の砂粒上に2種以上の海生菌が検出されることが多いので，同一試料を複数の人が反復して詳しく調べなけばならない。子のう殻が着生している砂粒をピンセ

写真2.2.1　砂粒上の子のう殻

第2章　海洋微生物

ットでえらびだし，それらを予めスライドガラス上に準備したろ過海水の水滴にうつし，先鋭なピンセットで砂粒上から子のう殻をとりはずす。子のう殻を別の水滴にうつして，子のう殻壁の一部を静かに破砕すると，子のうおよび子のう胞子が水滴中に逸出する。海生菌の子のう殻では成熟すると子のうの膜が溶解していることが多く，子のう殻から子のう胞子が直接でてくるように見える。顕微鏡倍率100〜400×で観察を行い，とくに，子のう胞子の隔壁の数，両端および中央帯に備えている附属物の形態などは分類の基準[2]になっているから，これらを詳細に測定する。附属物の形状は写真2.2.2と写真2.2.3に示すように，微分干渉装置または位相差装置によらなければ明確に判別できないほどの薄膜である。

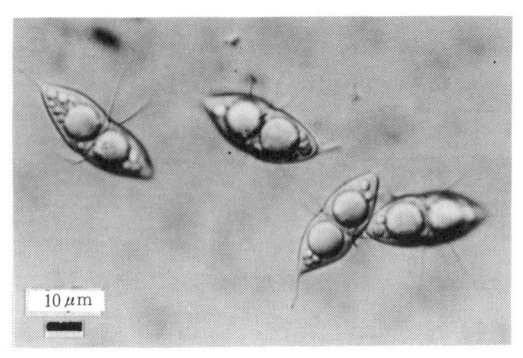

写真2.2.2　*Corollospora maritima*の子のう胞子

別に採取した木竹材片についても，子実体あるいは分生胞子などの着生の有無を検鏡しておく。

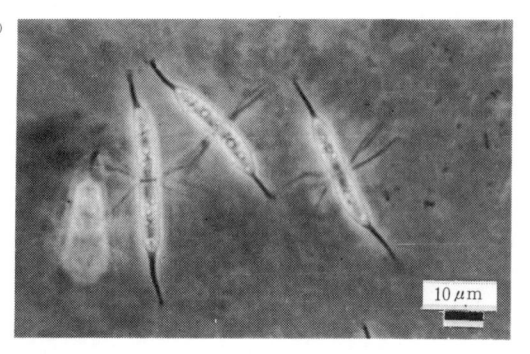

写真2.2.3　*Corollospora* sp. No.5の子のう胞子

2.2.3　本邦の砂浜海岸に分布する海生菌

本邦の砂浜海岸にはどのような海生菌が住んでいるのか，1980年までに詳細な調査は実施されていなかった。筆者は第1回の調査を1980年2月から開始し，同年10月に至るまで，本邦の砂浜海岸の主要地46地点で調査を行い，その後，1985年5月までに第2回の調査地26地点を加えて，計72地点の砂浜にすむ海生菌の種類を調査した。これらの結果を図2.2.1に総括した。図2.2.1に示す黒丸の中の白字の番号は，以下に記す地名に該当する。また，検出された海生菌の種名は略記号で表してある。

調査地〔北海道〕①声問　②富磯　③豊牛　④富岡　⑤紋別　⑥湧別　⑦サロマ湖西岸　⑧常

2 海生菌（Arenicolous）の探索・分離・培養

呂 ⑨小清水 ⑩野付 ⑪更岸 ⑫銭函 ㊼天塩 ㊽網走 ㊾函館 ㊿長万部

〔東北，北陸〕⑬浜関根 ⑭陸奥白浜 ⑮浅虫 ⑯七里長浜 ⑰仙台山下 ⑱下浜 ⑲象潟 ⑳吹浦 ㉑新潟 ㉓羽咋 ㊶輪島

〔関東，東海〕㉒東浪見 ㉔三保 ㉕舞坂 52浜岡

〔近畿，中国〕㉖箱石浜 ㉗賢島 ㉘泉南箱作 ㉙加太 ㉚南部 ㉛須磨 ㉜淡路島西淡 53管島 54熊野 55日置 56白浜 57由良 58栗田 59間人 60網野琴引浜 ㉝鳥取 ㉞益田 ㉟小豆島 ㊱宮島 ㊲光 61浜坂 62東浜 63北条 64萩 65渋川 66出崎

〔四国，九州〕㊳桂浜 67伊予鹿島 68今治 ㊴新宮浜 ㊵吹上浜 ㊶志布志 ㊷宮崎 69大分 70古賀 71虹の松原 72串木野

〔南西諸島〕㊸那覇 ㊹石垣島 ㊺西表島 ㊻波照間島

図 2.2.1 から砂浜に住む海生菌の種類で最も多いものは，*Corollospora maritima* であり，ほとんどの地点から検出されている。次いで，*Arenariomyces trifurcatus*, *Carbosphaerella leptosphaerioides*, *Lulworthia lignoarenaria* などが上位を占め，調査点の半数以上から検出されている。*Corollospora pulchella* は検出量は少ないが，太平洋側の地点にも広く見出される。*Corollospora* sp. No.3, *Corollospora* sp. No.4, *Lulworthia crassa* なども日本海側に北海道から九州までみとめられた。*Corollospora lacera*, *Carbosphaerella pleosporoides*, *Corollospora* sp. No.2, *Corollospora* sp. No.5 などの出現は少なく，かつ，まばらにしか見られなかった。本邦海岸の砂質に住む海生菌の検出は，概して日本海側およびオホーツク沿岸に多く，太平洋側で少ないという結果が得られた。この差は，砂浜に埋もれている木竹材片の多少にもとづくように思われる。

2.2.4 砂浜に住む海生菌の採取適期はいつごろか

採取はいつごろが適しているのか，どのような種類が，どれくらい採れるのかということを明らかにしようとした。1980年2月から1984年12月までの間，ほとんど毎月，京都府熊野郡丹後海岸砂丘の箱石浜（35°39′N, 134°57′E）を中心に附近一帯の砂浜で試料を採取した結果を表2.2.1に示した。

表2.2.1では試料採取の時期を3〜5月，6〜8月，9〜11月，12〜2月の4期に分けて集計した。各期の検出総数をみると，*Corollospora maritima*, *Arenariomyces trifurcatus*, *Carbosphaerella leptosphaerioides* が毎期出現し，それらが全体の70％を占める。次いで，*C.* sp. No.3, *C.* sp. No.4, *Lulworthia lignoarenaria* などが26.4％, *C. lacera*, *C. pulchella*, *L. crassa* が2.9％, *Carb. pleosporoides*, *C.* sp. No.2 そして *C.* sp. No.5 がわずかに0.7％である。各海生菌の出現する割合は各期を通じて有意な差を認め難い。したがって箱石浜においては，既に砂浜に住んでいる海生菌は年間を通じてどの時期にも採取が可能であるといえる。

41

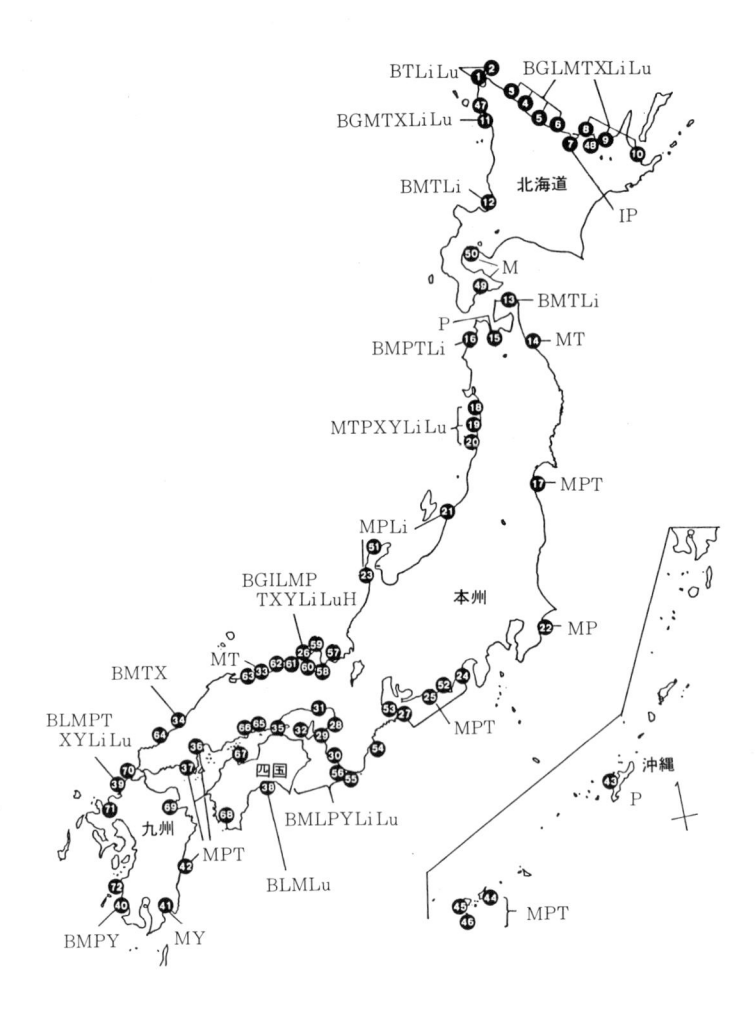

第2章 海洋微生物

B	*Carbosphaerella leptosphaerioides*	X	*Corollospora* sp. No. 3
G	*Carbosphaerella pleosporoides*	Y	*Corollospora* sp. No. 4
M	*Corollospora maritima*	H	*Corollospora* sp. No. 5
P	*Corollospora pulchella*	T	*Arenariomyces trifurcatus*
L	*Corollospora lacera*	Lu	*Lulworthia lignoarenaria*
I	*Corollospora* sp. No. 2	Li	*Lulworthia crassa*

図 2.2.1　本邦海岸の砂浜に住む海生菌の分布

2 海生菌（Arenicolous）の探索・分離・培養

表 2.2.1 砂浜に住む海生菌の採取時期（1980～84年・箱石浜）

菌　名	検　出　数				計	%
	3月〜5	6月〜8	9月〜11	12月〜2		
Corollospora maritima	141	159	182	156	638	28.5
Arenariomyces trifurcatus	127	127	170	136	560	25.0
Carbosphaerella leptosphaerioides	102	87	53	126	368	16.5
Corollospora sp. No.4	65	60	77	46	250	11.2
Corollospora sp. No.3	43	41	56	40	186	8.3
Lulworthia lignoarenaria	41	38	35	8	154	6.9
Corollospora lacera	4	5	12	3	29	1.3
Lulworthia crassa	7	3	5	3	18	0.8
Corollospora pulchella	5	8	2	4	18	0.8
Corollospora sp. No.2	0	1	3	1	8	0.4
Carbosphaerella pleosporoides	1	1	1	0	4	0.2
Corollospora sp. No.5	1	0	2	0	3	0.1
計	537	530	598	571	2236	

　本調査を実施した5カ年間，東西7kmに延びる海岸砂丘の状況は常に飛砂あるいは波浪による砂の移動がはげしく，砂の中に埋もれていた木竹材片が数多くあらわれたときは，試料の採取を極めて能率よく行うことができた．逆に，風波に運ばれた砂が堆積する箇所や豪雪時には，木竹材片の発見に手間どるばかりであった．また，夏季の砂浜は歩行困難なほどの高温であり，試料が乾燥しやすいので，保冷コンテナーを携帯した．さらに，砂に埋もれている木竹材片は砂浜にばらまかれたような状態にあることは少なく，ほぼ海岸線に沿った形で一線に並んでいることが多い．これをドリフトラインと呼んでよいように思われるが，砂浜に住む海生菌を探し出すのに役立つ知識であろう．

2.2.5 砂浜の表層と底層で菌数は異なるか

　砂浜の汀線に高波が打ちよせて，砂層が垂直に約 1.5～2m の高さで切りくずされた断面を見ると表層と底層に埋まっている木竹材片を容易に抜きとることができる．それらから試料砂を採取して，砂質に住む海生菌の種類と菌数を調べてみた．

　Corollospora maritima と Arenariomyces trifurcatus は砂浜の表層および底層のいずれにも多くみとめられる．そのほかの種類で，Carb. leptosphaerioides, C. sp. No.3, C. sp. No.4, L. lignoarenaria, C. lacera などは底層において表層の3倍以上の菌数を示した．また，表層では1試料中に1～2種の海生菌がみられるのに対して，底層では3～4種の海生菌の共存例が多い傾向がみとめられた．このことは，底層の砂中には長期間埋もれていた木竹材片が多く残されている可能性があるためと考えられる．

2.3 砂浜へ漂着する海生菌
2.3.1 砂粒上に有機質を与えて海生菌をつりとる

波打ちぎわの海水は，たえず泡だち，その海泡の中にさまざまな海の微生物をとりこんで，海岸を洗っている。砂浜海岸では海泡は砂にこされ，砂粒のすきまに海生菌の胞子が残されていく。海流にのってはるか遠くの海からやってきた胞子，あるいは近くの海岸に住んでいた胞子などが新天地を求めて砂浜へたどりつく。そこで好みの有機質にめぐりあうと，胞子は発芽して栄養をとり，有機質へ移行して分解の営みを開始するのであろう。しかし，砂質に住む海生菌だけが砂浜へたどりつくわけでもなく，海藻，海の顕花植物そして動物に着生して，砂粒とは関係を保たない海生菌もあると考えられる。したがって，海泡の中から海生菌を分離するほうが，海生菌の種類を多く得る点では有利な方法である。ただし，本項では砂質を好む（arenicolous）海生菌に焦点をしぼって，次のような方法で採取を試みた。

波打ちぎわの砂を海水とともに約5kg採取し，直ちに実験室に持ち帰り，予め乾熱滅菌した200ml容三角びんに100～200g宛分注した。びんの口はアルミ箔でおおう。びん内の砂の面を海水が越えない状態にする。それらの砂粒上へ，バルサ材，コーン，羽毛などをおく。これはすでにG. Reesら[20]が実施中のbaiting techniqueという方法であり，筆者は直接指導助言を得て，逐次，改良を加えていったわけである。本法では，砂粒上に与える有機質の種類として，成分の明らかなものを供試して，海生菌の好みというか，基質の特異性を最初から調べることができる点で極めて興味があり，1980年3月以降今日までおもに箱石浜の波打ちぎわの砂をほぼ毎月採取して，実験を反復してきた。それらの結果を次の各項に述べる。

2.3.2 種々の有機質による海生菌の検出数

バルサ材，マダケ，マコンブを50×15mmの大きさに切り，また，羽毛（ドバト），羊毛は10～20mm大に切って，これらを乾熱滅菌したのち，採取してきたびん内の砂上においた。室温に静置し，180～270日のちに砂粒上の子実体形成あるいは分生胞子群の有無を観察し，海生菌の種類を調べた。結果を表2.2.2に示した。

*Corollospora maritima*は多くの有機質によって検出できる。次いで*C. pulchella*, *Asteromyces cruciatus*の検出数が多い。*C.* sp. No.2はマコンブとコーンに，*Nia vibrissa*は羽毛および羊毛において，それぞれよく移行する。明らかに選択的な傾向がみられる。また，出現数は少ないが，*Arenariomyces trifurcatus*, *Crinigera maritima*はマダケに，*Lindra thalassiae*, *Varicosporina ramulosa*, *C.* sp. No.5などはマコンブに移行してあらわれてくる。

2.3.3 海藻に移行しやすい海生菌

生きている海藻と海生菌の寄生関係は著しく複雑である[6]が，ここでは乾熱滅菌した数種の海藻を供試して砂粒上の海生菌を釣りとる実験を試みた。結果を表2.2.3に示した。

2 海生菌（Arenicolous）の探索・分離・培養

表 2.2.2 有機質による海生菌の検出（1984年・箱石浜）

菌 名	検 出 数 有 機 質						計
	バルサ	マダケ	マコンブ	コーン	羽毛	羊毛	
Corollospora maritima	46	43	1	25	27	7	149
Corollospora pulchella	14	12	3	10	5	3	47
Asteromyces cruciatus	2	12	15	13	4	2	42
Corollospora sp. No.2	—	—	20	20	0	—	40
Nia vibrissa	1	—	—	—	32	6	39
Arenariomyces trifurcatus	2	5	—	—	—	—	7
Crinigera maritima	—	5	—	—	—	—	5
Lindra thalassiae	—	—	4	—	—	—	4
Varicosporina ramulosa	1	1	2	—	—	—	4
Corollospora sp. No.5	—	1	3	—	—	—	4

表 2.2.3 海藻に移行しやすい海生菌（1985年・箱石浜）

菌 名	検 出 数 海 藻							計	バルサ材
	アナアオサ	ミル	コモングサ	ハバノリ	ホンダワラ	ウミトラノオ	マコンブ		
Corollospora sp. No.2	4	1	1	5	1	4	2	18	0
Corollospora maritima	3	—	3	2	1	6	1	16	14
Asteromyces cruciatus	—	—	1	1	1	7	4	14	1
Corollospora pulchella	1	—	3	—	1	1	—	6	3
Corollospora sp. No.5	—	—	2	1	2	—	1	6	0
Varicosporina ramulosa	—	—	—	—	1	—	1	2	1
Arenariomyces trifurcatus	—	—	—	—	—	—	—	0	2

Corollospora sp. No.2がほとんどの海藻に移行して出現しており，*C. maritima* もよく出現する。また，*Asteromyces cruciatus* はウミトラノオ，マコンブなどの海藻上にも分生胞子群を形成し，砂粒上にもひろがる。*C.* sp. No.5, *C. pulchella* なども海藻に移行する性質が強いようである。*V. ramulosa* は出現数が少ないが，ホンダワラやマコンブを与えるとかろうじて砂粒上に出現する。*Arenariomyces trifurcatus* は対照区のバルサ材区にみられたが，海藻区では見出すことができなかった。以上の結果から海藻着生菌[7]以外で砂粒上や貝殻片上に子実体あるいは分生胞子を着生する海生菌の中にも海藻を必須とする種類がいくつかあることが明らかである。

2.3.4 砂粒上の子実体形成の温度範囲

本邦海岸の北海道北部と九州および南西諸島の砂浜から採取された海生菌の種類に著しい差異はみとめられないが，海生菌の子実体形成の際には何度くらいが適当なのか，あるいは高低の限界温度はいくらかなどを調べてみた。

箱石浜で採取した波打ちぎわの海水を含む砂をポリカップ（200ml容）に約150g分注して，これらの砂上にバルサ材，マダケ，マコンブ，コーン，羽毛などを与えたものを5°，10°，15°，20°，25°，30°，35°，40°Cにおさめ，±1°Cの範囲で6カ月静置ののち常法にしたがって海生菌の有無を観察した。

その結果，子実体形成がみとめられた温度範囲は10°〜30°Cにあり，*Corollospora maritima*，*Arenariomyces trifurcatus*，*C. pulchella*，*C.* sp. No.2，*C.* sp. No.5などがあらわれた。5°Cと35°C区では子実体の外壁が形成されるが，内部の子のう胞子は全く形成されていない。一定の温度が6カ月間連続することは本邦の海岸ではありえないと考えられるが，15°〜20°Cの温度範囲が子実体の形成と子のう胞子形成にとって，量的にも最適である。ただ，出現の機会のない海生菌については，なお，追試の必要がある。

2.4 Arenicolous海生菌の分離と培養
2.4.1 子のう胞子の発芽

海生菌の純粋分離培養に先だって，単一胞子の発芽を確認しなければならないので，まず，子のう胞子の発芽について観察した。

Corollospora maritima は天然海水中で容易に発芽する。10°〜30°Cの範囲で12時間後には1〜2本の発芽管が約30μm伸長し，分岐をする。子のう胞子が3室の *C.* sp. No.2，6室の *C. lacera*，8〜10室の *C. pulchella*，13〜20室の *C.* sp. No.4，24〜31室の *Lulworthia lignoarenaria* など，どの細胞からも発芽管を生じ，同時に数本以上の発芽管が伸長するという強い生活力がある。

2.4.2 分離菌株の培地上の性質

発芽した胞子を1％酵母エキス・グルコース・海水寒天培地上に移植すると，20°C，10日間で15〜20mm程度のコロニーに生育する。*C. maritima* の培地上における菌体の生育は20°〜27°Cの範囲で良好であり，コロニーは灰緑色を呈する。斜面培地では試験管内のガラス壁面に培養13〜20日で子のう殻形成が開始される。30〜60日で最大量に達する。子のう殻形成の遅速および量的な差が菌株間に見られる。培地上に形成される子のう殻の大きさは100〜280μm，子のう胞子の大きさは 18.52-40.74×7.00-11.25μmである。砂粒上にみられる子のう殻の大きさは180〜330μm[12]であったが，さらに木材片上では90〜400μm[6]が記されていることから，培地上の

子のう殻はかなり小型である。

　C. maritima は海生菌の代表的な種であり，世界的に広く分布し，分離培養しやすい菌であるが，本菌についての生理化学的研究は日が浅く，未だ詳細な試験報告はない。*C.* sp. No. 2，*C.* sp. No. 5 などのコロニーは白色綿状で，平面培地上で容易に子のう殻を形成する。*C. maritima, C. pulchella, C. lacera, Arenariomyces trifurcatus* の菌株について，水溶性タンパクの電気泳動パターンを調べてみると，それぞれ共通なバンドが数本と固有のバンドが1～2本みとめられた。

2.5　おわりに

　海生菌の採取は，海水泡塊および砂粒上から直接採る方法，有機質に移行させる方法などを併用して，通年実施することが必要であるが，未だ網にかかってこない海生菌の採取法を検討し，より生理的活性の高い菌株の探索を継続する予定である。

文　　献

1) W. Höhnk, *Veröff. Inst. Meeres. Bremerh.*, **3**, 27 (1954)
2) E. B. G. Jones, *et al.*, *Bot J. Linn. Soc.*, **87**, 193 (1983)
3) J. Koch, *Demmark. Friesa*, **10**, 209 (1974)
4) J. Koch, *et al.*, *Mycotaxon*, **20**, 389 (1984)
5) J. Kohlmeyer, *Z. Allg. Mikrobiol.*, **6**, 95 (1966)
6) J. Kohlmeyer, *et al.*, "Marine mycology" Acad. Press, p. 690 (1979)
7) A. Nakagiri, *et al.*, *Trans. mycol. Soc. Japan*, **23**, 101 (1982)
8) A. Nakagiri, *Trans. mycol. Soc. Japan*, **25**, 377 (1984)
9) K. Tubaki, *Trans. mycol. Soc. Japan*, **7**, 73 (1966)
10) 椿啓介・中桐昭，北方科学報，**3**，35 (1982)
11) 土倉亮一，京教大紀要，**B. 57**，59 (1980)
12) 土倉亮一，ほか，京教大理研報，**11**，29 (1981)
13) 土倉亮一，ほか，京教大理研報，**12**，29 (1982)
14) 土倉亮一，京教大紀要，**B. 61**，11 (1982)
15) 土倉亮一，日菌会報，**23**，423 (1982)
16) 土倉亮一，京教大紀要，**B. 62**，27 (1983)
17) 土倉亮一，ほか，京教大理研報，**13**，21 (1983)
18) R. Tokura, *Bot. Mar.*, **27**, 567 (1984)
19) G. Rees, *et al.*, *Trans. Br. mycolo. Soc.*, **72**, 90 (1979)
20) G. Rees, *et al.*, *Bot Mar.*, **28**, 213 (1985)

3 海洋酵母

中桐 昭[*]

3.1 はじめに

　酵母が陸上だけでなく，海水および海水中の基物に存在していることは19世紀末にすでに知られていた[1]。しかし，広範な研究が進められるようになったのは，1950年以降，ここ数十年のことであり，陸上酵母に関する研究に比べ，未知の分野と言える。しかしながら，現在までに蓄積された知見から，海洋には，分類学的にも生態学的にも陸上の酵母とは異なる菌群が生育していることが明らかになっている。このことは菌類の系統進化を探る上で非常に興味深い点であるが，また同時に，生物資源の開発という面からも，海洋酵母は注目されるべき生物群であろうと考える。

3.2 海洋酵母とは

　ひとくちに海洋酵母と言っても，真の marine yeasts と呼べるものは，そう多くないと考えられる。海水や海泥，海産動・植物などから分離された酵母（marine occurring yeasts）は約180種が知られているが，そのうち海からのみ，その出現が報告されているもの（obligate marine yeasts）は約20種（表2.3.1），海からも陸上の基質からも報告されているもの（facultative marine yeasts）が約160種である[2),3)]。

　Marine yeast をどのように定義するかは，研究者により見解が異なるであろうが，たとえば「海に生育し，海で増殖できる酵母」[2)] という定義に対しても，実際に海から分離された酵母が，本当に海に生育していたかどうかは，海産動物に寄生する酵母を除いて，ほとんどの場合不確かである。また生理的性質の面から海洋酵母と陸上酵母とを明確に分ける形質も現在までのところ明らかになっていない。つまり，このような定義は概念的でしかなく，実際的な定義はいまだ与えられていないのが現状である。

　このように海洋酵母の定義自体が不明確ではあるが，現在までに海のさまざまな基質から酵母が分離されており，海洋には陸上とは異なる菌群が存在していることも明らかになっている。分類群としては，子のう酵母，担子酵母，不完全酵母が海から分離されているが，なかでも担子酵母のうちの *Rhodosporidium*, *Leucosporidium*, *Sporidiobolus* の諸属の酵母（図2.3.1）および，不完全酵母のうちの *Candida*, *Cryptococcus*, *Rhodotorula*, *Sporobolomyces*, *Sterigmatomyces* などの担子菌系の酵母が多く報告されていることが特徴的である。子のう酵母としては，*Metschnikowia*, *Kluyveromyces*, *Pichia*, *Debaryomyces*, *Hansenula*, *Saccharomyces* などが報告されている。

---

[*] Akira Nakagiri　筑波大学　生物科学系

3 海洋酵母

表 2.3.1 Obligate marine yeasts

子のう酵母
Kluyveromyces aestuarii (Fell) van der Walt
Metschnikowia bicuspidata (Metschnikoff) Kamienski var. australis Fell et Hunter
Metschnikowia bicuspidata (Metschnikoff) Kamienski var. californica Pitt et Miller
Metschnikowia krissii (van Uden et Castelo-Branco) van Uden
Pichia spartinae Ahearn, Yarrow et Meyers
担子酵母
Leucosporidium antarcticum Fell, Statzell, Hunter et Phaff
Rhodosporidium bisporidii Fell, Hunter et Tallman
Rhodosporidium dacryoidum Fell, Hunter et Tallman
Rhodosporidium malvinellum Fell et Hunter
Rhodosporidium paludigenum Fell et Tallman
不完全酵母
Candida atlantica (Siepmann) Meyer et Simione
Candida austromarina (Fell et Hunter) Meyer et Yarrow
Candida haemulonii (van Uden et Kolipinski) Meyer et Yarrow
Candida krissii Goto, Yamasato et Iizuka
Candida marina van Uden et ZoBell
Candida maris (van Uden et ZoBell) Meyer et Yarrow
Candida suecica Rodrigues de Miranda et Norkans
Candida torresii (van Uden et ZoBell) Meyer et Yarrow
Sterigmatomyces tursiopsis Kurtzman, Smiley, Johnson et Hoffman
Sympodiomyces parvus Fell et Statzell

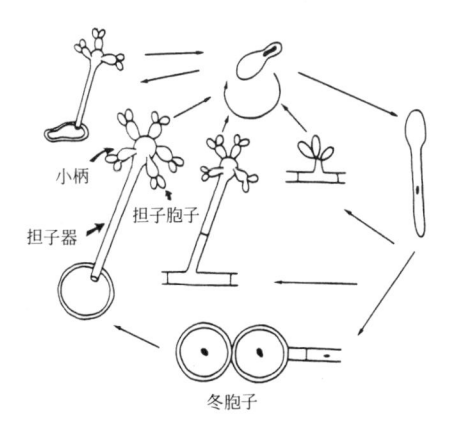

図 2.3.1 日本近海から分離された担子酵母 Rhodosporidium capitatum の生活史[4]

第2章 海洋微生物

それでは,以下に海洋酵母の分離源と基質を中心に,研究例のいくつかを紹介する。

3.3 海洋酵母の分離源および基質
3.3.1 海 水

海水は海から酵母が最初に分離された時の基質であり[1],その後多くの研究者により,沿岸域から外洋,両極海域から熱帯域,さらに深海までさまざまな海域での調査が行われている。

試料の採取には,Nansen採水器,van Dorn採水器,ZoBell採水器,Niskin採水器,Hyroht採水器などが用いられ,無菌的に採取した海水をメンブランフィルターでろ過し,フィルターを海水寒天培地上で培養する。ろ過する海水の量は,海域により酵母の密度が著しく異なるため,外洋水では500 mlから数ℓ必要であるが,沿岸水の場合は数10 mlから数100 mlで十分である。培地はさまざまなものが用いられており,陸上酵母の分離に用いられる培地と同様でよいが,蒸留水の代わりにろ過海水(または人工海水)を用いて,バクテリアの増殖をおさえるために抗生物質を加えることが必要である。Fell et al. (1973)[5]は抗生物質の代わりにHClによってpHを4.5に下げて培養を行ったが,pHを低くしてもおさえられないバクテリアがいること[6],また多くの海洋酵母の至適pHが中性域(pH7.5〜8.4)であること[7]から,抗生物質(たとえば,クロラムフェニコール100 mg/ℓなど[8])を用いるほうが適当である。培養温度は採集域によりさまざまであるが,好低温性の酵母が比較的多く海洋から分離されていることから,一般に10〜25℃で行われる。数日から数週間の培養後,フィルター上に出現したコロニーから分離を行い純粋培養株を得る。

このような方法で,さまざまな海域において海洋酵母の分布が調査された結果,以下のことが明らかになってきた。酵母数は外洋水の場合,1ℓ当り平均5〜10であるのに対し,沿岸や内湾では数百から数千にも達し,特に,海産動植物に由来する有機物が豊富な海域や,河川などから陸上の有機物が流入する海域,汚染の激しい海域などから多数の酵母が分離されている。これは豊富な有機物を利用して海洋酵母が増殖しているとも考えられるが,海水浴シーズンに *Candida albicans* が多く分離されること[9]などから推察されるように,人間の活動も含めて陸上からの汚染菌としてとらえることができる。Van Uden (1967)[10]は,沿岸域から分離される酵母に対して次の2つの菌群を認識している。ひとつは *Debaryomyces hansenii* に代表される菌群で,外洋にも沿岸域にも出現する酵母,もうひとつは,外洋にはほとんど出現せず,主に沿岸域から分離される酵母で,人間の消化管内にも出現する *Candida tropicalis, C. krusei, C. parapsilosis* や陸上の動植物からよく分離される *C. intermedia, C. catenulata, C. vini, C. zeylanoides* など「汚染指標菌」とも言える酵母である。

水深による酵母の分布はあまり明瞭ではないが,一般的に表面水に多く,水深が増すにつれて

3　海洋酵母

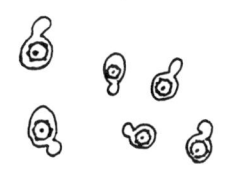

図 2.3.2　子のう酵母 *Debaryomyces hansenii*[3]
出芽した娘細胞と母細胞が結合して内部に子のう胞子を形成する。

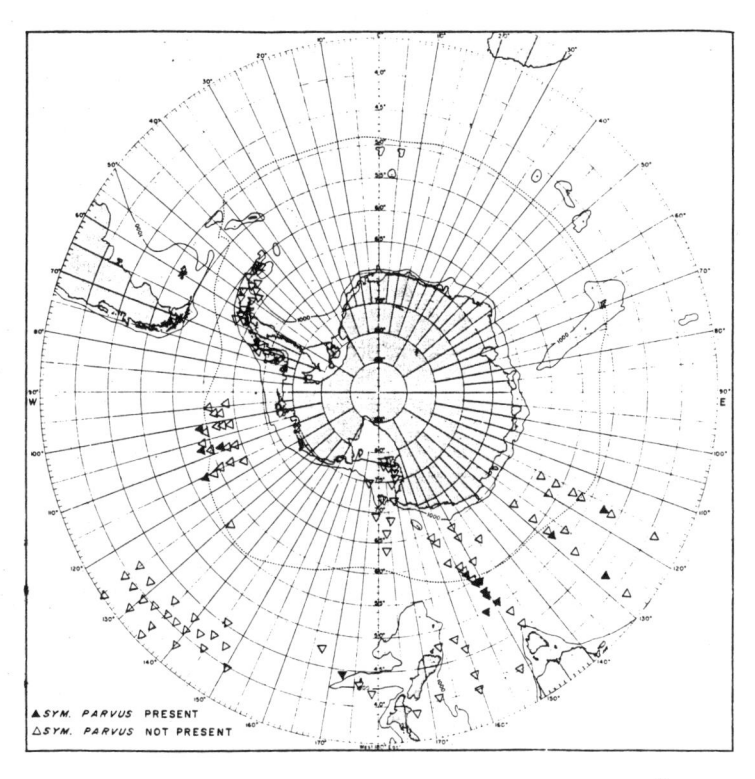

図 2.3.3　南極海域における *Sympodiomyces parvus* の分布[13]
△は採水地点，▲は *S. parvus* を分離した地点（点線は南極収束線）

少なくなるようである[11]。しかし，水深そのものより躍層などの，異なる水塊の境界面にプランクトンや沈殿物などが集積されることのほうが酵母数に大きな影響を与えているという報告もある[9]。

また，地理的分布では，*Debaryomyces hansenii*（図2.3.2）とその anamorph である *Candida famata* のように，ほとんどすべての海域から分離される酵母もある一方，*Leucosporidium antarcticum* や *Sympodiomyces parvus* のように南極の海氷域や南極収束線付近に分布が限定されているもの[12),13)]（図2.3.3）などさまざまである。

3.3.2 海泥および海砂などの沈積物

海泥や海砂はさまざまな有機物の集積場所であり，また波打際や干潟は天然のフィルターとも考えられ，多くの酵母が存在していることが知られている。

Suehiro（1962）[14]は干潟の泥の中の酵母について調査し，黒色泥の表面に1g当り1,000〜2,000の酵母が存在すること，表面下1cmではそれが50〜600に減少すること，また黒色泥と砂質の泥をくらべると，砂質土表面には20〜500/g と少ないこと，さらに砂質土では深さ10cmまで酵母が生存している（0〜30/g）ことを報告している。また，Fell と van Uden（1963）[9]は，メキシコ湾流が流れるバハマ諸島近くの海域およびフロリダの内湾の海底からコアサンプラーを用いて泥を採取し，酵母のフロラを調査した。酵母の分離方法は次のとおりである。採取した泥の一定量を0.5％グルコースと抗生物質混合液（100mg/ℓクロルテトラサイクリン塩酸塩，20mg/ℓクロラムフェニコール，20mg/ℓ硫酸ストレプトマイシン）を加えた滅菌海水中に懸濁して2〜4日振とう培養し，その液の一定量を寒天培地に塗沫するかまたは海水の場合と同様にメンブランフィルターでろ過し，培養後分離する。このようにして外洋と内湾の海泥中の酵母を比べてみると，水深540mの海底の泥には上部2cmの深さまでしか酵母の出現が見られないが，水深の浅い内湾の海泥では9cmの深さまで出現していることがわかった。これは酵母の生育が酸素の供給状況に強い影響を受けており，浅い海底ほど波の作用により酸素が供給されやすいこと，沈殿物の堆積速度が速いことなどが反映したものと考えられる。

3.3.3 プランクトン

プランクトンネットのサンプルから多くの酵母が分離されている。また，プランクトン（*Noctiluca*）の bloom の後に，その海域から多量の酵母が見出されたという報告[15]もある。

Fell *et al.*（1973）[5]は，南極周辺の海域から得たプランクトンネットの採集品をそのまま寒天培地上に塗沫する方法で担子酵母 *Rhodosporidium* を分離している。Suehiro（1962）[16]は，珪藻 *Thalassiosira subtrilis* に付着している酵母について調査し，*Candida parapsilosis* var. *intermedia*, *C. lipolitica*, *Cryptococcus laurentii*, *Rhodotorula mucilaginosa*, *Torulopsis inconspicua* を分離した。そして野外では *Thalassiosira subtrilis* の枯死分解にともなって酵母

数が増加することを明らかにした。

3.3.4 海藻

海岸に打ち上げられたり, 水中で枯死した海藻には多数の酵母が存在していることが知られている。また一方, 生きている藻体上では酵母数が非常に少ないことから, 藻類の産生する抗生物質が酵母の生育をおさえていると考えられている[17]。

Van Uden と Castelo Branco (1963)[18]は海岸に打ち上げられ腐敗したジャイアントケルプ (*Macrocystis pyrifera*) の藻体の一部 (葉や茎) を切り取り, 滅菌海水中で振とうし, その海水を希釈したものを寒天培地に塗沫して培養し酵母を分離した。その結果, *Metschnikowia zobellii* がもっとも優先し, 藻体 1g 当り 520〜39,200 の酵母数を示した。

Suehiro と Tomiyasu (1962)[19]は, 緑藻, 紅藻, 褐藻の分解中に出現する酵母について調査した。緑藻では, 分解初期に *Rhodotorula* と *Cryptococcus* が優勢で, 後に *Candida tropicalis*, *Can. parapsilosis* var. *intermedia*, *Torulopsis famata* が優先した。紅藻では初期に *Cryptococcus* が, 後に *Can. parapsilosis* var. *intermedia* が優勢となった。褐藻では *Rhodotorula* が非常に少なく, ほとんど *Can. parapsilosis* var. *intermedia* であった。

また, Seshadri と Sieburth (1975)[20]は, 緑藻や紅藻に比べて褐藻から酵母が分離されにくいことから, 褐藻が産生するフェノール様物質が酵母の生育をおさえている可能性を示した。

3.3.5 高等植物

マングローブや海浜植物のような海岸に生育する高等植物体上からも酵母が報告されている。

Newell (1976)[21]はフロリダのマングローブ林でマングローブ (*Rhizophora mangle*) の実生の分解に関する研究において, 海水中に沈めた実生から *Rhodotorula rubra* と *Debaryomyces hansenii* を分離している。しかし, 実生の分解においては, 糸状菌やバクテリアほど酵母は重要ではないようである。

Pugh と Lindsey (1975)[22]は海浜植物 (*Hippophaë rhamnoides*, *Halimione portulacoides*) の葉から落下法で分離される *Sporobolomyces roseus* について調査した。その結果, 海岸線に近い地域の植物よりも内陸の植物上の方が酵母数が多いことがわかった。また, 培養による実験によって, 高塩分濃度 (海水の 2〜3 倍) の培地では *S. roseus* の生育がおさえられることがわかった。海岸線に近い地域の植物は海水のしぶきを浴びたり, 水分の蒸発によって高塩分にさらされているため, *S. roseus* にとって不適な基質となっていると考えられる。これらのことから, *S. roseus* はこれら海浜植物の分解において, あまり重要な働きはしていないと考察された。

3.3.6 動物

無脊椎動物, 魚類, 鳥類, 海産哺乳類の体表, 体腔内, 消化管内などからも酵母が報告されて

第2章 海洋微生物

いる。

SekiとFulton (1969)[23]は，冬期にカナダ，ジョージア海峡の水深200mから海水を採取し，その中からコペポーダ (*Calanus plumchrus*) の体表や体内，消化管内に寄生している酵母 *Metschnikowia* spp.を発見した。この酵母は，春の雪溶け時期には海表面水から多数分離されること，またその生理的性質（至適塩分濃度，pH）を調べた結果から，陸上起源であろうと考えられた。上述のことに加えて，冬の後期の海底土に多量のコペポーダの外殻が含まれていることから，春から夏に海表面近くにいる酵母がコペポーダに寄生し，冬期にコペポーダが深く潜行するのに伴って感染が進むというサイクルが推察された。さらに彼らは，酵母が *C. plumchrus* のバイオマスの制御に重要な役割を果たしていると考察している。

ChrzanowskiとCowley (1977)[24]は，シオマネキの仲間 *Uca pugilator* の消化管内と生息地の土壌中の菌類フロラを比較してみた。分離された *Rhodotorula glutinis, Torulopsis ernobii, Penicillium lilacinum, Trichoderma lignorum* 各菌の中腸，後腸および土壌からの分離頻度から（表2.3.2），*U. pugilator* が土の中に多数存在する酵母 *R. glutinis, T. ernobii* を餌として消化利用している可能性が考えられた。このことを確かめるために，上記2種の酵母だけを餌として *U. pugilator* を飼育して成長を調べてみたが，酵母が有用な食物として利用されているという証拠は得られなかった。

表2.3.2 *Uca pugilator* の消化管（中腸，後腸）
内および土壌中の菌類の分離頻度（％）[24]

	中腸	後腸	土壌
T. ernobii	13	23	80
R. glutinis	7	10	45
P. lilacinum	23	20	13
Tr. lignorum	23	50	17

Van UdenとCastelo Branco (1963)[18]は，2種の魚，トウゴロウイワシの仲間 *Atherinops affinis littoralis* とマアジの仲間 *Trachurus symmetricus* の消化管の内容物中の酵母フロラを希釈法によって調査した。その結果，*Metschnikowia zobellii*（図2.3.4）がほとんどの試料から，かなりの高頻度で（消化管内容物1g当り最高5730コロニー）分離された。海水に比べて酵母数が非常に大きいことから，この酵母が魚の消化管内で増殖している可能性が示唆されている。また彼らは，アシカの仲間 *Zalophus californianus*，鵜の仲間 *Phalacrocorax penicillatus* とカモメの仲間 *Larus occidentalis* の直腸内容物の酵母フロラを調査した。その結果，*Z. californianus* と *P. penicillatus* の各々8つの試料からは酵母は分離されなかった。しかし，

L. occidentalis の直腸内容物14試料中6試料から多数の酵母が分離され，特に *Torulopsis glabrata* は高頻度で（直腸内容物1g当り最高 344,000 コロニー）分離された。*Zalophus californianus* と *P. penicillatus* の直腸内容物から酵母が分離されないのは，両種とも魚を餌としており，腸内にタンパク質が多量に含まれることが酵母にとって不適当な環境になっているためであろうと考えられている。

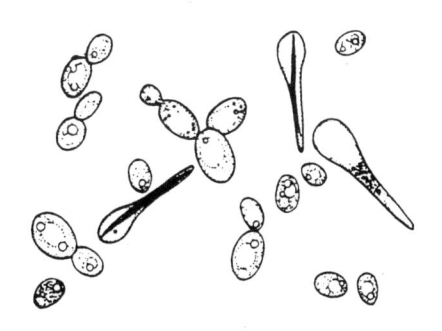

図 2.3.4 子のう酵母 *Metschnikowia zobellii*[3)]
出芽細胞および子のう内部に形成された針状の子のう胞子

3.3.7 鉱 油

海洋汚染が進む中で，石油による海の汚染も重要な問題となっている。海に流出した石油をバクテリア，酵母，糸状菌などが分解することは，海洋浄化や微生物処理の面からも注目されている。

酵母については，Ahearn et al. (1971)[25)]が石油によって汚染された海域から *Trichosporon* sp. や *Pichia ohmeri* を分離し，それら酵母の資化性などを調査している。その結果，汚染海域から分離された株は，同種の非汚染海域から分離された株に比べて炭化水素分解能が高いことがわかった。また，このような酵母にはオイルボールを細分化し，さらには乳化する働きを持つことが明らかになっている。しかしながら，このような酵母をはじめ，微生物による鉱油の分解速度は非常に遅いので，石油などによる海洋汚染は発生源でできるだけくい止めることが必要である。

3.4 おわりに

以上述べてきたように，海という環境の中で多くの酵母がさまざまな基質上で腐食的または寄

生的に生育していることが明らかになってきている。これら海洋酵母の生理的性質としては、一般に、耐塩性が高く、塩類要求性を示すものもある。また生育温度については、至適温度が10～25°Cのものが多く、中には25°C以上では生育しないものもあり、一般に好低温性である。また至適pHも中性付近である[7]。栄養要求の面では、さまざまな炭素源を幅広く資化できる能力を備えており、酸化的代謝を行い、外洋のような栄養の乏しい環境でも効率よく生育できるという性質を備えている。しかし、これらの生理的性質にもとづいて厳密に海洋酵母と陸上酵母、特に好塩性酵母などと区別することは、現在までのところできていない。この問題は、海洋酵母とは何かを厳密にかつ実用的に定義することも今後の課題のひとつである。

また、海洋から担子菌のクロボキンに類似した菌群が多く分離されており、分類学的にみて、海洋酵母は陸上酵母とはかなり異質であることから、菌類の系統進化を探る上でも興味深い生物群である。

生態の面からは、基質の分解において、酵母が実際に海で何をどの位の量分解しているのかという定量的な研究、またバクテリアや糸状菌との役割分担も含めて、生態系の中での他の生物との関係について研究を進める必要があるであろう。さらに地理的分布に関しては、より多くの海域、さまざまな深度において、統一された方法でより正確な調査を行い、海流との関係なども考慮して、海洋酵母の分布を把握することが今後の課題であると考える。

文 献

1) B. Fisher, C. Brebeck, "Zur Morphologie, Biologie and Systematik der Kahmpilze, der Monilia candida Hansen und des Soorerregers." Fisher, Jena (1894)
2) J. Kohlmeyer, E. Kohlmeyer, "Marine mycology, The higher fungi." Academic Press p. 556 (1979)
3) N. J. W. Kreger-van Rij, "The yeasts, a taxonomic study." Elsevier Science Publishers (1984)
4) A. Nakagiri, K. Tubaki, *Can. J. Bot.*, **61**, 1898 (1983)
5) J. W. Fell, *et al.*, *Can. J. Microbiol.*, **19**, 643 (1973)
6) J. W. Fell, "Recent advances in Aquatic Mycology" p. 93 (1976)
7) B. Norkans, *Arch. Mikrobiol.*, **54**, 374 (1966)
8) R. Sheshadri, J. M. Sieburth, *Appl. Microbiol.*, **22**, 507 (1971)
9) J. W. Fell, N. van Uden, "Symposium on marine Microbiology." Thomas p. 329 (1963)

10) N. van Uden, "Estuaries" AAAS Wash. Publ. p. 306
11) A. E. Kriss., et al., Zhar. Obschehei. Biol., **13**, 232 (1952)
12) J. W. Fell, et al., Antonie van Leeuwenhoek, **35**, 433 (1969)
13) J. W. Fell, A. C. Statzell, ibid., **37**, 359 (1971)
14) S. Suehiro, Sci. Bull. Fac. Agric., Kyushu Univ., **20**, 223 (1963)
15) S. P. Meyers, et al., Mar. Biol., **1**, 118 (1967)
16) S. Suehiro, Sci. Bull. Fac. Agric., Kyushu Univ., **20**, 101 (1962)
17) P. R. Burkholder, et al., Bot. Mar., **2**, 149 (1960)
18) N. van Uden, R. Castelo Branco, Limnol. Oceanogr., **8**, 323 (1963)
19) S. Suehiro, Y. Tomiyasu, J. Fac. Agric., Kyushu Univ., **12**, 163 (1962)
20) R. Seshadri, J. M. Sieburth, Mar. Biol., **30**, 105 (1975)
21) S. Y. Newell, "Recent advances in aquatic mycology." Wiley. p. 51 (1976)
22) G. J. F. Pugh, B. I. Lindsey, Trans. Br. Mycol. Soc., **65**, 201 (1975)
23) H. Seki, J. Fulton, Mycopathol. Mycol. Appl., **38**, 61 (1969)
24) T. H. Chrzanowski, G. T. Cowley, Mycologia, **69**, 1062 (1977)
25) D. G. Ahearn, et al., Dev. Ind. Microbiol., **12**, 126 (1971)

4 海洋放線菌

岡崎尚夫[*]

4.1 はじめに

 放線菌は生理活性物質の探索源として注目されているが今日まで取り扱われてきた菌株の大部分は陸上土壌から分離されたものであり，海洋の放線菌についてはほとんど未知の分野である。微生物の生活の場として海の環境条件は陸と著しく異なっているため，海洋における放線菌のミクロフローラは陸上のものと非常に異なっているものと思われる。また，沿岸域に存在する放線菌の中には陸水等の影響を受け，土壌中から運ばれてくるものも多いと推察される。それらの中には"海"という特異な環境に適応した結果，代謝系がシフトし，新しい二次代謝産物を生産するようになった菌株の存在も期待される。いずれにしても海洋は新しい生理活性物質生産菌株の探索源として，極めて興味深いフィールドといえよう。

 以上のような観点から現在までに得られている海洋放線菌に関する知見を要約し，有用物質探索源としての海洋放線菌の可能性について考察してみたい。

4.2 海洋における放線菌の分布と種類

 海洋から分離される放線菌に関する報告は比較的新しく，1943年 Zobell ら[1]がカリフォルニア沖の海底および海底土から *Streptomyces* 属，*Nocardia* 属および *Micromonospora* 属を分離したのが最初である。しかし彼らはこれらの分離放線菌が海域に定着して生息しているものであるのか，あるいは単なる陸上からの流入菌株であるのかについては考察していない。その後 Grein ら[2]はカナダと北米における沿岸土および海水から多数の放線菌を分離した。分離株の耐塩性を調べたところ陸棲放線菌とほとんど差異が認められなかったため，これらの放線菌は単に陸から流入してきたものと考えた。また，Kriss ら[3]も広範囲の海洋から試料を採集し放線菌の分離を試みたが，その分離頻度が極めて低いことなどから，Grein らと同様な結論に至っている。

 一方，Siebert ら[4]は海域の海草から数多くの放線菌を分離し，海洋でも特定の条件下では放線菌がライフサイクルの場を持ち得ることを示した。さらに Weyland[5]は北海を中心とする1,000m 以深の深海底土試料からも 10^2 cfu[注1]/ml の放線菌を分離している（表2.4.1）。そしてこれらが単に陸からの流入菌と考えるにはあまりにも"高頻度"であることから，深海の環境においても生息している放線菌が存在していると主張している。Helmke は深海底土分離菌が分離された深度に相当する圧力下で最もよく生育することを第一回 EAG[注2] meeting で報告し，Weyla-

---

 [*] Takao Okazaki 三共㈱ 醗酵研究所
 注1) cfu；colony unit
 注2) EAG；European Actinomycete Group, Bradford, UK. 1984

nd の主張の正当性を室内実験により支持している。海洋から分離される放線菌の起源が海由来のものであるのか陸由来のものであるのかを直接証明する手段は現在のところ知られていないが,海洋には広く放線菌が存在していることだけは確かである。表2.4.2に各種放線菌の分離法,表2.4.3に現在までに海洋から分離された放線菌の分離源と種類の一覧表を掲げる。この表で示され

表2.4.1 海底土1ml中に存在する細菌および放線菌数

深度 (m)	採集地		コロニー数 (cfu/ml)		採集地		コロニー数 (cfu/ml)	
	採集数	放線菌出 現試料数	細菌	放線菌	採集数	放線菌出 現試料数	細菌	放線菌
	Off Spitzbergen				Iberian Sea			
0- 200	16	14	918 000	169	1	1	750 000	483
200-1000	41	40	394 000	298	11	8	150 000	233
1000-2000	14	14	106 000	164	10	9	77 500	186
>2000	16	16	4 600	63	13	10	28 000	131
	Biscay				Off Faeroes			
0- 200	12	11	30 100	180	21	20	2 756 000	178
200-1000	14	13	32 300	150	13	13	26 200	433
1000 2000	6	6	25 300	180	11	11	11 100	569
>2000	20	20	3 900	100	1	1	500	69
	North Sea				Off NW-Africa			
0- 200	38	34	1 637 000	480	10	6	246 000	46
200-1000	5	4	665 000	790	8	8	203 000	85
1000-2000	—	—	—	—	7	7	13 800	85
>2000	—	—	—	—	8	8	4 800	46
	North Atlantic							
0- 200	5	5	602 000	100				
200-1000	6	6	25 400	1540				
1000-2000	9	8	7 400	160				
>2000	10	4	1 700	16				

表2.4.2 海洋試料からの放線菌の分離法

放線菌	分離培地	培養条件	報告者（年度）
Actinomadurae	グルコース・酵母エキス寒天＋リファンピシン	30℃; 3週間	Athalye et al. 1981
Actinoplanetes	コロイド状キチン海水寒天	25℃; 4週間	Makkar and Cross, 1982
Micromonosporas	セルロース・アスパラギン海水寒天＋ノボビオシン	18℃; 10週間	Goodfellow and Haynes,（未発表）
Nocardiae	DST寒天＋メササイクリン	25℃; 4週間	Orchard, 1978
Rhodococci	海水寒天	18℃; 10週間	Rowbotham and Cross, 1977a
Streptomycetes	澱粉カゼイン海水寒天	25℃; 3週間	Okazaki and Okami, 1972
Thermoactinomycetes	ツァペック酵母エキス寒天＋カザミノ酸，チロシン，ノボビオシン	55℃; 3日間	Cross, 1981

第2章 海洋微生物

表 2.4.3 海洋放線菌の分離源と種類

分　離　源	種　　　類	報告者（年度）
海水，海底土，California, USA	*Micromonospora, Mycobacterium, Nocardia*, and *Streptomyces* spp.	ZoBell *et al.* 1943
海底土，海そう土 California, USA	*Streptomyces* spp.	ZoBell and Upham, 1944
潮間帯土，Atlantic Coast, USA	*Streptomyces* spp.	Hum and shepard, 1946
海水，海底土，Black Sea, USSR	*Streptomyces* spp.	Kriss *et al.* 1951; Kriss, 1963
海底土，Chukchi Sea, USSR	*Nocardia* and *Streptomyces* spp.	Kriss, 1952
潮間帯土，Scotland, UK	*Streptomyces* spp.	Webley *et al.* 1952
河口土，海水，硬骨魚，Eastern Australia	*Nocardia* and *Streptomyces* spp.	Wood, 1953
漁網，Bombay, India	*Nocardia* and *Streptomyces* spp.	Freitas and Bhat, 1954
潮間帯土，Japan	*Streptomyces* spp.	Saito, 1955
海草，England, UK	*Streptomyces* spp.	Chesters *et al.* 1956
海草，Germany	*Nocardia* and *Streptomyces* spp.	Siebert and Schwartz, 1956
沿海土，海水，Canada and USA	*Micromonospora, Nocardia*, and *Streptomyces* spp.	Grein and Meyer, 1958
海底土，English Channel, Skagerrak and North Sea	*Microbispora, Micromonospora, Nocardia*, and *Streptomyces* spp.	Weyland, 1969
海底土，Skagerrak, Barents and Norwegian Seas	*Actinoplanes, Micromonospora, Nocardia*, and *Streptomyces* spp.	Weyland, 1970
海底土，Baltic Sea	*Geodermatophilus*, sp. (*Blastococcus aggregatus*)	Ahrens and Moll, 1970
海中浮遊物（帆），Arabian Sea, India	*Nocardia* and *Streptomyces* spp.	Betrabet and Kasturi, 1971
海底土，Bay of Bengal, India	*Streptomyces* spp.	Chandramohan *et al.* 1972
潮間帯土，海水，海藻，White Sea, USSR	*Micromonospora, Nocardia*, and *Streptomyces* spp.	Solovieva, 1972
海底土，Pacific Ocean and Sagami Bay, Japan	*Actinoplanes, Micromonospora, Nocardia, Streptomyces, Streptoverticillium, Chainia* spp.	Okami and Okazaki, 1972 Okazaki and Okami, 1976
海底土，North Sea	*Micromonospora* and *Nocardia* spp.	Boeye *et al.* 1975
海岸砂，Lancashire, England, UK	*Micromonospora, Nocardia, Streptomyces*, and *Streptosporangium* spp.	Watson and Williams, 1974
海底土，Chesapeake Bay and San Juan Harbor, USA	*Actinoplanes, Micromonospora, Nocardia*, and *Streptomyces* spp.	Walker and Colwell, 1975; Austin *et al.* 1977; Mallory *et al.* 1977
海底土，Baltic Sea	*Nocardia* and *Streptomyces* spp.	Steinmann, 1976
海底土，New York Bight and Harbor, USA	*Dactylosporangium, Microbispora, Micromonospora, Nocardia, Saccharomonospora, Saccharopolyspora, Streptomyces*, and *Streptosporangium* spp.	Attwell and Colwell, 1981; Attwell *et al.* 1981
塩沼土，New Jersey, USA	*Actinomadura, Microbispora, Micromonospora, Nocardia, Oerskovia, Streptomyces*, and *Thermomonospora*, spp.	Hunter *et al.* 1981
海底土，Northearstern Atlantic Ocean	*Rodococcus, Nocardia*, and *Mycobacterium*	Helmke and Weyland, 1984

ているように海洋試料からは Streptomyces 属をはじめとし,Micromonospora, Nocardia, Actinoplanes, Geodermatophilus, Streptoverticillium, Chainia, Streptosporangium, Dactylosporangium, Microbispora, Saccharomonospora, Saccharopolyspora, Actinomadura, Oerskovia, Thermomonospora 属など現在までに報告されている放線菌の主要な属のほとんどが分離されている。したがって海洋試料は陸上試料に劣らず放線菌収集のための重要な探索源といえよう。

4.3 海洋放線菌の生理的特異性

前項で記述したとおり,海洋には様々な放線菌が存在している。しかしながら海洋真菌類に見られるような海洋分離株特有の形態的特徴を持つ放線菌は現在までのところ報告されていない。しかし海洋分離放線菌の中には生理的に海という特異環境に適応した菌株が存在しているということを示唆するいくつかの報告がある。

岡崎ら[6]は陸の影響を最も受けやすく,また環境の変化が著しい沿岸海底土に着目し,多くの放線菌を分離した。そしてそれらの分離株と陸棲放線菌の耐塩性について詳細に検討した。表2.4.4に示したとおり,陸由来の放線菌は3％NaCl濃度で41％しか生育できないのに比べ,海洋分離株では70％が生育し,それらの中には表2.4.5に示したSS-386株,SS-596株やSS-597株のようにNaClを添加しない培地では生育できない塩依存性放線菌も存在していることを見いだした。多くの放線菌の胞子は土壌中を比較的容易に移行する性質[7]を有していることから,これら分離株の多くは陸から雨水や地下水とともに流入し,海という特異な環境に徐々に適応したものと考えられる。このことは室内実験によっても示唆されている。同報告者らは各種陸棲放線菌の耐塩性を調べ,1.5％NaCl添加培地では生育を示さないような塩感受性株(表2.4.6)を選び,

表2.4.4 海洋放線菌と陸上放線菌の耐塩性の比較[a]

菌 株	供試菌株	NaCl (％)								
		0	1	2	3	4	5	6	7	10
土壌菌 (ISP 株)	83	100[b]	75.9	61.4	41.0	21.7	14.5	7.2	4.8	0
海洋分離株	87	100	93.1	80.5	70.1	55.2	47.1	32.2	17.2	0

a) dil YE 培地,22℃,4週間培養   b) 生育した菌株数 (％)

表2.4.5 NaCl依存性を示す海洋由来放線菌

菌 株	NaCl (％)							
	0	1	2	3	4	5	6	7	10
SS 386	−	−	−	±	+	+	−	−	−
SS-596	−	+	+	+	+	−	−	−	−
SS-597	−	−	−	+	−	−	−	−	−

dil YE 培地,22℃,4週間培養

第2章 海洋微生物

表2.4.6 塩感受性放線菌

Streptomycetes			Other actinomycetes			
1	S. niveus	ISP 5088	A	Stv. circulatum	KCC S-0306
2	S. aureofaciens	ISP 5127	B	Mie. violacea	KCC A-0065
3	S. candidus	ISP 5141	C	Plm. purontospora	KCC A-0093
4	S. pseudolavendulae	ISP 5213	D	Noc. caprae	ACT S-56-1
5	S. viridosporus	ISP 5243	E	Acp. armeniacus	KCC A-0070
6	S. griseoruber	ISP 5275	F	Cha. purpurogena	KCC A-0080
7	S. purpeofuscus	ISP 5283	G	Act. robefuscus	KCC S-0280
8	S. karnatakensis	ISP 5345	H	Act. xantholyticus	KCC S-0282
9	S. geltieri	ISP 5350	I	Mim. echinospora	ATCC-15838
10	S. setonii	ISP 5395	J	Mim. purpurea	KCC A-0074
11	S. chryseus	ISP 5420	K	Mim. coerulea	KCC A-0049
12	S. cirratus	ISP 5479			
13	S. avidinii	ISP 5526			

Stv. : Streptoverticillium　　Acp. : Actinoplanes
Mie. : Microellobosporia　　Cha. : Chainia
Plm. : Planomonospora　　Act. : Actinomyces
Noc. : Nocardia　　Mim. : Micromonospora

菌株*	元株の耐塩性 NaCl (%)			耐塩性獲得塩濃度 (%)
	0.0	1.5	3.0	0.5 1.0 1.5 2.0 2.5 3.0 3.5 4.0 5.0 6.0 7.0　10.0
1	+	−	−	
2	+	−	−	
3	+	−	−	
4	+	−	−	
5	+	−	−	
6	+	±	−	
7	+	−	−	
8	+	−	−	
9	+	±	−	
10	+	±	−	
11	+	±	−	
12	+	−	−	
13	+	−	−	
A	+	−	−	
B	+	−	−	
C	+	−	−	
D	+	−	−	
E	+	−	−	
F	+	−	−	
G	+	−	−	
H	+	−	−	
I	+	−	−	
J	+	−	−	
K	+	−	−	

* 菌株名表2.4.6に表示
　＋：生育，±：わずかに生育，−：生育せず

図2.4.1　塩感受性放線菌の耐塩性獲得能

それらの耐塩性獲得能を調べた。0.5％NaCl濃度差で徐々に塩濃度を上昇させていくと塩感受性放線菌24株中16株（70％）が3.5％NaCl添加培地でも生育できるようになる（図2.4.1）。さらに3.5％NaClに適応して生育できるようになった菌株の多くは最適生育塩濃度も2.5～3.5％にシフトしており，その性質は継代培養しても安定である。

実際，海洋分離株の中には形態的には陸上のものと何ら変らないが生理的には異なった菌株も存在している。例えば浅海底土から分離された一放線菌SS-22株は同定実験の結果 *Streptomyces rutgersensis* に属することが判明している。しかし詳細な生理的諸性状の検討の結果，*S. rutgersensis* のタイプ株である ISP 5077 株とは寒天液化能および NaCl 耐性において著しく異なることが報告[7]されている。また上記耐塩性獲得実験で耐塩性を獲得させた *S. aureofaciens* を NaCl 無添加，1.5％添加および 3.0％添加培地で培養し，その培養液の UV スペクトルを測定すると，図2.4.2に示すとおり明らかに変化している。これらの野外および室内における実験結果より，海洋には陸上由来の放線菌であっても徐々に海洋環境に適応し，その結果生理代謝系が元株とシフトしている放線菌が存在していることは明らかである。

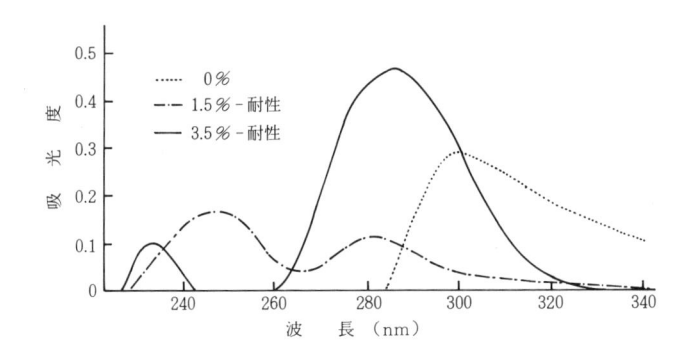

図2.4.2 耐塩性を獲得した *Streptomyces aureofaciens* の培養液 UV パターン

4.4 生理活性物質探索源としての海洋放線菌

海洋からは多くの種類の放線菌が分離されていることや，また陸から流入した菌株でも海という特異環境に適応した菌株の存在が知られていることから，海洋放線菌は培養法を工夫することによって新しい生理活性物質の探索源になり得るものと期待される。

第2章 海洋微生物

岡見らは相模湾の海底土より570株の放線菌を分離し，最初に一般の抗生物質生産用YE培地（酵母エキス4g，麦芽エキス10g，グルコース4g/ℓ，pH 7.4）およびPS培地（可溶性デン粉30g，ファルマミディア15g，コーンスティープ液20g，牛肉エキス10g/ℓ，pH 7.4）を用いて抗菌物質のスクリーニングを実施し，21.8%に何らかの抗菌活性を認めた。これは従来おこなわれている陸上土壌分離放線菌を同培地でスクリーニングした場合に得られる割合とほぼ同率である。しかし，これらの活性株の多くはstreptomycinをはじめとする既知抗生物質を産生していた。つぎに上記通常培地で何ら活性を示さなかった菌株のうち，200株につき海の栄養条件を考慮した特殊培地（通常培地YEを1/10に希釈し，3.0% NaClを添加したもの）およびKOS培地（こぶ茶10g，グルコース10g，50%人工海水，pH 7.6）で培養したところ新たに7株に活性が認められた（表2.4.7）。それらの中にはSS-496株（cycloheximide）やAS-117株（trehalosamine）のように既知の抗生物質生産株も含まれていたが，SS-228株（SS-228 Y）やSS-20, SS-359株（aplasmomycins）のように新規抗生物質生産株も含まれていた。

表2.4.7 特殊培地でのみ抗菌活性を示す海洋分離放線菌

培地	dilYE					KOS					抗生物質
菌株	Staph.	E. coli	Mycob.	Candida	Fungi	Staph.	E. coli	Mycob.	Candida	Fungi	
SS-20	20*	0	(18)**	0	0	18.6	0	tr***	0	0	aplasmomycin
SS-228	0	0	0	0	0	20	0	0	0	0	SS-228 Y
SS-359	18.5	0	(18)	0	0	16.5	0	(15)	0	0	aplasmomycin
SS-496	0	0	0	18.5	24	0	0	0	tr	(17)	cycloheximide
AS-117	0	0	18	0	0	0	0	30	0	0	trehalosamine
AS-256	0	0	0	0	0	17.5	0	0	0	0	unidentified
AS-410	0	15	0	0	0	0	18	0	0	0	unidentified

* カップ法による阻止帯（mm）
** （ ）は不明瞭な阻止帯
*** わずかな阻止帯

Staph. ; *Staphylococcus aureus* FDA 209 P
E. coli ; *Escherichia coli* NIHJ
Mycob. ; *Mycobacterium smegmatis* 607
Candida ; *Candida albicans*

4.4.1 SS-228 Y

SS-228株はKOS培地で増養した時のみ *Staphylococcus aureus* に対し活性を示す物質を生産する。本菌株は特徴的な菌核を形成することから最終的に *Chainia purpurogena* と同定された[8]。同株を培養し，その活性区分を抽出精製したところユニークな peri - hydroxyquinone 構造を有する新抗生物質 SS-228 Y （$C_{19}H_{14}O_6$）[9] が得られた。SS-228 Y はグラム陽性細菌に強い活性（0.78～1.56γ/ml）を示す他，マウス Ehrlich 腹水がん細胞の増殖を阻止し，

さらに高血圧に関与する epinephrin 合成の中間酵素である dopamine-β-hydroxylase を強く阻害する。この物質のマウスに対する毒性（LD_{50}）は 1.56mg/kg（i.p.）であった。

4.4.2 Aplasmomycins

SS-20株およびSS-359株はいずれも典型的な *Streptomyces griseus*[10]に属する菌株であり，dilYE 培地（YE 培地を10倍希釈したもの）でもKOS培地でも抗菌活性を示す。しかしこの抗菌物質産生には培養培地濃度が薄いこと，および培地にNaClが添加されていることが絶対条件になっている。たとえばSS-20株は表2.4.8に示すように通常濃度培地であるYEではNaClの存否にかかわらず活性を示さない。一方，培地濃度を希釈してもNaClが添加されない場合には何ら活性を示さない。培地濃度が薄く，2～6％NaClが添加されている時のみ活性を示す。基本培地にYEを用いた場合，培地を通常の16倍に希釈し，3％NaClを添加した時に最高の力価が得られる。このような培養条件でSS-20株を培養し，活性区分を抽出精製すると無色の結晶が得られる。この物質はグラム陽性細菌に活性（0.78～1.56γ/ml）を示す他，矮小条虫ならびにマラリア原虫（*Plasmodium berghei*）に対しても強い作用を有するため aplasmomycin と命名された。Aplasmomycin の最終構造は X 線解析により図2.4.3のように決定された[11]。SS-20株の培養液中には aplasmomycin の他に少量の関連物質が生産されており，aplasmomycinの9位あるいは9'位の位置のどちらかにアセチル基が入ったものを，aplasmomycin B，両方に入ったものを aplasmomycin C と名付けられた[12]。Aplasmomycins は中央にホウ素を含有するポリエーテルイオノフォア抗生物質であることやその生産に NaCl を要求することなど，海洋の特性を反映しており大変興味深い。なお，aplasmomycin のマウスに対する毒性（LD_{50}）は 125mg/kg（i.p.）とポリエーテル抗生物質としては比較的低い毒性を示す。

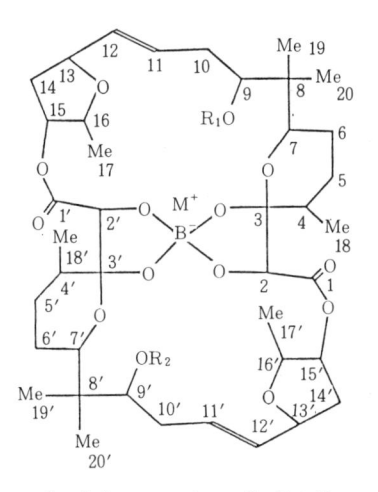

  I　Aplasmomycin　　　$R_1, R_2 = H$
  II　Aplasmomycin B　$R_1 = Ac, R_2 = H$
  III　Aplasmomycin C　$R_1, R_2 = Ac$

図2.4.3　Aplasmomycins の構造

第2章 海洋微生物

表2.4.8 SS-20株の抗菌物質生産に与える塩と培地濃度の影響

希釈倍率\NaCl濃度	0%		1%		2%		3%		4%		5%		6%		7%	
	I.D.[*1]	D.W.[*2]	I.D.	D.W.	I.D.	D.W.	I.D.	D.W.	I.D.	D.W.	I.D.	D.W.	I.D.	D.W.	I.D.	D.W.
YE[+]	0	261	0	270	0	231	0	250	0	212	0	125	0	68	0	—[*3]
×1/2	0	138	0	142	0	98	0	80	0	76	0	73	0	50	0	—
×1/4	0	30	0	51	(26.0)[*4]	55	0	57	0	40	0	46	0	18	0	—
×1/8	0	17	0	35	(23.0)	31	(27.0)	30	(25.0)	26	(21.0)	18	0	21	0	—
×1/16	0	34	0	23	(26.0)	17	18.0 (29.5)	18	17.5 (29.0)	16	16.5 (28.0)	21	(18.0)	16	0	—
×1/32	0	15	0	11	(25.0)	17	(24.0)	21	16.0 (27.0)	15	14.0 (26.0)	15	0	—	0	—

+ 基本培地:酵母エキス0.4%,麦芽エキス1.0%,グルコース0.4%,pH 7.4
*1 I.D.:カップ阻止帯; *Staphylococcus aureus* FDA 209 P
*2 D.W.:乾菌体量(110°C, 48hrs. mg/100 ml)
*3 生産せず
*4 ( ):不明瞭阻止帯(mm)

4.4.3 Istamycins

堀田ら[13)]は抗生物質産生放線菌に保持されているプラスミドはそれぞれ異なっていること,また抗生物質産生が直接あるいは間接にプラスミドの影響を受けていることに着目し,抗生物質生産菌をプラスミドプロフィルから選択することが新規物質発見のための有効な一手段になり得ると考えた。そして沿海域から分離した放線菌についてプラスミドを検索したところ,三浦半島天神島付近の潮間帯土から分離した放線菌SS-939株が新規プラスミド(pST 1とpST 2)を保持していることを見いだした。この菌株はPridham-Gottliebの糖資化性培地で,グルコースとイノシトールしか資化できないという特徴を有し,その他の菌学的諸性状とあわせて,最終的に新菌種と判断され,分離源にちなみ *Streptomyces tenjimariensis* nov. sp. と命名された。本菌株は新規プラスミド保持株であるため抗生物質産生の有無が徹底的に検討され,アミノ配糖体に属する新抗生物質 istamycins(図2.4.4)が発見された。本菌株の培養液中の抗菌活性は非常に弱いため,通常のスクリーニングでは見過ごされてしまったものと思われるが,海域から分離された放線菌であることや新規プラスミドを保持してい

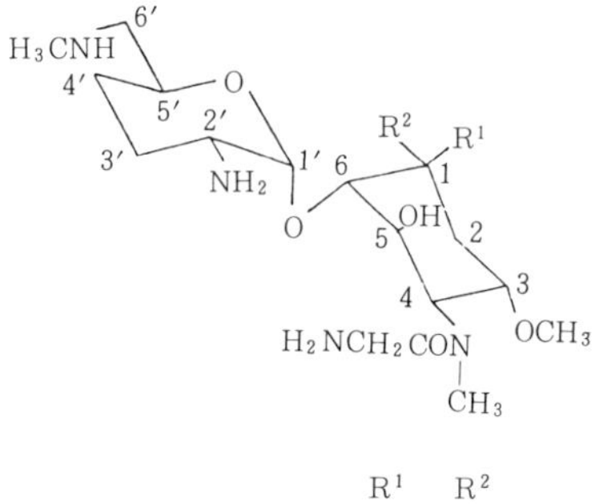

Istamycin A : R¹=NH₂, R²=H
Istamycin B : R¹=H, R²=NH₂

図2.4.4 Istamycinsの構造

表2.4.9 Istamycins の抗菌スペクトラム

被検菌株	最小阻止濃度(μg/ml)		被検菌株	最小阻止濃度(μg/ml)	
	Istamycin A	Istamycin B		Istamycin A	Istamycin B
Staphylococcus aureus FDA209P	1.56	0.78	Escherichia coli K-12 LA290 R55	6.25	3.13
Staphylococcus aureus Smith	0.39	<0.10	Escherichia coli JR66/W677	6.25	6.25
Staphylococcus aureus Ap01	1.56	1.56	Escherichia coli K-12 C600 R135	>50	25
Staphylococcus epidermidis 109	1.56	1.56	Escherichia coli JR225	3.13	1.56
Micrococcus flavus FDA16	25	6.25	Klebsiella pneumoniae PCI602	6.25	3.13
Sarcina lutea PCI1001	1.56	3.13	Shigella dysenteriae JSI1910	12.5	6.25
Bacillus subtilis PCI219	0.39	<0.10	Shigella flexneri 4b JS11811	12.5	6.25
Bacillus subtilis NRRL B-558	1.56	<0.10	Shigella sonnei JS11756	12.5	12.5
			Shigella typhi T-63	1.56	12.5
Bacillus cereus ATCC 10702	6.25	3.13	Salmonella enteritidis 1891	33.13	3.13
Corynebacterium bovis 1810	3.13	1.56	Proteus vulgaris OX19	1.56	0.78
			Proteus rettgeri GN311	25	12.5
Mycobacterium smegmatis ATCC 607	1.56	0.78	Proteus rettgeri GN466	6.25	6.25
			Serratia marcescens	25	12.5
Escherichia coli NIHJ	3.13	1.56	Serratia sp. SOU	>50	>25
Escherichia coli K-12	3.13	1.56	Serratia sp.4	>50	>25
Escherichia coli K-12 R5	6.25	6.25	Providencia sp.Pv16	50	6.25
			Providencia sp.2991	50	25
Escherichia coli K-12 R388	3.13	1.56	Pseudomonas aeruginosa A3	>50	12.5
Escherichia coli K-12 J5R11-2	3.13	1.56	Pseudomonas aeruginosa No.12	>50	>25
Escherichia coli K-12 ML1629	3.13	3.13			

たことによりこの新抗生物質の発見に至ったものと思われる。Istamycinsはある種のアミノ配糖体抗生物質耐性菌にも効力を示し（表2.4.9），今後の開発が期待される。

　さらに彼らはistamycins生産株である Streptomyces tenjimariensis と streptomycin生産株である Streptomyces griseus の非生産変異株を取得し，それらをプロトプラスト融合することにより，多くの融合体を得た。それらの融合体をスクリーニングしたところ，両菌株の親株が生産する istamycins とも streptomycin とも異なる新抗生物質が得られ indolizomycin（図2.4.5）[14]と名付けられた。なお，この indolizomycin は細胞融合技術を用いて新抗生物質の生産に成功したはじめての例である。

　以上，海洋における放線菌の研究はまだ緒についたばかりであり，海洋に存在している放線菌

第 2 章　海洋微生物

の起源についてもほとんど解明されていないのが現状である．しかし，①沿岸浅海域から深海海底土に至る広い範囲から多種類の放線菌が分離されていること，②海の環境に適応した菌株の存在が野外および室内実験において確認されていること，③実際に海洋分離放線菌から新抗生物質が発見されていることなどを考えあわせると海洋放線菌は有用生理活性物質の新しい探索源[15]として今後ますます注目を浴びていくことと思われる．

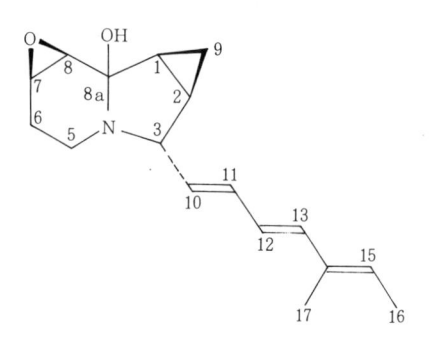

図 2.4.5　Indolizomycin の構造

文　　献

1) C. E. Zobell, et al., *Bull. Am. Assoc. Petrol. Geol.*, **27**, 1175 (1943)
2) A. Grein, S. P. Meyers, *J. Bacteriol.*, **76**, 457 (1958)
3) A. E. Kriss, et al., "Microbial Populations of Oceans and Seas", Arnold, London (1967)
4) G. Siebert, W. Schwartz, *Arch. Hydrobiol.*, **52**, 321 (1956)
5) M. Mordarski, et al., ed. "Nocardia and Streptomyces", Gustav Verlag, 185 (1981)
6) T. Okazaki, Y. Okami, *J. Ferment. Technol.*, **53**, 833 (1975)
7) T. Arai, ed. "Actinomycetes, the Boundary Microorganisms", Toppan, Tokyo, 123 (1976)
8) T. Okazaki, et al., *J. Antibiol.*, **28**, 176 (1975)
9) T. Kitahara, et al., *J. Antibiol.*, **28**, 280 (1975)
10) Y. Okami, et al., *J. Antibiol.*, **29**, 1019 (1976)
11) H. Nakamura, et al., *J. Antibiol.*, **30**, 714 (1977)
12) K. Sato, et al., *J. Antibiol.*, **31**, 632 (1978)
13) K. Hotta, et al., *J. Antibiol.*, **33**, 1502 (1980)
14) K. Gomi, et al., *J. Antibiol.*, **37**, 1491 (1984)
15) 岡崎尚夫．醗酵工学, **63**, 192 (1985)

5 海洋細菌

5.1 従属栄養細菌

清水 潮*

5.1.1 従属栄養細菌の分布

本項では海洋の従属栄養細菌の中でも,数の上で最も多い好気性・通性嫌気性のグループを,またその中でも通常の培養基に増殖する菌種について主として取り扱う。栄養濃度の極端に低い培養基に増殖する,いわゆる低栄養細菌については,分離・培養のところで若干触れるに止める。

海洋細菌の分離・培養のためのふつうの培養基(p.76)に増殖する細菌をかりに一般従属栄養細菌と呼ぶならば,このグループに属する細菌はいうまでもなく海洋のあらゆる環境に広く分布している。海水中でのその数は,低栄養の深海域での1ml中10^{-2}から,富栄養化した内湾での1ml中10^6まで大幅に変動する。一般従属栄養細菌は海水中だけではなく,また海底堆積,干潟

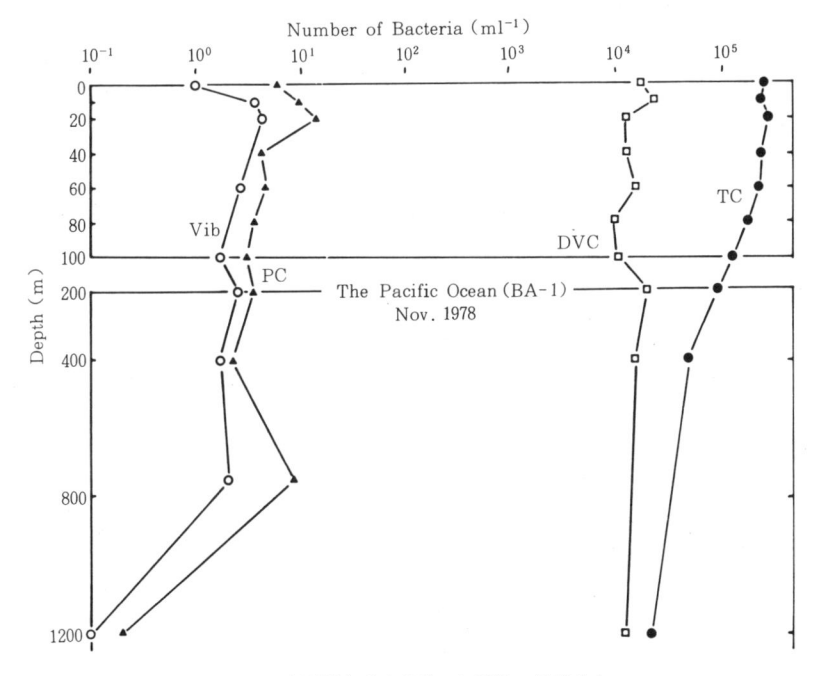

図2.5.1 伊豆諸島八丈島沖の細菌数の鉛直分布
TC:直検法総菌数,DVC:直検法生菌数,PC:平板法生菌数,Vib:*Vibrio*数

* Usio Simidu 東京大学 海洋研究所

第2章 海洋微生物

の砂，海洋に生息する動物の体表や体内，植物の表面にも，また，これら動植物の遺体や排泄物の分解の過程でつくられるデトライタス中にも多く繁殖している。

後に述べるように，少しでも異なる環境条件の下では，それぞれ異なる種類の細菌が住みついているので，有用微生物の探索のためには海洋環境の複雑さと，そこに住む数多くの動植物の多

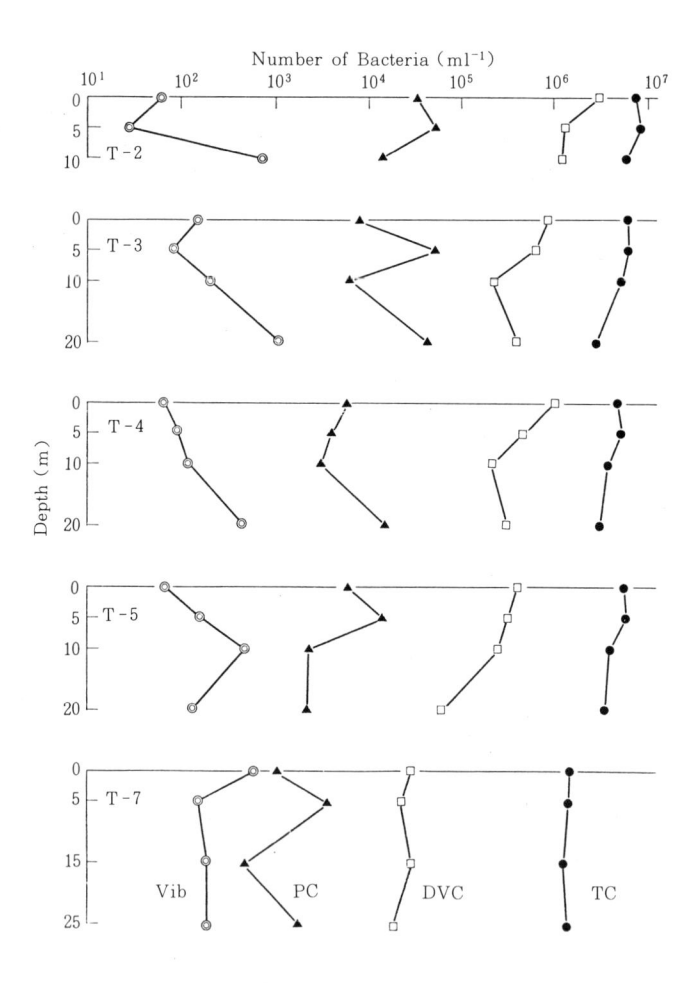

図2.5.2　東京湾海水中の細菌数の鉛直分布

（記号は図2.5.1に同じ）

5 海洋細菌

彩な生活に目を向けることがますます必要になってくるだろう。

(1) 海 水

図2.5.1および図2.5.2に, 伊豆諸島周辺と東京湾での海水中の細菌数の分布を示した。図中PCと印したのが一般従属栄養細菌である。図に見られるように, 海洋では, (土壌中でも同じだが), 試料を直接に顕微鏡で観察して数えられる細菌の数 (直検法細菌数; DC) に比べて, 培養によって得られる細菌数はときには4〜5桁も低くなる。この差が何を示すかについては議論があるが, その多くの部分が増殖能力を失った従属栄養細菌であり, 一部は低栄養細菌, さらに, わずかの部分が偏性独立栄養細菌ではないかと, 筆者自身は推測している。

海水中にどのような種類の細菌が多いかということは, 場所によってかなり異なる。1, 2の調査例を図2.5.4および図2.5.5に示す。わが国の太平洋岸の海域や, 筆者らが調査した西太平洋, インド洋, 南氷洋などの外洋域では, 一般的にはグラム陰性細菌が圧倒的に多く, 分離菌株の90％以上を占めるのがふつうだった。一方, 外洋でも深層海水中にはときにグラム陽性菌の目立って多い場所もみられるし, 他の研究者の記載によると, 海域によってはグラム陽性細菌の多い所もあるらしい。

(2) 海 底 堆 積

海底堆積の表層には, その上の海水に比べて1〜4桁多い細菌数がみられる。堆積中の細菌相は海水中の細菌相とは多少とも異なっていることが多く, そのような場合には海水中に比べてグラム陽性細菌, とくに *Bacillus* 属の有芽胞桿菌が多くなる。東京湾の湾奥のように極度に富栄養化の進んだ海域の堆積中には, 偏性嫌気性細菌, とくに硫酸塩還元細菌が多くなる。このような海域では, また他の偏性嫌気性細菌, たとえば, *Clostridium* や *Bacteroides* 属の細菌もみられる[1]。

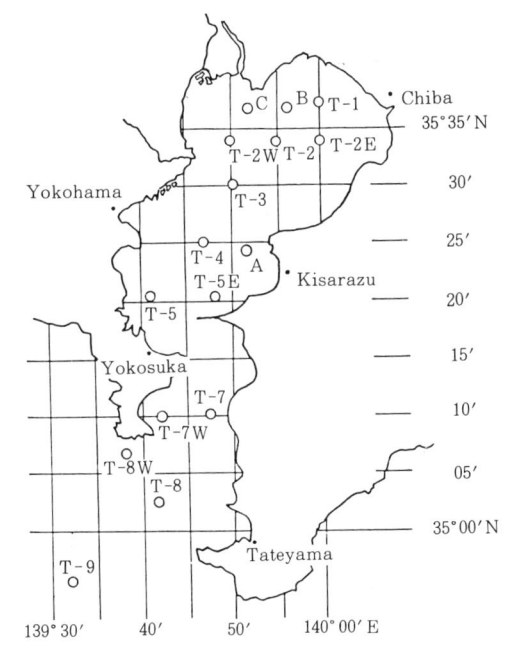

図2.5.3 東京湾のサンプリング点

第2章　海洋微生物

沿岸から遠く離れた海域では海底堆積中の細菌数は少なくなる。ところが最近になって，深海底でも場所により濃密な生物群集の存在することが明らかになってきた。わが国周辺でも，伊豆半島東岸の初島沖，紀伊半島沖の天龍海底渓谷，鹿島沖など，水深1,700〜6,000 mの海底に，多数の二枚貝などを中心とする生物群集がつぎつぎに見つけられている。これらの群集はいずれも独立栄養細菌を第一次生産者として成り立っているものであり，そこの細菌相もきわめて多様である。このような場所には未知の細菌種も多いと思われ，今後の研究の進展が期待される。

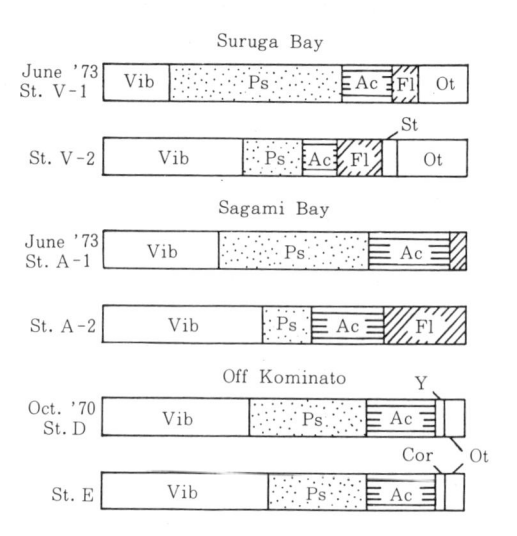

図 2.5.4　駿河湾・相模湾・房総半島小湊沿岸の海水中の細菌数

Vib：*Vibrio*, Ps：*Pseudomonas-Alteromonas*,
Ac：*Acinetobacter-Moraxella*, Fl：*Flavobacterium*,
St：*Streptomyces*, Cor：*Corynebacterium*,
Y：Yeast, Ot：その他

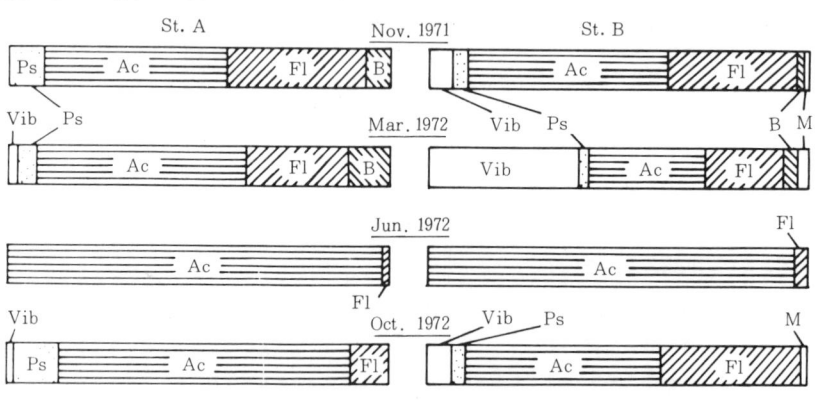

図 2.5.5　東京湾海水中の細菌相

B：*Bacillus*, M：*Micrococcus*, その他の記号は図2.5.4に同じ。

表 2.5.1 東京湾干潟の細菌数（清水ら，未発表）

砂泥 1g 中の細菌数

		深さ	総菌数	生菌数(好気)	生菌数(嫌気)	チオバチルス	チオバチルス(嫌気)	光合成細菌	硫酸塩還元細菌
三枚州 11月	a-1	0-1 cm	1.4×10^8	1.7×10^6	1.5×10^3	2.1×10^3	1.1×10^2	3	1.5×10^2
	a-2	8-10	3.8×10^7	1.8×10^5	……	1.1×10^4	3.9×10	2.1×10	7
	b-1	0-1	9.9×10^7	6.7×10^5	1.8×10^5	9.3×10^2	2.3×10	2.3	2.1×10^2
	b-2	8-1	1.6×10^7	1.1×10^6	2.0×10^5	1.1×10^4	4.6×10^2	1.1×10^3	2.8×10^2
小櫃川 11月	St-8	0-1	—	3.5×10^4	—	$2.3>$	—	—	$2.3>$
	St-1	0-1	—	1.6×10^3	—	2.3×10	—	—	$2.3>$
高州 1月	A-1	0-0.5	—	1.4×10^6	3.4×10^5	9	—	$2.3>$	4.6×10^2
	A-2	10-13	—	1.2×10^5	—	4	—	$2.3>$	4.6×10^2
	A-3	30-33	—	1.7×10^5	4.0×10^4	7	—	$2.3>$	2.8×10^2
	B-1	0-0.5	—	1.4×10^5	—	2.3×10	—	$2.3>$	1.1×10^3
浦安 人工干潟 3月	海水	10	—	2.5×10^5	—	2.8×10^2	—	$2.3>$	2.3
	St3-1	0-1	—	8.8×10^6	—	2.3×10^2	—	$2.3>$	3×10
	St3-2	30-35	—	6.0×10^4	—	9.3×10^3	—	$2.3>$	4×10^2
	St7-1	0-1	—	6.7×10^7	—	7.5×10^3	—	$2.3>$	2.3×10^2
	St7-2	25-30	—	1.2×10^5	—	4×10^2	—	$2.3>$	3.3×10^2

一方，河口域などに発達する干潟にも多くの種類の細菌が生息している。表2.5.1は東京湾の干潟について調べた例である。干潟やなぎさの環境はきわめて複雑多様であり，そこの細菌相も場所により，環境により大きな差がある。また，そこに住むさまざまの動植物にもそれぞれ異なる種類の細菌が付着あるいは共生しているはずであるけれども，まだ研究が進んでいない。

(3) プランクトン

元気に生きている動物プランクトンあるいは活発に増殖している植物プランクトンの体表に多数の細菌が付着していることは少ないけれども，ふつうにプランクトンネットで採取した動植物プランクトンには多数の細菌がみられる[21]。これら細菌の組成は，海水中の細菌の組成と比べて差があり，とくにVibrio属細菌の比率が高くなる（図2.5.6）。

一概にプランクトンといっても，動物プランクトンと植物プランクトンでは付着している細菌種には違いがみられ，植物プランクトンにはFlavobacterium, Flexibacterのような色のついた細菌，あるいはAcinetobacter-Moraxellaのように運動性のない細菌の比率が高く，一方，動物プランクトンにはVibrio属細菌が多い。さらに，同じ動物プランクトンでも種類によって付着している細菌種に差がみられる。このような動物プランクトンに付着している細菌には，プランクトン体表に含まれるキチンや他種細菌の細胞壁成分などの高分子有機物を分解する性質をもっている菌株の比率が高く，また，抗生物質を産生する菌株も多い（Shantaら，未発表）。

第2章 海洋微生物

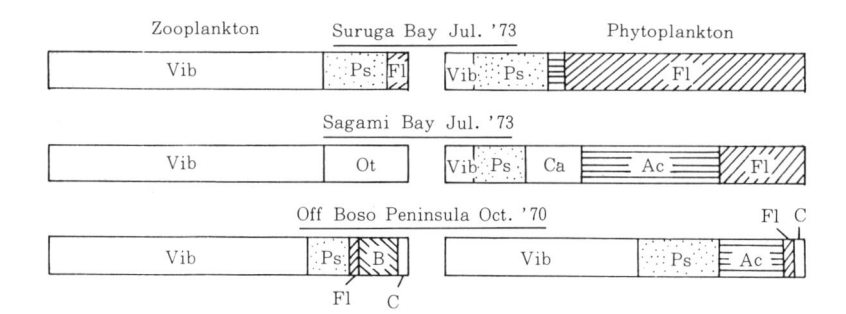

図2.5.6 駿河湾・相模湾・房総半島小湊沿岸の細菌相

左は動物プランクトン，右は植物プランクトン
Vib：*Vibrio*, Ps：*Pseudomonas-Alteromonas*,
Fl ：*Flavobacterium-Cytophaga*, B：*Bacillus*,
Ac：*Acinetobacter-Moraxella*, C：*Corynebacterium*,
Ca：*Caulobacter*

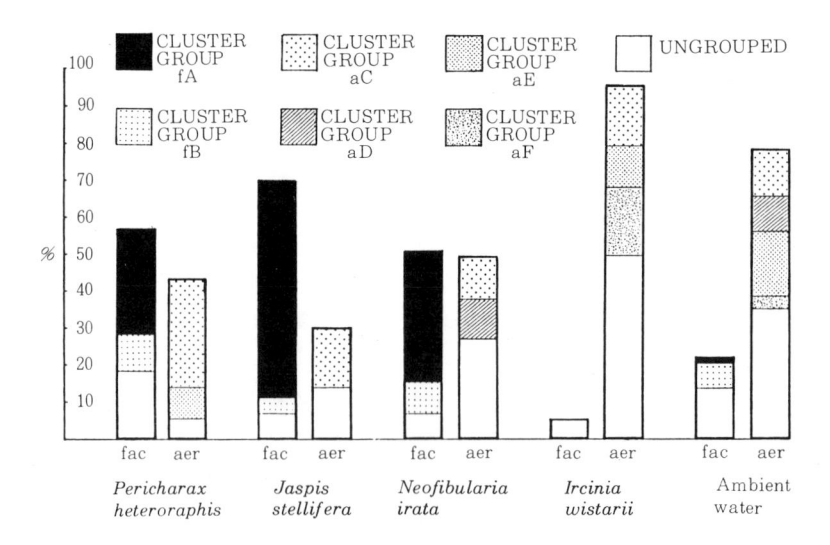

図2.5.7 異なる種類のカイメンおよび海水（右端）の細菌相

Cluster Aは *Vibrio*, B, C, D, Eは *Pseudomonas-Alteromonas*,
Fはコリネ型菌と思われる。

(4) 海 藻

　成長したばかりの若い海藻葉体の表面には細菌は少ないが，日がたつにつれてその表面に多くの細菌が付着するようになる。海藻表面には *Flavobacterium*, *Flexibacter*, *Cytophaga* のような色素細菌が多い[3]。葉体はさらに古くなり，枯死してくると，その表面の細菌相に遷移がおこり，同じ色素細菌でも生きた葉体についているものと別の種類のものが多くなってくる。

　海藻表面の細菌が窒素固定能をもっていたり，あるいはオーキシン，サイトカイニンのような植物ホルモンを産生するなど，海藻との間に相利的な共生関係をもっていることは以前から推測されており，またそれを実証するような研究結果も報告されている。しかしその数はまだ多くない。

(5) 海産動物

　魚の表皮・えら・消化管に付着している細菌や，魚の死後のそれら細菌の消長については，食品保蔵との関連で古くから多くの報告がある[4]。

　近年になって，細菌による生物活性物質の産生の問題ともからんで，多くの海産動物に付着・共生している微生物の研究が進められている。以前からカイメン・イソギンチャク・サンゴ・ヤギ・ヒトデ・貝類など多くの動物が多種類の生理活性・薬理活性物質をつくることが知られていた。ところが，それらの物質の起原が，動物に共生している微生物の活動に求められるようになり，それらの物質の少なくともある部分は，微生物によってつくられているということが明らかになってきている。これらについては第1章，第4章でくわしく述べられているので，ここでは，海の動物の体内にどのような微生物が共生しているかということについて，Wilkinson[5] が報告しているカイメンを例にとって説明する。Wilkinson が主としてオーストラリア産のカイメンについて研究した結果によると，カイメン組織中にはときにはカイメン自体の細胞容量よりも大きな容量で，ラン藻とバクテリアが共生している。ラン藻の種類も，バクテリアの種組成もカイメンの種類によって異なっている。バクテリア（ラン藻もバクテリアに含められるが，便宜上，一応別に取り扱う）の種組成についての結果を図2.5.7に示す。カイメンの共生細菌として主要な種であると Wilkinson が考えているのは fA のグループで，この菌種はグラム陰性，糖発酵性の桿菌で，多量の粘質物をつくる特徴をもっている。かれはこの菌種を腸内細菌科に含まれるとしているが，実際にはそれよりも Vibrio 科に近いものと考えられる。

5.1.2　従属栄養細菌の分離と培養

(1) 培 養 基

　一般従属栄養細菌の分離と培養に用いるための培養基の組成を表2.5.2に示す。このような培養基の特徴のひとつは海水を基礎としていることである。これは海洋細菌の大部分が好塩性を示すことによる。海水がたやすく手に入らないような場合には人工海水を代りに使うが，海水に比

べるとやはり増殖は悪くなる。海洋細菌用の培養基のもうひとつの特徴は,培養基に含まれる栄養分の濃度が低いことで,ふつうのいわゆる栄養寒天培地(肉エキス・ペプトン寒天培地)に比べると1/2〜1/6くらいの濃度になっている。培養基の栄養分濃度は対象とする試料によっても変える必要があると思われるけれども,沿岸海水などを試料にしても菌数を測定すると,表2.5.2のORI培地程度の濃度でもっとも高い値が得られる。

(2) 培養法

海洋細菌の分離・培養法としては,液体培養基を用いる段階希釈法,寒天培養基を用いる平板法の二つがある。さらに平板法にも混釈法,表面塗抹法,フィルター法の三つがある。これらはそれぞれに長短があるが,詳細については文献[6]を参照されたい。一般的な海洋従属栄養細菌の分

表2.5.2 海洋細菌用の培養基

ZoBell 22.16E	
バクトペプトン(Difco)	5.0g
バクト酵母エキス(Difco)	1.0
$FePO_4$	0.1
バクト寒天	15
海水	1,000 ml
pH 7.6	
PPES-II	
ポリペプトン(大五)	2.0g
プロテオースペプトン No.3(Difco)	1.0
ソイトン(Difco)	1.0
バクト酵母エキス(Difco)	1.0
クエン酸鉄	0.1
寒天	15
海水	900 ml
海底土エキス*	100
pH 7.8	
ORI	
プロテオースペプトン No.3(Difco)	1.0g
バクト酵母エキス(Difco)	1.0
フィトン(BBL)	0.5
チオ硫酸ナトリウム($5H_2O$)	0.2
亜硫酸ナトリウム	0.05
クエン酸鉄	0.04
海水	750 ml **
蒸留水	250 **
pH 7.8	

* 乾燥底泥500gまたは湿底泥800gに海水1.5ℓを加えて120°C 30分加熱後 $CaSO_4$ (または$CaCO_3$)0.5gを加えて沪過する。
** 細菌の分離用には海水900ml 蒸留水100mlにする。

5 海洋細菌

表 2.5.3 低栄養細菌用培地

	D[a)]	OLD	OLM	M
プロテオースペプトン No.3（Difco）	50 mg	40	4 mg	1 mg
バクト・酵母エキス（Difco）	50	40	4	1
ファイトン（BBL）		20	2	
チオ硫酸ナトリウム		20	2	
亜硫酸ナトリウム		10	1	
クエン酸第二鉄	5	5	0.5	0.1
グルコース	2.5	2	0.2	0.5
マニトール	2.5	2	0.2	0.5
酢酸ナトリウム	2.5	2	0.2	0.5
リンゴ酸ナトリウム	2.5	2	0.2	0.5
EDTA-2Na		50	5	
Na_2HPO_4		10	1	
貯蔵海水	1 ℓ		1 ℓ	1 ℓ

a) 判定用培地として使うときはバクト・寒天（Difco）を 0.3% 加える。

離の目的には，寒天培養基平板を用いる表面塗抹法が適当だろう。

海水試料については，まず滅菌海水で10倍ごとの希釈系列をつくる。ふつうは100 ml 容の点滴ビンに 45 ml の海水を入れて滅菌したものを用意し，その 1 本に海水試料 5 ml を加えてよく振り，ついでその 5 ml をさらにつぎの滅菌海水に加えるという操作をくり返す。各希釈系列から 0.1 ml をとって寒天培養基の上にのせ，スプレダー（コンラージ棒）で表面に広げる。外洋の海水のようにもともと細菌数が少ない場合，あるいは目的とする特別なグループの細菌数が少ない海水の場合には，海水フィルター（ニュクリポアーフィルター 0.2 μm 孔径，またはミリポアーフィルター 0.45 μm 孔径など）であらかじめ沪過し，そのフィルターを寒天平板の上にのせる。

海藻，動物など，固体試料については，試料を十分量の滅菌海水とともにホモジナイザー（ワーリングブレンダー型）で破砕し，そのホモジェネートを段階希釈する。試料によっては，乳鉢中で乳棒でつぶすという原始的な方法も偉力を発揮する。海底堆積試料については，10 ppm の tween 80 を加えた滅菌海水とともにヴォルテックスミキサーで混和し，ついで段階希釈する。

培養温度は 20 °C，培養期間は 10~14 日というのが，一般従属栄養細菌の培養条件としてはふつうだが，試料をとった現場の温度，あるいは目的とする細菌グループによって，この条件が変わり得ることはいうまでもない。

培養中ときに問題になるのは，寒天培地表面にうすく，速やかに広がるコロニーが発育して，他のコロニーを覆ってしまうことである。対策としては寒天培地の寒天濃度を高く（たとえば 2.5 %）すること，寒天培地平板の表面をあらかじめ十分に乾燥しておくこと，できるだけ低温で培養することなどがあげられる。しかし，はじめの二つの方法は他の菌の増殖にとってはマイナス

になることは否めない。混釈培養法を行い，混釈後の平板上に，滅菌して冷やした寒天溶液を薄く拡げるという手段を用いれば，この問題は起こらない。

(3) 低栄養細菌

海洋の一般従属栄養細菌用の培養基（表 2.5.2）は，ふつうの栄養寒天などに比べると栄養源の濃度は低いが，それでも海水中に含まれる溶存有機物の濃度（ふつう 0.5～5mgC/ℓ）に比べると 1,000 倍におよぶ有機物を含んでいる。海水中に生息している細菌の中には，このような急激な栄養濃度の変化にさらされると代謝機能が乱され，増殖できなくなるものがあると考えられる。少なくとも第一段階での分離培養には，海水に近い栄養濃度の培養基を用いて培養を行うことによって，いわゆる低栄養細菌（oligotrophic bacteria）を得ることができる。

寒天平板培養基では，おそらくその中に含まれている溶存有機物濃度が高いため，低栄養細菌の増殖はよくない。したがって，低栄養細菌の第 1 段階の培養は，液体培地を用いて段階希釈法で行うか，あるいは寒天を用いない平板法[7]を用いることが望ましい。段階希釈法のさいに用いる培養基の一例を表 2.5.3 に示した。

段階希釈法の場合，一般従属栄養細菌の項で示した方法に準じて試料を段階希釈し，その 1 ml ずつを各段階 3 本または 5 本の培養基（試験管に 10 ml ずつ分注した OLM または M 培地）に接種する。このような薄い培養基では，細菌の増殖の有無は肉眼的には判定できない。それで 20℃，10 日の培養後，その 1～2 ml を，より高濃度の栄養を含む高層培養基に重層し，さらに培養を続けることによって，増殖の判定が可能になる。そのような培養基としては，表 2.5.3 の OLD または D 培地などがあげられる。増殖のみられた培養基からは，寒天平板培養基に画線し培養することによって，低栄養細菌の純培養を得ることができる。この場合の培養基の濃度は表 2.5.2 の ORI 培地の 1/10～1/5 程度が適当と思われる。

(4) 嫌気性細菌

通性嫌気性細菌の分離・培養は，上の一般従属栄養細菌に準じた方法で，ただ培養操作だけを嫌気的に行えばよい。このさいの嫌気培養はガスパック法（Gas Pak system, BBL）または類似の方法が最も手軽である。

海洋の多くの環境は好気的であり，嫌気性細菌といっても一般的には通性嫌気性細菌が主なものである。しかし，海底堆積，海産動物の消化管など，嫌気的な条件がつくり出される場所もあり，これらの場所では偏性嫌気性細菌も多く検出される。

偏性嫌気性細菌の培養には，試料採取から培養にいたるまでの過程で，細菌が酸素にさらされる機会をできる限り少なくするための注意が必要である。現在，海洋の偏性嫌気性細菌の培養は，陸上の動物のルーメンや消化管内の嫌気性細菌の分離・培養法（たとえば光岡法[8]）が援用されている。

海洋の偏性嫌気性細菌用の培養基としては，一般の偏性嫌気性細菌用のものがそのまま使われるほか，海水や海底泥エキスを加え，あるいは処方を改変したような培養基も用いられている。なお，詳細については杉田[1]，坂田[9]の文献を参照のこと。

5.1.3 従属栄養細菌の分類

(1) 従属栄養細菌の同定

いろいろの海洋環境から分離した細菌を，たとえばバージェイ分類書（Bergey's Manual of Systematic Bacteriology, 1984）にしたがって同定しようとしても，分類書に記載されている種に行きつくことはまれである。このことは，とくに海洋環境に多いグラム陰性細菌についてあてはまる。たとえば，わたしたちがインド洋からわが国沿岸にかけての広い海域から分離したVibrio科細菌を数値分類の方法で分類した結果，種に相当すると思われる58の分類群が得られたが，その中で先の分類書に記載されている種に当るものは5,6種にすぎなかった。

このようなことが生ずるのは，Bergey's Manual などに記載されている種は，病原細菌とそれに近い種，あるいは特別に珍しい性質をもっている細菌を中心とするものであって，自然界に広く分布している一般の細菌を対象としたものではないからである。

したがって，われわれが新しい，興味ある性質をもった海洋細菌を分離すると，多くの場合それは新種ということになる。

一般的な研究の目的で多数の海洋細菌を同定しようとするときには，現状では属までの分類で満足せざるを得ないことが大部分である。また，特定の菌株を新種として分類したいという場合にも，その第一段階としては，その菌株がどの属に含まれるかということの見当をつけることが必要になる。

比較的少数のテストによって海洋細菌を属の段階にまで同定するための図式は，Shewan（1960）以来，数多く出されている。図2.5.8は現在われわれが使っているもので[10]，Bergey's Manual の新しい版（1984年版）にほぼ従っている。

海洋の一般従属栄養細菌に関係のある部分で，新しくBergey's Manual に登録された主要な属は Alteromonas であり，図2.5.8の図式には，これを含めてある。Alteromonasは従来Pseudomonasに含められていたグラム陰性，単極鞭毛をもつ好気性の桿菌のグループである。Pseudomonas との基本的な違いは，DNAのGC比にあり，PseudomonasのGC比がふつう55〜64%であるのに対して，Alteromonas はほぼ40〜52%であるとされる。

Alteromonas は現在知られている範囲では海洋に固有の細菌である。興味深いことは，この属の細菌には，抗菌物質をつくる種類が多いことである。Bergey's Manual でも，登録されている11種のうち4種までが抗菌物質産生株として報告されたものである。また，筆者らの研究室でShanta らがさまざまの海洋環境から得た抗菌物質産生菌株39株のうち，81%は Alteromonas

第2章　海洋微生物

```
                                            ┌ 糖から酸とガスを産生 …… Aeromonas
                        ┌ オキシダーゼ陽性…①┤
                        │                   └ ガスをつくらない …… Vibrio
          ┌ 糖を発酵する ┤                   ┌ 好塩性 ………… Vibrio-Aeromonas（①へ）
          │             │                   │         ┌ 周在性の鞭毛 …… Enterobacteriaceae
          │             └ オキシダーゼ陰性 ─┤ 非好塩性┤
          │                                 │         │ 極毛性の鞭毛
          │                                 │         └ または非運動性 … Vibrio-Aeromonas（①へ）
          │                                           ┌ 寒天またはセル … Cytophaga
          │                            ┌ 運動性なし ─┤ ロースを分解する
          │               ┌ 黄～赤の色素┤             │                   Flavobacterium group I
グラム陰性┤              │              │             └ 分解しない ……（Flxibacter を含む）
          │              │              │             ┌ 同在性の鞭毛 … Flavobacterium group II
          │              │              └ 運動性あり ┤
          │ ┌菌体色素    │                            └ 極毛性の鞭毛 … Pseudomonas-Alteromonas（②へ）
          │ │ をつくる   │              ┌ 極毛性の鞭毛
          │ │            └ 青～紫の色素 ┤ のみ、好気性 … Pseudomonas-Alteromonas（②へ）
          │ │                            └ その他、通性嫌気性 … Chromobacterium
          └ 糖を発酵しない┤              ┌ 周在性の鞭毛 … Alcaligenes
            │             │              │              ┌ 付着柄をもつ … Caulobacter
            │             │              │              │ ゼラチン分解   Pseudomonas-Alteromonas
            │ ┌菌体色素   ├ 運動性あり ─┤ 極毛性の鞭 ─┤ DNA 分解       group I (Alteromonas group)
            │ │ をつくら  │              │ 毛 …… ②   │
            │ │ ない      │              │              │ ゼラチン・DNA  Pseudomonas-Alteromonas group II
            │ │           │              └              └ 非分解         （Pseudomonas group）
            │ │           │              ┌ 増殖が速い（1日で  Acinetobacter-Moraxella group I
            │ │           └ 運動性なし ─┤ コロニーをつくる） （fast-growing group）
            │ │                          └ 増殖遅く、弱い …  Acinetobacter-Moraxella group II
            │ │                                              （slow-growing group）
```

(1)

```
                        ┌ 大部分は運動性、 ┌ 偏性嫌気性 ………… Clostridium
                        │ 芽胞をつくる     └ 好気性、通性嫌気性 … Bacillus
              ┌ 桿菌 ──┤                 ┌ カタラーゼ陰性 …… Lactobacillus
              │         │ 非 運 動 性     │                     ┌ 菌糸体をつくる … Streptomyces, Nocardia
              │         └                 └ カタラーゼ陽性 ──┤              ┌ 桿菌から球菌にかわる … Arthrobacter
グラム陽性 ──┤                                                 └ 菌糸体をつ ─┤
              │                                                   くらない    └ 変らない ……………… Corynebacterium
              │         ┌ カタラーゼ陰性 …… Streptococcus, Leuconostoc
              │ 球菌 ──┤                   ┌ グルコースを発酵 … Staphylococcus
              │         └ カタラーゼ陽性 ──┤
              │                             └ 発酵しない ……… Micrococcus
              └ 短桿菌～桿球菌、大型、発芽によって増殖 …… Yeast
```

(2)

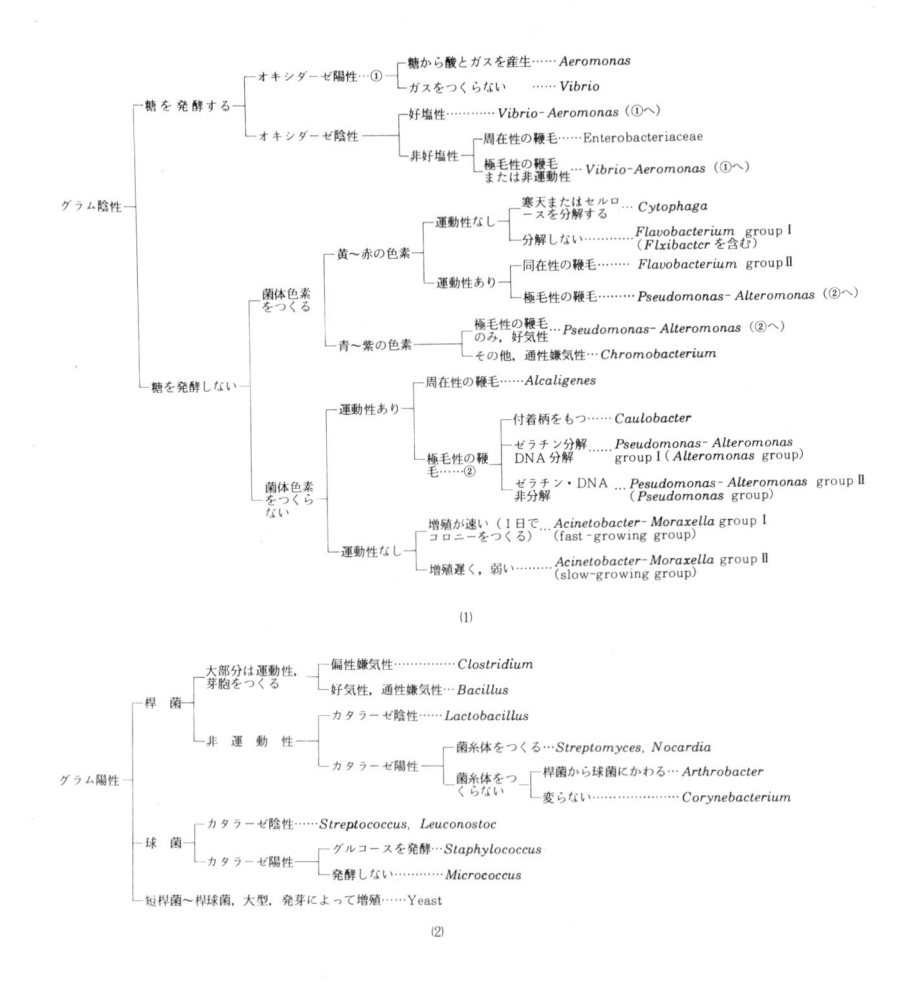

図 2.5.8　海洋の一般従属栄養細菌の同定のための図式

と思われるものであった。一方，抗菌物質ではないけれども，今田ら[11]が海洋からでは初めて見出したプロテアーゼインヒビター産生菌株も Alteromonas であり，さらに安元らが発見したふぐ毒テトロドトキシン産生菌株もこの属の細菌である。このようなことは，生理活性・薬理活性物質を産生する海洋細菌として，Alteromonas 属の細菌が，特異な，ある意味では陸上の放線菌

にも比すべき地位をもっていることを推測させるものである。

(2) 同定のためのテスト

細菌の同定も、いずれは化学分類や分子生物学的手法の発達によって、比較的簡単に、また客観的に行うことができるようになることが期待されるが、現在のところでは、まだ、べん毛染色、形態観察など、伝統的な方法に頼る部分が多く残されている。

分類・同定のためのテストについては一般的な参考書（たとえば文献[12]）に記載されているので、ここでは図2.5.8の図式に含まれているテストの中で、とくに海洋細菌を対象とするさいに注意すべき点だけをあげる。

海洋細菌の分類・同定に用いる培養基は、海水（暗所に貯蔵した海水75、蒸留水25の割合に混合したものが良い）、または人工海水を基礎にしたものを用いる。人工海水は一般に用いられているなどの処方のものでも良いが、塩濃度は海水のほぼ75％にする方が良い。表2.5.4に示したものは、培地の滅菌後に沈殿ができにくいので使いやすい。

表2.5.4 培養基用人工海水

NaCl	2.0 %
KCl	0.2
$MgSO_4 \cdot 7H_2O$	0.4
$CaCl_2 \cdot 2H_2O$	0.03

グラム染色：Huckerの変法を用いる。スライドグラスに菌を塗抹するときには、蒸留水でなく、生理食塩水を用いて拡げた方が良い。

Hugh-Leifson の培地：海洋細菌のテスト用として報告されたLeifsonの変法より、原法の一般細菌用に用いられている処方の方が良い。人工海水を基礎として培地を作る。小試験管に約5cmの高さに分注し、使用前に100℃10分間加熱して空気を追い出してから急冷する。ループの小さい白金耳を使って被験菌を深く穿刺する。流動パラフィンを重層する必要はない。20℃の培養で7日目まで観察する。

好塩性のテスト：Protease Peptone No.3 (Difco) 0.1％、Bacto Yeast Extract (Difco) 0.1％、Phytone (BBL) 0.05％、Bacto Agar (Difco) 1.2％、NaCl 3.0％、pH 7.6 の培養基を用いて平板をつくる。対照として食塩を加えない培養基の平板を用意する。2種の平板に被験菌の20℃、24時間培養の培養液（または菌の懸濁液）を画線培養し、20℃、5〜7日間培養の後、増殖を観察する。食塩を加えない培養基に増殖しないもの、あるいは増殖しても食塩加培地に比べて明瞭に弱いものは好塩性であると判定する。

Caulobacter の付着柄 (stalk)：*Caulobacter* は *Pseudomonas* と間違われやすい。グラム陰性、極鞭毛の桿菌で、形態がやや三日月型にわん曲していたり、細胞が長短不ぞろいであったりしたときはフクシンなどで単染色して付着柄の有無を確かめる。スライドグラスに菌を塗抹するさい、できるだけ薄く拡げて早く乾燥するようにする。染色後、smearの端の部分を観察すると *Caulobacter* 特有のロゼット状の配列や付着柄が見られる（写真2.5.1）。

第2章 海洋微生物

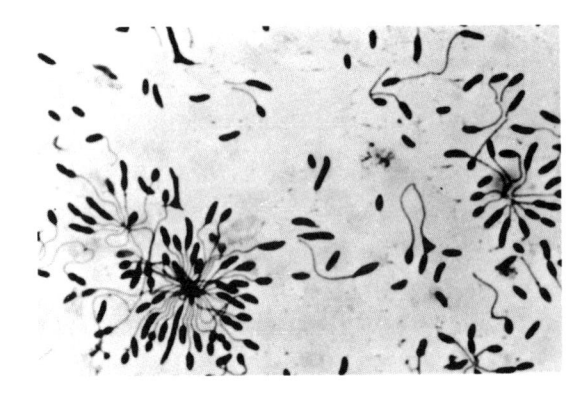

写真 2.5.1 カウロバクターのロゼット。柄の末端で互いに付着して花びら状になる。

文　献

1) 杉田治男，店網秀男，小橋二夫，出口吉昭，日本水産学会誌, **47**, 655 (1981)
2) U. Simidu, et al., Can. J. Microbiol., **17**, 1157 (1971)
3) 芝恒男，学位論文，東京大学農学部
4) 相磯和嘉監修，食品微生物学，医歯薬出版 pp. 440 (1976)
5) C. R. Wilkinson, *Marine Biol.*, **49**, 169 (1978)
6) 清水潮, in 門田元，多賀信夫編，海洋微生物研究法，学会出版センター，p. 41 (1985)
7) Y. Akagi, et al., Can. J. Microbiol., **23**, 981 (1977)
8) 光岡知足，臨床検査, **23**, 320 (1979)
9) 坂田泰三・門田元・多賀信夫編，海洋微生物研究法，学会出版センター，p. 99 (1985)
10) 清水潮, 同上書, p. 228 (1985)
11) C. Imada, et al., 日本水産学会誌
12) Manual of Methods for General Bacteriology, American Society for Microbiology, pp. 524 (1981)

5 海洋細菌

5.2 好圧細菌

大和田紘一*

5.2.1 はじめに

　体内にガス相を多く保有する動物に比較すれば微生物は一般に圧力にある程度の耐性を持っているといわれ，細菌類の多くは数十気圧（以下atmと略す）の圧力を加えても増殖し得る。しかし，地球の表面積の約70％を占める海洋の場は面積が広いのみならず，厚みをもっており，そこでは最大1,100 atmにも達する環境が存在する。世界の海洋を概括的にみると，水深が200 mまでの海底の面積は全体の8％にすぎないし，また1,000 mまでをみても12％にしかならない。即ち，1,000 mより深い部分の面積が88％にも達していることになる[1]。海洋全体の平均水深は約3,800 mといわれ，また海溝などにおいては11,000 mを超える。水中では10 m深くなるごとに約1 atmずつ水圧が高くなるので，海洋の平均水深においても約380 atmの水圧を受けていることになる。

　微生物の棲息の場としての海洋は陸上の土壌や実験室の環境と比べて一般的に低温，高塩分，低栄養などの特徴を有するが，水深が増すに従ってこれらの因子間のかかわりあいはあるとしても水圧が微生物のサバイバルに最も重要な因子として働いてくることは確かである。

　ここでは，深海域における微生物の代謝活性に関する研究，その過程で分離培養されてきつつある好圧細菌の性状やまた高温の海水が深海底に湧き出してくる熱水噴出口の周囲に最近見出されてきた好圧好熱細菌や化学合成細菌を餌料として営まれる，生態系などについて紹介したい。これらの研究にはすでに多くの総説[2〜6]が書かれている。

5.2.2 深海域における微生物群集の代謝活性

　ここでは主に深海域の海水，海底土の生物試料などを微生物の混合培養系としてその代謝活性を測定した結果について述べる。

　深海域における微生物の研究史はZoBell（1968）[7]に詳しいが，1950年代には10,000 mを超す海溝部の底土に至るまで世界中の海のいたる所から微生物を分離培養できることが明らかになっていた。深海域の微生物が1 atmの陸上実験室条件で培養できたとしてもこの微生物が現場において正常な増殖や生命活動を行っているかどうかは分らない。このことは広く海洋微生物の海の中での役割を考えた場合重要な意味をもってくる。海の微生物の主要な生態的機能は有機物を分解し無機化すること，即ち，海水や底土への有機物負荷を浄化していることである。海の表層に比較して高水圧を受ける深海域において微生物が充分な代謝活性を示して浄化機能を発現しているのかどうかは海の環境保全の面からも興味がある問題である。

　日本海溝[8]や黒海[9]などにおいて微生物群集の代謝活性を知るため海水や底土試料の炭酸暗

＊ Kouichi Ohwada 水産庁 養殖研究所 （現在 東京大学 海洋研究所）

固定速度が測定された。約9,500mの海溝部の海水試料において3°Cで0.22～0.32 μgC/ℓ/day、また底土において0.70～1.00 μgC/kg/dayの値が得られているが、この測定は船上の1atm条件で行われたものであった。

研究用潜水艇の沈没事故が発生し、乗員の食事が10カ月後に1,540mの海底から回収されるといういわば現場実験がたまたま行われた[10]。サンドウィッチやスープなどはほとんど元のままの状態で保存されていたのに対して追試実験で同じ物を陸上の冷蔵庫（2°C）に保存すると数週間で腐敗してしまった。さらにSieburth, et al. (1974)[11]のサンドウィッチのラップ状態を様々に変えた追試によって小型動物の関与が分解に重要であるとの指摘があるものの、この現場実験は深海の微生物活性が水圧のために抑制されているのかどうかに関心を向けたことは確かである。この直後から潜水艇やその他の方法を用いて培養装置を海底現場に設置し、長期間培養する方法で溶存や固形状態の様々な基質の分解実験が試みられた[12]～[14]。これら一連の研究では深海域においては1atmの対照に比較して有機物の分解速度がかなり遅いこと、微生物源として表層および深層の海水を用いて実験を行っても傾向は同様であること、また分解速度は用いる基質によってかなり異なることなどが明らかになり、これらの結果は深海においては高い水圧のために微生物の代謝活性がかなり制限されていることを示すものであった。一方、ペプトンを基質に用いる現場実験において1atmとほとんど同じ増殖速度をもつ微生物群の存在を示唆する結果が5,000mの海水試料で得られた[15]。

現場設置の培養機器においては反応の時間経過を追えないことや、設置現場に度々行くことが多くの場合不可能なことなどの難点がある。その後の技術的進歩に伴い圧力保持採水器や同じ圧力状態でそこから試水を分取し得る培養装置が開発されて、さらにグルタミン酸塩やカザミノ酸など様々な有機基質の分解の時間経過が詳しく調べられるに至った[16]～[19]。このような装置は試水を実験室に持ち帰ってから現場の条件でくり返し実験を行うことのできる利点をもつ。一例として4種類の基質の利用速度を測定した結果を表2.5.5に、またこの時の測定の時間経過を図2.5.9に示した[19]。この場合も多くの例において、有機物の利用速度は現場圧力下においては1atmの対照区よりもかなり遅くなる傾向が認められるが、グルコースの0.96および2.65倍や酢酸塩の0.99や1.00倍のように、好圧微生物群の存在を示唆する結果も得られている。別のタイプの圧力保持採水器および分取培養装置での測定結果[20],[21]においても同様の傾向が認められた。

深海底付近の小型動物を採集するトラップで採取された腸内細菌群[22]～[25]においても1atmの対照と同様の増殖速度を示す好圧微生物群の存在が認められている。

これら一連の研究結果においては、現場の有機物濃度が低すぎるため試料に有機の基質を加えてそれが微生物によって利用される速度を測定している訳であるが、研究者によって用いる有機

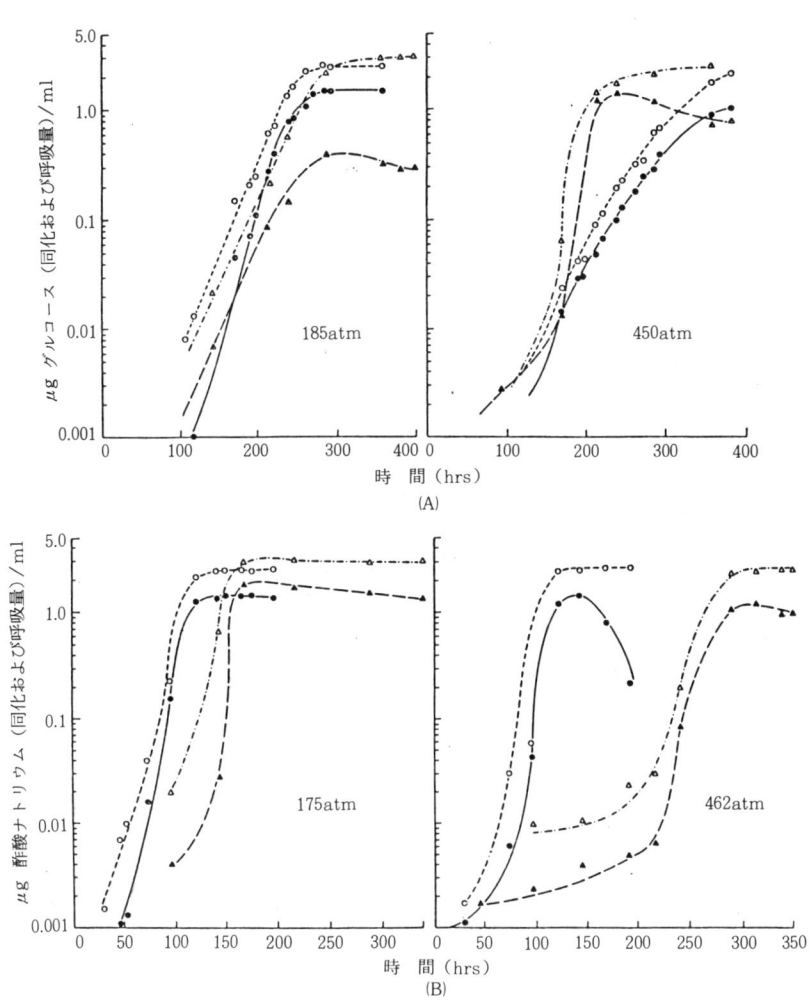

図 2.5.9 海水中の微生物による基質の同化量(黒印)ならびに
呼吸量(白抜印)のタイムコース[19]

試水は圧力保持採水器で採取し,採水された現場圧で培養した(△,▲印)ものと1atmの対照(○,●印)を示す。表2.5.5のサンプル番号に合わせると,Aの185atmは11,Aの450atmは12,Bの175atmは15,Bの462 atmは16に相当する。

表 2.5.5 深海水中の微生物群による4種類の基質の利用速度の
現場水圧条件と1atmとの比較[19]

試水は圧力保持採水器を用いて採取し,現場圧と1atmとで培養した。

基質	サンプル番号	採取現場および培養時の水圧 (atm)	加えた基質濃度 (μg/ml)	基質利用速度の比率 (現場水圧/1atm)
グルタミン酸ナトリウム	1	183	0.50	0.37
	2	306	0.615	0.31
	3	180	5.58	0.19
	4	300	5.78	0.50
カザミノ酸	5	183	0.426	0.41
	6	350	0.286	0.48
	7	170	4.04	Not done
	8	313	1.40	0.41
グルコース	9	183	0.350	0.96
	10	600	0.189	0.45
	11	185	6.09	0.75
	12	450	5.46	2.65
酢酸ナトリウム	13	177	0.483	0.59
	14	385	0.452	0.99
	15	175	5.86	1.60
	16	462	4.25	0.99

基質の種類や濃度が異なっているため,それぞれ同じレベルで比較することはできない。海洋現場での微生物の代謝活性は今後とも測定していく必要があると考える。

5.2.3 個々の細菌と好圧性

ZoBell と Johnson (1949)[26] は種々の微生物に対する圧力の影響を調べた結果,陸上や表層海水から分離された微生物が数百atmにおいて死滅してしまうのに対して深海から分離された2種の細菌は600atmでも増殖し得ることを明らかにした。さらに ZoBell と Oppenheimer (1950)[27] によって改良された加圧装置を用いて海洋細菌の増殖に対する水圧と温度の関係[28]や水圧が阻害的に働いた場合に増殖のみならず細胞の形態変化にも影響を及ぼしてしばしば糸状細胞が観察される[29],[30]ことが報告されている。

圧力が細菌の代謝過程で阻害的に働く部位としては(1) TCA-回路の損傷,(2)種々の酵素反応の阻害,(3)タンパク質や核酸など高分子化合物生成の阻害,(4)膜透過性の阻害などが調べられている。これらについては文献[4],[31]などを参照されたい。

細菌の増殖に対する圧力の影響を一括して図2.5.10に示す[2]。これは概念図であるので縦軸,横軸の単位の大きさは様々である。AやA′は ZoBell (1986)[7]の定義による耐圧細菌 (baroduric

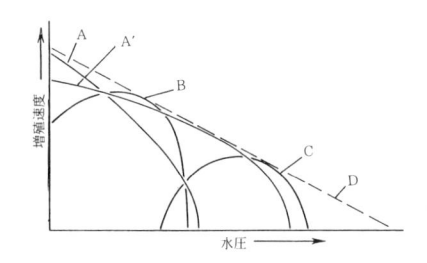

図2.5.10　微生物の増殖と水圧の関係の模式図[2]

bacteria）であり，その耐え得る圧力の程度は様々である。BやCは好圧細菌（barophilic bacteria）であるがこの中でCのように1atmにおいては増殖できないものは偏性好圧細菌（obligate barophilic bacteria）と呼ばれる。また一般的傾向としてDの点線のように微生物の増殖速度や代謝活性の大きさは圧力（または水深）が増すに従って小さくなる。

図2.5.10のBに相当すると思われる好圧細菌はすでに分離されていたのではあるが[32),33]，前項で述べたように深海から得られた微生物の混合液の中に現場圧力に適応した好圧細菌の存在を示す例が度々認められたことから固形培地を用いて好圧細菌の分離がその後も試みられた。現場の温度条件を反映して高い温度では死滅してしまうため固形培地としては寒天よりもシリカゲル[34]が望ましい。現在の技術においては細菌の分離の際にはどうしても1atmに減圧しなくてはならないが，植え次ぎ後は速やかに再び加圧培養することによって継代培養することが可能である。

Yayanos, et al. (1979)[35]は圧力を保持し得る小型動物トラップを用いて amphipoda を採取し5カ月間現場温度（2～4℃）と圧力（580 bars）に保った後，動物の死骸の入った試水からシリカゲル培地を用いて好圧細菌の分離培養株CNPT-3を得た。この *Spirillum* 様細菌は増殖の至適圧力が425～500 bars，至適温度が2～4℃の範囲にあり825 barにおいても多少の増殖を認め得る。580 barsにおいて分裂に要する時間は4～13時間，また1 barにおいては3～4日であった。また至適圧力を保って培養していれば10代植え次ぎでも好圧性は失わない。この細菌株は10℃以上の温度になると増殖が抑制されるので[36]，サンプリングの際は保温に気を使う必要がある。

偏性好圧細菌MT-41は同様のトラップを用いて水深10,476mから採取された amphipoda の死骸から得られた[37]。この細菌は至適圧力を690 bars，至適温度を2℃にもち，海洋の平均水

（注）　参考のため圧力単位相互間の変換法を示す。
　　　1 atm = 14.696 psi = 1.01325 bars = 0.101325 MPa

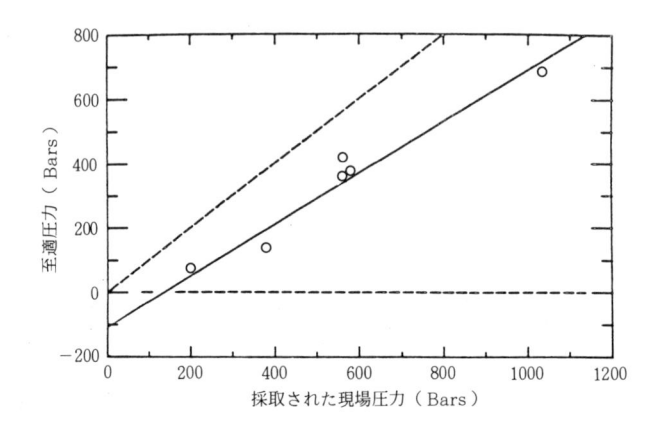

図2.5.11 好圧細菌の採取された現場圧力とそれぞれの
増殖に対する至適圧力との関係[40]
斜めの点線は現場圧力と至適圧力が等しい場合を示す。

深の380 bars以下の圧力においては増殖しない。1,035 bars即ちこの細菌が分離された現場付近の圧力において分裂に要する時間は33時間であった。この細菌株を1 atmに保つと現場海水や海水培地中でも速やかに死滅してしまう[38]点でCNPT-3株と性状がかなり異なる。

種類は異なるが深海の小型動物の腸から他にも好圧細菌が見つかっており[39]，深海に住む動物の体内は貧栄養な環境の中では比較的栄養豊富な場でもあり，長い時間をかけて深海の高水圧に細菌が適応してゆくのに好適な所であったのではないかと考えられている[12]。

Yayanos, et al. (1982)[40]は水深が1,957mと10,476mの範囲の異なる5観測点からそれぞれ好圧細菌を分離し，それらの増殖に対する至適圧力を調べた。その結果を総括したのが図2.5.11である。この結果はもともと棲息していた水圧が増殖に至適な圧力であることを意味しそれぞれの細菌がその棲息環境にうまく適応していることを示す。同様な傾向は他の報告[41,42]にも認められている。

海の表層で生産された懸濁態有機物が長い時間をかけて沈降する場合には当然付着した細菌も深海にまで運ばれてゆくことになり，この過程で水温の下降と圧力の上昇が伴ってくる。圧力と温度の勾配を作成し得る培養装置[43,44]を用いて海洋細菌の温度-圧力特性などについても検討されている。

これまでの方法では圧力保持採水器を用いてサンプリングしても，好圧細菌の純粋分離に際し

5 海洋細菌

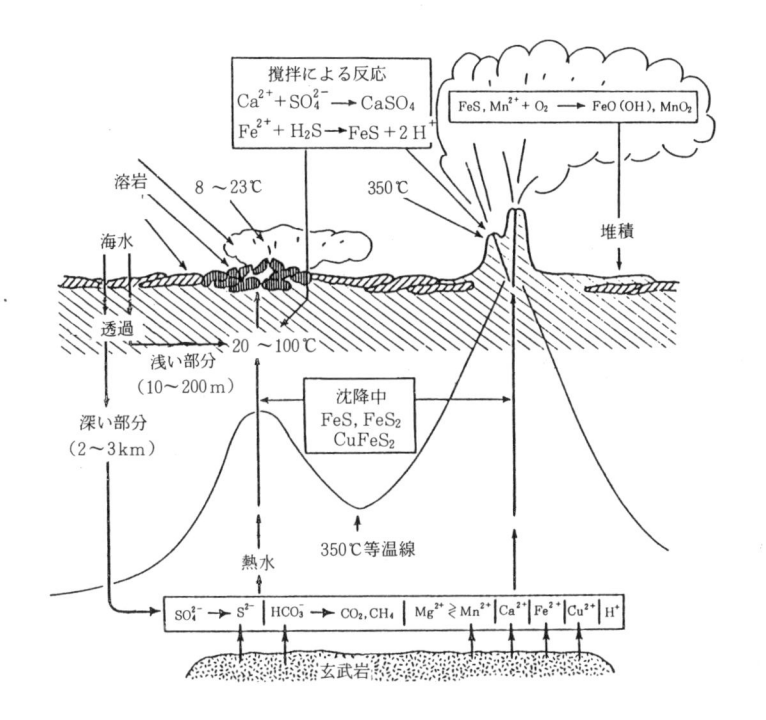

図2.5.12 海嶺の熱水噴出口付近で地殻を通して海水が
循環する間に起こる主な化学反応の模式図[2]
2種類の異なる熱水噴出が示されている

て固形培地に接種する過程で1 atmへの減圧は避けられなかった。寒天平板に試料の希釈液を無菌的に塗布する所までを高圧のガス相の容器内で操作し得る装置が開発され[45]，また用いるガス組成についても検討が加えられている[46,47]。今後有用な好圧細菌が見つかりそれを医学，工学，食品などの分野に利用していくような道が拓かれるためにはさらにこの分野の技術的改良が必要になってくるものと考える。

圧力の生命活動に及ぼす作用の生化学，特に酵素系の詳細についてはこれまで適当な好圧細菌株が得られなかったことや培養その他の技術的問題もあって充分調べられていない。細菌が深海の高水圧に適応してゆく機構などは今後の研究を待つ必要がある。

5.2.4 熱水噴出口周辺における微生物群

地球科学の分野において"プレートテクトニクス"という新しい地球観が海洋底の研究から生まれてきている。海洋底は高温のマントル中から湧き出て新しい地殻となる中央海嶺，新しく生

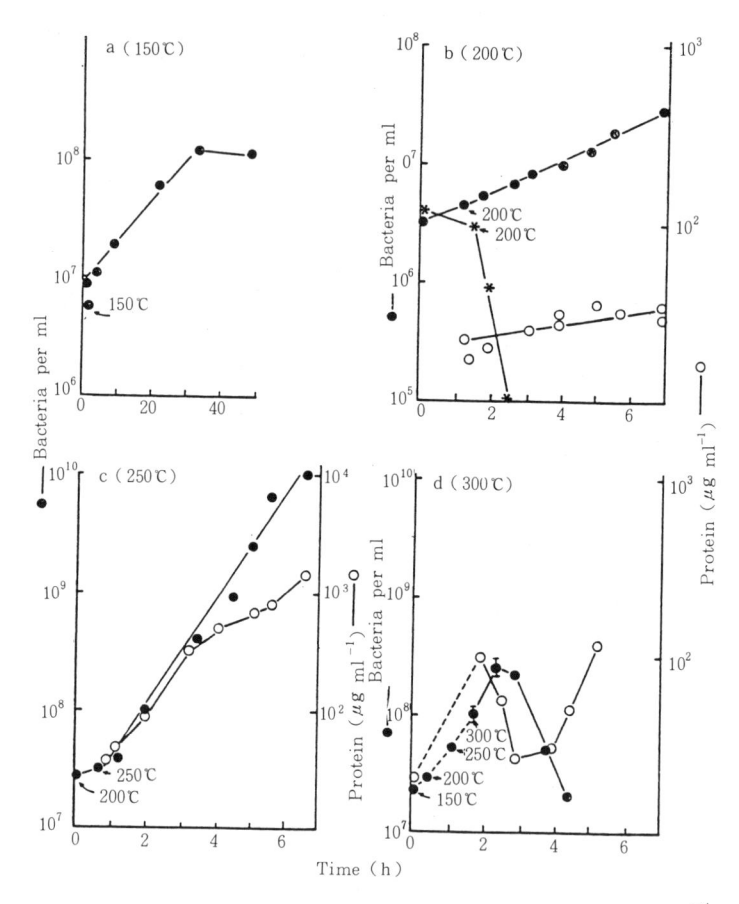

図 2.5.13 Black smoker の細菌群集の増殖とそれに伴うタンパク質量の変化[50]
　　　　培養は 265 atm で 150〜300°C の 4 種の温度で行った。
　　　　＊───＊は水銀を用いて殺菌したコントロール実験を示す。
　　　　d の矢印は，それぞれの時間における培養槽の温度を示す。

まれた海洋地殻が海嶺の両側に広がってできる大洋底，海洋地殻が再びマントル中に沈み込む海溝，といった三つの基本的な部分から成り立っているという。活発な活動を続ける海嶺付近周辺の不連続な水温分布の詳細な調査から熱水噴出口（Hydrothermal Vent）が発見されその周辺の調査が行われるようになった[48]。図2.5.12[2]にはそのような場所で起こっている地球化学的反応

の模式図を示した。現在広い分野の研究者が共同で活発な研究を進行中であるが,微生物の研究分野においてもすばらしい事実が発見された。海水が350℃を超す高温条件で地殻の玄武岩などと反応する結果,熱水噴出口付近では硫化水素を含む酸性で非常に還元状態の熱水が湧き出してくる。熱水は温度が8～23℃で0.5～2cm/secで湧き出している場所と温度270～380℃で1～2m/secの速度で湧いている場所と2種類が認められる。

高温の熱水中にはメタン,水素,一酸化炭素などのガスが含まれているが,これらは熱水中に棲息する好熱細菌によって生産されたのではないか[49]と考え"Black smoker"と呼ばれる水深2,600mの噴出口付近で306℃の熱水が採取された[50]。チタン合金による熱耐性の注射筒で採水後,加圧加温可能な培養装置を用いて培養したところ265atm,250℃において増殖し得る2種類の化学合成細菌の培養に成功した。図2.5.13にその際の増殖曲線を示した。この報告においては細菌の分離を行わず,細菌の増殖の過程を検鏡法,タンパク質などの化学分析や固定した電顕による観察などであったため,この結果は実験の際に生成した人為的構造体(artefact)を調べたのではないかとの批判[51]もあり,現在さらに検討が加えられている[52],[53]。この環境は原始の地球に生命が誕生してきた環境を思い起こさせるもので今後生命科学の広い視点に立って研究の進められていくことが期待される。

一方,8～23℃の比較的低温の熱水噴出口周囲の海水には蛍光色素を用いる直接検鏡法で10^6～10^9細胞/ml,懸濁物中のATPとしても高濃度の細菌の存在が確認され[54],[55],これらは硫化水素を酸化してエネルギーを得る独立栄養の硫黄細菌群であることも確かめられた。さらに総合調査により熱水噴出口付近の海底には二枚貝などを主体とする無脊椎動物群集も発見されている[56]。安定同位体比$^{13}C/^{12}C$の調査[57]からはここの無脊椎動物群集は餌料として海洋表層で光合成を通じて生産された物質を利用しているのではなく,この群集を支えているのは硫黄細菌群の高い生産力[54]であることも明らかになった。Jannasch(1979)[58]は硫黄細菌の高い生産力と餌料価値から将来,水産増養殖において例えば貝類などの餌料に使える可能性を示唆している。

文　　献

1) H. U. Sverdrup. *et al.,* "The Oceans", Pretice-Hall, pp. 1087 (1942)
2) H. W. Jannasch, C. D. Taylor, *Ann. Rev. Microbiol.,* **38**, 487-514 (1984)
3) R. E. Marquis, *Bio Science,* **32**, 267-271 (1982)
4) R. Y. Morita, *Oceanogr. Mar. Biol. Ann. Rev.,* **5**, 187-203 (1967)
5) R. Y. Morita, "Methods in Microbiolgy" vol. 2, Academic Press, 243-276 (1970)

第2章 海洋微生物

6) 多賀信夫, 丸山芳治, 海洋微生物, 東京大学出版会, 34-44 (1974)
7) C. E. ZoBell, *Bull. Misaki. Mar. Biol. Inst., Kyoto Univ.*, **12**, 77-96 (1968)
8) H. Seki, C. E. ZoBell, *J. Oceanogr. Soc. Japan*, **23**, 182-188 (1967)
9) Iu, I. Sorokin, *J. Conseil. Internat. Explor. Mer.*, **29**, 41-60 (1964)
10) H. W. Jannasch, et al., *Science*, **171**, 672-675 (1971)
11) J. McN. Sieburth, A. S. Dietz, "Effect of the Ocean Environment on Microbial Activities", Univ. Park Press, 318-326 (1974)
12) H. W. Jannasch, C. O. Wirsen, *Science*, **180**, 641-643 (1973)
13) C. O. Wirsen, H. W. Jannasch, *Env. Sci. Technol.*, **10**, 880-887 (1976)
14) H. W. Jannasch, C. O. Wirsen, "Biogiochimie de la Matiere Organique a l'Interface Eau-Sediment Marin", **293**, 285-290 (1980)
15) H. Seki, et al., *Mar. Biol.*, **26**, 1-4 (1974)
16) H. W. Jannasch, et al., *Deep-Sea Res.*, **20**, 661-664 (1973)
17) H. W. Jannasch, et al., *Appl. Env. Microbiol.*, **32**, 360-367 (1976)
18) H. W. Jannasch, C. O. Wirsen, *Appl. Env. Microbiol.*, **33**, 642-646 (1977)
19) H. W. Jannasch, C. O. Wirsen, *Appl. Env. Microbiol.*, **43**, 1116-1124 (1982)
20) P. S. Tabor, R. R. Colwell, "Proc of MTS/IEEE Oceans 1976", 1301-1304 (1976)
21) P. S. Tabor, et al., *Microbial Ecol.*, **7**, 51-65 (1981)
22) A. A. Yayanos, *Rev. Sci. Instrum.*, **48**, 786-789 (1977)
23) A. A. Yayanos, *Science*, **200**, 1056-1059 (1978)
24) J. R. Schwarz, et al., *Appl. Env. Microbiol.*, **31**, 46-48 (1976)
25) J. W. Deming, et al., *Microbial Ecol.*, **7**, 85-94 (1981)
26) C. E. ZoBell, F. H. Johnson, *J. Bact.*, **57**, 179-189 (1949)
27) C. E. ZoBell, C. H. Oppenheimer, *J. Bact.*, **60**, 771-781 (1950)
28) C. H. Oppenheimer, C. E. ZoBell, *J. Mar. Res.*, **11**, 10-18 (1952)
29) C. E. ZoBell, A. B. Cobet, *J. Bact.*, **84**, 1228-1236 (1962)
30) C. E. ZoBell, A. B. Cobet, *J. Bact.*, **87**, 710-719 (1964)
31) R. Y. Morita, "Effect of Ocean Environment on Microbial Activities", Univ. Park Press, 133-138 (1974)
32) C. E. ZoBell, R. Y. Morita, *Galathea Rep.*, **1**, 139-154 (1959)
33) M. M. Quigley, R. R. Colwell, *Intern. J. Syst. Bact.*, **18**, 241-252 (1968)
34) A. S. Dietz, A. A. Yayanos, *Appl. Env. Microbiol.*, **36**, 966-968 (1978)
35) A. A. Yayanos, et al., *Science*, **205**, 808-810 (1979)
36) A. A. Yayanos, A. S. Dietz, *Appl. Env. Microbiol.*, **43**, 1481-1489 (1982)
37) A. A. Yayanos, et al., *Proc. Natl. Acad. Sci. U.S.A.*, **78**, 5212-5215 (1981)
38) A. A. Yayanos, A. S. Dietz, *Science*, **220**, 497-498 (1983)
39) J. W. Deming, R. R. Colwell, *Appl. Env. Microbiol.*, **44**, 1222-1230 (1982)
40) A. A. Yayanos, et al., *Appl. Env. Microbiol.*, **44**, 1356-1361 (1982)
41) K. Ohwada, et al., *Appl. Env. Microbiol.*, **40**, 746-755 (1980)
42) H. W. Jannasch, C. O. Wirsen, *Arch. Microbiol.*, **139**, 281-288 (1984)

43) A. A. Yayanos, *et al., Appl. Env. Microbiol.,* **48**, 771-776 (1984)
44) J. D. Trent, A. A. Yayanos, *Mar. Biol.,* **89**, 165-172 (1985)
45) H. W. Jannasch, *et al., Science,* **216**, 1315-1317 (1982)
46) C. D. Taylor, *Appl., Env. Microbiol.,* **37**, 42-49 (1979)
47) R. E. Marquis, "Repairable Lesion in Microorganisms", Academic Press, 273-301 (1984)
48) J. B. Corliss, *et al., Science,* **203**, 1073-1083 (1979)
49) J. A. Baross, *et al., Nature,* **298**, 366-368 (1982)
50) J. A. Baross, J. W. Deming, *Nature,* **303**, 423-426 (1983)
51) J. D. Trent, *et al., Nature,* **307**, 737-740 (1984)
52) J. A. Baross, J. D. Deming, *Nature,* **307**, 740 (1984)
53) J. A. Baross, *et al.,* "Current Perspectives in Microbial Ecology", Amer. Soc. Microbiol., 186-195 (1984)
54) D. M. Karl, *et al., Science,* **207**, 1345-1347 (1980)
55) H. W. Jannasch, *Oceanus,* **27**, 73-78 (1984)
56) J. F. Grassle, *Science,* **229**, 713-717 (1985)
57) G. H. Rau, *Science,* **213**, 338-340 (1981)
58) H. W. Jannasch, *Oceanus,* **22**, 59-63 (1979)

5.3 光合成細菌

芝　恒男*

5.3.1 はじめに

　光合成細菌は酸素発生をともなわない光合成をする細菌群であり，光合成によって酸素を発生するラン藻類と区別される。

　光合成細菌には現在多くの新種・新属が発見され続けている。発見された菌のうち科レベルのものだけをあげても，緑色イオウ細菌に特有な Chlorosome を有しながら好気的かつ従属栄養的にも増殖しうる Chloroflexaceae や[1]，偏性好気性の *Erythrobacter*[2]，さらには全く新しい光合成色素バクテリオクロロフィルgを含有し，かつ遺伝学的にはグラム陽性の *Bacillus* 属に最も近い *Heliobacterium*[3] などがある。また Chromatiaceae に含まれていた *Ectothiorhodospira* が Ectothiorhodospiraceae として独立するなどで[4]，従来の通性嫌気性の紅色非イオウ細菌（Rhodospirillaceae）と，偏性嫌気性の紅色イオウ細菌（Chromatiaceae）や緑色イオウ細菌（Chlorobiaceae）とに分けられてきた世界は大きく変ってしまっている。また最近 16S rRNA の塩基配列を調べた研究から，光合成細菌が広範な従属栄養細菌と遺伝学的に近いことが分かってきており（その類似度は，時には光合成細菌同士よりも高い）[5,6]，光合成細菌群が分類学的にかなり大きな広がりを持った細菌群であることが示唆されている。

　光合成細菌に多くの新種が発見されている理由としては，培養法の進歩もさることながら，自然界からの分離発見の試みがこれまでは少なすぎたことがあげられる。特に海水環境からは1980年以降に発見されたものが多く，今後も多くの新種の発見が期待される。新種の発見は遺伝子についての情報を増やすであろう。そこで海洋性光合成細菌への興味を高める意味で，ここでは海洋性光合成細菌の紹介と培養法等について述べてみたい。

5.3.2　Rhodospirillaceae, Chromatiaceae, Chlorobiaceae

(1) 分　布

　Rhodospirillaceae，Chromatiaceae，Chlorobiaceae などの嫌気性光合成細菌が増殖するためには，嫌気的でかつ光を利用しうる場所がなければならない。海洋環境でこのような場所としては，ラグーンやタイドプールなどの閉鎖的な海域や，浅瀬の底泥，海綿動物の体内などがある[7~10]。三井らはフロリダで海藻から光合成細菌を分離しているが[11]，一般に開放的な海域では無酸素化がおきにくいために光合成細菌は分離されにくい。ラグーンやタイドプールなどでは硫酸還元細菌が海水中に多く含まれる SO_4 を還元して硫化水素を発生するために，それを還元力として利用する光合成細菌が大量に発生しやすい。光合成細菌の大量発生は Chromatiaceae などについて海岸域での赤潮現象として早くから知られていた。

---

*　Tsuneo Shiba　東京大学　海洋研究所　大槌臨海研究センター

(2) 培養法

　光合成細菌の選択的計数分離は，酢酸，プロピオン酸などの発酵分解をうけにくい有機酸や硫化水素などを電子供与体として加えた培地で，明下での嫌気的培養法を用いて行われる。ここでは培地成分についてのみ述べるが，嫌気培養法については他書を参照していただきたい。本書ではPfennigらによって開発された培地を紹介するが，表 2.5.6 で示した海洋性光合成細菌のうち＊印をつけた細菌は，ここに示す Chromatiaceae および Chlorobiaceae 用の培地で分離されている。他のものは引用文献を参照して頂きたい。

表 2.5.6　Rhodospirillaceae の分離用培地[12]

	g/ℓ		/ℓ
KH_2PO_4	0.5	SL 7*	
$MgSO_4 \cdot 7H_2O$	0.2	25% HCl	1 ml
NaCl	20.0	$ZnCl_2$	70 mg
NH_4Cl	0.4	$MnCl_2 \cdot 4H_2O$	100 mg
$CaCl_2 \cdot 2H_2O$	0.05	H_3BO_3	60 mg
有機化合物	1.0	$CoCl_2 \cdot 6H_2O$	200 mg
yeast extract	0.2	$CuCl_2 \cdot 2H_2O$	20 mg
0.1% Fe-citrate	5.0 ml	$NiCl_2 \cdot 6H_2O$	20 mg
金属溶液（SL 7）*	1.0 ml	$Na_2MoO_4 \cdot 2H_2O$	40 mg
ビタミン B_{12} (1.0 mg/100 ml)	1.0 ml		

　表 2.5.6 に示したのは Rhodospirillaceae 用の培地である。有機化合物としては酢酸，プロピオン酸，酪酸，コハク酸が有効である。酢酸やコハク酸以外の有機酸やアルコールを用いる時は培地中に，ろ過除菌した 5 % 重炭酸ナトリウムを 2 % 濃度で冷却した培地に加える。糖は発酵細菌の，また乳酸やエタノールは硫酸還元細菌の良き基質となるので有機化合物として用いるのは適切でない。ラン藻類の増殖は可視光を色フィルターでカットすることで抑えられる。ビタミン源としてはイーストエキスが用いられる。イーストエキスにはビタミン B_{12} が含まれていないが，ビタミン B_{12} を要求するのは現在までのところ Rhodocyclus purpureus のみである[13]。R. purpureus は海洋環境からは分離されていない。pH は 6.8～7.3 であるが，Rhodomicrobium vanielli を分離する時は 5.2～5.5（5 % CO_2 含 N_2 下で寒天平板法を用いる時は 5.5～6.0）がよい。0.05 % 濃度で硫化ナトリウムを加えた方が良い場合もある。培養は 25～30℃, 200～1,000 lux 照明下で行う。

　表 2.5.7 には Chromatiaceae，Chlorobiaceae の培地を示した。培地成分量は 5ℓ 用で示してある。培地の作成は，ガス置換用に 2 個の通気孔，分注や溶液成分を加えるためのそそぎ口それぞれ 1 個ずつ計 4 個の穴を持った容器を用いて行う。各穴はネジ口キャップで密閉できるものとする。基礎培地は 121℃ で 45 分間滅菌し窒素ガス下で冷却した後，無菌の炭酸ガスで飽和する。

表 2.5.7　Chromatiaceae および Chlorobiaceae 用培地[14]

基礎培地		溶液 3	
蒸留水	4000 ml	蒸留水	933 ml
KH_2PO_4	1.7 g	25% HCl	6.5 ml
NH_4Cl	1.7 g	$FeCl_2 \cdot 4H_2O$	1.5 g
KCl	1.7 g	H_3BO_3	62 mg
$MgSO_4 \cdot 7H_2O$	15 g	$MnCl_2 \cdot 4H_2O$	100 mg
$CaCl_2 \cdot 2H_2O$	1.25 g	$CoCl_2 \cdot 6H_2O$	190 mg
NaCl	100 g	$ZnCl_2$	70 mg
		$NiCl_2 \cdot 6H_2O$	24 mg
溶液 1		$CuCl_2 \cdot 2H_2O$	17 mg
蒸留水	860 ml	$Na_2MoO_4 \cdot 2H_2O$	36 mg
溶液 2		溶液 4	
蒸留水	5 ml	蒸留水	100 ml
ビタミンB_{12}	0.1 mg	$NaHCO_3$	7.5 g
		溶液 5	
		10% $Na_2S \cdot 9H_2O$	
		溶液 6	
		3% $Na_2S \cdot 9H_2O$	
		溶液 7	
		蒸留水	95 ml
		$Na_2S_2O_3 \cdot 5H_2O$	10 g
		溶液 8	
		蒸留水	100 ml
		酢酸アンモニウム	2.5 g
		酢酸マグネシウム	2.5 g

　次に溶液1〜5を順次，窒素ガスあるいは5%炭酸ガスを含んだ窒素ガス下で撹拌しながら加えていく。溶液1はオートクレーブ後窒素ガス下で冷却，溶液4は炭酸ガスで飽和したのち炭酸ガスボンベの圧力を利用して沪過除菌，溶液5は容器中の空気を窒素ガスで置換したのち，オートクレーブする。溶液5の量は，Chromatiaceae の時には20 ml，Chlorobiaceaeの時には30 mlを加える。pHは培地成分を混合し終わったのちに調整する。紅色イオウ細菌用には pH 7.3, 緑色イオウ細菌用には pH 6.8 に調整する。調整の終わった培地を小さい容器に分注する時は分注用の管から，窒素あるいは5%炭酸ガスを含んだ窒素ガスのボンベ圧力を利用して行う。培養は 18〜20℃，200〜500 lux 白色照明下で行う。
　表2.5.7の培地は成分を最小濃度に調整したものでは，硫化水素やイオウなどが枯渇すれば，増殖は止まってしまう。そこで溶液6,7,8のいずれかを適時加えていく必要がある。溶液6は窒素ガ

ス下で滅菌した物を，2モル硫酸で無菌的にpH8.0に調整する。溶液8を用いる時はRhodospirillaceaeが増殖していないことを前もって確かめる。加える液量はそれぞれ1〜2mlである。

(3) 特　徴

光合成細菌の分類は現在大きく変化している最中なので，系統だった分類の説明は他書に譲り，本書では海洋性光合成細菌の特徴のみを述べる。表2.5.8に海洋性の細菌類を，表2.5.9に海洋環境と淡水環境の両方から分離される細菌類を示した。海洋起源の11株のうち6株が1980年以降に分離されている。

表2.5.8　海洋環境から分離された光合成細菌

Rhodospirillaceae		
Rhodospirillum salinarum[15]	塩田	1983
salexigens[16]	濃縮海水池	1981
Rhodobacter sulfidophilus[*17]	海岸泥	1973
adriaticus[18]	海水湖	1984
Rhodopseudomonas marina[*19]	海綿，干潟，ラグーン	1983
Chromatiaceae		
Chromatium buderi[*20]	海岸泥，ソルトマーシュ	1968
purpuratum[*21]	海綿	1980
Ectothiorhodospiraceae		
Ectothiorhodospira mobilis[22]	干潟	1968
Chlorobiaceae		
Prosthecochloris aestuarii[23]	汽水域	1970
phaeoasteroides[24]	海水湖	1976
Chloroherpeton thalassium[25]	海岸泥	1984
Erythrobacter		
Erythrobacter longus[2]	海藻	1982

① Rhodospirillaceae

Rhodospirillaceaeの内 Rsp. salexigens と Rsp. salinarum は分離源が海洋環境といっても特異な環境であり，その Na 要求性は海水濃度よりも高い。Rsp. salinarum の好気的増殖の至適 NaCl 濃度は6〜12%であるが，嫌気的増殖の至的濃度は12〜18%である。分離用培地にはイーストエキスとペプトンがそれぞれ0.45%濃度で含まれている[15]。Rsp. salexigens の細胞壁には Lipo-

表2.5.9　海洋環境から分離された事のある光合成細菌

Rhodobacter palustris
Rhodomicrobium vannielii
Chromatium vinosum
　　　　　　gracile
　　　　　　minutissimum
　　　　　　chlorovibrioides
Thiocystis violaceae
Thiocapsa roseopersicina
Thiocapsa pfennig
Chlorobium limicola
　　　　　　vibrioforme

表2.5.10 Rhodospirillaceae の新しい分類体系[30]

新しい分類体系での種名	古い分類体系での種名
Rhodospirillum　rubrum	Rhodospirillum　rubrum
photometricum	photometricum
fulvum	fulvum
molischianum	molischianum
Rhodopseudomonas　palustris	Rhodopseudomonas　palustris
viridis	viridis
acidophila	acidophila
sulfoviridis	sulfoviridis
blastica	blastica
rutila	rutila
marina	marina
Rhodomicrobium　vannielii	Rhodomicrobium　vannielii
Rhodopila　globiformis	Rhodopseudomonas　globiformis
Rhodocyclus　purpureus	Rhodocyclus　purpureus
gelatinosus	Rhodopseudomonas　gelatinosa
tenuis	Rhodospirillum　tenue
Rhodobacter　capsulatus	Rhodopseudomonas　capsulata
sphaeroides	sphaeroides
sulfidophilus	sulfidophila
adriaticus	adriatica

polysaccharideが含まれていない[16]。

海洋性 *Rhodobacter* (Imhoff & Trüper,によって *Rhodopseudomonas* のうち光合成膜系が vesicle タイプの菌を *Rhodobacter*，膜系が lamella タイプの菌を *Rhodopseudomonas* と分類しなおされている，表2.5.10を参照）と *Rhodopseudomonas* の特徴は両者とも硫化水素を電子供与体として利用し増殖することである。紅色非イオウ細菌が硫化水素を酸化することについては，すでに Hansen & Gemerden[26]らが *Rhodobacter capsulatus* などについて報告している。それらの活性は微弱であり，活性に必要と思われていた adenyl sulfate (APS) reductaseの存在は認められていない。*R. sulfidophilus* や *R. adriaticus* の硫化水素利用能は非常に高く，*R. sulfidophilus* は硫化水素を硫酸にまで酸化し[17]，イオウを沈積しないが，*R. adriaticus* はイオウを沈積する[18]。*Rhodopseudomonas marina* は硫化水素をS源として利用し増殖するが，電子供与体としての増殖は微弱である[19]。*R. sulfidophilus* や *R. adriaticus* は従来の分類法では Chromatiaceae に含められるべきであったが，硫化水素の環元が Rhodospirillaceae にも微弱ではあるが認められて来たことと，一般性状が *R. capsulatus* に近似しているため Rhodospirillaceae に入れられた。現在 Rhodospirillaceae と Chromatiaceaeの区別には Chromatiaceae に見られる APSreductase の有無を用いることが提唱されている[27]。

② Chromatiaceae

Chromatiaceae では *Chromatium buderi*[20] および *C. purpuratum*[21] が分離されている。前者は *C. okenii*, *C. weissei*, *C. warmingii* らと同じ大細胞系, 後者は *C. minus*, *C. violascens*, *C. vinosum*, *C. gracile*, *C. minutissum* らと同じ小細胞系である。

③ Ectothiorhodospiraceae

Ectothiorhodospiraceae では *Ectothiorhodospira mobilis* が分離されている[22]。Ectothiorhodospiraceae は一般に好アルカリ性で至適 NaCl 濃度も, 海水濃度よりもはるかに高いが, 本科では *E. mobilis*, *E. vacuolata*[28], *E. shaposhnikovii*[29] らの至適 NaCl 濃度が海水濃度に近い。

④ Chlorobiaceae

Chlorobiaceae では *Prosthecochloris*[23),24)] と *Chloroherpeton thalassium*[25] が分離されている。*Prosthecochloris* は 0.5〜0.7 μm 幅, 1.0〜1.2 μm 長の卵型の菌で, 体表から幅が 0.1〜0.17 μm, 長さが 0.1〜0.5 μm の擬足状の突起を 20 本ほど出す。

Chloroherpeton thalassium は新属で糸状の偏性嫌気性光合成細菌である。これまでの全ての Chlorobiaceae の菌は非運動性であるが, *C. thalassium* は滑走運動をする。バクテリオクロロフィル c と a を含み, その割合は 50：1 である。菌体は 8〜30 nm 長で 1 細胞からなり, 複数の細胞で糸状の菌体を形成する Chloroflexaceae とは異なっている。酢酸などの有機酸を同化できる。NaCl 濃度が 0.15 M 以下, pH が 7.5 以上になると増殖できない。

5.3.3　好気性光合成細菌 *Erythrobacter*

(1) 分　布

Erythrobacter は最初海草表面より分離された[31]。この細菌群の分布については, 詳細な研究はまだ行われていないが表 2.5.11 に示した *Erythrobacter* 類似菌の分布から, かなり広範囲な海水環境に分布すると思われる。

(2) 培　養　法

Erythrobacter の選択培地はなく, 一般従属栄養細菌の培養法で, 海水を含んだペプトン培地を用いて培養される。海水としては 1/4 量の蒸留水で希釈したものが良い。pH は 7.5。筆者らは希釈海水 1ℓ あたり, polypepton（大五栄養化学），2g ; proteose peptone No.3 (Difco), 1g ; soytone (Difco), 1g ; yeast extract (Difco), 1g ; 5% ferric citrate 1ml を含んだ培地（PPES-II 改変培地）[33] を用いている。培養温度は 20°C 前後が適切である。分離, 計数は寒天平板上に出現したコロニーのうち, ピンクあるいはオレンジのコロニーを釣菌し培養し, これについてバクテリオクロロフィルの有無を調べて行う。

(3) 特　徴

Erythrobacter はバクテリオクロロフィル a を含む好気性細菌である。長かん菌あるいは卵型

表 2.5.11 Erythrobacter 類似菌の分布

試 料	生 菌 数	Erythrobacter 分離数	%
ウスバアオノリ（3月）	—	4	0.9
アオサ（3月）	$3.2×10^6/cm^2$	0	—
アマノリ（3月）	$5.2×10^4$	3	0.9
ウスバアオノリ（5月）	$1.3×10^5$	0.	—
アオサ（5月）	$1.0×10^6$	0	—
ヒトエグサ（5月）	$1.4×10^5$	0	—
アカモク（5月）	—	2	1.1
アラメ（5月）	$1.7×10^5$	0	—
油壷海浜砂（5月）	—	4	6.3
木更津海浜砂（9月）	—	1	2.7
同 上	—	0	—
同 上	—	0	—
同 上	—	0	—
同 上	—	1	1.2
東京湾海水 0 m（7月）	$1.5×10^4/ml$	0	—
5 m	$9.4×10^4$	0	—
10 m	$6.9×10^4$	0	—
底 泥	—	0	—
油壷表面海水（5月）	$1.2×10^5$	0	—
同 上	$1.1×10^5$	1	0.9
同 上	$1.4×10^5$	0	—

で，亜極在性の複数のべん毛をもつ。嫌気的には明下，暗下いずれの条件でも増殖しない[2]。主に従属栄養的に増殖するが，光により増殖の促進がおきる[34]。光エネルギー依存の炭酸同化能は嫌気的条件下よりも好気的条件下で高く[35]，また光エネルギーに依存したプロトンの細胞外への排出も酸素のある条件下でのみおきる[36]。Erythrobacter には図 2.5.14 に示すように現在 4 種類が認められているが，種として報告されているのはオレンジ色の E. longus（図中 A）のみであり[2]，ピンク色の 3 群については種名は報告されていない。Erythrobacter の光合成膜系は vesicle タイプである。ピンク色の 3 群はスフェロイデノン系のカロチノイドを含むと思われ[37]，嫌気性光合成細菌のなかでは分類学的に Rhodobacter に近い。本菌の窒素固定能は認められていない。

5.3.4 海洋からは分離されていない光合成細菌

(1) Chloroflexaceae

Chloroflexaceae はバクテリオクロロフィル c と a を含み，緑色イオウ細菌に特有な Chlorosome を持つ糸状の滑走運動をする通性嫌気性細菌である。1974 年に Pierson & Castenholtz[38] によって Chloroflexas aurantiaca が温泉から分離されたのに続き，湖から Gorlenko らによって Chloroneme 属や Oscillochloris 属が分離されている[39]。現在までのところ海洋から分離

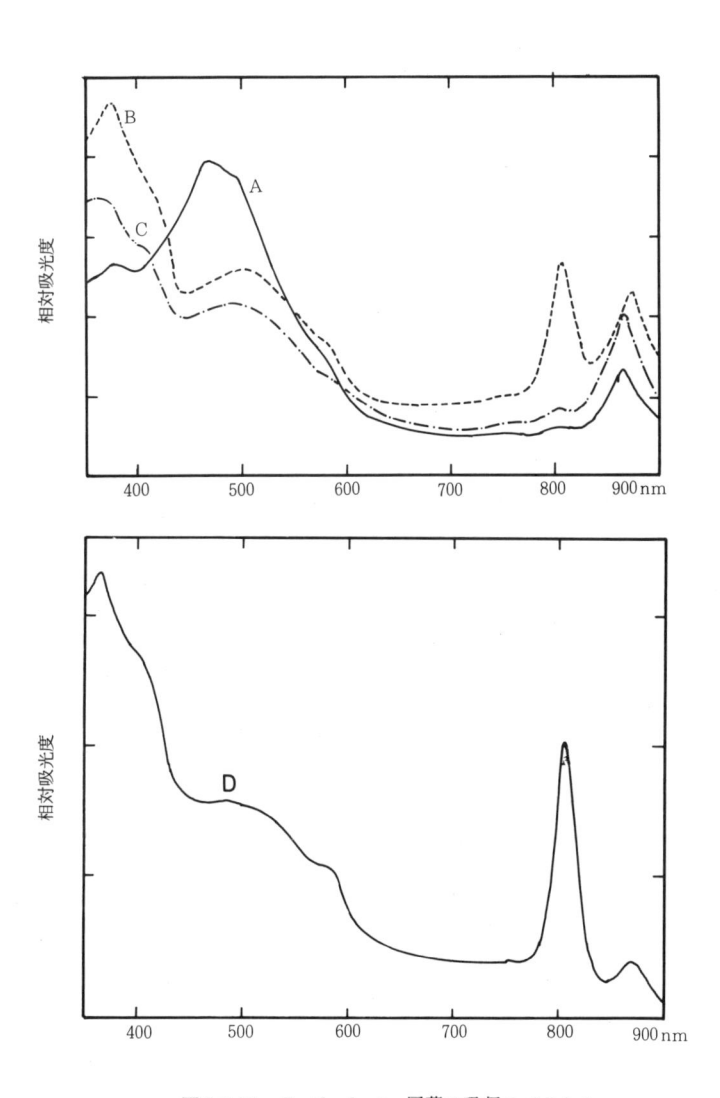

図2.5.14 *Erythrobacter*属菌の吸収スペクトル

Aは *Erythrobacter longus* オレンジ色。
B, C, Dはピンク色に肉眼で見える。

第2章 海洋微生物

した報告はない。

(2) *Helibacterium*

Heliobacterium は土の表面から分離された絶対嫌気性の滑走運動をする光合成細菌であり[40]、 *in vivo* で788nmに吸収極大を持つバクテリオクロロフィル g を含有する[41]。この色素は酸素にたいして非常に不安定であり、また細胞内での存在状態については電子顕微鏡での観察でも解明されていない。本菌は海洋からは分離されていない。

文　献

1) B. K. Pierson, R. W. Castenholz, *Arch. Mikrobiol.*, **100**, 5-24 (1974)
2) T. Shiba, U. Simidu, *Int. J. Sys. Bacteriol.*, **32**, 211-217 (1982)
3) C. R. Woese, B. A. Debrunner-Vossbrinck, H. Oyaizu, E. Stackebrandt, W. Ludwig, *Science*, **229**, 762-765 (1985)
4) J. F. Imhoff, *Int.J. Sys. Bacteriol.*, **34**, 338-339 (1984)
5) C. R. Woese, E. Stackebrandt, W. G. Weisburg, B. J. Paster, M. T. Madigan, V. J. Fowler, C. M. Hahn, P. Blanz, R. Gupta, K. H. Nealson, G. E. Fox, *System. Appl.Microbiol.*, **5**, 315-326 (1984)
6) C. R. Woese, W. G. Weisburg, B. J. Paster, C. M. Hahn, R. S. Tanner, N. R. Krieg, H. P. Koops, E. Stackebrandt, *System. Appl.Microbiol.*, **5**, 327-336 (1984)
7) H. G. Trüper, *Helgolander wiss. Meeresunters.* **20**, 6-16 (1970)
8) R. A. Herbert, *J. Appl. Bacteriol.*, **41**, 75-80 (1976)
9) R. A. Herbert, A. C. Tanner, *J. Appl. Bacteriol.*, **43**, 437-445 (1977)
10) J. F. Imhoff, H. G. Trüper, *Microbial Ecol.*, **3**, 1-9 (1976)
11) S. Kumazawa, S. Izawa, A. Mitsui, *J. Bacteriol.*, **154**, 185-191 (1983)
12) H. Biebl, N. Pfennig, in "*The prokaryotes: A handbook on habitats, isolation, and identification of bacteria*", **1**, Springer-Verlag, Berlin/Heidelberg/New York, p. 267-273 (1981)
13) N. Pfennig, *Int. J. Sys. Bacteriol.*, **28**, 283-288 (1978)
14) N. Pfennig, H. G. Trüper, in "*The prokaryotes: A handbook on habitats, isolation, and identification of bacteria*", **1**, Springer-Verlag, Berlin/Heidelberg/New York, p. 279-289 (1981)
15) H. Nissen, I. D. Dundas, *Arch. Microbiol.*, **138**, 251-256 (1984)
16) G. Drews, *Arch. Microbiol.*, **130**, 325-327 (1981)
17) T. A. Hansen, H. Veldkamp, *Arch. Mikrobiol.*, **92**, 45-58 (1973)
18) O. Neuzling, J. F. Imhoff, H. G. Trüper, *Arch. Microbiol.*, **137**, 256-261 (1984)

19) J. F. Imhoff, *System. Appl. Microbiol.*, **4**, 512-521 (1983)
20) H. G. Trüper, H. W. Jannasch, *Arch. Mikrobiol.*, **61**, 363-372 (1968)
21) J. F. Imhoff, H. G. Trüper, *Zbl Bakt.*, *I. Abt. Orig.* CI, **61**-69 (1980)
22) H. G. Trüper, *J. Bacteriol.*, **95**, 1910-1920 (1968)
23) V. M. Gorlenko, *Z. Allg. Mikrobiol.*, **10**, 147-149 (1970)
24) N. N. Puchkova, V. M. Gorlenko, *Mikrobilogiya*, **45**, 655-660 (1976)
25) J. Gibson, N. Pfennig, J. B. Waterbury, *Arch. Microbiol.*, **138**, 96-101 (1984)
26) T. A. Hansen, H. van Gemerden, *Arch. Mikrobiol.*, **86**, 49-56 (1972)
27) H. G. Trüper, H. D. Jr. Peck, *Arch. Mikrobiol.*, **73**, 125-142 (1970)
28) J. F. Imhoff, B. J. Tindall, W. D. Grant, H. G. Trüper, *Arch. Microbiol.*, **130**, 238-242 (1981)
29) H. G. Trüper, J. F. Imhoff, in "*The prokaryotes: A handbook on habitats, isolation, and identification of bacteria*" **1**, Springer-Verlag, Berlin/Heidelberg/New York, p. 274-278 (1981)
30) J. F. Imhoff, H. G. Trüper, N. Pfennig, *Int. J. Sys. Bacteriol.*, **34**, 340-343 (1984)
31) K. Harashima, T. Shiba, T. Totsuka, U. Simidu, N. Taga, *Agric. Biol. Chem.*, **42**, 1627-1628 (1978)
32) T. Shiba, U. Simidu, N. Taga, *Appl. Environ. Microbiol.*, **38**, 43-45 (1979)
33) N. Taga, *Bull. Misaki Mar. biol. Inst. Kyoto Univ.* **12**, 56-76 (1968)
34) K. Harashima, K. Kawazoe, I. Yoshida, Abstract of *V. Int. Sympo. Photosynthetic Prokaryotes*, p. 45 (1985)
35) T. Shiba, *J. Gen. Appl. Microbiol.*, **30**, 239-244 (1984)
36) K. Okamura, K. Takamiya, M. Nishimura, *Arch. Microbiol.*, **142**, 12-17 (1985)
37) K. Harashima, H. Nakada, *Agric. Biol. Chem.*, **47**, 1057-1063 (1983)
38) B. K. Pierson, R. W. Castenholz, *Nature*, **233**, 25-27 (1971)
39) G. A. Dubjnina, V. M. Gorlenko, *Mikrobiologiya*, **44**, 452-468 (1975)
40) H. Gest, J. L. Favinger, *Arch. Microbiol.*, **136**, 11-16 (1983)
41) H. Brockmann, A. Lipinski, *Arch. Microbiol.*, **136**, 17-19 (1983)

5.4 低温細菌

絵面良男*

5.4.1 はじめに

低温細菌とは、一般的に0℃またはそれ以下の温度で発育できる細菌とされているが、その定義は混乱している。Stokes (1962) は0℃, 1週間でよく発育する細菌を低温細菌 (psychrophilic bacteria) とし、特に20℃以下に発育至適温度を有するものを偏性低温細菌 (obligate psychrophile) とし、発育至適温度が20℃以上のものを通性低温細菌 (facultative psychrophile) とした[1]。Morita (1975) はさらに厳しく限定して、発育至適温度が15℃またはそれ以下で、発育上限温度が約20℃, 下限温度が0℃またはそれ以下の細菌を psychrophilic bacteria と呼び、これに該当しない低温菌を psychrotrophic bacteria とすることを提唱している[2]。後者の定義に従えば、psychrophilic bacteria は好冷細菌、psychrotrophic bacteria は低温細菌なる語を当てるのが妥当と考えられる。しかし、ここでは両者を含めて低温細菌として扱うこととする。

5.4.2 低温菌の存在

低温性海洋細菌の活躍しうる低温環境は地球表面上に広く存在する。真っ先に考えられるのは両極海である。Sullivan とその共同研究者らは南極海の海氷中の細菌数の季節的変動を直接計数法で調べている[3]。海氷中には 1.4×10^{11} cells/m^2 の細菌数が観察され、氷層の下部20cm 付近に多く、特に氷層中に閉じ込められた不凍液中に濃縮されていた。そして海水中で微細珪藻類の春季増殖 (12月) が生じた後に細菌数が増加し、繊毛虫も観察され、海氷という極限状態下でも一つのマイクロコスモスが存在することを認めている[4]。

一方、Kaneko ら (1979) は北極のビューフォート海で夏季 (8月〜9月, 水温 -0.5〜1.9℃) の海水 (生菌数 10^4/ml 以下) と底泥 (生菌数 10^4〜10^5/g) から553株を分離し、それらの数値分類を行っている[5]。分離菌はすべて低温細菌で、*Flavobacterium* が多数を占め、次いで *Vibrio*, 同定不能のグラム陰性多形性桿菌、*Microcyclus* 様菌などが存在したとしている。

また、地球表面の約3/4を占める海洋の大部分も低温環境である。海洋の表面水温が30℃ 近い熱帯海域においても、水温は水深とともに低下し、水温躍層下では5℃以下となる。したがって海洋の90%(容積)以上は5℃以下の低温環境である[6]。さらに海洋環境の特徴は平均塩分濃度3.5%, 平均水圧380気圧 (平均水深3,800m), 有機物濃度 5mg/ℓ 以下の貧栄養状態にある[2]。

このような海洋環境のマイクロフローラは当然、低温細菌が主体をなすものと推定されるが、未だに量的把握が充分なされていない。その理由の一つには実験方法上の問題があった。発育上限温度が10℃以下である驚くべき低温細菌の存在が明らかにされるに至り[2]、従来の室温 (20℃ 前後) での実験では温度感受性の強い低温細菌 (特に好冷細菌) の分離培養ができなかったこと

---

* Yoshio Ezura 北海道大学 水産学部

5 海洋細菌

表2.5.12 冷水域海水試料についての生菌数におよぼす培養温度の影響[7]

試料採取月(水温)	培養温度(°C)	集落数 (週間)*							
		1	2	3	4	5	6	7	8
5月	1	≤1	20±2	36±3	49±4	64±6	71±8	73±8	74±8
	5	20±2	47±3	74±6	86±7	93±8	95±8	97±9	98±9
	12.5	25±2	55±4	74±6	83±7	88±8	92±8	93±8	94±9
(2.0°C)	20	13±2	27±3	36±3	38±3	39±3	39±3	−**	−
	25	2±0.4	5±1	7±1	7±1	−	−	−	−
8月	1	≤1	≤1	≤1	≤1	≤1	≤1	≤1	≤1
	5	≤1	≤1	≤1	≤1	5±1	8±1	8±1	8±1
	12.5	≤1	11±1	26±5	47±5	75±8	77±0	78±9	78±9
(13.5°C)	20	≤1	14±1	88±177	100±18	115±18	115±8	−	−
	25	≤1	5±1	5±1	5±1	−	−	−	−

* 平板培地1枚当りの平均集落数 ±95% 信頼限界：$n=50$
** 測定せず

にある。試水採取から菌の分離・保存まですべての操作を5〜10°Cの低温で行い，培地，器具類もすべて低温に保ったものを使用する必要がある。培養温度も目的に応じて変える必要がある。表2.5.12および図2.5.15に培養温度による生菌数測定結果の変動の例を示した。表2.5.12はGowとMills (1984) がカナダのニューファンドランド島の湾内で水深25 mから採取した海水

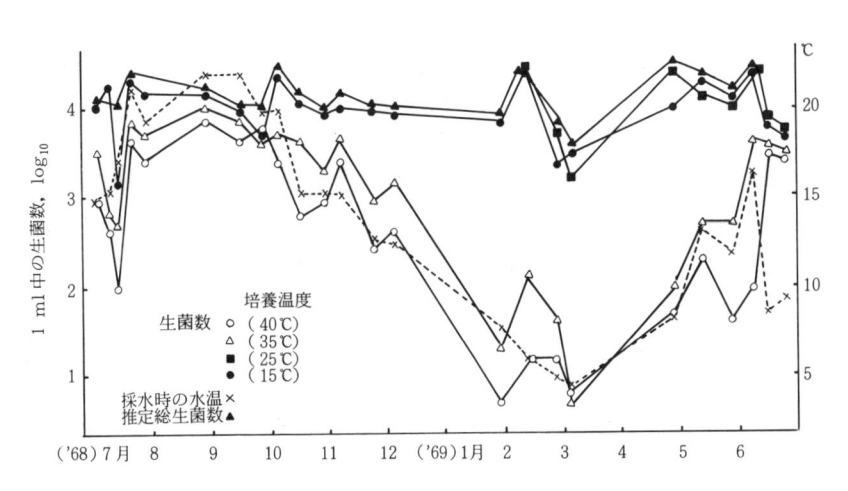

図2.5.15 海水試料採水時の水温および各種培養温度で算出した試水中の生菌数の消長[8]

第2章 海洋微生物

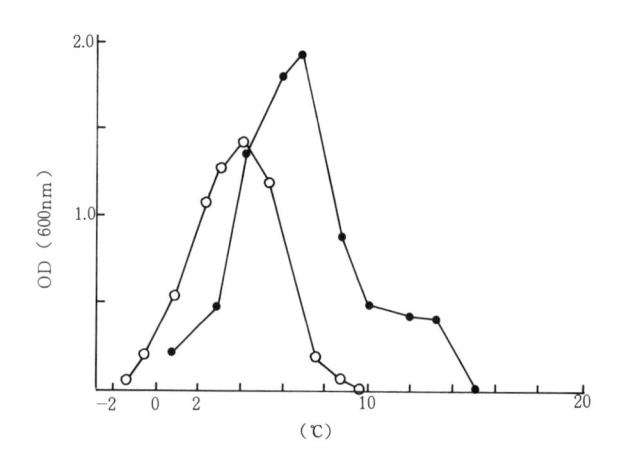

図2.5.16 南極海から分離した低温細菌の発育と温度の関係[2),9)]
○───○ AP-2-24, 80時間培養　　●───● Ant-300, 57時間培養

試料について,生菌数と培養温度期間の関係を調べたものである[7)]。生菌数は海水温度2°Cでは5°C,8週間,海水温度13.5°Cでは20°C,5週間の培養で最高値を示した。この調査海域は周年の水温変動が0～14°Cの冷水域である。このような環境を反映して25°Cで発育できるものは非常に少なく,低温細菌がフローラの主体をなしている。図2.5.15は田島ら(1971)が北海道函館湾の沿岸海水について異なる培養温度での生菌数の年変動を調べたものである[8)]。この調査地点の年間水温は5～22°Cであった。水温が20°C前後の時期には35°C,40°Cなどの高い培養温度でも発育できる細菌数が増加し,15°C培養の生菌数と同程度になるが,水温が15°C以下になる時期には高温で発育できるものは激減した。この例のように生菌数測定を目的とする場合には現場の温度条件に合わせ2段階程度の温度で培養するのが望ましい。

次に特定の低温細菌の分離を目的とするならば適当な液体培地を用いて0°Cで増菌培養を行った後,純粋分離を行えば,試料から直接分離を行うよりは効率的に目的とする菌が得られる[2)]。

5.4.3 低温細菌の特性

図2.5.16はいずれも南極海から分離された代表的な低温性海洋細菌の発育と温度の関係を示したものである[2),9)]。発育至適温度が4°Cと7°C,発育上限温度が9°Cと14°Cで,典型的な好冷細菌である。発育上限温度がこのように低くても,それらの温度以上になると死滅する。その原因として,酵素の失活,酵素合成系の失活,細胞内アミノ酸プールの消費,細胞内脂質飽和度の

変化，細胞内構成の破壊，膜輸送制御の喪失，細胞内容物の漏失などが指摘されている[2]。逆にいえば，低温下でこれらの機能が活性化され，かつ安定的に維持されるのが低温細菌の特性と考えられる。以下に簡単に低温細菌の種々の特性について述べる。

(1) 酵素の活性および易熱性

これまで低温性海洋細菌の種々の酵素の低温性や易熱性が調べられてきた。低温細菌の各酵素活性は一般に中温菌のものよりも，低温で活性が維持され，活性適温および失活温度が低い傾向がある。例えば Vibrio marinus MP-1株（発育温度0～20℃，至適温度15℃）の細胞抽出液中の malic dehydrogenase 活性は0～15℃で安定したが，15～20℃で不活化が生じ，30℃,10分で完全に失活する非常に熱に不安定な酵素と考えられていた[10]。しかし，部分精製した後の本酵素活性は15～20℃で安定で，20℃以上で不安定となる。また同菌株の fructose-1,6-diphosphate aldolase は細胞抽出液中では活性適温が21℃，22℃以上で失活しはじめるが，やはり精製酵素では活性適温が28℃に上昇し，30℃,30分で失活する[11]。したがってこれら酵素の精製の有無による温度感受性の変化の一因として細胞抽出液に混在する protease の作用を考慮すべきである[2]。なお，本酵素はⅡ型の aldolase で中温菌や好熱菌のものとは熱安定性が異なるのみでアミノ酸組成が同じことから酵素の熱安定性に重要な役割を果たすとされている平均疎水結合も同じであった[11]。

低温性海洋細菌の産生するタンパク分解酵素は他の酵素に比べ耐熱性を有するものが多い。V. psychroerythrus（発育温度0～19℃）の産生する proteinase は30～35℃に活性適温があり，55℃で安定な画分と不安定な画分とに分けられる[12]。

上述の例に示すように低温細菌の酵素は一般に低い温度特性を有するが，いずれも産生菌の発育上限温度よりも高い温度で失活することから，酵素の易熱性をもって低温細菌の発育上限温度を規定することは困難である。

Ochiai ら（1979, 1984）は低温細菌が低温環境への適応過程で獲得したと考えられる興味あるアイソザイムを報告している[13],[14]。低温性海洋細菌 Vibrio sp. ABE-1株（発育温度0～25℃，至適温度15℃）の産生する isocitrate dehydrogenase で，アイソザイムⅠとⅡの性質を表2.5.13に示した。両者の温度特性をみると，Ⅰは中温菌のものとほぼ同じである。Ⅱは適温20℃,30℃5分で失活することから，低温適応酵素である。培養温度，培地塩濃度，pH，培養経時などによる両者の産生量の変動は明らかにされていない。なお，物質代謝の重要な key 酵素の一つである本酵素にアイソザイムが存在することはReevesら（1968）も Escherichia coli で報告している[15]。しかし ABE-1株のⅡ型のそれは低温性および NaCl による活性化など低温の海洋環境に適したアイソザイムである。

表 2.5.13 *Vibrio* sp. ABE-1株の isocitrate dehydrogenase アイソザイム I, II の性質[13), 14)] の比較

	I	II
比活性	40°C 24.3 units/mg	20°C 59.2 units/mg
分子量	85,000 (45,000 2量体)	85,000 (単体)
至適 pH	7.6〜8.0	8.0〜8.6
K_m	33.0×10^{-6} M	25.0×10^{-6} M
熱安定性	50°C, 2分で50%失活	30°C, 5分で失活
glyoxilate + oxaloacetate 阻害	10°C, 5mMで80%阻害	0.5mMで阻害(温度による変化なし)
2-mercaptoethanol の作用	なし	熱安定性増加

(2) 膜の機能と脂質

Vibrio sp. Ant-300株(発育温度0〜13°C, 至適温度7°C)は飢餓状態下で[16)], あるいは硫酸塩の存在下で[17)]強いアルギニン取り込み活性を示し,これらはいずれも外部エネルギー供給なしで行われる。さらにアルギニンに対し走性を示しその最小濃度は10^{-5}〜10^{-6}Mで,本菌株にはアルギニンに強い親和性をもつ能動輸送系の存在が予想される。また本菌株を低張液に懸濁すると膜構造に変化を生じ細胞内基質の漏出およびアルギニン受容体の細胞からの遊離が認められる[18)]。このことから細胞表層には塩分濃度の減少に敏感な基質受容体が存在し,この部分が基質の取り込み活性や細胞内保持に機能していると考えられる。さらにこの基質能動輸送は外部からのATPに依存することなく,膜中のプロトン勾配の維持を必要としている[16)]。

また低温性海洋細菌を発育上限温度以上の温度にさらすと基質取り込みが機能せず,逆に細胞内容物の漏出,さらには溶菌をひき起こすことが多くの研究者によって報告されている[2)]。

上述のような膜機能が低温下で維持されるか否かは膜脂質の流動性に大きく左右され,その流動性は膜脂質構成脂肪酸の不飽和度に支配されていることはよく知られている。しかしながら低温

表 2.5.14 海洋性低温細菌の主要脂肪酸組成

菌株		培養条件 温度 気圧		脂肪酸組成 (%)								文献
				12:0	14:0	14:1	16:0	16:1	17:0	18:0	18:1 18:2	
Vibrio marinas	PS-207	15		4.1	3.4	1.8	16.9	57.5			9.3 3.1	19)
		25		5.4	3.7	1.2	19.2	39.3			15.4 12.4	〃
CNPT-3		2	1		7.5	20.0	25.2	40.2			1.5 5.5	20)
		〃	345		5.2	17.4	20.7	47.9			2.1 6.6	〃
		〃	690		3.5	11.5	18.5	56.3			2.8 7.3	〃
Vibrio sp.	Ant-300	5			27.0	9.0	12.0	46.0				21)
Escherichia coli	NCTC 10082	37		6.3	10.8		37.3	16.0	12.3	1.5	10.8	22)
Vibrio anguillarum	FSK 30	25		3.2	8.4		31.2	40.7		1.4	12.6	〃
Vibrio parahaemolyticus	FSK 43	37		3.8	9.3		39.6	36.7		1.3	5.5	〃

性海洋細菌の膜脂質に関する研究は少ない。表2.5.14に代表的なものを記載した。この表にみられる低温性海洋細菌の脂肪酸組成の共通点は$C_{16:1}$の含有率が高く，$C_{14:1}$を有し，$C_{16:0}$が比較的少ない点である。さらに，V. marinus PS-207株（発育温度0〜30℃，至適温度25℃）では$C_{16:1}$, $C_{18:1}$, $C_{18:2}$の含有率が培養温度（15℃と25℃）により変化するという。なお本菌株は培地塩分濃度が高くなると不飽和度も高くなる[19]。また低温性好圧海洋細菌CNPT-3株（常圧下の発育温度0〜10℃，発育至適は2℃，300〜500気圧）の脂肪酸組成は培養時の圧力が高くなるにつれ，$C_{14:1}$, $C_{16:0}$が減少し，$C_{16:1}$が増加する[20]。これは他の細菌でみられる温度適応反応と類似の傾向が加圧によっても生じるという興味ある現象である。

このように温度の低下，圧力の増加，塩分濃度の増加など環境条件の変化に対して，不飽和脂肪酸の相対的含量が変動する。これは細菌細胞が環境の変化に対し，膜機能を適性に保持するための適応現象と考えられる。

(3) タンパク合成

低温細菌は低温下でも高い呼吸活性を持続し，発育に必要なエネルギーを獲得していることを多くの研究者が報告している[21]。Okuyamaら(1979)は海洋性低温細菌 Vibrio sp. ABE-1株（発育温度0〜25℃，至適温度15℃）と非海洋性中温菌 Pseudomonas aeruginosa のNADH酸化と共役リン酸化活性を低温下で比較した[23]。ABE-1株の活性は低温下でもあまり低下せず，低温に適応した電子伝達系と共役リン酸化系を有している。一方，P. aeruginosa も7℃で両活性を弱い（ABE-1株の約1/3）ながらも保持している。それにもかかわらず発育はできない。

中温菌 P. aeruginosa のタンパク合成（^{3}H-leucineのタンパク画分への取り込み）は0℃に冷却すると減少し，12時間で失活する。この間，ポリゾーム量は変化していない。一方，低温菌ABE-1株のタンパク合成活性は冷却により高まる。この間にポリゾーム量が一度減少後，元の量に戻っており，リボゾーム構成上の低温適応が生じている可能性も考えられる[24]。

Oshimaら(1980)はABE-1株と P. aeruginosa の細胞抽出画分について，メッセンジャーRNAとしてpoly(U)を用いてポリフェニルアラニン合成を調べている[25]。両菌株のリボゾーム50S画分，30S画分，遠心上清画分をそれぞれ交互に組み合わせ，温度の影響を検討し，ABE-1株でリボゾーム50Sが低温安定性に大きな役割を果たし，また遠心上清画分にフェニールアラニン-tRNA合成酵素の熱失活を保護する因子が存在することを推定している[25]。

(4) そ の 他

塩分：海洋性低温細菌の特徴の一つに発育における塩分要求性があげられる。MP-1株の発育には培養温度と培地塩分濃度の間に密接な関連がある[21]。これは細胞構造維持，能動輸送，酵素活性などにNa^+, K^+, Mg^{2+}, Ca^{2+}などを必要とすることを反映しているものと考えられる。

圧力：海洋における低温細菌の生活圏は水圧との関係を無視できない。事実，好圧細菌として

分離されたものの多くは低温細菌であり，加圧下よりも常圧下で一層低温を必要とする[26),27)]。

核酸：低温細菌の DNA, RNA に関する情報はほとんどない。わずかに Vibrio 属の数株のGC含量が MP-1 株 40％[2)], PS-207 株 42％[2)], ABE-1 株 33％[28)] 好圧低温細菌 CNTP-3 株 47.6％[20)], UM 40 株 47％[27)], W 145 株 47％[27)] と報告されている。また Deming ら (1984) は好圧低温細菌 Vibrio sp. UM 40, W 145 株の 5S RNA の塩基配列を調べ，中温菌の E.coli, V.harveyi, Photobacterium phosphoreum の配列と比較している[27)]。好圧細菌の塩基配列は対照菌のいずれとも一致せず，分類学的に Vibrio 属とは認め難いことから新属とすべきである。また全体的に熱に弱いアデニン－ウラシル結合が多いのが特徴的であるとしている。現在，低温性海洋細菌の分類学的検討は皆無の状態である。今後この方面の知見の集積が望まれる。

5.4.4 プラスミド

海洋細菌のプラスミドに関する研究は非常に少なく，さらにその保有調査はさらに少ない。Kobori ら (1984) は南極海の海水，海氷，プランクトン，底土から分離した 155 菌株（すべて低温細菌）についてプラスミド保有調査を行っている[29)]。155 株中の 48 株 (31％) が保有し，その分離源の内訳は海水 5 株，海氷 30 株，プランクトン 3 株，底土 10 株で，いずれも 10Mdalton 以下のプラスミドであった。この保有率ならびにサイズは Hada と Sizemore (1981) のメキシコ湾石油採掘海域での調査とほぼ同じ結果である[30)]。ただ，南極海底泥由来 10 株のうち 7 株が保有していたのは薬剤耐性プラスミドであった。人間生活から隔離された南極海底で，しかも低温細菌がどのようにしてこのプラスミドを保有するに至ったのか非常に興味深い問題である。なお，薬剤耐性以外のプラスミド保有因子は不明である。

低温，貧栄養の極限状態では多くの細菌細胞は飢餓状態にあり，生命維持に最小必要限度以上の細胞物質を保持するのは困難であると考えられるが，低温細菌のプラスミド関与の遺伝子変動ならびに生態的意義については今後解明すべき問題である。

5.4.5 発光性低温細菌

Rury と Morin (1978) は海産魚類の発光部位に共生する発光細菌が熱帯域の浅海に生棲する魚類では Photobacterium leiognathi, 温暖，浅海域の魚では Vibrio fischeri, そして寒冷または深海生棲魚では低温性の P. phosphoreum が多いとしている[31)]。深海魚由来の P. phosphoreum は発育至適温度が 18～20℃で，35℃で発育せず，1℃でも 20℃と同程度の発光を行うとしている。

近年，生物発光源としての発光細菌が注目され種々の目的に利用する試みがなされている。例えば発光細菌を固定化し，発光により魚を誘引する集魚用[32),33)]，また細菌発光の際に必要とされる酸素，還元型フラビンモノヌクレオチドおよび直鎖飽和アルデヒドなどの定量も可能である[34)]。

特に酸素の微量センサとして利用可能である[34)~36)]。

5.4.6 おわりに

細菌を発育温度で分けると低温細菌とはちょうど反対側に位置する好熱細菌(thermophilic bacteria)に関する研究は耐熱機構,遺伝,進化,分類,利用と目覚しい進展を遂げている。それに反して低温細菌の研究はいずれの面でも遅れている。特に海洋性低温細菌はこれまでに分離され,研究された菌はごく限られたもので,しかも断片的な知見しか得られていない。正に"残された秘境"の感がする。低温・高圧・貧栄養の極限状態で営まれている生命現象の謎が解き明かされれば生命科学に大きな進展をもたらすものと信じる。

文　　献

1) J. L. Stokes, "Recent Progress in Microbiology", Univ. Tront Press, pp. 187 (1963)
2) R. Y. Morita, *Bacteriol. Rev.*, **39**, 144 (1975)
3) C. W. Sullivan, A. C. Palmisano, *App. Environ. Microbiol.*, **47**, 788 (1984)
4) S. M. Grossi, *et al.*, *Microb. Ecol.*, **10**, 231 (1984)
5) T. Kaneko, *et al.*, *J. gen. Microbiol.*, **110**, 111 (1979)
6) C. E. ZoBell, "Importance of Microorganisms in the Sea", Campbell Soup Co. pp. 107 (1961)
7) J. A. Gow. F. H. J. Mills, *Appl. Environ. Microbiol.*, **47**, 213 (1984)
8) 田島研一, ほか, 北大水産彙報, **22**, 73 (1971)
9) G. G. Geesey, R. Y. Morita, *Can. J. Microbiol.*, **21**, 881 (1975)
10) P. Langride, R. Y. Morita, *J. Bacteriol.*, **92**, 418 (1966)
11) L. P. Jones, *et al.*, *Zeit. Allgem. Mikrobiol.*, **19**, 97 (1979)
12) Y. Nunokawa, I. J. McDonald, *Can. J. Microbiol.*, **14**, 215 (1968)
13) T. Ochiai, *et al.*, *J. Biochem.*, **86**, 377 (1979)
14) T. Ochiai, *et al.*, *J. Gen. Appl. Microbiol.*, **30**, 479 (1984)
15) H. C. Reeves, *et al.*, *Science*, **162**, 359 (1968)
16) W. C. Faquin, J. D. Oliver, *J. Gen. Microbiol.*, **130**, 1331 (1984)
17) G. G. Geesey, R. Y. Morita, *Appl. Environ. Microbiol.*, **38**, 1092 (1979)
18) G. G. Geesey, R. Y. Morita, *Appl. Environ. Microbiol.*, **42**, 533 (1981)
19) J. D. Oliver, R. R. Colwell, *Int. J. Syst. Bacteriol.*, **23**, 442 (1973)
20) E. F. Delong, A. A. Yayanos, *Science.* **228**, 1101 (1985)
21) J. D. Oliver, W. F. Stringer. *Appl. Environ. Microbiol.*, **47**, 461 (1984)
22) B. Bøe, J. Gjerde, *J. Gen. Microbiol.*, **116**, 41 (1980)
23) H. Okuyama, *et al.*, *J. Gen. Appl. Microbiol.*, **25**, 299 (1979)

24) H. Saruyama, et al., *J. Gen. Appl. Microbiol.*, **26**, 45 (1980)
25) A. Oshima, et al., *J. Gen. Appl. Microbiol.*, **26**, 265 (1980)
26) A. A. Yayanos, A. S. Dietz, *Appl. Environ. Microbiol.*, **43**, 1481 (1982)
27) J. W. Deming, et al., *J. Gen. Microbiol.*, **130**, 1911 (1984)
28) Y. Takeda, et al., *J. Gen. Appl. Microbiol.*, **25**, 11 (1979)
29) H. Kobori, et al., *Appl. Environ. Microbiol.*, **48**, 515 (1984)
30) H. S. Hada, R. K. Sizemore, *Appl. Environ. Microbiol.*, **41**, 199 (1981)
31) E. G. Rury, J. G. Morin, *Deep-Sea Research*, **25**, 161 (1978)
32) N. Makiguchi, *J. Gen. Appl. Microbiol.*, **25**, 387 (1979)
33) N. Makiguchi, *J. Ferment. Techrol.*, **58**, 17 (1980)
34) 今枝一男, ほか, 分析化学, **32**, 159 (1983)
35) D. Lloyd, et al., *J. Gen. Microbiol.*, **128**, 1019 (1982)
36) D. Lloyd, et al., *J. Gen. Microbiol.*, **131**, 2137 (1985)

6 海洋細菌由来の生理活性物質

6.1 タンパク質分解酵素阻害剤（プロテアーゼインヒビター）
今田千秋*，多賀信夫**

6.1.1 はじめに

　海洋の環境は海水が約3.5％の塩分を含有すること，水温が熱帯，亜熱帯の表層水を除いて中，深層水や南北両極海域において低温であること，生物の増殖に必要な栄養分が一般に低濃度であること，さらに水深が増すに伴って高水圧となることなどによって特徴づけられる。このような海洋環境は，陸上の環境と比べた場合，常識的に考えれば生物の生息にとって必ずしも好適な場とは言えまい。しかし，広大な海には，浅海から深海に至るまで現実に多種多様の生物が生息している。この事実は，海洋生物が，海という特殊な環境に適応して生存してゆくために，陸棲生物とは異なった特異な諸性状を保持していることを暗に示唆している。例えば，海中に広く分布する海洋細菌は，陸棲細菌とは異なって，概して好塩的で，それらの増殖あるいはそれらの生産する細胞外酵素の活性発現に海水とほぼ同じ濃度の塩分を必要とし，また4,000〜10,000 mの深海域に分布する深海細菌は，耐圧性あるいは好圧性機能を保持していることなどが既に明らかにされている。

　近年，多くの研究者が上記のような海洋生物の特異性に着目し，新規な物質を探索する目的で，その成分に関する研究を活発に行う趨勢にある。しかし，一方では細菌などの海洋微生物が特異な代謝産物を生産する可能性が推察されるにもかかわらず，この部面の研究はこれまであまり進展していない。著者らはこの点に着目するとともに，海洋細菌の有機物分解活性に関する諸側面，特にこれら細菌が生産するプロテアーゼに関して生態学的側面から研究[1]を行ってきたが，その研究の過程においてタンパク質分解酵素阻害剤（プロテアーゼインヒビター）についても検討を行う必要性が痛感された。

　もともとこのプロテアーゼインヒビターは，酵素反応機構の解析，生理機能の解明にとって重要な物質であり，さらに医学，薬学[2]，農水産学[3]の分野において有用な物質であることから，これまで陸棲生物については精力的な研究が続けられてきた。しかし，微生物から分離されたプロテアーゼインヒビターの種類は現在のところ多いとは言えず，特にこれまで海洋微生物からはまったく分離されていない。この理由は，もともとこの種のインヒビター生産微生物が海洋には存在しないことに基づくか，あるいはその種の微生物のスクリーニング方法の効率の悪さに基づくかのいずれかに起因しているものと考えられた。そこで著者らは，上記の認識から，海洋にお

---

* Chiaki Imada 東京大学 海洋研究所
** Nobuo Taga 東京大学名誉教授

第2章 海洋微生物

けるこの種の微生物の探索研究を続けたところ，プロテアーゼインヒビター生産細菌の存在を突きとめるとともに，その分類学的諸性状ならびにインヒビターの単離精製とその諸性質を明らかにすることができた。本稿では以上の研究成果の概要について述べることとしたい。

6.1.2 プロテアーゼインヒビター生産菌の分離と培養[4]

(1) 海水中の一般従属栄養細菌の分離と培養

親潮海域，東京湾，相模湾，大槌湾ならびに油壷湾の各深度の海水中から，MP寒天培地（ポリペプトン 0.2 g，プロテオーゼペプトン No.30, 1 g，バクトソイトン 0.1 g，酵母エキス 0.1 g，寒天 1.5 g，海水 100 ml，pH 7.5）を用いて一般従属栄養細菌の分離を行った。これらの採水点は図 2.6.1 に示したごとくである。外洋海域の試料はヌクレポアフィルター法で，また沿岸海域の試料は平板塗抹法を用いて処理し，細菌を接種した培地は 2 週間，20℃ 下に放置した。培養後，出現したコロニーを無作為的に選び純培養株とした後，1/5 濃度の MP 半流動寒天培地に接種し，以後の実験に供した。

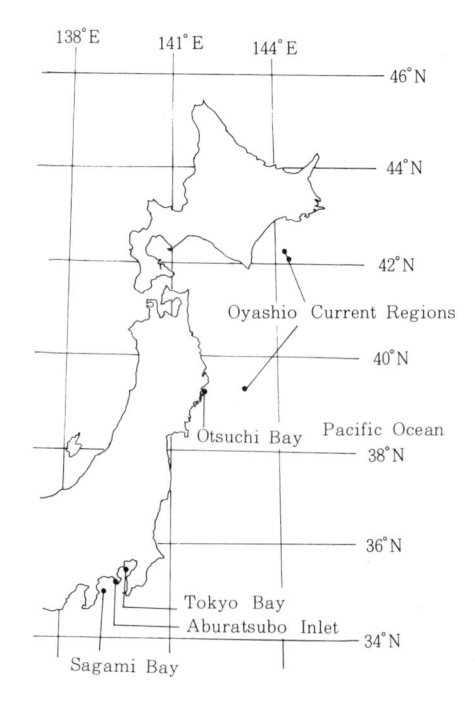

図 2.6.1 採水地点

(2) プロテアーゼインヒビター生産菌のスクリーニング法

各水域より分離した海洋細菌約3,000株を検定に用いた。なお，検定培地には前述のMP培地に1%カゼインを加えたものを用いた。この培地上に一定量のプロテアーゼ（サブチリシン）溶液を添加した。インヒビター生産菌コロニーの周囲には，添加されたプロテアーゼの作用が阻害されるために未分解カゼインが残存し，不透明なハローが形成される。この効率の良いスクリーニング法を用いると1日約300株の菌株の処理も可能であった。この方法により油壷湾の海水試料中よりインヒビター生産菌3株を見出すことができた（表2.6.1）。現在までに報告されているインヒビター生産微生物は陸起源の $Streptomyces$ 属の放線菌[5]，$Penicillium$ 属のカビ[6]が大半であり，細菌については，$Clostridium$[7]属などの少数例にとどまっている。従って海洋からのインヒビター生産細菌の分離は今回が初めてである。

表2.6.1 細菌を分離した海水試料の採取場所ならびにインヒビター生産菌のスクリーニングの結果

Sampling location	Sampling date	No. of isolates screened	No. of inhibitor producing strains
Aburatsubo Inlet	22.10.1982 〜 27. 9.1983	878	3
Tokyo Bay	18. 2.1983	244	0
Sagami Bay	20. 2.1983 〜 22. 2.1983	234	0
Oyashio Current Region	27. 6.1983 〜 30. 6.1983	983	0
Otsuchi Bay	13. 5.1982	500	0

6.1.3 プロテアーゼインヒビター生産菌の分類と同定[4]

現在までに報告されている微生物起源のインヒビターのほとんどは，$Streptomyces$ 属を主とする放線菌によって生産され，これらの異なった種が同一化学構造のインヒビターを生産することが知られている[8]。一方，海洋環境では陸上に比べ，放線菌の菌数は極めて少なく，グラム陰性細菌が全菌数の90%以上を占めている。著者が分離したインヒビター生産菌は表2.6.2および2.6.3に示すような分類学的諸性状を持つものであった。

(1) 形態学的性状

3株の分離菌はすべて単一の極鞭毛を保有し，運動性を有するグラム陰性の桿菌であった（写真2.6.1）。

第2章 海洋微生物

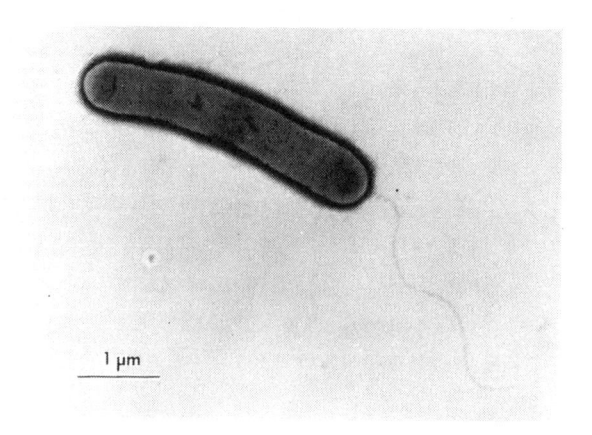

写真 2.6.1 *Alteromonas* sp. B-10-31 の電子顕微鏡写真

表 2.6.2 3株のインヒビター生産細菌の分類学的諸性状

Character	Strain		
	B-10-31	B-3-62	B-3-87
Gram stain	−	−	−
Motility	+	+	+
Flagella	Polar	Polar	Polar
Oxidase	+	+	+
Catalase	−	−	−
O/F test	−	−	−
Temperature range for growth (℃)	20-35	2-35	2-35
pH range for growth	5-9	6-9	6-9
NaCl conc. for growth (%)	3-5	2-10	2-10
Hydrolysis of Arginate	−	−	−
Aesculin	−	+	+
Casein	+	+	+
Gelatin	+	+	+
Chitin	−	−	−
DNA	+	+	+
Lecithin	−	−	−
p-Nitrophenyl phoshate	+	+	+
Starch	+	+	+
Tributyrin	−	−	−
Tween 80	+	+	+
Urea	+	+	+
Nitrate reduction	−	+	+
Fluorescence	−	−	−

+, positive; −, negative

116

6 海洋細菌由来の生理活性物質

表 2.6.3　3 株のインヒビター生産細菌の分類学的諸性状（続）

Character		Strain		
		B-10-31	B-3-62	B-3-87
Utilization of carbohydrate (0.5%)	Glucose	−	+	+
	Sucrose	−	+	+
	Maltose	−	+	+
	Xylose	−	+	+
	Mannitol	−	+	+
	Dulcitol	−	−	−
	Lactose	−	+	+
	Arabinose	−	−	−
	Sorbitol	−	−	−
	Glycerin	−	−	−
	Starch	−	+	+
	Levulose	−	+	+
	Rhamnose	−	−	+
	Galactose	−	+	+
	Inositol	−	−	−
	Mannose	−	−	−
Utilization of organic acid (1.0%)	Sodium succinate	−	−	−
	Lactic acid	−	−	−
	L-Malic acid	−	−	−
	Citric acid	−	−	−
	Sodium acetate*	−	−	−
	Sodium fumarate*	−	−	−
	Oxalic acid*	−	−	−
G+C contents (mol %)		42.0	40.2	39.9

* (0.1%)
+, positive; −, negative

(2) 培養性状

これらの株はすべて絶対好気性菌であり、酸素の非存在下ではまったく増殖が認められなかった。B-10-31 株のコロニーは 1 週間培養後では、直径 5〜7 mm の円形で平らな隆起をしており、コロニーの縁は波状で黄色く、不透明で培養日数の経過に伴い、褐色の色素の産生が認められた。一方、B-3-62 および B-3-87 株のコロニーはともに直径 6〜8 mm の円形で平らな隆起をしており、コロニーの縁は平滑かつ無色不透明で、色素の産生は認められなかった。ゼラチンの液化性は 3 株とも層状であった。

(3) 増殖に及ぼす温度、pH および NaCl の影響

増殖可能温度は、B-10-31 株では 20〜35℃の範囲であったが、B-3-62 および B-3-87 株では 2〜35℃の広い範囲にわたっていた。増殖可能 pH 域は、B-10-31 株では pH 5〜9、他株では pH 6〜9 で、いずれもほぼ同範囲であった。B-10-31 株は NaCl 濃度 3〜5% で、他株は 2〜10% の濃度でのみ増殖したことから、これらの株は海洋細菌であることが示唆された。

第2章 海洋微生物

(4) 生化学的性状

3菌株はオキシダーゼ，プロテアーゼ，デオキシリボヌクレアーゼ，アミラーゼ，Tween 80エステラーゼ，ゼラチナーゼおよびウレアーゼなどの酵素生産能を保有していた。また，B-3-62およびB-3-87株はナイトレイトリダクターゼをも有していた。B-10-31株はその増殖に炭水化物をまったく利用しなかった。これに対し，他の2株はグルコース，サッカロースおよびデンプンなどをその増殖に利用した。また，B-3-87株のみはラムノースをも利用した。これらの株はその増殖に有機酸をまったく利用しなかった。

(5) DNA中のG.C.比

B-10-31，B-3-62およびB-3-87株のDNA中のG.C.比はそれぞれ，42.0，40.2および39.9 mol％であった。

以上の分類学的性質より3株はAlteromonas属[9),10)]と同定された。これら3株の細菌の中で，Alteromonas sp. B-10-31が最も高いインヒビター生産能を保持するものと考えられたので，以後の実験には本菌株を供試菌株として用いることにした。

6.1.4 インヒビター生産菌の培養条件の検討[11)]

海水濃度，NaCl濃度，初発pH，炭素源，窒素源および培養時間などの条件を種々変化させて，インヒビター生産のための至適条件の検討を行った。なお，基礎培地としてはMP液体培地を用い，500ml容三角フラスコに培地を100ml入れ，20℃で24時間振盪培養を行った。培養後，遠心分離によって菌体を除いた上清についてインヒビター活性を測定した。なお，この活性の測定は6.1.5項(1)で述べる方法によって行った。

B-10-31株の増殖量およびインヒビター生産量は，自然海水を使用した場合に最大で，一方NaClを使用した場合の両者に対する最適濃度は3.5％（w/v）であったが自然海水の場合に比較すると低い値であった。従って以後の実験は自然海水を使用して行った。培養のための最適初発pHは6.0であったが，インヒビター生産時の培地のpHは約7に変化した。表2.6.4に示すように種々の炭素源の影響を調べたところ，グルコース，サッカロース，マルトース，デンプンおよびマンニトールなどの炭水化物はインヒビター生産および増殖に効果的であり，なかでも0.05％（w/v）グルコースの添加によりインヒビター生産量は顕著に増加した。イヌリンおよびソルビトールは，生産株の増殖には効果的であったが，インヒビター生産に対する促進効果はみられなかった。またアラビノース，キシロース，イノシトールおよびクエン酸ナトリウムはインヒビター生産および生産株の増殖に対し有効とは考えられなかった。表2.6.5より明らかなように，無機態窒素はインヒビター生産および生産株の増殖促進には効果がなく，またゼラチンや肉エキスのような複合有機態窒素は生産株の増殖促進には効果がみられたが，インヒビター生産には適さなかった。種々の窒素源のうちで，0.6％（w/v）ポリペプトンが，インヒビター生産お

表 2.6.4 供試菌株の marinostatin 生産に及ぼす炭素源の影響

Carbon source	Concn. (%, w/v)	pH	Growth	Inhibitory activity (Units/ml)
None	0.00	7.00	+++	13.5
Glucose	0.05	7.15	+++	19.3
Glucose	0.20	6.89	+++	16.4
Glucose	0.30	7.24	+++	16.0
Glucose	0.50	7.15	+++	13.5
Glucose	1.00	7.01	++	4.1
Lactose	0.20	6.99	+++	11.2
Levulose	0.20	6.82	+++	12.5
Arabinose	0.20	6.87	++	8.9
Galactose	0.20	6.92	+++	11.5
Xylose	0.20	6.90	++	7.0
Sucrose	0.20	6.99	+++	13.8
Maltose	0.20	6.90	+++	13.8
Starch	0.20	6.89	+++	13.8
Laminarin	0.20	7.01	+++	11.5
Inurin	0.20	7.00	+++	8.9
Glycogen	0.20	6.80	+++	12.8
Dextrin	0.20	6.90	+++	13.5
Mannitol	0.20	6.98	+++	15.1
Dulcitol	0.20	7.01	+++	12.5
Inositol	0.20	6.95	++	10.2
Sorbitol	0.20	7.01	+++	9.6
Sodium fumarate	0.20	7.00	+++	12.2
Sodium citrate	0.20	6.88	++	6.7
Kobu-Cha*	0.20	6.99	+++	9.3

* Powdered tangled seeweed, *Laminaria* sp.

よび生産株の増殖に最も有効であった。以上の結果から、インヒビター生産菌の増殖量（OD_{660}）、インヒビター活性および培地のpHなどの経時的変化をみるための試験には、グルコース0.05％、酵母エキス0.1％およびポリペプトン0.6％を自然海水に添加し、初発pH6.0に調整した培地を用いた。なお、供試菌株のプロテアーゼ（PRase）活性の測定は以下の方法によった。すなわち、0.5mlの培養液上清と0.5mlのTris-HCl buffer（50mM, pH8.0）を混合後、30℃において12分間酵素を反応させた。12分後、2mlのトリクロル酢酸（5％）を加え反応停止させ、濾液のOD_{280}を測定した。上記の条件下において1分間にOD_{280}を0.05増加させる酵素の力価をone unitと定義した。図2.6.2に示すように、本培地を使用してB-10-31株を培養した場合、インヒビターは培養を開始してほぼ9時間後に培地上清中に遊離し始め、24時間後にはその生産量が最大となったが、36時間後からその量は低下し始め、48時間後には完全に失活してしまった。なお、培養約36時間以後には培地中にPRaseが遊離し始め、その量は経時的に増加したため、

第2章 海洋微生物

表 2.6.5 供試菌株の marinostatin 生産に及ぼす窒素源の影響

Nitrogen source	Concn. (%, w/v)	pH	Growth	Inhibitory activity (Units/ml)
None	0.0	7.90	+	0.0
Polypepton (Daigo)	0.2	7.38	+++	10.6
Polypepton	0.4	7.31	+++	19.3
Polypepton	0.6	7.34	+++	20.2
Polypepton	0.8	7.31	+++	13.5
MP medium	0.4	7.33	+++	15.4
Proteose peptone No.3 (Difco)	0.4	7.16	+++	10.6
Bacto-soytone	0.4	7.70	+++	8.6
Phytone (BBL)	0.4	7.59	+++	10.9
Bacto-casitone	0.4	7.35	+++	16.0
Bacto-tryptose	0.4	7.36	+++	11.5
Meat extract	0.4	7.40	+++	0.9
Bacto-gelatin	0.4	7.60	+++	0.0
Bacto-casamino acids	0.4	7.40	+++	2.5
Corn steep liquor	0.4	7.30	++	1.0
Pharmamedia[*]	0.4	7.31	++	0.5
$NaNO_3$	0.4	7.87	+	0.0
NH_4Cl	0.4	7.40	+	1.5
NH_4NO_3	0.4	7.70	+	1.8

* Traders Oil Mill Co., USA

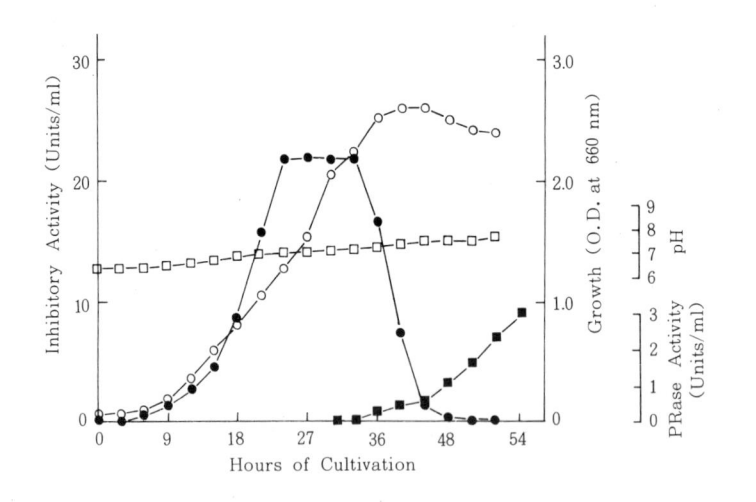

図 2.6.2 供試菌の増殖, インヒビター生産, PRase の生産および培地の pH の経時的変化

○—○ 増殖量, ●—● インヒビター活性, ■—■ PRase 活性, □—□ pH

このPRaseの作用によって分解し,その量が低下したものと推察される。その後この供試菌は2種類のインヒビターを生産することが判明したので,それぞれを「marinostatin」および「monastatin」と命名した。

6.1.5 インヒビターの精製および諸性状
(1) インヒビター (Marinostatin) の活性測定法[11]

酵素活性の測定には Anson 法[12]を一部修正した方法を用いた。すなわち,$25\mu g$ のサブチリシン(セリンプロテアーゼの一種)を添加した 0.5 ml Tris-HCl buffer (50mM, pH 8.0)とインヒビター溶液 0.5 ml を混合し,30℃において12分間放置した。次に前記の buffer を用いて作成した 1% Hammarsten カゼイン溶液 1 ml を加え12分間反応を行った。反応終了後,2 ml の5%トリクロル酢酸を加えて酵素反応を停止させ,未消化カゼイン沈殿を濾過後,濾液の吸光度(λ=280)を測定した。この結果から阻害度(percentage of inhibition)を次式によって算出した。

$$(1 - B/A) \times C \times 100 (\%)$$

ここで,A はインヒビターを含まない溶液中での12分間の OD_{280} の増加量,B はインヒビター溶液中での12分間の OD_{280} の増加量,C はサンプルの希釈率である。上記の条件下において,サブチリシンが50%阻害された時のインヒビターの力価を one inhibitor unit と定義した。

(2) 低分子インヒビター Marinostatin の精製および諸性質[13]

供試菌株を前述の海水培地(pH 6.0)中において24時間振盪培養した後,遠心分離によって菌体を除いた上清に飽和濃度の90%まで硫安を加え,一昼夜4℃下で攪拌放置後,生じた沈殿を遠心分離によって集め,50mM Tris-HCl buffer (pH 8.0)に溶解し,スペクトラポア6透析膜(分子量1,000以下通過)を用いて同 buffer に対して透析を行った。この透析内液中のインヒビターを DEAE-セルロファインカラムクロマトグラフィー,セファデックス G-25 ゲル濾過および高速液体クロマトグラフィー(HPLC)などの手法を用いて精製し,最終的に HPLC 的に単一な物質を得た。なお,これら精製全過程におけるインヒビター活性はサブチリシンをアッセイ酵素とし,その阻害度から求めた。精製純度は,培養液上清中のインヒビターと比較して約 1,000倍であった。分子量はゲル濾過法による溶出位置より,1,700,またアミノ酸組成分析より1,417と推定された。UV-スペクトル分析,アミノ酸分析およびフェノール・硫酸法[14]による糖含量測定を行った結果,本品は糖を含まない単純ペプチドと考えられた。pH ならびに熱に対する安定性に関しては,pH 2~8 の範囲ではほぼ安定であったが,pH 10 以上の溶液中では活性は急激に低下した。また,60℃以上の場合には活性が低下した。表2.6.6 に示すように,marinostatin はキモトリプシンを初めとするセリンプロテアーゼを強く阻害するインヒビターであった。

(3) 高分子インヒビター Monastatin の精製および諸性質[15]

予備実験の結果,供試菌株は marinostatin とは別のインヒビターを生産し,本インヒビター

は，魚病細菌 Aeromonas hydrophila および Vibrio anguillarum の生産するプロテアーゼを阻害する有用なインヒビターであることが判明したので，次にこの精製を行った。

①アッセイ粗酵素の調製

A. hydrophila を 0.6％ポリペプトン，0.6％肉エキス，0.1％酵母エキスおよび 0.05％グルコースを添加した培地（pH 7.0）を用いて 20℃で 54 時間振盪培養した。培養後，遠心分離によって菌体を除き，その上清を 50mM Tris-HCl buffer（pH 8.0）に対して透析し，この内液中のプロテアーゼを one unit となるように希釈したものをアッセイ粗酵素とした。

Hartley の方法[16]に従って本酵素を分類した結果，パパインおよびフィシンなどと同様チオールプロテアーゼであることが判明した。

② monastatin 生産の経時的変化

図 2.6.3 に供試菌株の増殖量，インヒビター生産および培地の pH の経時的変化を示す。なお，本実験には前述の最適培地を用いた。インヒビターはほぼ培養 9 時間後から生産され始め，21 時間後に最大値（15units/ml）となり，その後，急激に活性の低下が認められた。これは対数増殖期後期に産生されたプロテアーゼによりインヒビターが分解作用を受けたためと推察される[11]。また培地の pH は 7～8 でほとんど変化が認められなかった。monastatin の精製には，培養 21 時間後の液体培地を使用することにした。

③ monastatin の精製および諸性質

供試菌株を 21 時間振盪培養後，遠心分離によって菌体を除いた上清を用いて下記のように精製を行った。すなわちこの上清に飽和濃度の 90％まで硫安を加え，一昼夜撹拌放置後（4℃），生じた沈殿を遠心分離によって集め，50mM Tris-HCl buffer（pH 8.0）に溶解後，同 buffer に対して一昼夜透析を行った。この透析内液のインヒビターをあらかじめ同 buffer で平衡化させた DEAE-セルロファインカラムを用いて精製した。この溶出液中のインヒビターを硫安沈殿によって集め，透析後，セファデックス G-100 ゲル濾過を 2 回行って精製した。表 2.6.7 に示すように monastatin の収率は 2.6％，精製純度は 356 倍であり，最終精製物は電気泳動的に単一であった。ゲル濾過法を用いた分子量測定の結果から，monastatin の分子量は，約 20,000 と推定された。図 2.6.4 から明らかなように，monastatin は 280 nm に極大吸収を有し，このことから，分子中にチロシンをはじめとする芳香族アミノ酸の存在が示唆された。自動アミノ酸分析計により構成アミノ酸を調べた結果，表 2.6.8 のように分子中にはチロシン，トリプトファンおよびフェニールアラニンなど芳香族アミノ酸の存在が確認された。メチオニンのような疎水性アミノ酸は少なく，逆にスレオニンのような親水性アミノ酸が多く含まれていた。この他，グルコースアミンおよびガラクトースアミンのようなアミノ糖の存在も確認された。アミノ酸およびアミノ糖残基数の合計が 187 であることから分子量は 20,010 と計算された。この値はゲル濾過法

6 海洋細菌由来の生理活性物質

表2.6.6 種々のプロテアーゼに対する marinostatin の阻害効果

Proteases	pH	Concn. (μg/ml)	Inhibition[*]
Serine proteases			
Subtilisin	8.0	50	+
Bovine trypsin	7.0	50	±
Bovine α-chymotrypsin	7.0	50	+
Pancreatic protease	8.0	50	+
Proteinase K	7.0	25	+
Metallo proteases			
P. aeruginosa Elastase	8.0	10	−
Thermolysin	7.0	10	−
Pronase	8.0	50	±
Thiol proteases			
Papain	7.0	200	−
Ficin	7.0	50	−
Aeromonas hydrophila (crude type)	8.0	−	−
Vibrio anguillarum (crude type)	8.0	−	−
Acid protease			
Porcine pepsin[**]	2.0	200	−

* +；80％以上阻害されたもの，−；20％以下の阻害しか認められなかったもの，±；20〜80％阻害されたもの
** KCl-HCl buffer (50mM)

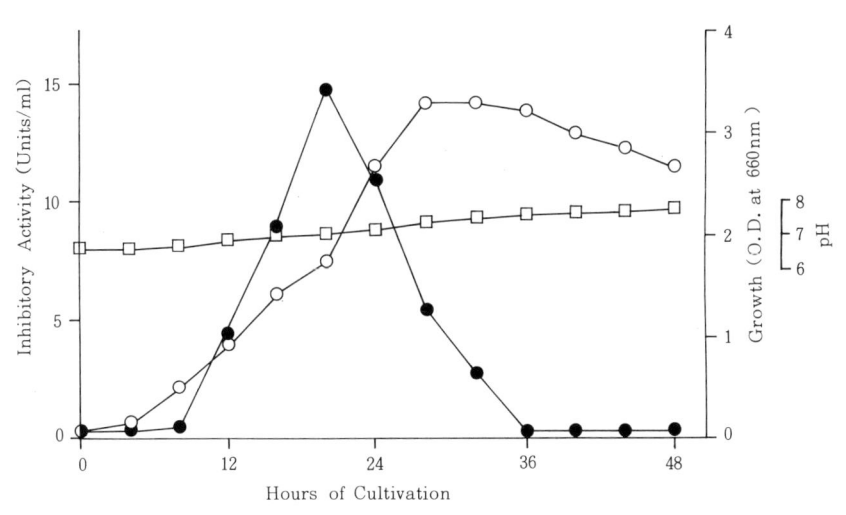

図2.6.3 供試菌の増殖，インヒビター（monastatin）の生産および培地の pH の経時的変化
○—○ 増殖量， ●—● インヒビター活性， □—□ pH

表 2.6.7　monastatin の精製過程の総括

Fraction	Volume ml	Total units	OD$_{280}$	Specific activity Units/OD$_{280}$	Yield %	Purification factor
Culture supernatant	4,200	63,000	6.40	2.34	100.0	1.00
(NH$_4$)$_2$SO$_4$	190	25,992	19.50	7.02	41.2	3.00
DEAE-cellulofine	120	6,720	4.74	11.81	10.7	5.05
(NH$_4$)$_2$SO$_4$	15	5,271	6.65	52.84	8.4	22.58
Sephadex G-100	60	5,148	0.28	306.43	8.2	130.95
Sephadex G-100	40	1,664	0.05	832.00	2.6	355.56

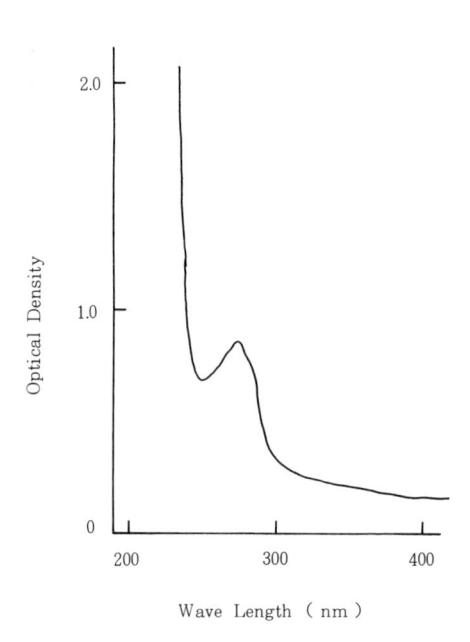

図 2.6.4　monastatin の UV-スペクトル

ならびに SDS-ポリアクリルアミド電気泳動法による測定値 20,000 とよく一致していた。フェノール・硫酸法により monastatin の糖含量を測定した結果,約 3％の糖が検出された。以上のことから monastatin は糖タンパク質であると考えられた。図 2.6.5 から明らかなように本インヒビターは,100℃,30 分の加熱に対しても 80％以上の活性が残存し,熱に対する安定性が極めて高く,また,図 2.6.6 に示すように pH 2〜12 の変動に対しても極めて安定であった。表 2.6.9 には本インヒビターに及ぼす種々のメタルイオンの影響を調べた結果を示す。本品は,Cu^{2+} および Fe^{2+} のような重金属の存在下において完全に失活した。また,Fe^{3+} でも約 40％の失活が認められた。表 2.6.10 に示す結果から明らかなように,monastatin は,パパインおよびフィシンのようなチオールプロテアーゼを阻害した。さらに,魚病細菌 *Vibrio anguillarum* の産生するプロテアーゼに対しても阻害活性が認められた。一方,その他のセリン,メタルおよび酸性プロテアーゼはまったく阻害されないかあるいは弱い阻害活性しか認められなかった。

表 2.6.8 monastatin の構成アミノ酸組成

Amino acid	No. of residues per molecule
Aspartic acid	19
Threonine	16
Serine	13
Glutamic acid	21
Proline	16
Glycine	17
Alanine	15
Half-cystine	4
Valine	12
Methionine	2
Isoleucine	9
Leucine	12
Tyrosine	5
Phenylalanine	8
Glucosamine*	9
Galactosamine*	8
Lysine	7
Histidine	4
Tryptophan	1
Arginine	6
Total	187
Molecular weight	20,010

* Amino sugar

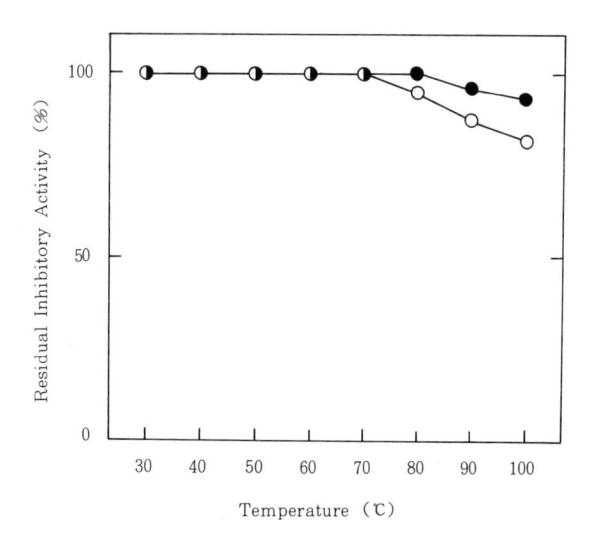

図 2.6.5　monastatin の熱安定性
●―● 10分,　○―○ 30分

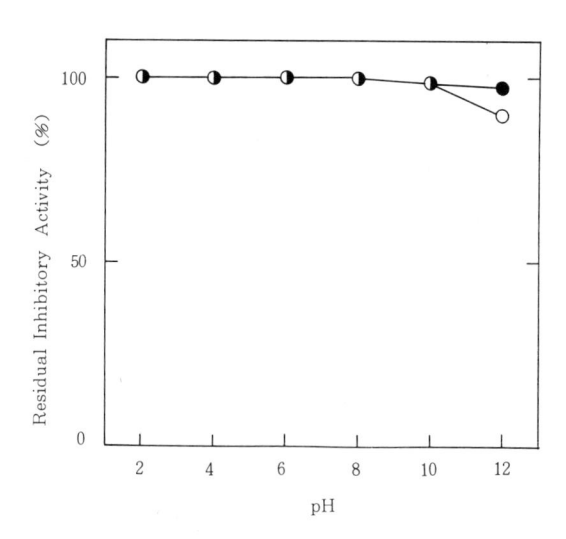

図 2.6.6　monastatin の pH 安定性
●―● 10分,　○―○ 30分

6 海洋細菌由来の生理活性物質

表2.6.9 monastatinに及ぼすメタルイオンの影響

Salt (10mM)	Residual inhibitory activity (%)
None	100
NaCl	105
KCl	92
$BaCl_2 \cdot 2H_2O$	79
$CaCl_2 \cdot 2H_2O$	95
$CuSO_4 \cdot 5H_2O$*	0
$MgCl_2 \cdot 6H_2O$	95
$CoCl_2 \cdot 6H_2O$	95
$FeSO_4 \cdot 7H_2O$	0
$ZnCl_2$**	108
$MnCl_2 \cdot 4H_2O$	84
$FeCl_3 \cdot 6H_2O$	59

* 0.2 mM
** 1 mM

表2.6.10 種々のプロテアーゼに対するmonastatinの阻害活性

Proteases	pH	Conc. (μg/ml)	Inhibition*
Thiol proteases			
*Aeromonas hydrophila***	8.0	—	+
Papain	7.0	200	+
Ficin	7.0	50	+
*Vibrio anguillarum***	8.0	—	+
Serine proteases			
Subtilisin	8.0	50	−
Bovine trypsin	7.0	50	±
Bovine α-chymotrypsin	7.0	50	−
Pancreatic protease	8.0	50	−
Proteinase K	7.0	25	−
Metallo proteases			
P. aeruginosa Elastase	8.0	10	±
Thermolysin	7.0	10	−
Pronase	7.0	50	−
Acid protease			
Porcine pepsin***	2.0	200	−

* +;80%以上阻害されたもの, −;20%以下の阻害しか認められなかったもの, ±;20~80%阻害されたもの
** crude type
*** KCl-HCl Buffer (50mM)

第2章 海洋微生物

6.1.6 考察およびまとめ

著者らは新たに考案したスクリーニング法を採用して海洋細菌約3,000株についてプロテアーゼインヒビター生産菌の検索を行い，*Alteromonas* sp. B-10-31株など強い活性を有する3菌株のほか，微弱ながら活性を有する10数菌株を発見できた。このような分離率は陸棲微生物のそれと比較するとかなり高く，海洋微生物の持つ機能の多様性の一面が示唆された。一方，一般に細菌が生産するプロテアーゼインヒビターに関しては，今までに2,3の報告例しかみられず，このような珍しい微生物が海洋環境から発見されたことは興味深い。5日間の平板培養において，*Alteromonas* sp. B-10-31株は約3cmのハローを形成したのに対し，B-3-62およびB-3-87株では約1cmのハローしか形成されなかった。このハローの大小はインヒビター産生能の強弱に起因するものであるが，これは液体培地における活性測定の結果からも確認された。これらの株は培養日数の経過に伴い，ハローが大きくなり，10日間以上培養を行うと，しだいにハローが消滅したが，これは増殖静止期に産生されたプロテアーゼによるものと推察された（図2.6.2）。

供試菌株は海洋細菌であるため，培地の海水濃度を下げることによって増殖およびインヒビター生産が著しく低下した。このことは海水中に含まれる Na^+，K^+，Ca^{2+} および Mg^{2+} のようなカチオンが増殖およびインヒビター生産に重要な役割を果たしていることを示唆している。

周知のようにアミラーゼインヒビター生産菌はその生産にグルコースのような炭素源を必要とする。またプロテアーゼインヒビター生産菌はポリペプトンのような窒素源をその生産に必要とするといわれているが，本研究の結果もこのことを裏付けている。

以上述べたように本供試菌株は性質のまったく異なったmarinostatinおよびmonastatinの2種類のインヒビターを生産するが，精製方法を一部変更することによってmarinostatinは数種存在することが現在明らかになりつつあり，これらの一次構造の結果とともに近日中に報告する予定である。本インヒビターは低分子物質であるため，医薬品などへの応用も可能と考えられる。その際には化学的手法によってこの低分子インヒビターを調製し，生体順応性ならびに有用性を調べることも今後の課題であろう。またmonastatinは魚病細菌の生産するプロテアーゼを阻害するため，今後同分野における応用研究が期待される。さらに陸棲微生物の抗生物質の生産には核外遺伝子，プラスミドが関与していることが知られているが，プロテアーゼインヒビターの生産機構に関しては知見がまったく乏しい。これまでの研究の結果，供試菌株のインヒビター生産能はプラスミドに支配されている可能性が示唆されているので，その保有の有無を調べ，プラスミドの分離を試み，ついでプラスミドの分子構造とインヒビター生産能の諸関係を調べるというような分子生物学的見地からも研究を進めてゆく必要があろう。

今回採用したスクリーニング法を用いて，さらに広範囲に海洋各所の微生物について検索を継続し，今回の分離菌ともどもインヒビター生産の海洋環境における生態学的意義を解明してい

くことも今後の研究課題であろう。

文　献

1) C. Imada, *et al., Bull. Japan. Soc. Sci. Fish.*, **51**, 1537 (1985)
2) R. Vogel, *et al.*, "Natural Proteinase Inhibitors" Academic Press, New York, p. 111 (1968)
3) 寺下隆, ほか, 醗酵工学, **56**, 175 (1978)
4) C. Imada, *et al., Bull. Japan. Soc. Sci. Fish.*, **51**, 799 (1985)
5) H. Umezawa, "Enzyme Inhibitors of Microbial Origin", University of Tokyo Press, p. 1 (1972)
6) 嶋田協, ほか, 農化, **41**, 454 (1967)
7) T. Höyem, *et al., Nature*, **195**, 922 (1962)
8) H. Umezawa, *et al., J. Antibiotics*, **23**, 259 (1970)
9) L. Baumann, *et al., J. Bacteriol.*, **110**, 402 (1972)
10) J. L. Reichelt, et al., *Int. J. Syst. Bacteriol.*, **23**, 438 (1973)
11) C. Imada, *et al., Bull. Japan. Soc. Sci. Fish.*, **51**, 805 (1985)
12) M. L. Anson, *J. Gen. Physiol.*, **22**, 79 (1938)
13) 今田千秋, ほか, 日本水産学会昭和60年度春季大会講演要旨集, p. 119 (1985)
14) M. Dubois, *et al., Anal. Chem.*, **28**, 350 (1956)
15) C. Imada, *et al., Can. J. Microbiol.*, (in press)
16) B. S. Hartley, *Ann. Rev. Biochem.*, **29**, 45 (1960)

第2章　海洋微生物

6.2　抗腫瘍性物質
6.2.1　はじめに

奥谷康一*

　海洋微生物学は，海洋における物質循環と生物生産の過程にかかわる生態学的研究として発展する一方，魚介類の腐敗現象，食中毒の原因物質，魚類の疾病等の問題を媒介として知識が集積されてきた段階である。この間，陸上の微生物学では微生物の持つ有用形質を開発した微生物利用工業が食品，医薬品，農薬等の広範囲の分野で発展した。

　海洋微生物は，海洋の環境特性に対応した生理機能を備えておりそれに伴った生理活性物質の生産も知られてきたが，工業的に利用されるには到っていない。科学技術庁の「新共生微生物に関する研究」および農林水産省の「バイオテクノロジー先端技術計画」では，海洋微生物の生産する生理活性物質の探索に関する研究課題も含まれておりこのようなプロジェクトが有用形質の開発につながることが期待されている。ここでは，医薬資源として海洋微生物に関する研究のうち細菌の生産する抗腫瘍性多糖体に関する著者の知見を中心に述べたいと思う。

6.2.2　細菌の多糖体とは

　微生物を適当な培地で培養すると液体培地を粘稠にしたり，寒天平板上で粘稠性のあるコロニーを形成する場合がある。このような現象は多くの場合細胞外多糖体の生産によって起こる。これに対して細菌細胞壁構成成分として細菌細胞表層の基礎構造をなしている多糖体があり，これは細胞外多糖体のように培養液中に拡散することはない。一方，種々のグラム陰性菌細胞壁にはリポ多糖体 (lipopolysaccharide, 略して LPS) と呼ばれる多糖体が含まれている。LPS は抗原としての性質の他に，内毒素としての多彩な生理活性を示すことが知られており抗原性は多糖部分に，また，内毒素は脂質部分（リピド A）に含まれる[1]。

　LPS に抗腫瘍作用のあることは古くから知られており，一時制がん剤として注目され活発な研究が行われた[2)-5)]。しかし LPS は腫瘍に出血壊死を起こし縮小が見られるにもかかわらず，壊死周辺部分から再び腫瘍細胞が増殖してくるため治癒効果は低い。また，治癒効果を高めるため LPS の投与量を増すと本来の毒性のため死亡率が高まるなど制がん剤としての期待は未知の段階である[6]。

6.2.3　Vibrio の多糖体

　分離，性質　瀬戸内海で採集したマナマコ (*Stichopus japonicus* Selenka) の消化管内容物より分離された *Vibrio* sp.[7] がショ糖を含む海水寒天平板培地から粘稠性の高い酸性多糖体を生産することが見出された。ショ糖3％，ペプトン0.5％，酵母エキス0.1％からなる海水寒天平板培地で培養し1％フェノールに懸濁した後，菌体を濾過または超遠心分離（30,000 rpm, 3時間）で除き，

---

*　Koichi Okutani　香川大学　農学部

エタノール沈殿とセチルトリメチルアンモニウムブロミド処理とで酸性多糖体が得られる（図2.6.7）。収量は培地1ℓ当り250 mg 前後である。この多糖体は超遠心分析（写真2.6.2）およびセルロースアセテート膜電気泳動では均一な物質であり，H^+, Na^+, 型のそれぞれのIRの結果からアセチル基が推定される。0.5％水溶液中の比旋光度は $[\alpha]_{589} = +27°$ を示し糖質部分としてアミノ糖が26％，中性糖およびウロン酸が30％，タンパク質が20％を占め，アミノ糖はグルコサミンとガラクトサミンが同定されているが完全な構造解析には至っていない。

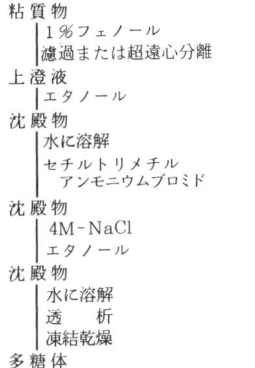

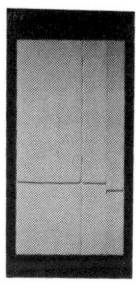

```
粘質物
 │1％フェノール
 │濾過または超遠心分離
上澄液
 │エタノール
沈殿物
 │水に溶解
 │セチルトリメチル
 │アンモニウムブロミド
沈殿物
 │4M-NaCl
 │エタノール
沈殿物
 │水に溶解
 │透　析
 │凍結乾燥
多糖体
```

図2.6.7　多糖体の調製法

写真2.6.2　多糖体の超遠心分析図（60,000 rpm, 90分）

抗腫瘍活性　P-388白血病に対する活性：P-388腫瘍細胞（10^6個/マウス）を雄のCDF$_1$マウス（1群3匹）の腹腔内に移植し翌日よりこの多糖体 12.5 mg/kg を1日1回，9日間腹腔内投与したところ，多糖体投与群では生命延長率は165％を示し顕著な延命効果が認められている。

Sarcoma-180固型腫瘍に対する活性：Sarcoma-180腹水腫瘍細胞（10^6個/マウス）を7週齢のICR系雄マウス（1群6匹）の皮下に移植し，1週間後からこの多糖体 100 mg/kg を1日1回，14日間腫瘍部に直接投与すると腫瘍細胞の移植から6週後には腫瘍の増殖は対照に比べ1/2に抑制され試験群の1/3には腫瘍の完全退縮が認められている。

以上の2例で示されるとおり，この多糖体には抗腫瘍活性のあることが認められる。毒性試験ではCDF$_1$マウスで 100 mg/kg を1日1回，5日間腹腔内投与すると弱い毒性が認められることから，カブトガニ血球抽出物によるLPS試験（Limulus test）[8],[9] を行ったが顕著な反応は見られなかった。

6.2.4　*Pseudomonas* の多糖体

分離，性質　瀬戸内海の海水より分離された *Pseudomonas* sp. が海水培地から粘稠性の高い酸性多糖体を生産することが見出された。菌体を濾過法により除いた後エタノール沈殿とセチルトリメチルアンモニウムブロミド処理とにより酸性多糖体が得られる。超遠心分析およびセルロースアセテート膜電気泳動分析では均一であり 0.25％溶液の比旋光度は $[\alpha]_{589} = +60°$ を示す。この多糖体は糖質部にはアミノ糖，中性糖，ウロン酸が含まれ他にアラニンとアセチル基が結合し

ている。それらの構成比はガラクトース，ガラクトロン酸，グルコサミン，ガラクトサミン，アラニンが1：1：1：2：1である[10]。この多糖体にはタンパク質は含まれていない。

抗腫瘍活性 Sarcoma-180腹水腫瘍に対する活性：ICR系マウス（体重20g）の腹腔内に移植後1週間経過したSarcoma-180腹水腫瘍原液の0.05mlを7週齢のICR系雌マウス（1群6匹）の腹腔内に移植した。移植の翌日よりこの多糖体25mg/kgを1日1回，20日間腹腔内に投与し，生存日数を観察したところ対照としての非投与群では腫瘍移植後14日目には全てのマウスが死亡したのに対し投与群では腫瘍移植から35日間の観察期間中1匹以外の死亡は見られなかった。

Meth-A腫瘍に対する活性：Meth-A腫瘍細胞（10^6個/マウス）にこの多糖類を混合しBALB/cマウスの皮下に移植し14日後の腫瘍重量を測定しことろ，25mg/kgの割合で腫瘍細胞と混合した場合，投与マウスの86％に腫瘍増殖が見られなかった。

以上の2例よりこの多糖体に抗腫瘍活性のあることが認められるが，水溶液の粘稠性が非常に高いために高濃度の投与実験を欠いている。

6.2.5 フルクタン

分離，性質 フルクタンにはレバン型とイヌリン型とがあり微生物の生産するフルクタンは前者である。今のところ医薬品として有効なフルクタンは報告されていない。瀬戸内海の海水から分離された細菌がショ糖を含む海水培地で著量の多糖体を生産することが認められた。培養液から遠心分離で菌体を除いたあとエタノール沈殿をくり返すことにより多糖体を精製すると，フルクトースのみからなる多糖体が得られる。その収量は培地1ℓ当りおよそ3gであり，超遠心分析，セルロファインGCL2000によるゲル濾過およびセルロースアセテート膜電気泳動による分析等で均一である。水溶液の粘稠性は低い。糖質部が95％を占め，タンパク質，ウロン酸は検出されない。メチル化分析では，1,3,4,6-o-メチルフルクトース，1,3,4-o-メチルフルクトース，3,4-o-メチルフルクトースが認められ，2,6結合のフルクタンを主鎖に側鎖を持ったレバン型フルクタンと推定されている。^{13}C-NMR分析（図2.6.8）では，レバン型フルクタンのパターンと一致している[11]。

抗腫瘍活性 P-388白血病に対する活性：P-388腫瘍細胞（10^6個/マウス）を雄のBDF₁マウス（1群7匹）の腹腔内に移植し，このフルクタンを表2.6.11に示す投与量で1日1回，9日間腹腔内投与したところ投与群では対照に比べ生命の延長が認められている。

Sarcoma-180腹水腫瘍に対する活性：ddY系マウス（体重30g）に移植後10日間経過したSarcoma-180腹水腫瘍原液0.2mlを5週齢のddY系雄マウス（1群5匹）の腹腔内に移植した。移植の翌日よりフルクタンを表2.6.12に示す量で1日1回，10日間腹腔内に投与し生存日数を観察したところ1mg/kgの投与量で明らかな生命の延長が認められている。

6　海洋細菌由来の生理活性物質

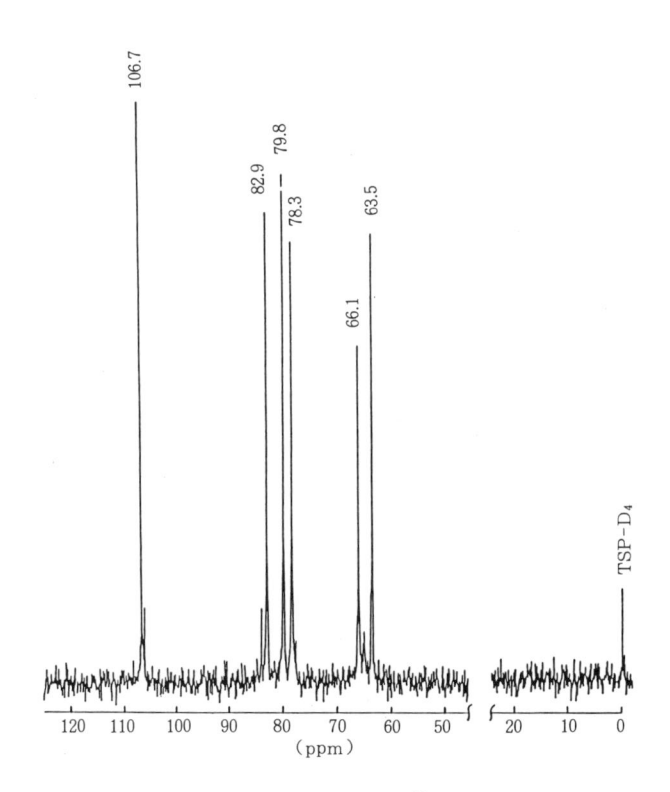

図 2.6.8　海洋細菌のフルクタンの ^{13}C-NMR スペクトル
（D$_2$O 中, 75℃, 完全デカップリング法）

表 2.6.11　P-388 白血病に対するフルクタンの抗腫瘍活性

実　験	投与量	生存日数中央値	生命延長率
対　照 (生理食塩水)	—	9.6 日	100%
フルクタン	50mg/kg	13.3	139
	25	12.5	130
	12.5	12.9	134

表 2.6.12　Sarcoma-180 腹水腫瘍に対するフルクタンの抗腫瘍活性

実　験	投与量	生存日数中央値	生命延長率
対　照 (生理食塩水)	—	18.5 日	100%
フルクタン	10mg/kg	15.0	81
	1	31.0	167

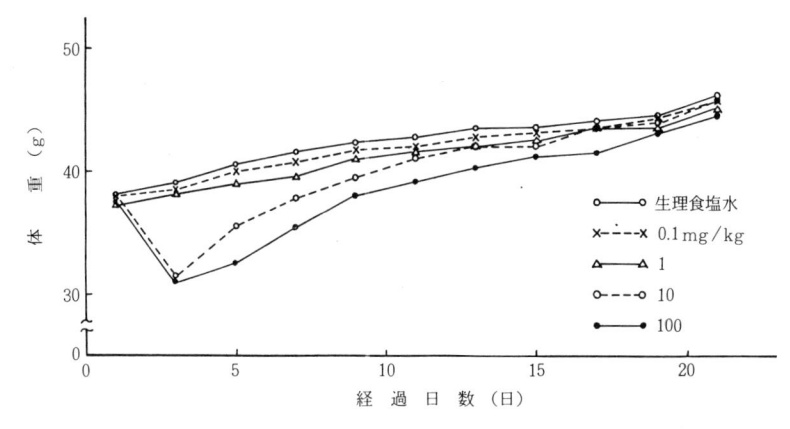

図2.6.9 マウスに対するフルクタンの生育抑制作用

Sarcoma-180固型腫瘍に対する活性: ddY系マウス(体重30g)に移植後10日間経過したSarcoma-180腹水腫瘍原液0.2mlを5週齢のddY系雄マウス(1群5匹)の皮下に移植した。移植の翌日より，このフルクタン1mg/kgを1日1回,10日間腹腔内に投与し腫瘍の大きさおよび生存日数を観察したところ，対照と比べ生命延長が認められると共に，腫瘍が完全に退縮する例も認められている。

以上の3実験例に示されるとおり，このフルクタンには抗腫瘍活性が認められるが，投与量を上げると図2.6.9に示されるように体重の増加が抑制されており毒性が発現するようである。特に100mg/kgでは24時間以内に死亡する例もある。しかし，この多糖体はリムルスによるLPS試験は陰性であることから毒性に関しては今後の検討課題である。

6.2.6 Serratia の多糖体

分離，性質 Serratia marcescens の生産するリポ多糖は，腫瘍に出血壊死を起こし縮小が見られることから臨床応用への期待がもたれ，多くの研究がある[5]。ここで述べるのは瀬戸内海の海水より分離された Serratia sp.が海水培地で生産する粘稠性の酸性多糖体についてである。エタノール沈殿とセチルトリメチルアンモニウムブロミド処理とによって分離される酸性多糖体は，培地1ℓ当りおよそ1gの収量であり超遠心分析，セルロファインGCL 2000によるゲル濾過およびセルロースアセテート膜電気泳動分析等で均一である。この多糖体はグルコース，ガラクトース，グルクロン酸が1：3：1の比率で構成されておりタンパク質は含まれていない。また，IR分析からアセチル基の存在が推測されている。

抗腫瘍活性 Sarcoma-180 腹水腫瘍に対する活性：ddY系マウス（体重30g）に移植後10日間経過したSarcoma-180腹水腫瘍の0.2mlを5週齢のddY系雄マウス（1群5匹）の腹腔内に移植した。移植の翌日よりこの多糖体10mg/kgを1日1回，10日間腹腔内に投与し生存日数を観察したところ表2.6.13に示すように明らかな生命延長が認められている。この多糖体は100mg/kgの投与量で毒性が認められるが，リムルスによるLPS試験では陰性である。しかしヒツジ赤血球に対し弱い溶血作用を示すことから，抗腫瘍性との関連性について検討を行っている。

表2.6.13　Sarcoma-180 腹水腫瘍に対する Serratia の多糖体の抗腫瘍活性

実験		投与量	生存日数中央値	生命延長率
I	対照（生理食塩水）	—	23.5日	100　%
	多糖体	100mg/kg	15.5	66.0
II	対照	—	16.5	100
	多糖体	10	33.8	204
III	対照	—	18.5	100
	多糖体	1	15.5	83.8
		0.1	18.5	100

6.2.7　海泥の細菌の多糖体

分離，性質　瀬戸内海の底土から分離された細菌が海水培地から粘稠性の酸性多糖体を生産することが見出された。菌体を濾過法で除いた後エタノール沈殿とセチルトリメチルアンモニウムブロミド処理によって酸性多糖体が得られる。超遠心分析，セルロファインGCL 2000によるゲル濾過およびセルロースアセテート膜電気泳動分析で均一である。この多糖体はグルコース，ガラクトース，グルクロン酸から構成されており，タンパク質は含まれていない。

抗腫瘍活性　Sarcoma-180 固型腫瘍に対する活性：ddY系マウス（体重30g）に移植後10日間経過したSarcoma-180 腹水腫瘍原液の0.2mlを5週齢のddY系雄マウス（1群5匹）の皮下に移植した。移植の翌日よりこの多糖体を1日1回，10日間腹腔内に投与し腫瘍の大きさを観察したところ対照に比べ腫瘍の増殖が抑制されると共に（図2.6.10），腫瘍が完全に退縮する例も見られる。この多糖体はddY系マウス対して100mg/kgの腹腔内投与で弱い毒性が認められるが，リムルスによるLPS試験は陰性

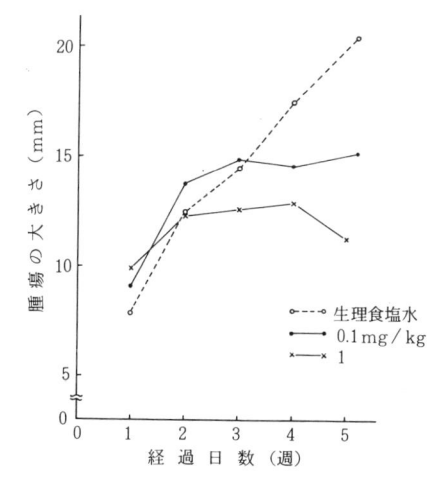

図2.6.10　海泥の細菌の多糖体による抗腫瘍作用

である．しかし，この多糖体はヒツジ赤血球に対して濃度0.25％で強い溶血性を示すことから，抗腫瘍活性との関連性について興味がもたれている．

6.2.8 *Vibrio algosus* 類似菌の多糖体

分離，性質 この多糖体は，瀬戸内海の海水より分離されたV. *algosus* 類似菌が菌体外に生産する[12],[13]．この細菌を海水にペプトンおよび酵母エキスを加えた培地を用いて静置培養し，上澄液にアセトンを加えて生じた沈殿物を脱塩し凍結乾燥すると得られる淡褐色粉末である．多糖体の他にタンパク質を35％，灰分を11％含む．毒性は少なく，腹腔内投与でLD$_{50}$はマウスで600 mg/kg以上である．

抗腫瘍活性 Sarcoma-180 腹水腫瘍に対する活性：Sarcoma-180 腹水腫瘍細胞を腹腔に移植したマウスにこの多糖体を毎日1回0.5 mg/kg，5日間腹腔内投与し，総細胞容積から抗腫瘍効果を判定すると，腫瘍増殖阻止率は88％と強い抗腫瘍性を示し，同様に25.0 mg/kgを静脈内投与すると61％，同量を皮下に投与すると50％の腫瘍増殖阻止率を示しやや有効であった．

Sarcoma-180固型腫瘍に対する活性：Sarcoma-180 腫瘍細胞を皮下に移植したマウスに毎日100 mg/kg，14日間，腫瘍内投与すると42日後には腫瘍の増殖を79％阻止すると共に2/6が完全治癒している．しかしながら腹腔内投与ではほとんど効果が見られていない．

以上の2実験例でこの多糖体に抗腫瘍活性のあることが示されるが，宿主免疫能との関連性についてリンパ球幼若化および抗体産生におよぼす影響について調べた[14]．PHAにより誘導されたリンパ球の幼若化は，この多糖体100 μg/mlで50％の抑制を示すがリンパ球の幼若化能はStimulation indexが3.3であり比較的強いMitogen活性である．すなわちこの多糖体の投与によってリンパ球の機能は亢進するようになることがうかがえる．

次にマウスをヒツジ赤血球で免疫した後，この多糖体を腹腔内投与し脾細胞中のPlaque forming cellの変動を追求したところ，抗体産生能は100 mg/kgの投与で対照の4.6倍に増加している．このことは細胞性免疫に対するこの多糖体の促進効果が強いことを示している．

6.2.9 その他の抗腫瘍性多糖体について

近年，海洋細菌の生産する抗腫瘍性物質に関する興味が高まり，多糖体についてもいくつか報告が見られるようになった．著者も上に述べた多糖体の他にいくつかの報告を行っているが[15],[16]ここでは他の研究者による代表的な2例について紹介したい．

(1) *Vibrio anguillarum* の多糖体

海洋細菌 V. *anguillarum* の菌体はEhrlich腹水腫瘍に対して強い抗腫瘍活性を示すことが清水ら[17],[18]によって明らかにされ，菌体が示す活性の本体はLPSと推定されている．このLPSはO抗原多糖体にKDOが存在しないのが特異的である．これに続き培養濾液の高分子画分にも強い抗腫瘍活性が認められている[19]．

(2) marinactan

marinactan は海洋細菌 *Flavobacterium uliginosum* が生産する抗腫瘍性多糖体に対し岡見ら[20]により名付けられたものである。この多糖体はグルコース，マンノース，フコースからなるヘテログリカンで，種々の免疫賦活化作用を有し宿主を介して抗腫瘍作用を示すものと考えられている[21)~23)]。

6.2.10 おわりに

微生物の多糖体に免疫賦活化作用に基づくと思われる抗腫瘍作用のあることは以前からすでに認められていることであるが，特に LPS は制がん剤として注目され活発な研究が行われた[2),5)]。Coley toxin とか Shear の多糖とか LPS の持つ抗腫瘍作用や感染防御作用には今なお興味が持たれている。LPS も含め海洋細菌が生産する抗腫瘍性多糖体に関する知見は限られており今後の研究の発展が望まれる。

文　献

1) D. C. Morrison, *et al.*, *Am. J. Pathol.*, **93**, 527 (1978)
2) N. Kasai, *et al.*, *Japan. J. Microbiol.*, **5**, 347 (1961)
3) M. Nakahara, *et al.*, *Agr. Biol. Chem.*, **39**, 1821 (1975)
4) E. E. Ribi, *et al.*, *J. Natl. Cancer Inst.*, **55**, 1253 (1975)
5) M. J. Shear, *et al.*, *J. Natl. Cancer Inst.*, **4**, 81 (1943)
6) I. B. Parr, *et al.*, *Br. J. Cancer*, **27**, 370 (1973)
7) K. Okutani, *Tech. Bull. Fac. Agr. Kagawa Univ.*, **36**, 135 (1985)
8) 丹羽允，ほか，生化学，**47**, 1 (1975)
9) 丹羽允，日細誌，**30**, 439 (1975)
10) 奥谷康一，ほか，日本水産学会昭和58年度秋季大会講演要旨集，166 (1983)
11) K. Okutani, *Bull. Japan. Soc. Sci. Fish.*, **48**, 1621 (1982)
12) 奥谷康一，日水誌，**42**, 367 (1976)
13) 奥谷康一，日水誌，**42**, 1373 (1976)
14) K. Okutani, *Bull. Japan. Soc. Sci. Fish.*, **50**, 1035 (1984)
15) K. Okutani, *Tech. Bull. Fac. Agr. Kagawa Univ.*, **26**, 75 (1974)
16) K. Okutani, *Bull. Japan. Soc. Sci. Fish.*, **43**, 323 (1976)
17) 清水忠順，ほか，*Gann*, **70**, 429 (1979)
18) 清水忠順，ほか，*Gann*, **74**, 279 (1983)
19) 清水忠順，ほか，第42回日本癌学会総会記事，134 (1983)
20) 岡見吉郎，ほか，第40回日本癌学会総会記事，238 (1981)

21) 椎尾剛, ほか, 第40回日本癌学会総会記事, 238 (1981)
22) 金沢璋伍, ほか, 第41回日本癌学会総会記事, 136 (1982)
23) 椎尾剛, ほか, 第41回日本癌学会総会記事, 136 (1982)

第3章　海洋植物と生理活性物質

1 多彩な海の植物

横浜康継*

1.1 はじめに

　広い意味での海の植物には前章に登場した海産の菌類や細菌類も含まれるであろうが，本章ではそれらを除いた海の植物を扱うことになる。

　植物から菌類や細菌類を除くと，残りは藻類とコケ植物及び維管束植物（シダ植物・種子植物）になる。これらはいずれもクロロフィル a を含有し，二酸化炭素を消費して酸素を発生する型の光合成を行う。

　海中に生育する植物のほとんどは藻類であるが，藻類とは表3.1.1からもわかるように，きわめて多岐にわたる分類群を包含した言葉であるが，これを簡単に表現すれば，クロロフィル a を含有する植物からコケ植物と維管束植物を除いたものということになろう。しかしコケ植物や維管束植物も緑藻などが属する緑色植物門に包含されるのである。

　陸上に暮らしている私達は，緑の葉を茂らせる草や木だけが植物であると思い込みがちである。海中で暮らしている藻類は海藻と呼ばれる肉眼的なものや植物プランクトンと呼ばれる単細胞で微細なものによって構成される多くの分類群を含んでいるが，それらの色彩は緑色植物に属する一部を除けば緑色ではない。

　今まで私達が利用してきた植物のほとんどは陸上のものであった。光合成を営む陸上植物に限って言えば，それらは緑藻の中のある種が上陸して進化したものと考えられている[2]。その上陸の時期は今から約4億年前とみなされているが，クロロフィル a を含有する最も古い植物である藍藻の出現した時期である30数億年に比べれば，ごく最近のことと言える。

　このように陸上の植物に比べてはるかに長い進化の歴史を有し，また系統的にも比較にならないくらい多岐にわたる海中の藻類は，陸上の植物からは得られなかった未知の物質の豊庫であると言えよう。

　しかし頁数の限られた本稿では，大分類群のレベルでも海産の藻類のすべてについて記述することは不可能である。幸い当面資源として活用されるのは肉眼的な藻類すなわち海藻が中心にな

＊　Yasutsugu　Yokohama　筑波大学　下田臨海実験センター

第3章 海洋植物と生理活性物質

表3.1.1 藻類の分類群と主な分類形質[1]

分類群		分類形質 光合成色素				同化貯蔵物質	遊走細胞と鞭毛	核膜	光合成器官	
門	綱	クロロフィル	カロチン	キサントフィル	フィコビリン				周囲の膜数	ラメラ構造
緑色植物	車軸藻綱	a, b	β	ルテイン(ネオキサンチン)(ヴィオラキサンチン)(ゼアキサンチン)	なし	デンプン	むち型	あり	2枚	グラナラメラとインターグラナラメラ
緑色植物	緑藻綱	a, b	β	ルテインネオキサンチンヴィオラキサンチンゼアキサンチン(アンテラキサンチン)(エキネノン)(ロロキサンチン)	なし	デンプン	むち型	あり	2枚	2～多重チラコイドラメラ
緑色植物	プラシノ藻綱	a, b	β	ルテイン(アンテラキサンチン)(ミクロノン)(ネオキサンチン)(ヴィオラキサンチン)(ゼアキサンチン)	なし	マンニトールデンプン	ひも状(鱗片)(小毛)	あり	2枚	2～多重チラコイドラメラ
ミドリムシ植物	ミドリムシ藻綱	a, b	β	ディアディノキサンチン(ディアトキサンチン)(エキネノン)(ネオキサンチン)(ゼアキサンチン)	なし	パラミロン	片羽型	あり	3枚	3重チラコイドラメラ
黄色植物	褐藻綱	a, c	β	フコキサンチンヴィオラキサンチン(アンテラキサンチン)(ゼアキサンチン)	なし	マンニトールラミナラン	羽型＋むち型	あり	4枚	3重チラコイドラメラ
黄色植物	黄金色藻綱	a, c	β	フコキサンチン(ディアディノキサンチン)(ディアトキサンチン)(エキネノン)(ネオキサンチン)	なし	マンニトール油クリソラミナラン	羽型＋むち型	あり	4枚	3重チラコイドラメラ
黄色植物	珪藻綱	a, c	β	ディアディノキサンチンディアトキサンチンフコキサンチン(ネオキサンチン)	なし	マンニトール油クリソラミナラン	羽型(むち型)	あり	4枚	3重チラコイドラメラ
黄色植物	黄緑藻綱	a, c	β	ディアディノキサンチンディアトキサンチンヘテロキサンチンボウケリオキサンチン(ネオキサンチン)	なし	油クリソラミナラン	羽型＋むち型	あり	4枚	3重チラコイドラメラ
黄色植物	ラフィド藻綱	a, c	β	フコキサンチン(ディアトキサンチン)	なし	?	羽型＋むち型	あり	4枚	3重チラコイドラメラ
黄色植物	真正眼点藻綱	a, c	β	ヴィオラキサンチン(ディアトキサンチン)(ヘテロキサンチン)(ネオキサンチン)(ボウケリオキサンチン)	なし	?	羽型	あり	4枚	3重チラコイドラメラ
ハプト植物	ハプト藻綱	a, c	β	フコキサンチン(ディアディノキサンチン)(ディアトキサンチン)	なし	クリソラミナラン(?)パラミロン	むち型＋ハプトネマ	あり	4枚	3重チラコイドラメラ
渦鞭毛植物	渦鞭毛藻綱	a, c	β	ペリジニン(ディアディノキサンチン)(ディノキサンチン)	なし	油デンプンの一種	片羽型＋羽型	あり	3枚	3重チラコイドラメラ
クリプト植物	クリプト藻綱	a, c	α	アロキサンチン(クロコキサンチン)(ディアトキサンチン)(モナドキサンチン)	フィコシアニンフィコエリトリン	クリプトデンプン	片羽型＋羽型	あり	4枚	2重チラコイドラメラ
紅色植物	紅藻綱	a		ルテインゼアキサンチン(アンテラキサンチン)(ネオキサンチン)	フィコシアニンフィコエリトリン	紅藻デンプン	遊走細胞なし	あり	2枚	1重チラコイドラメラ
藍色植物	藍藻綱	a		エキネノンミクソキサントフィルゼアキサンチン(アンテラキサンチン)(イソゼアキサンチン)	フィコシアニンフィコエリトリン	藍藻デンプン	遊走細胞なし	なし	なし	1重チラコイドラメラ

るものと思われる。

また海中の肉眼的な植物には海草という仲間がある。一見海藻に似た海草を海藻と比べることは，海藻という植物の本質を知るのに役立つであろう。

1.2 海藻と海草
1.2.1 海底の種子植物

内湾や内海の浅い砂泥質の海底にはススキやムギなどに似た緑の草が一面に茂った草原がみられることがある。これが海草の群落であるが，その写真だけを見ると，陸上の草原とまちがえてしまう。それもそのはずで，海草は種子植物に属し，花も咲かせ種子も作るのである。そのため海草は海産種子植物とも呼ばれている。

種子植物は，緑藻が上陸し，コケ植物そしてシダ植物を経て進化した結果生まれた仲間であり，この仲間を特徴づけている花や種子は，乾いた陸上の環境への適応の結果生まれたものなのである。そのような種子植物の仲間が海底に生育しているということは大変不思議なことに思える。

また種子植物はシダ植物と共に維管束植物と呼ばれる。種子植物とシダ植物は，根で吸収した水や養分が葉にまで運ばれる通路としての導管や仮導管，そして葉で生成した光合成産物の通路としての師管などを持っている。これらの水や養分あるいは栄養の通路はまとめて維管束と呼ばれ，これらを持っている種子植物とシダ植物は維管束植物と総称されているのであるが，これらの植物を特徴づけている維管束も乾いた陸上への適応の結果として生まれたものである。

海草も種子植物なので，もちろん維管束を持っている。同じように海底に生育する海藻は維管束を持ってないのであるが，海藻は水や養分を体の各部分で海水から直接吸収するので，導管や仮導管は不要であり，また体のどの部分でも表面近くの細胞はクロロフィルその他の色素を含んでいて光合成を営むので，光合成産物の移動のための師管のようなものも不要なのである。

1.2.2 海への回帰

種子植物でありながら海中で生活している海草は，花や種子ばかりでなく維管束などという海中での生活に不必要なものを抱えているということになりそうであるが，海草の生態を観察してみると，それらが決して無用の長物ではないということがわかる。

同じ海底と言っても，海藻は一般に岩や転石などの表面に体の下端を固着させているのに対して，海草は砂泥質の海底の土壌中に地下茎をはわせ，そしてそのところどころから上方に葉をのばし，下方にはひげ根を地中深くのばしている。このような地中深くのびる根は維管束植物に特有のもので，茎と共に陸上への適応の結果生まれたものである。地下茎は茎の特殊化したもので，陸上の草本にもよくみられるものであるが，海草はこの地下茎を土壌中に縦横にはわせ，そのところどころから根を地中に挿入するという方式で，不安定な砂泥質の海底にしがみついているので

141

第 3 章　海洋植物と生理活性物質

ある。

　体の下端を岩や石に固着させるという方式の海藻は砂泥質の海底に定着することはできない。海藻にとっては不毛の砂漠のような砂泥質の海底に定着したのが海草であるが，それらは陸上から海中へ進出したものなのである。維管束植物は海で出現した緑藻からコケ植物を経て進化したものなので，海草は祖先の地へ里帰りした植物群と言えるが，陸上の環境に適応して獲得した根や地下茎を活用して，祖先達の住めなかった砂泥質の海底に定住することに成功したと言える。そしてさらに海草は，土壌中の養分を根で吸収して葉に送っているが，それにはもちろん維管束が役立っている。

　地下茎と根からなる強大な地下部をもつ海草も波の荒い場所には定着できない。荒い波は海草の地下部を掘り起こしてしまうからである。そのため海草の群落は内湾や南海のサンゴ礁にかこまれた礁湖と呼ばれる内海などに発達する。

　陸上から海中へ里帰りした海草はやはり風変わりな仲間らしく，世界中で50種ほどしか知られていない[3]。しかし沿岸の生態系におけるその役割は大きく，水質汚濁の起きやすい内湾や内海で水質を浄化し，また魚介類に産卵場や住居を提供しているという点で，私達が無視することのできない植物群なのである。

1.2.3　海藻という植物

　海藻の中にも一見陸上の草や木によく似た形のものがある。褐藻に属するホンダワラの仲間あるいはアラメやカジメという種類は茎があるように見えるが，もちろんどこにも維管束はなく，また根のような部分もあるが，それは岩や石の表面に付着する部分であって，土壌中の水分や養分を吸収する維管束植物の根とは区別されている。

　海藻の場合，葉状の部分ばかりでなく，茎のような部分も根のような部分も，その表面近くの細胞内に光合成色素を含んでいて光合成を営み，そして体のどこででも海水から水や養分あるいは酸素や二酸化炭素を吸収することができる。このような体制の海藻とそれを育む環境は，陸上で生活している私達の常識を超えた存在であると言えよう。

1.3　海藻の色彩

　海藻は体制ばかりでなく，色彩という面でも私達の常識を裏切る。陸上の草や木の葉は紅葉のような特別の時以外はすべて緑色であるが，海藻は緑色のものばかりとはかぎらないというより，むしろ緑色でないもののほうが多いのである。

1.3.1　身近な海藻とその色

　私達になじみ深い海藻を挙げようとすると，のり・わかめ・こんぶ・ひじき・あおのり・のりつくだになどという食品の名前が出てきてしまう。筆頭格ののりの原料になっている種類は昔な

らアサクサノリ，養殖の盛んになった現在ではスサビノリの品種である。これらは伊豆などで売られている岩のりの原料であるオニアマノリやマルバアマノリなどと共にアマノリ属に属している。アマノリの仲間は乾燥された製品の状態では黒色に見えるが，生きた状態では紫に近い色彩を呈している。

ワカメも乾燥されたものは黒色に見えるが，保存状態の良いものを水にもどすと緑色に見える。最近ではそのままスープの中に入れて食べられる形にしたカットワカメ[4]が，インスタントラーメンによく使われているが，スープの中で鮮やかな緑色に見える。しかし生きた状態のワカメは褐色なのである。

同じように製品の段階では黒く見えるコンブやヒジキも生きた状態では褐色である。このように食卓に登場する海藻は本来緑色でないものが多く，私達のだれもが知っている緑色の海藻は，ふりかけになるアオノリぐらいになってしまうのであるが，これは海藻と呼ばれる植物の多くが緑色以外の色彩を呈しているということを象徴している。

1.3.2 紅藻・褐藻・緑藻

分類学的には海藻という植物群は紅藻・褐藻・緑藻という3群からなると言えるが，これらの分類群はたがいにとくに近い類縁関係にあるというわけではなく，海産の肉眼的な底生藻は紅藻か褐藻か緑藻のどれかに属しているということなのである。

各分類群の名称には紅・褐・緑という色を表わす言葉が使われているが，実際にはすべての海藻が紅色・褐色・緑色のいずれかの色彩を呈しているというわけではない。紅藻でも褐色や緑色に近い色彩のものもあり，緑藻でもすべてが厳密な意味での緑色を呈しているわけではなく，またはほとんど真黒といった海藻もある。

このように複雑な海藻の色彩は，それらの含有する色素の組成と各色素の濃度や相互の比率によって決定されているのであるが，光合成色素の組成という点で紅藻・褐藻・緑藻の3群は明確に区別できる。そしてこのような光合成色素組成上の差異は，表3.1.1にみられるような分類学上有効な他の諸形質の差異とも見事に一致しているのである。

1.4 多彩な紅藻

1.4.1 紅藻の色素組成

紅藻はクロロフィル a の他に主要な光合成補助色素としてフィコエリトリンおよびフィコシアニンを含有していることによって特徴づけられる。双方とも水溶性の色素タンパクであるが，前者は赤色であるのに対して後者は青色である。このほか黄色のカロチノイドを含有しているため，紅藻は緑・赤・青・黄という4系統の色素を含んでいることになる。そしてこれらの色素は種あるいは生育環境によってそれぞれの含有量を変えるために，紅藻にはさまざまな色調のものがみ

られるのである。

1.4.2 生育環境と色彩

　一般に深所に生育する種ほど，あるいは同一種でも深所あるいは陰地に生育している個体ほどフィコエリトリンの含量が増し他の色素の含量は減るという傾向があり，そのために深所や陰地から採集されたものは紅藻という名にふさわしい赤色に近い色彩を呈している。一方浅所の陽地に生育しているものはクロロフィル a やフィコシアニンの含有量が大で，中には緑藻と間違えてしまうほどに緑色あるいは青色に近い色彩を呈するものがあるが，一般には黒紫色あるいは茶色に近いものが多い。

　生育深度のたがいに異なる紅藻5種の藻体の吸収スペクトルを表わしたものが図3.1.1であるが，各曲線はたがいに複雑に交叉していて，それらの藻体の間で色彩がさまざまに異なることを示している。しかしこれらの曲線に共通していることは，青色部と赤色部にクロロフィル a の吸収極大がみられること，そして緑色部にフィコエリトリンの3つの吸収極大がみられることである。ただ例外的にツノマタの吸収スペクトルにはフィ

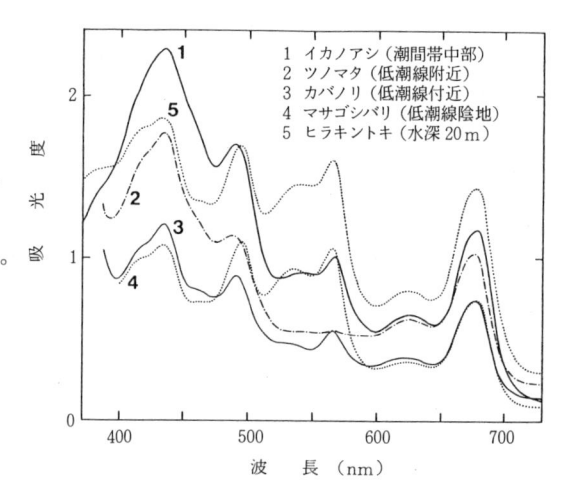

　　1　イカノアシ（潮間帯中部）
　　2　ツノマタ（低潮線附近）
　　3　カバノリ（低潮線付近）
　　4　マサゴシバリ（低潮線陰地）
　　5　ヒラキントキ（水深20 m）

図3.1.1. 紅藻5種の生体吸収スペクトル

コエリトリンの吸収極大がみられないが，この藻体はほとんど青色を呈しており，フィコエリトリンを痕跡的にしか含有していないためである。

1.4.3 海中の光と補色適応

　紅藻のこのような色彩の変異は，おもに海中光の深度に伴う量的質的変化に対する適応の結果であると考えられる[5]。海中へ入射した太陽光は赤色成分を急速に減じてゆくが，沿岸部では青色光が緑色光より速やかに減衰するため，沿岸部の海中光は深度と共に緑色になってゆく[6]。図3.1.2は下田湾口で調べられた海中光の分光光量子分布であるが，水深5 m附近ですでに太陽光はほとんど緑色になっていることがわかる[7]。緑色光は緑色のクロロフィルや黄色のカロテノイドあるいは青色のフィコシアニンにはあまり吸収されないが，赤色のフィコエリトリンには吸収さ

1 多彩な海の植物

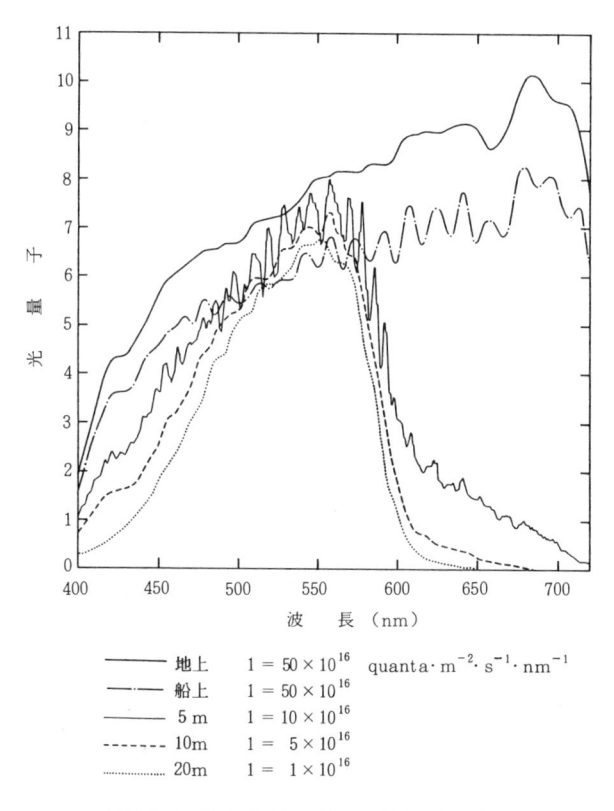

```
―――― 地上   1 = 50 × 10^16  quanta·m^−2·s^−1·nm^−1
―·―·― 船上   1 = 50 × 10^16
―――― 5 m    1 = 10 × 10^16
- - - - 10m    1 =  5 × 10^16
········ 20m    1 =  1 × 10^16
```

図 3.1.2　1976年8月21日下田湾口における
海中光の分光分布[7]

れやすい。深所の紅藻のフィコエリトリン含量が大であることは、きわめて合理的なことと言える。

　緑色の藻は赤色光を最もよく光合成に利用するのに対して赤色の藻は緑色光を最もよく光合成に利用するという事実が約100年前に見出され[8),9)]、補色適応という言葉が生まれたのであるが、浅所の紅藻の黒色に近い色彩は、ほとんど白色である浅所の光を効率よく吸収するのに都合がよいはずであり、これも補色適応のカテゴリーに入ると言えよう。

1.5　色彩の変化に乏しい褐藻

　紅藻が種や生育環境によって色素の成分比をさまざまに変えているのに比べると、褐藻の色素

第3章 海洋植物と生理活性物質

の成分比は驚くほど安定している。図3.1.3はいろいろな深さから採集した5種の褐藻の吸収スペクトルを描いたものであるが，紅藻の場合のように錯綜することがなく，各曲線がほぼ平行に走っていて，各藻体の間で色素の成分比がほとんど変わらないことを示していると言える。

実際に褐藻の特異的な光合成補助色素であるクロロフィル c およびフコキサンチンのクロロフィル a に対するモル比を潮間帯中部のイロロ，低潮線附近のワカメ，深度15mのアオワカメにつ

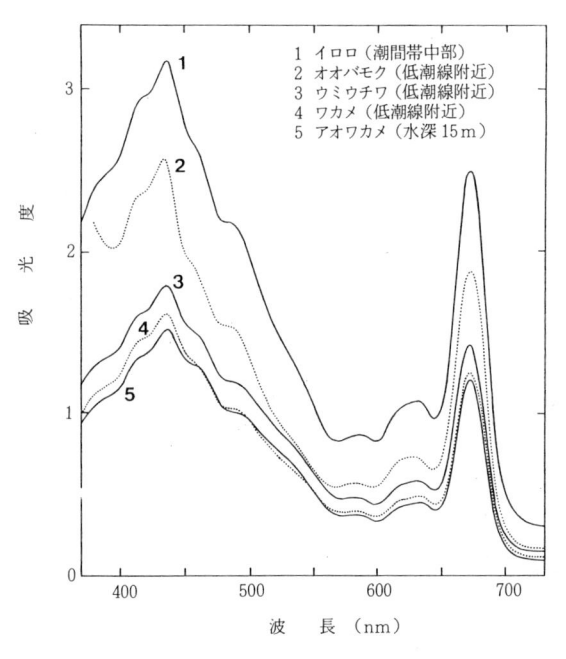

1 イロロ（潮間帯中部）
2 オオバモク（低潮線附近）
3 ウミウチワ（低潮線附近）
4 ワカメ（低潮線附近）
5 アオワカメ（水深15m）

図3.1.3 褐藻5種の生体吸収スペクトル

表3.1.2 生育深度の異なる褐藻3種の光合成色素の成分比

種	採集深度	クロロフィル a に対する含有比（モル比）	
		クロロフィル c	フコキサンチン
イロロ	潮間帯中部	0.29	0.58
ワカメ	低潮線附近	0.26	0.56
アオワカメ	低潮線下15m	0.30	0.69

いて調べた結果が表3.1.2であるが，生育深度がたがいにかなり異なるにもかかわらず，色素の成分比はほとんど変わらないと言える。

ワカメやアオワカメに比べて浅所のイロロの藻体ははるかに黒っぽいのであるが，イロロでは単位藻体面積あたりの各色素の含量が全般的に大きいためであるということが，図3.1.3からもわかる。褐藻の場合，深度に伴う光環境の違いに対しては，紅藻の場合のように色素の成分比を変えるのではなく，色素全体の含有量を変えるという方式で適応しているということになろう。

1.6 緑藻の色素組成
1.6.1 深所の緑藻

緑色の物体は白色光の中から緑色光以外の成分をよく吸収し，緑色光をあまり吸収しないために緑色に見えるのである。もし緑藻がすべて緑色であるならば，緑色光の降り注ぐ沿岸深所に緑

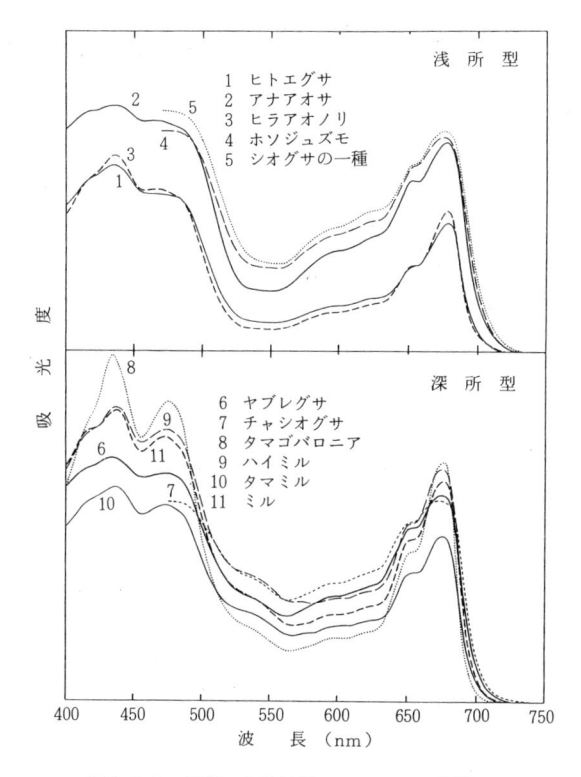

図3.1.4 緑藻の生体吸収スペクトルの2型

藻はほとんど生育できないはずであるが，実際には深所産の緑藻の多数存在することが知られている[10]。

そのような深所産緑藻のほとんどはくすんだ暗緑色を呈しているが，それらの藻体の吸収スペクトルには明瞭な緑色部吸収帯がみられ（図3.1.4），その吸収帯はシホナキサンチンあるいはそのエステルであるシホネインの生体吸収帯であること，そしてそれらの色素は光合成色素であることなどが最近明らかになった[11]~[15]。すなわち緑藻の中でもシホナキサンチンやシホネインを含有するものは，緑色光を効率よく利用できるために深所に生育できるものと考えられるようになったのである。このような色素組成を有する緑藻に対して深所型緑藻という呼び名が提唱されている[11]。

1.6.2 浅所の深所型緑藻

その後，南海産種を含む約50種の緑藻の色素組成が調べられたところ，ミル目・ツユノイト目（ハネモ目）・イワヅタ目などに属する種は浅所産のものも含め例外なくシホナキサンチンとシホネインを含有しているということが判明したのである（図3.1.5）。すなわちこれらの色素は必ずしも深所種にだけ含有されているわけではないということになる。しかしこれらの色素を含有する型すなわち深所型でありながら浅所に産するもののほとんどはイワヅタ目に属し，海藻としては例外的に仮根を砂中に挿入して砂質の海底に定着している（写真3.1.1）。

このような型の海藻は波浪の影響をほとんど受けない場所でなければ定着できない。事実それらはサンゴ礁のために外海の波が進入しない礁湖の底の砂上に生育している。同じように波浪の影響をほとんど受けない場所は深所の海底である。浅い礁湖底の砂上の緑藻が深所型であるということは，それらが深所海底の砂上から進出して来たものであることを暗示していると言えよう。そしてそれらが含有しているシホナキサンチンやシホネインは深所で生活していた名残とみなすことができよう[16]~[18]。

1.6.3 シホナキサンチンを欠く深所種

一方，図3.1.5の上方を詳細に眺めてみると，深所産でありながらシホナキサンチンもそのエステルも含有してない種類の存在することに気づく。

写真3.1.1 礁湖底の砂上に生育する海藻，イワヅタ目の一種ビャクシンヅタ

1 多彩な海の植物

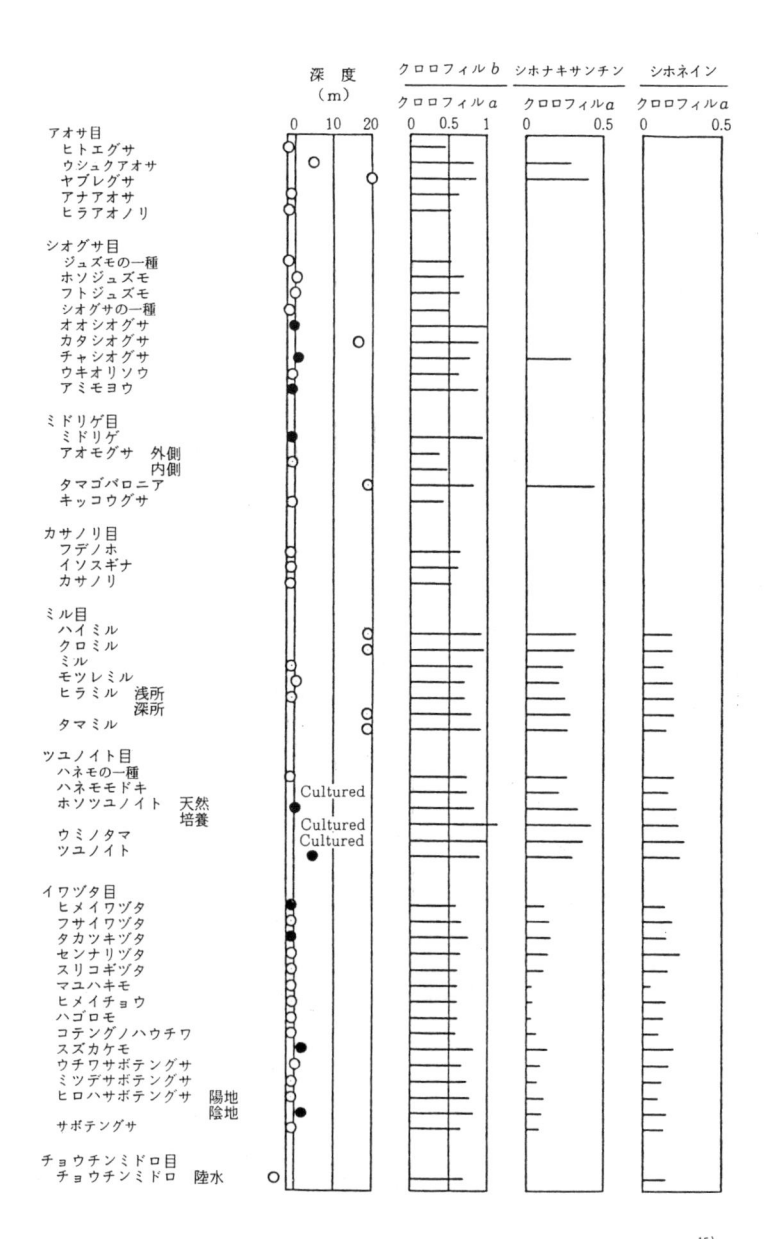

図3.1.5 海産緑藻におけるシホナキサンチンおよびシホネインの分布[15]

第3章 海洋植物と生理活性物質

オオシオグサ・カタシオグサ・アミモヨウ・ミドリゲの4種であるが，それらについて色素組成を調べ直してみたところ，アミモヨウを除く3種からシホナキサンチンの前駆物質と言えるロロキサンチン（図3.1.6）が検出されたのである。その含有量はクロロフィルaに対するモル比にして0.3前後であった。これは近縁の深所型種におけるシホナキサンチンの値に匹敵する値である。しかしこれらのロロキサンチン含有種の藻体の吸収スペクトルには緑色部吸収帯が認められない。それゆえロロキサンチンにはシホナキサンチンのような緑色光を特異的に吸収するという機能はないものと言える[19]。

このような深所産でありながらシホナキサンチンを欠く緑藻はクロロフィルb/クロロフィルa比が特に大であり，そのことによって深所海中光の利用効率を高めているものと考えられる[20]。

またこのような型の緑藻は深所型緑藻がロロキサンチンをシホナキサンチンへ転換する機能を失った結果として生まれたものとの解釈が可能である。

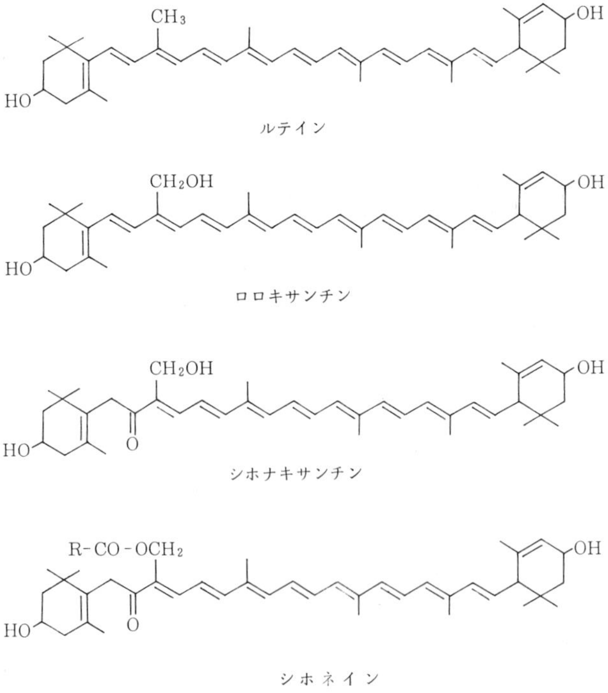

図3.1.6　ルテインとその誘導体

1.6.4　始原緑藻の色

シホナキサンチンの前駆物質はロロキサンチン，そしてロロキサンチンの前駆物質はルテインと考えられるが（図3.1.6），ルテインは浅所の緑藻や陸上の緑色植物に含まれている。浅所陽地に生育している浅所型緑藻におけるルテインの含有量は，やはりクロロフィル a に対するモル比で 0.3 前後である。この型の緑藻は深所型緑藻またはロロキサンチン含有型の緑藻がルテインをロロキサンチンへ転換する機能を失うことによって生まれたと考えることもできる[17),21),22)]。

もしそうであれば，緑藻としてはくすんだ暗緑色の深所型がまず出現し，それから鮮緑色の浅所型が生まれたということになる。系統学的見地からも，緑藻の祖先生物にきわめて近いと考えられるプラシノ藻の中にシホナキサンチンやシホネインを含有する種が多く存在するという事実から，緑藻中ではシホナキサンチンなどを含む型の方が古いものとみなされているのである[23),24)]。

地球上に緑藻が出現した時期は少なくとも10億年以前にさかのぼると言われている[25)]。また約6億年前までは致死量の紫外線が水深 5～10m にまで到着していたという[26)]。それゆえ出現当初の緑藻は深所でなければ生育できなかったはずである。そのような環境下で出現した始原緑藻が深所型であった可能性は大きいといえよう。

1.6.5　緑の植物の出現

地表に到達する紫外線が弱まり生物が水面直下で生育できるようになったのが約6億年前であったとすれば，深所での生活に必要なシホナキサンチンを欠きルテインを多量に含む鮮緑色の緑藻に生活の場が与えられたのはその頃ということになる。またシホナキサンチンを失ってもルテインをほとんど含有せずにロロキサンチンを多量に含有する型の緑藻は深所か陰地にその生育が限定されているという事実からは，現在でも強い可視光線と共にある程度の量の紫外線の到着する浅所陽地での生活には，ルテインが何らかの役割を果たしているものと考えることができる[17),21),22),24)]。

現在私達の身のまわりに生育している陸生の緑色植物は多量のルテインを含む浅所型緑藻と全く同じ色素組成を有する。陸上で生物が生存できるほどに紫外線が弱まった約4億年前に，光合成植物として上陸したのは多量のルテインを含む鮮緑色の浅所型緑藻だったのであろう。

1.7　おわりに

現在陸上は浅所型緑藻の子孫である維管束植物によって覆われているために緑一色であるが，30数億年の歴史を有する海中の植物の世界はきわめて多彩である。その多彩さは海中の植物界がきわめて多岐にわたる分類群によって構成されていることを象徴し，また多くの未知の天然化合物を秘めていることを暗示していると言えよう。

第3章 海洋植物と生理活性物質

文　献

1) 千原光雄, 藻類研究法, 共立出版　p. 704 (1979)
2) 千原光雄, 遺伝, **37**, No. 5, 9 (1983)
3) 向井宏, 日本水産資源保護協会漁場環境調査検討事業藻場特別部会昭和56年度報告 (1982)
4) 大房剛, シー・ベジタブル, 講談社 (1985)
5) 横浜康継, 藻類, **21**, 119 (1973)
6) 影山明美, 横浜康継, 藻類, **25**, 168 (1977)
7) N. G. Jerlov, "Optical Oceanography", Elsevier (1968)
8) Th. W. Engelmann, *Bot. Zeitg.*, **41**, 1 (1983)
9) Th. W. Engelmann, *Bot. Zeitg.*, **42**, 81 (1984)
10) 殖田三郎, 岡田喜一, 日本水産学会誌, **7**, 229 (1938)
11) Y. Yokohama, *et al.*, *Bot. Mar.*, **20**, 433 (1977)
12) A. Kageyama, *et al.*, *Plant & Cell Physiol.*, **18**, 477 (1977)
13) A. Kageyama, Y. Yokohama, *Jap. J. Phycol.*, **26**, 151 (1978)
14) J. M. Anderson, *et al.*, "Photosynthesis Ⅲ" Vol. 3, p. 301, Balaban International Science Services (1981)
15) J. M. Anderson, *Biophim. Biophys. Acta*, **724**, 370 (1983)
16) Y. Yokohama, *Bot. Mar.*, **24**, 637 (1981)
17) 横浜康継, 海藻の謎, 三省堂 (1982)
18) 横浜康継, 海の中の森の生態, 講談社 (1985)
19) Y. Yokohama, *Bot. Mar.*, **26**, 45 (1983)
20) Y. Yokohama, T. Misonou, *Jap. J. Phycol.*, **28**, 219 (1980)
21) 横浜康継, 藻類, **29**, 209 (1981)
22) 横浜康継, 藻類, **30**, 311 (1982)
23) K. D. Stewart, K. R. Matox, *Biosystems*, **10**, 145 (1978)
24) C. J. O'Kelly, *Bot. Mar.*, **25**, 133 (1982)
25) E. S. Barghoorn, J. W. Schopf, *Science, N. Y.*, **150**, 337 (1965)
26) L. V. Berkner, L. C. Marshall, *J. Atmospheric Sci.*, **22**, 225 (1965)

2 海藻由来の生理活性物質 ― 農業用ケミカルズの探索 ―

越智雅光*

2.1 はじめに

海藻の農業への利用は、肥料としての用途で古くから世界の各地で行われてきた。この方面での利用も化学肥料の普及や自然保護の観点に基づいた資源としての限界から、最近では衰退の一途を辿っているものの、海藻肥料の持つ諸々の利点から、現在でもなお有効に使用されている地方もある。一方、近年の海洋天然物研究の目覚ましい発展に伴って、海藻からも夥しい数の生理活性成分が単離・構造決定されており、その生理活性も血圧降下、抗腫瘍などの医薬方面から魚毒、摂餌忌避などの水産方面まで多岐にわたっている。このように多彩な生理活性物質の中には、農業への応用が期待されるものもいくつか含まれている。その中から、ここでは特に微生物、昆虫、植物に対する活性に焦点を合わせて、これらの活性を有する海藻成分を比較的最近報告されているものの中からいくつか拾い上げて示し、農業用ケミカルズとしての可能性を探ることにする。

2.2 微生物に対する活性成分

海藻の抗菌活性成分については、海洋微生物の侵入または他種藻類の付着に対する防御物質として、生態学的興味から早くから研究されており、したがって海藻の生理活性成分の中では最も広範に最も詳細に調べられている領域である。これまでに報告されている抗菌活性成分を活性の面から詳細に検討してみると、市販の抗生物質に比べてバクテリアに対しては見るべき活性を示さないが、酵母菌や糸状菌のいわゆるカビに対してはかなり強い活性を有していることがわかる。また、植物に病害を引き起こす微生物の大部分がカビであることを考えると、海藻成分に植物病原菌に対する防除剤としての役割を期待しても的外れとは思われない。このような観点から、海藻の抗菌活性成分のうち、カビに対して強い活性を有するものを選んで以下に述べる。

2.2.1 ハゴロモ科の海藻から得られた活性成分

ハゴロモ科 Udoteaceae の海藻は、熱帯地方の岩礁地帯によく見られ、繁茂しているにもかかわらず沿岸魚やウニなどの草食動物に捕食されないことが知られている。最近、この科の海藻から構造的に類似したセスキテルペノイドやジテルペノイドが多数得られており、それらの成分の生理活性についても詳細に検討されている[1]。

Paul と Fenical は、Penicillus 属の2種と Udotea 属の3種について草食性海洋動物に対して毒性または摂餌忌避作用を示す海藻成分の検索を行い、P.capitatus と U.cyathiformis から1と2を、P.dumetosus から3～6を、U.conglutinata から7を、U.flabellum から8と9を

---

*　Masamitsu Ochi　高知大学　理学部

それぞれ単離した[2]。引き続いて，サボテングサ H. opuntia, ミツデサボテングサ H. incrassata, ヒロハサボテングサ H. macroloba を含む15種の Halimeda 属の海藻について同様の研究を行い，halimedatrial (**10**) ならびに類縁成分 (**11**) 〜 (**13**) を単離した[3]。これらの成分の生理活性について詳細に検討を加え，魚毒作用，草食動物に対する摂餌忌避，細胞毒性など興味ある活性のほか，顕著な抗菌活性を示すことを明らかにした[1]。その中で，特に強い抗菌活性を有するものを表3.2.1にまとめて示した。

表3.2.1 ハゴロモ科海藻成分の抗菌活性[a]

化合物	微生物[c]									
	A	B	C	D	E	F	G	H	I	J	K
2	−	−	+	+	+	+	+	+	+	−	
3	+	+	−	+	+	+	−	−	−	−	+
4	+	−	−	+	+	+	−	+	−	+	
7	+	−	−	+	−	−	−	−	−	+	+
9	−	−	+	+	+	+	−	+	+		
10	+ (4)[b]	+ (8)[b]	+	+	+	+	−	+	+	+	+
12	+	+	−	−	+	−	−	+	+	−	

a) 試験濃度：0.1 mg/disc.　　＋：生長を抑制，　−：活性なし．
b) 最小抑制濃度：μg/ml
c) A：*Staphylococcus aureus* (Gram-positive bacteria)
　　B：*Bacillus subtilis* (Gram-positive bacteria)
　　C：*Serratia marinorubra* (marine bacteria)
　　D：*Vibrio splendida* (marine bacteria)
　　E：*Vibrio harveyi* (marine bacteria)
　　F：*Vibrio leiognathi* (marine bacteria)
　　G：*Leptosphaeria* sp. (marine fungi)
　　H：*Lulworthia* sp. (marine fungi)
　　I：*Alternaria* sp. (marine fungi)
　　J：*Dreschleria haloides* (marine fungi)
　　K：*Candida albicans* (terrestrial fungi)

2.2.2 アミジグサ科の海藻の活性成分

Fenicalら[4]は，アミジグサ科 Dictyotaceae のシワヤハズ *Dictyopteris undulata* の粗抽出物が，強い抗カビ活性を示すことを見出し，その活性成分として zonarol (**14**) と isozonarol (**15**) を単離した。**14** および **15** は *Phytophthora cinnamomi, Rhizoctonia solani, Sclerotinia sclerotiorum, Sclerotium rolfsii* に中程度の抗カビ活性を示し，さらにカリフォルニアにおける農業上重要な10種のカビに対して強い活性を有することが報告されている[5]。筆者らは，土佐湾産のシワヤハズについて再吟味を行い，**14, 15** および先に Cimino らによって同じ海藻

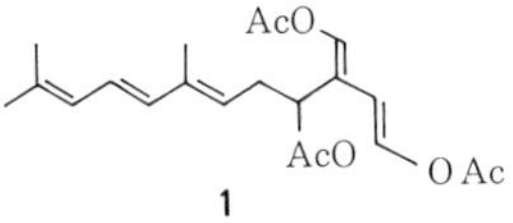

2　海藻由来の生理活性物質 ― 農業用ケミカルズの探索 ―

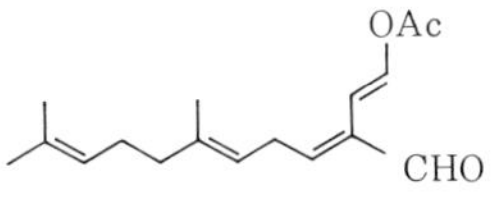

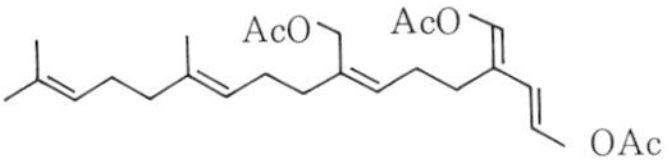

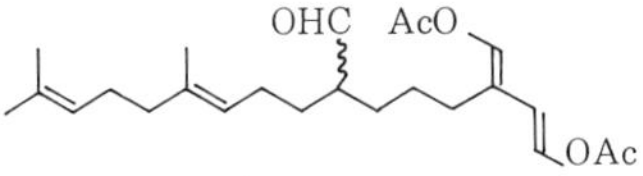

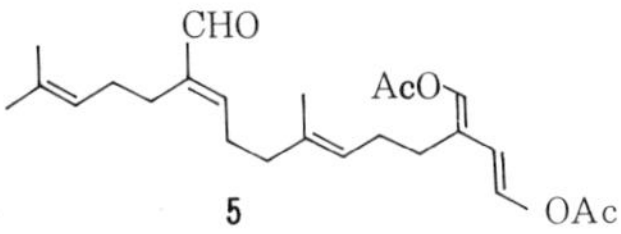

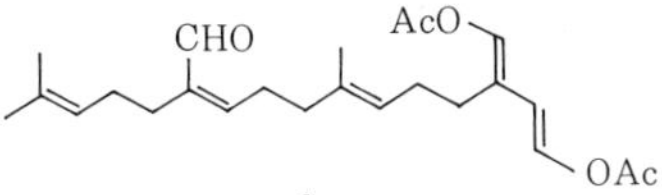

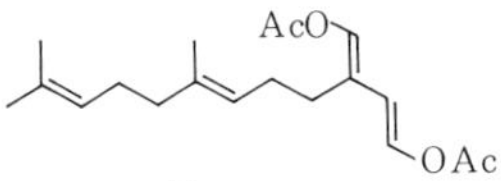

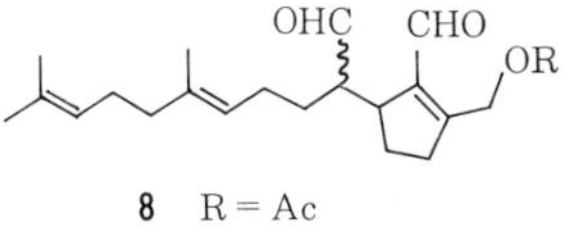

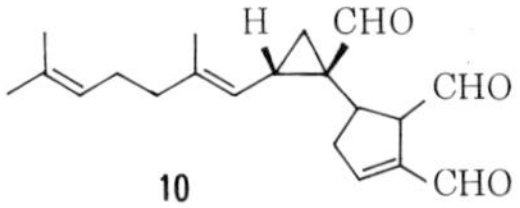

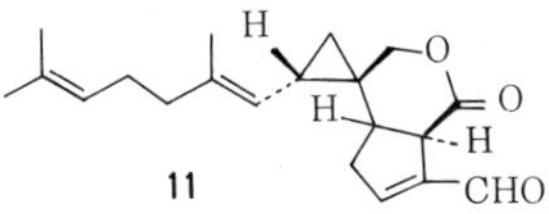

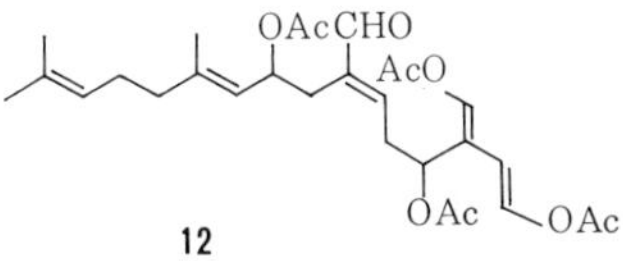

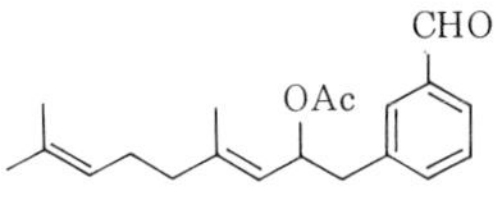

図 3.2.1

から得られている zonaroic acid (**16**)[6]とともに，新たに yahazunol (**17**)[7]ならびに**14**〜**17** の生合成的前駆体と考えられる **18**[8]を得た。これらの成分について筆者らの行った抗菌テストの結果を表3.3.2に示した。この結果から，セスキテルペン部分の構造変化によって抗菌スペクトルに多少の相違が見られるものの，全体としては酵母菌に特異的に活性を示すことがわかる。また，これらの成分が培地に難溶性であり，乳化剤を添加した改良法を用いてもなお一部が不溶物として残るため，表3.2.2のデータはかなり控え目なものになっている。**14**〜**17** は中間体カチオン (**19**) を経て生合成されると考えられるが，海綿動物から**19**の鏡像異性体を経て，生合成されると思われる成分が多数得られており[9]，生合成的にもそれらの真の起源を探る上でも興味深い。

表3.2.2　シワヤハズ成分の抗菌活性[a]

化合物	微				生		物[b]			
	A	B	C	D	E	F	G	H	I	J
14	100	100	>100	>100	>100	100	>100	>100	>100	>100
15	>100	>100	>100	100	100	50	>100	>100	>100	>100
16	100	50	>100	>100	>100	100	>100	>100	>100	>100
17	>100	>100	>100	100	100	50	>100	>100	>100	>100
18	>100	>100	>100	25	>100	25	100	100	12.5	100

a) 最小抑制濃度：μg/ml．
b) A：*Staphylococcus aureus* (Gram-positive bacteria)
　 B：*Bacillus subtilis* (Gram-positive bacteria)
　 C：*Escherichia coli* (Gram-negative bacteria)
　 D：*Saccharomyces cerevisiae* (fungi)
　 E：*Candida utilis* (fungi)
　 F：*Sclerotinia libertiana* (fungi)
　 G：*Mucor mucedo* (fungi)
　 H：*Rhizopus chinensis* (fungi)
　 I：*Aspergillus niger* (fungi)
　 J：*Penicillium crustosum* (fungi)

Clardyら[10]は，同じアミジグサ科の *Dictyota crenulata* と *D. flabellata* から dictyodial (**20**) を単離し，このものが *Staphylococcus aureus* と *Bacillus subtilis* に強い抗バクテリア活性を，*Candida albicans*に抗カビ活性を示したことを報告している。**20**は，先に軟サンゴ *Xenia elongata* から得られている xenicin (**21**)[11]と同じ骨格を有しており，これらの骨格は xeniane 骨格と名付けられている。その後 xeniane骨格を有するジテルペノイドがアミジグサ科の海藻から多数得られているが，その中でフクリンアミジ *Dilophus okamurai* から得られた fukurinolal (**22**)[12]および diacetal (**23**)[13]は 100 μg/ml の濃度で抗バクテリア活性ならびに抗カビ活性を示さない。これらの事実から**20**の活性発現にはenedial構造の存在が必須の要件と思われる。

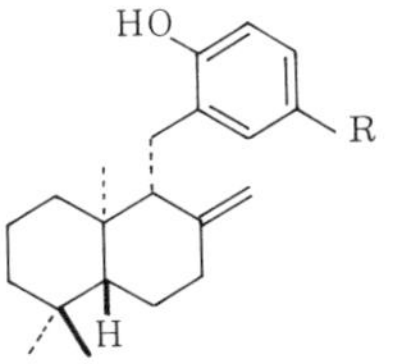

2 海藻由来の生理活性物質 ― 農業用ケミカルズの探索 ―

14 R = OH
16 R = COOH

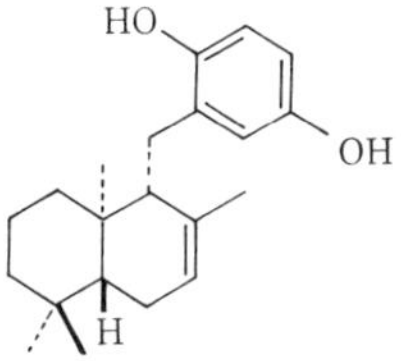

15

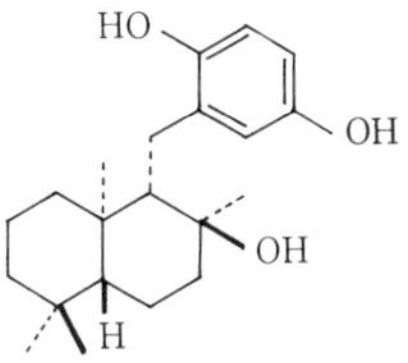

17

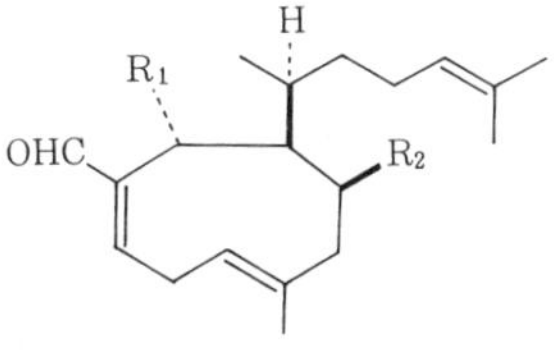

20 R₁ = CHO, R₂ = H
22 R₁ = CH₂OAc, R₂ = OH

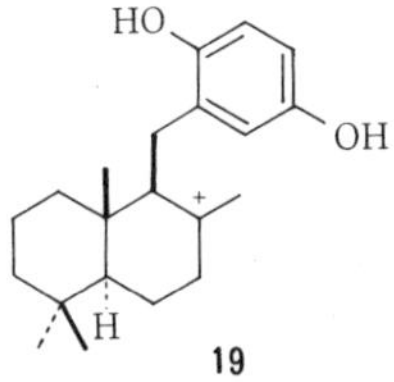

19

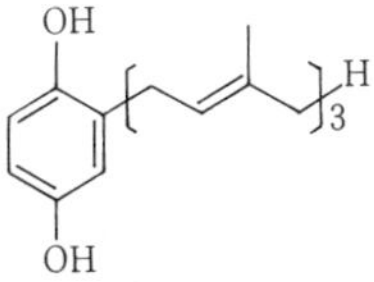

18

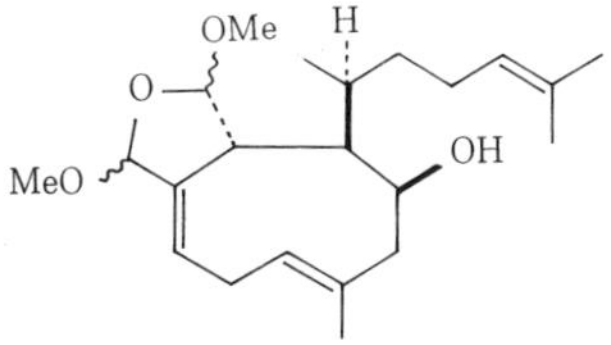

23

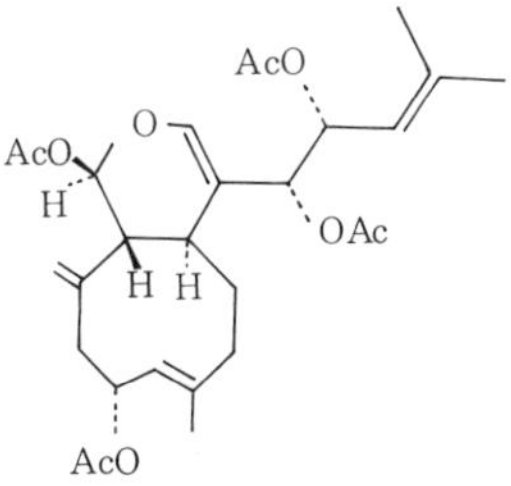

21

図 3.2.2

2.2.3 カギノリ科の海藻の活性成分

カギノリ科 Bonnemaisoniaceae の海藻は一般に強い抗菌活性を有する。そのうち, *Asparagopsis*, *Bonnemaisonia*, *Delisea*, *Ptilonia* の各属の海藻の活性成分については, 既に詳細に検討されており, ハロゲンを含む多数の揮発性成分が得られている[14]。

Siuda ら[15]は, カギノリ *Bonnemaisonia hamifera* から高度にハロゲン化された 2-heptanone 類 (**24**)～(**28**) を単離した。この中の主成分であり, この海藻の臭気成分でもある **27** は, 100 μg/ml レベルで *Monosporium apiospermum* と *Geotrichum* sp. (以上カビ) に, 500 μg/ml レベルで *Streptococcus pyogenes* と *Diplococcus pneumoniae* (以上バクテリア) に, 1 mg/ml

表 3.2.3　タマイタダキ成分の抗菌活性[a]

化合物	微生物[b]							
	A	B	C	D	E	F	G	H
29, 30	1	10	80	80	5	10	1	1
36, 37	5	5	80	160	1	2	5	1
43, 44, 45	1	10			10	20	5	0.5

a) 最小抑制濃度：$\mu g/ml$.
b) A: *Staphylococcus aureus* (Gram-positive bacteria)
　 B: *Escherichia coli* (Gram-negative bacteria)
　 C: *Vibrio anguillarum* (marine bacteria)
　 D: *Proteus mirabilis* (Gram-negative bacteria)
　 E: *Pseudomonas aeruginosa* (Gram-negative bacteria)
　 F: *Cryptococcus neoformans* (fungi)
　 G: *Trychophyton mentagrophytes* (fungi)
　 H: *Monosporium apiospermum* (fungi)

レベルで *Staphylococcus aureus*, *S. faecalis*, *Klebsiella pneumoniae*（以上バクテリア）ならびに他の15種のカビにそれぞれ抗菌活性を示した。

南極の Palmer Station で採集したタマイタダキ *Delisea fimbriata* には他の生物の付着が見られず，その塩化メチレン抽出物は顕著な抗菌活性を示す。Sims ら[16]は，この海藻から活性成分として acetoxyfimbrolide 類 (29)～(34) を単離した。また Wells ら[17]は，シドニーの近くで採集した同じ海藻について GC/MS を用いて成分検索を行い，acetoxyfimbrolide 類 (29)～(35)，hydroxyfimbrolide 類 (36)～(42)，fimbrolide 類 (43)～(45) の存在を確認した。これらの成分の抗菌活性については，McConnell と Fenical[14]によって詳細に調べられており，表3.2.3に示すように強い活性と広い抗菌スペクトルを持つことが明らかにされている。これらの成分の活性発現には，メタノール付加物 (46) および水和物 (47) が $100\ \mu g/ml$ 以下の濃度では全く活性を示さないこと[13]ならびに protoanemonin (48)[18]が顕著な抗菌活性を示すことから，γ-methylenebutenolide 骨格の存在が必須の要件と思われる。合成については，筆者らのグループによって debromoacetoxyfimbrolide (49)[19]が，引き続いて Caine と Ukachukwu によって fimbrolide (44)[20]がそれぞれ合成されている。なお，49 は対応する天然物 30 にほぼ匹敵する抗菌活性を示した[13]。

2.2.4　ユカリ科の海藻の活性成分

ユカリ科 Plocamiaceae の海藻から，既に多くのポリハロゲン化されたモノテルペン類が得ら

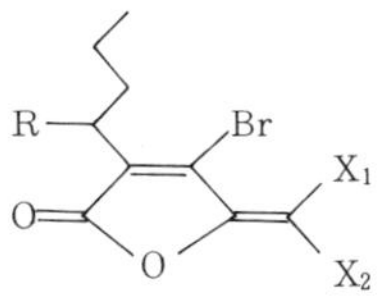

2 海藻由来の生理活性物質 ― 農業用ケミカルズの探索 ―

	R	X_1	X_2		R	X_1	X_2		R	X_1	X_2
29	OAc	Br	H	36	OH	Br	H	43	H	Br	H
30	OAc	H	Br	37	OH	H	Br	44	H	H	Br
31	OAc	I	H	38	OH	I	H	45	H	Br	Br
32	OAc	H	I	39	OH	H	I				
33	OAc	H	Cl	40	OH	Cl	H				
34	OAc	Br	Br	41	OH	H	Cl				
35	OAc	Cl	H	42	OH	Br	Br				

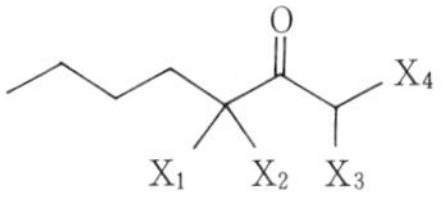

	X_1	X_2	X_3	X_4
24	H	Br	H	Br
25	H	Br	Br	Br
26	Br	Br	Br	H
27	Br	Br	Br	Br
28	Br	Br	H	I

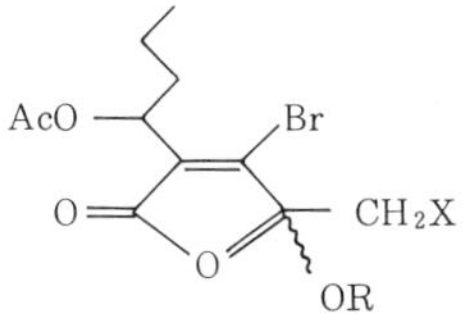

46 R = Me, X = I
47 R = H, X = Br

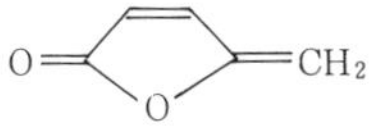

48

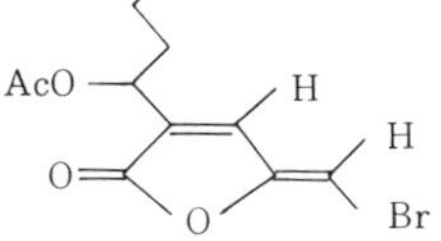

49

図 3.2.3

れているが[21]，他の科の海藻から抗菌性物質としてハロゲンを含む成分が数多く見出されたことから，この科の海藻についても抗菌成分の検索が行われるようになった。

Stierle と Sims[22] は，南極の Janus 島で採集した *Plocamium cartilagineum* のヘキサン抽出物が TLC プレート上で *Cladosporium cucumerinum* に対して抗カビ活性を示す数個のスポ

ットを与えることを見出し,これらの成分を分離してポリハロゲン化された環式モノテルペン類 (50)〜(53)を得た。50〜53は*C.cucumerinum*に対して中程度の抗菌活性を示した。また, Sims ら[23]は,南極近くの Anvers 島で採集した *Plocamium* sp. について上と同様の研究を行い,ポリハロゲン化された非環式モノテルペン類 (54)〜(57) を単離した。これらの成分は,*C. cucumerinum* に対して中程度の抗菌活性を示した。

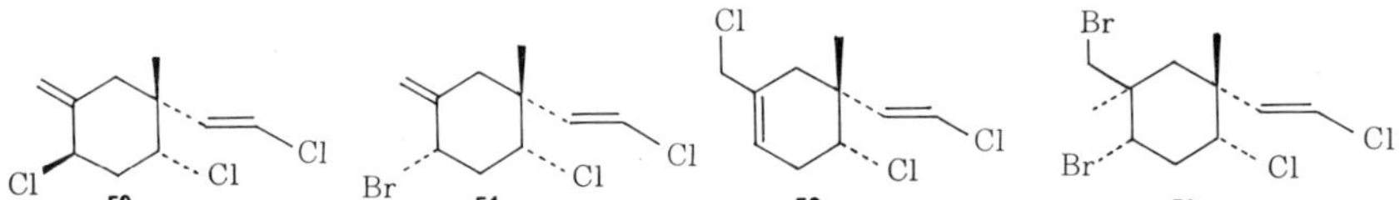

図 3.2.4

2.2.5 フジマツモ科の海藻の活性成分

フジマツモ科 Rhodomelaceae の海藻からは,既にブロモフェノール類,ハロゲン化されたテルペン類,不飽和脂肪酸由来のハロゲン含有物質など多くの抗菌活性成分が得られているが[24],カビに対して活性を示すものは比較的少ない。

Fenical と Sims[25] は, *Chondria oppositiclada* (後に *Laurencia* sp.に訂正) から cycloeudesmol (**58**)を単離し,このものが*Staphylococcus aureus*, *Mycobacterium smegmatis*(以上バクテリア),ならびに *Candida albicans* に強い抗菌活性を示すことを報告している。

Rinehart, Jr. ら[26]は,カリビア海に分布する *Laurencia* 属の海藻について GC/MS を使って成分検索を行ったところ,*L. brongniartii* に他の *Laurencia* 属の海藻から既に得られている成分とは全く異なるタイプの化合物,即ちブロム化されたインドール類が豊富に含まれていること

を認めた。この海藻が抗菌活性を示したことから，成分の分離を行い59～62を得た。これらの成分の中，61が100 μg/discレベルで *B. subtilis* (バクテリア) と *Saccharomyces cerevisiae* (カビ) に顕著な抗菌活性を示した。59～62と類似のポリハロゲン化されたインドールが強い抗カビ活性を有しており，*Rhodophyllis membranacea*からも多数得られているが，個々の成分の抗菌活性については記載がない[27]。

Laurencia 属以外のフジマツモ科の海藻から得られた抗微生物活性成分としては，KurataとAmiya[28]によってイソムラサキ *Symphyocladia latiuscula* から単離されたブロモフェノール (63) がある。63は50 μg/mlレベル以下で *Aspergillus niger* を含む5種のカビに，100 μg/mlレベルで13種のバクテリアにそれぞれ抗菌活性を示した。

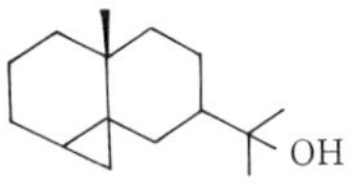

	R_1	R_2	R_3
59	CH_3	H	Br
60	CH_3	Br	H
61	H	Br	Br
62	CH_3	Br	Br

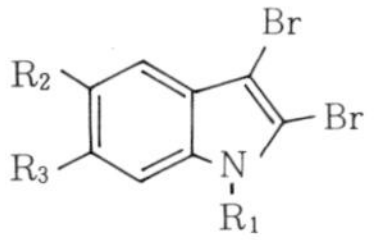

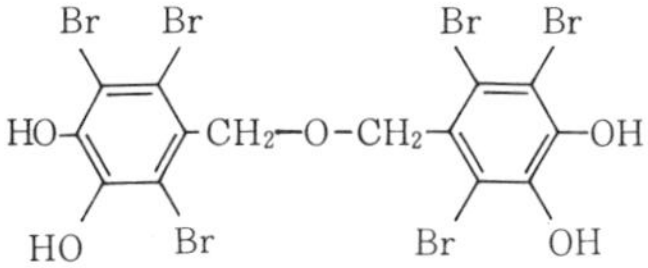

図 3.2.5

2.3 植物に対する活性成分

海藻は肥料として古くから世界の各地で利用されてきた。海藻肥料は分解が速く，雑草種子，病原菌の胞子，害虫卵などを含まないという利点があり，またその肥料効果は厩肥に匹敵するといわれている[29]。海藻の肥料効果が科学的に研究されるようになったのはごく近年になってからのことで，しかも有効成分として知られているのはカリウムやヨウ素などの無機物質のみである。最近，一部の天然物研究者達によって，海藻から植物に対する生長促進物質や除草剤などの探索を目指した研究が行われるようになった。その結果，この方面の活性成分も少しずつ明らかにされつつあるが，研究の歴史が浅いこともあって，報告されている研究成果は極めて少ない。

Fenical[30]は，海藻から単離した140種の化合物について，農業への応用を目的として種々のバイオアッセイにかけた。その結果，フジマツモ科の *Odonthalia dentata* の成分である 3,5-

dibromo-4-hydroxybenzyl alcohol (**64**)[31]が残存する除草剤による立ち枯れその他の副作用に対する解毒剤として働くことを見出した。これに関連して，新製品の出現で今は使われなくなっている除草剤の bromoxynil (**65**) について再調査が行われ，解毒剤として極めて活性があることが明らかにされた。

Rosa ら[32]は，アミジグサ科の *Dilophus fasciola* から dolabellane 骨格[33]を有する 3 種のジテルペノイド (**66**)〜(**68**) を単離し，これらの成分が 100ppm の濃度で大麦種子の根の成長を60％まで抑制することを示した。

2.4 昆虫に対する活性成分

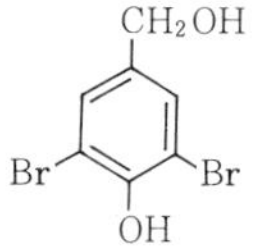

多くの陸上植物において，第二次代謝産物が殺虫物質，摂食阻害物質，忌避物質として昆虫の食害に対する化学的防御機構としての機能を果たしていることはよく知られている[34]。海藻を取り巻く環境の中でも同様の防御機構が存在するものと推測されるが，この方面の研究で得られている知見は陸上植物の場合に比べるとはるかに少ない。一方，害虫駆除のために華々しく登場した合成殺虫剤も，残留薬剤による環境汚染や人体毒性などが社会問題となり，あるものは既に製造中止となっている。また，薬剤に対する抵抗性の出現や外国産の害虫の新規参入により，現存の農薬では対処し切れなくなりつつある。そのため，新しいタイプの害虫駆除剤の開発が要請されており，その一つの可能性を求めて海藻にも目が向けられている。

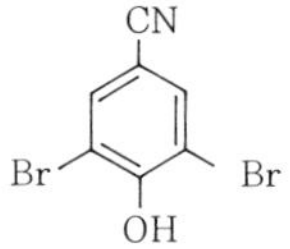

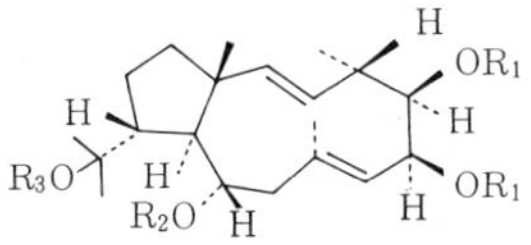

	R_1	R_2	R_3
66	Ac	H	H
67	Ac	Ac	H
68	Ac	Ac	Ac

図3.2.6

フジマツモ科のハナヤナギ *Chondria armata* はドウモイとも呼ばれ，回虫駆除の目的で服用されていた。この海藻から醍醐[35]によって有効成分 domoic acid (**69**) が単離され，このものの最終的な構造決定は Ohfune と Tomita[36]の全合成によって行われた。一方，ハナヤナギを海岸で乾燥しているとハエが群がってきてこの海藻をなめ，その場で死亡するのが観察された。その活性成分について検索したところ，**69**が殺蝿の本体であることが分かった。最近，前田ら[37]によってこの海藻の殺蝿成分について再吟味が行われ，**69**の他に isodomoic acid-A (**70**), isodomoic acid-B (**71**), isodomoic acid-C (**72**), isodomoic acid-D (**73**), nordomoic acid (**74**),

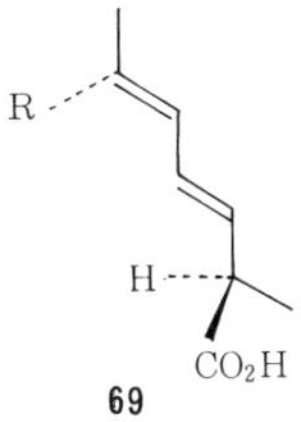

2 海藻由来の生理活性物質 ― 農業用ケミカルズの探索 ―

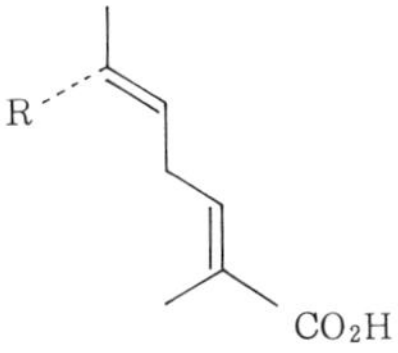

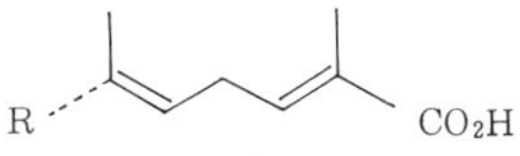

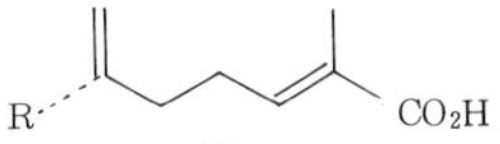

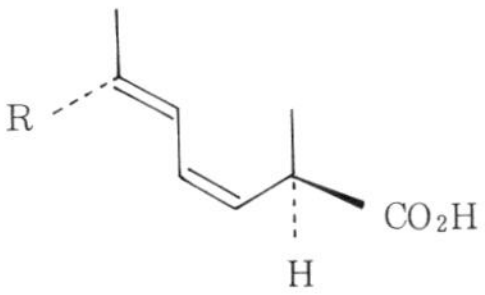

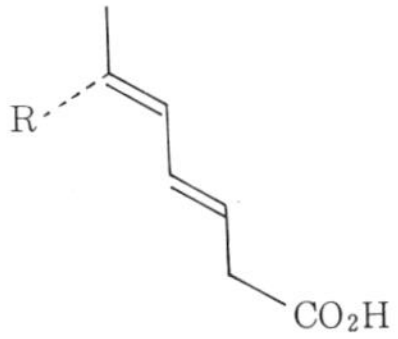

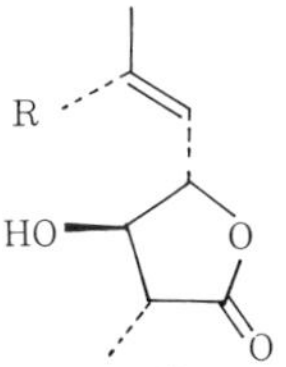

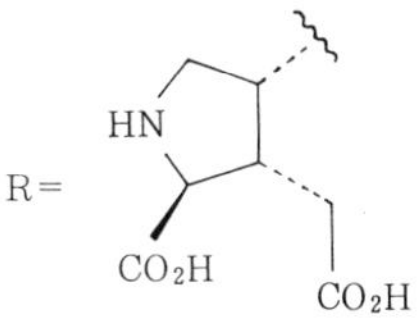

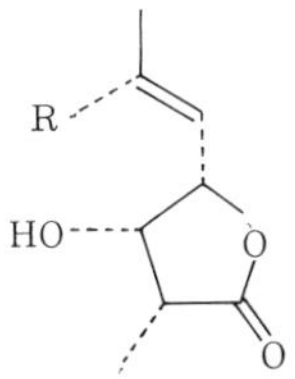

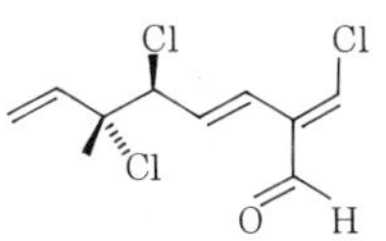

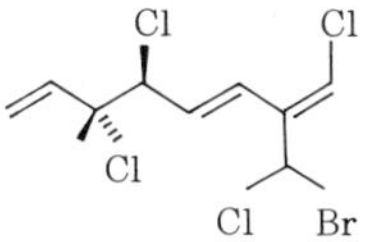

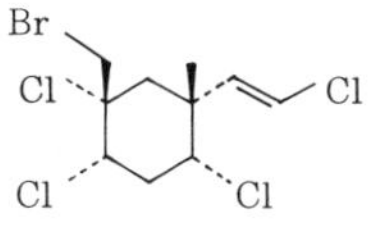

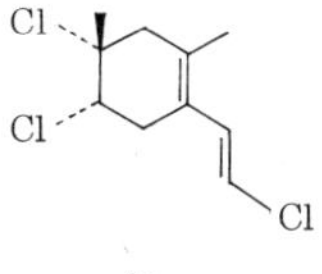

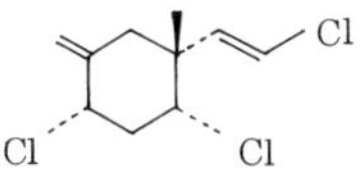

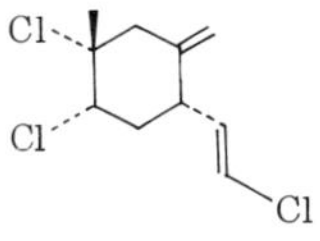

図 3.2.7

第3章 海洋植物と生理活性物質

domoilactone - A (**75**), domoilactone - B (**76**) が新たに得られた。これらの成分についてゴキブリ雄成虫に対する殺虫活性を調べたところ，天然 pyrethrin, γ-BHC, DDT のすべてを上回る活性が認められ，殺虫剤として実用化が期待されている。なお，同時に palytoxin 類似成分が2種得られているが，これらは共生微生物の代謝産物であると推測されている。

　ユカリ科の *Plocamium cartilagineum* と *P. violaceum* の粗抽出物は魚毒性とカの幼虫に対する生長阻害を示す。Crews ら[38]はこれらの海藻から単離した6種の成分 **77〜82** について，スズメガ，カ，ハエ，タバコガの4種の幼虫に対する活性を調べた。その結果，それぞれに顕著な活性を認めたが，特にカの幼虫の羽化の抑制については市販品に匹敵する活性があった。

　　　　　　　　　　　文　　　献

1) W. Fenical, V. J. Paul, *Hydrobiologia*, **116/117**, 135 (1984)
2) V. J. Paul, W. Fenical, *Tetrahedron*, **40**, 2913 (1984)
3) V. J. Paul, W. Fenical, *Tetrahedron*, **40**, 3053 (1984)
4) W. Fenical, J. J. Sims, D. Squatrito, R. M. Wing, P. Radlick, *J. Org. Chem.*, **38**, 2384 (1973)
5) W. Fenical, J. J. Sims, P. Radlick, R. M. Wing, in "Food-Drugs from the Sea, Proceedings 1972", ed. by L. R. Worthen, pp. 199-202, Marine Technology Society, Washington D. C. (1973)
6) G. Cimino, S. de Stefano, W. Fenical, L. Minale, J. J. Sims, *Experientia*, **31**, 1250 (1975)
7) M. Ochi, H. Kotsuki, K. Muraoka, T. Tokoroyama, *Bull. Chem. Soc. Jpn.*, **52**, 629 (1979)
8) M. Ochi, H. Kotsuki, S. Inoue, M. Taniguchi, T. Tokoroyama, *Chem. Lett.*, **1979**, 831
9) L. Minale, in "Marine Natural Products. Chemical and Biological Perspectives", ed. by P. J. Scheuer, Vol. 1, pp. 175-240, Academic Press, New York (1978)
10) J. Finer, J. Clardy, W. Fenical, L. Minale, R. Riccio, J. Battaile, M. Kirkup, R. E. Moore, *J. Org. Chem.*, **44**, 2047 (1979)
11) D. J. Vanderah, P. A. Steudler, L. S. Ciereszko, F. J. Schmitz, J. D. Ekstrand, D. van der Helm, *J. Amer. Chem. Soc.*, **99**, 5780 (1977)
12) M. Ochi, N. Masui, H. Kotsuki, I. Miura, T. Tokoroyama, *Chem. Lett.*, **1982**, 1927
13) 越智雅光，海藻の生化学と利用，日本水産学会編，pp. 101〜119, 恒星社厚生閣，東京 (1983)
14) O. J. McConnel, W. Fenical, in "Marine Algae in Pharmaceutical Science", ed. by H. A. Hoppe, T. Levring, and Y. Tanaka, pp. 403-427, Walter de Gruyter, Berlin

(1979).
15) J. F. Siuda, G. R. VanBlaricom, P. D. Shaw, R. D. Johnson, R. H. White, L. P. Hager, K. L. Rinehart, Jr., *J. Amer. Chem. Soc.*, **97**, 937 (1975)
16) J. A. Pettus, Jr., R. M. Wing, J. J. Sims, *Tetrahedron Lett.*, **1977**, 41
17) R. Kazlauskas, P. T. Murphy, R. J. Quinn, R. J. Wells, *Tetrahedron Lett.*, **1977**, 37
18) H. Baer, M. Holden, B. C. Seegal, *J. Biol. Chem.*, **162**, 65 (1946)
19) H. Kotsuki, M. Monden, M. Ochi, *Chem. Lett.*, **1983**, 1007
20) D. Caine, V. C. Ukachukwu, *J. Org. Chem.*, **50**, 2195 (1985)
21) D. J. Faulkner, *Tetrahedron*, **33**, 1421 (1977)
22) D. B. Stierle, J. J. Sims, *Tetrahedron*, **35**, 1261 (1979)
23) D. B. Stierle, R. M. Wing, J. J. Sims, *Tetrahedron*, **35**, 2855 (1979)
24) K.-W. Glombitza, in "Marine Algae in Pharmaceutical Science", ed. by H. A. Hoppe, T. Levring, and Y. Tanaka, pp.303-342, Walter de Gruyter, Berlin (1979)
25) W. Fenical, J. J. Sims, *Tetrahedron Lett.*, **1974**, 1137
26) G. T. Carter, K. L. Rinehart, Jr., L. H. Li, S. L. Kuentzel, J. L. Conner, *Tetrahedron Lett.*, **1978**, 4479
27) M. R. Brennan, K. L. Erickson, *Tetrahedron Lett.*, **1978**, 1637
28) K. Kurata, T. Amiya, *Phytochemistry*, **19**, 141 (1980)
29) 新崎盛敏,新崎輝子,海藻のはなし, pp.188〜227,東海大学出版会,東京 (1978)
30) W. H. Fenical, in "California Sea Grant College Program, 1978-1980 Biennial Report", pp.158-161, California Sea Grant College Program, Institute of Marine Resources, University of California, La Jolla (1981)
31) J. S. Craigie, D. E. Gruenig, *Science*, **157**, 1058 (1967)
32) S. de Rosa, S. de Stefano, S. Macura, E. Trivellone, N. Zavodnik, *Tetrahedron*, **40**, 4991 (1984)
33) C. Ireland, D. J. Faulkner, J. Finer, J. Clardy, *J. Amer. Chem. Soc.*, **98**, 4664 (1976)
34) 高橋信孝,丸茂晋吾,大岳望,生理活性天然物化学(第2版), pp 225〜274,東京大学出版会,東京 (1981)
35) 醍醐皓二,薬誌, **79**, 350, 353 (1959)
36) Y. Ohfune, M. Tomita, *J. Amer. Chem. Soc.*, **104**, 3511 (1982)
37) 前田満,児玉亨,田中隆治,古栖肇,野本亨資,竹本常松,藤田稔夫,第27回天然有機化合物討論会講演要旨集, pp.616〜623,広島 (1985)
38) P. Crews, B. L. Myers, S. Naylor, E. L. Clason, R. S. Jacobs, G. B. Staal, *Phytochemistry*, **23**, 1449 (1984)

3 食用海藻由来の抗潰瘍物質

坂上良男*

3.1 はじめに

　長寿と福祉で有名になったスウェーデン国で，それらのよってきた理由を詮索することに興味をもった。そのためには，彼の国で生活しながら，その実体につぶさに接し，内部からその要因を知るために，1972年に約1カ年間ルント大学に滞在した。南部スウェーデンの緯度を日本列島近辺のそれと比較すると，その昔，日本領であった樺太の遙かに北方に相当し，日本列島に居を構えている我々にとっては，夏の日照も短く，冬期は極めて寒冷であろうと想像されたが，実際に生活してみるとスカンジナビア半島に沿って流れる暖流の影響もあって，緯度に比較して冬期の気温は意想外に暖かだった。気温が長寿理由の第一要因と考えるならば，地球上には他に温暖国は沢山あり，そこの住民が必ずしも長寿ではない。その後，私は米国に渡り，その地の大学に長期滞在したが，そこで接した日系二世あるいは三世の体格は，同じ祖先を持つ我々のそれと比較できない位一般に良好である。しかも米国の南部では，外気温が暖かいが，北部では冬期寒冷である。その様な寒冷地に育った日系人の体格も立派である。そうなると，体格を形作っているのは必ずしも遺伝のみならず，外気温だけでもないことが判る。体格の良さ，ひいては長寿とを併せ考えると，その要因にさらに環境と食事内容が条件として浮かび上ってくる。

　両国とも，健康に関与する環境条件としては，わが国のそれと比べて，山野は美麗であり，環境条件は良好と考えられる。他面，環境は個人処理問題もあるが，それを補って公共機関の処理すべき問題点も多いが，食事内容に関しては，個人の選択に負う点が多い。前述の二国を比べると，北欧の方が遙かに長寿データを示しており，食膳にあがる素材を比較すると，北欧の方が海産物を調理する料理の多いことが判明する。例えば，鍊の酢漬料理が頻繁に食せられる。これら青背魚料理がプロスタグランジン[1)~3)]の発見の発想に何等かの繋がりがあったのであろうと容易に想像された。

　日本人もまた海産物を多く摂取する民族であって，特に，生食を好む民族である事を考えると，日本食用海産物に未発見の生理活性物質の存在を示唆すると考えた。もし，それらが数多く発見されるならば，日本食は長寿に適した食事であることが証明されて，獣肉を主に食する人種に比し長寿を示す時期が近く訪れるはずである。

　それら潜在物質を単離，生理作用を明らかにすることが天然物化学を専攻する者の命題と理解し，古来伝承された食用海藻の検索を手始めに取り上げることにした。

　検索の対象とした生理作用は，精製方法決定に利用するために，また判定が迅速容易であること

＊　Yoshio Sakagami　東京工業大学名誉教授

3 食用海藻由来の抗潰瘍物質

を主眼とし，将来，神経伝達機構の研究へ進むことを考え，ラットを用いた抗潰瘍作用を採用した。

3.2 抗潰瘍物質の検索

海藻試料の採集は，千葉県立水産試験場の協力を得て，房総半島沿岸一帯に繁殖している海藻を採取した。水洗い後，外観により分類分別，27°Cの暗室中で風乾し，5～6cmの長さに細断した。風乾試料100gにn-hexane 1,000 mlを加え，30°Cで24時間連続抽出した。n-hexaneでの抽出完了後n-hexaneを分別，海藻試料は風乾，風乾物は酢酸エチル1,000 mlを用い，前回と同様条件で抽出した。酢酸エチル抽出終了後，さらに同様方法でメタノール1,000 ml，最後に水1,000 mlで分別抽出した。各抽出溶剤は減圧溜去して，蒸発乾固後，各乾燥物は1％C.M.C.水溶液に懸濁して動物実験および酵素試験に供した。

動物実験には，7週齢雄ウィスターラット（体重200g）1群5匹を用い，投与方法としては腹腔投与により，抗shay潰瘍予防率および抗stress潰瘍予防率を算定した。対照試薬としては，抗shay潰瘍予防率算出には塩化プロマジン（chloropromagin）25 mg/kgを用いて潰瘍指数（ulcer index）を計算し，抗stress潰瘍予防率算出にはアトロピン硫酸塩（atropine sulfate）10 mg/kgによる潰瘍指数を計算した。

酵素試験としては，0.75％乳酸100 mlに0.6 gカゼインを溶解させたカゼイン溶液1.0ml，KCl-HCl緩衝液（pH2.0）0.8 ml，海藻抽出試料溶液0.1 mlを混合，37°Cで3分間保温した後，それにペプシン液0.1 mlを加えて37°C，30分間反応させる。反応を止め，遠心上澄液中のカゼイン量を280 nmの紫外部吸収を測定して，抗ペプシン活性を計算した。

なお，アサクサノリ（*Porphyra tenera* Kjellman）は市販商品アサクサノリを検索試料として採用し，兵庫県育波浦産4月上旬採取の乾ノリを使用した。被検海藻14種類についての抗潰瘍物質スクリーニング結果は，アサクサノリ（*Porphyra tenera* Kjellman）のn-hexane抽出部に抗shay潰瘍効果を示し，オゴノリ（*Gracilavia uerrucosa* Papenfuss）の酢酸エチル抽出部に抗stress潰瘍効果を示した。その結果から，あらためて，アサクサノリとオゴノリに

表3.3.1 アサクサノリ抽出物量とラットに対する抗shay潰瘍予防率

溶　　剤	抽出物重量（mg）	予　防　率（％）
n-ヘキサン	109	100
ベンゼン	149	47
エーテル	123	12
酢酸エチル	89	33
アセトン	442	13
エタノール	313	7
メタノール	3,388	14
水	406	27

表3.3.2　オゴノリ抽出物量とラットに対する抗 stress 潰瘍予防率

溶　剤	抽出物重量（mg）	予防率（％）
n-ヘキサン	96	12
ベンゼン	112	15
エーテル	101	10
酢酸エチル	103	31
アセトン	432	11
エタノール	332	10
メタノール	3,512	7
水	436	5

ついては，各種溶剤での分別抽出を行い，各抽出量と抽出物の動物実験を試みた。それらの動物実験結果は表3.3.1，表3.3.2に示すとおりである。実験方法としては，乾燥海藻試料各100gに各種溶剤を各々別に500mlを加え，30℃24時間抽出を3回繰り返し，抽出溶剤を減圧で溶剤溜去後，乾燥し，1％C.M.C.水溶液を懸濁して，乾燥物40mg/body量をラット腹腔に投与し，18時間後に開腹，抗shay潰瘍および抗stress潰瘍予防率を算出した。

3.3　アサクサノリ含有抗潰瘍物質
3.3.1　単　　離

前述のように，アサクサノリの n-hexane 抽出部に抗 shay 潰瘍予防効果を示したので，n-hexane 抽出乾燥物のラット投与量を5倍希釈段階での抗 shay 潰瘍予防率を見たのが，表3.3.3に示すとおりであって，明らかに活性因子が n-hexaneで抽出されるものと判断された。これらの結果を参照して，市販商品アサクサノリ約8kgを6 mesh以下に細断後，50ℓの n-hexaneに浸漬して，3回室温抽出した。抽出溶剤は減圧で約2ℓに濃縮後，水，塩酸水（pH 2.0），水酸化ナトリウム水（pH 9.0），水各300mlを用い，各溶剤につき，3回ずつ不純物を除き，減圧乾固して，含量2.25％の粘稠濃黄緑色物質8.0gを得た。本物質を n-hexane 20 ml に溶解してWakogel C-200 のシリカゲルカラムに吸着させ，n-hexaneで洗浄後，ベンゼンで活性部分を溶出し，活性溶液を減圧濃縮乾固した。本粗物質を再び50 mlの n-hexane に溶解して，mallinckrodt 100 mesh のシリカゲルカラムに吸着させ，n-hexane とベンゼンの混合液（4：6）1,000 mlで不純物を洗浄後，2：8の混合液500mlでカラム中の活性因子を溶出し，減圧乾固して，

表3.3.3　アサクサノリの n-ヘキサン抽出物のラットに対する抗 shay 潰瘍効果

投与量（mg/kg）	阻止率（％）
40.0	100.0
8.0	63.7
1.6	14.9

純度7.82％の褐色粉末2.3gを得た。同様条件で再度カラムクロマトグラフィーを行って，活性区分を濃縮し，40mgの淡黄色シラップが得られた。これを10mlのメタノールから結晶化すると，淡黄色結晶260mgが得られ，同溶剤の再結晶により融点124～5℃無色結晶180mgが得られた。本物質は porphyosin と命名した。

3.3.2 物理化学的性状

アサクサノリから離された抗shay潰瘍因子は無色鱗片状結晶として得られ，融点124～5℃で分解点を示さない。旋光度は $[\alpha]_D^{27} = -40.4$ ($C = 1.0$, $CHCl_3$) であった。分子内にはN，P，S，ハロゲンを含まず，マススペクトルによる分子量は414である。元素分析の結果，分子式は $C_{27}H_{42}O_3$ であった。紫外吸収部はメタノール中で，208nm ($E_{1cm}^{1\%} = 47.7$) と241nm ($E_{1cm}^{1\%} = 3.9$) に極大吸収を示し，KBrを用いての赤外吸収スペクトルを図3.3.1に示した。溶剤に対する溶解度は有機溶剤には溶解するが，水には全く溶解しない。呈色反応としてはニンヒドリン，ドラーゲンドルフ，塩化鉄反応，レミュ反応はいずれも陰性である。硫酸によりワインレッドに変色する。シリカゲルによる薄層クロマトグラフィーにより表3.3.4に示す *Rf* 値を有している。なお，いずれも単一スポットを示した。

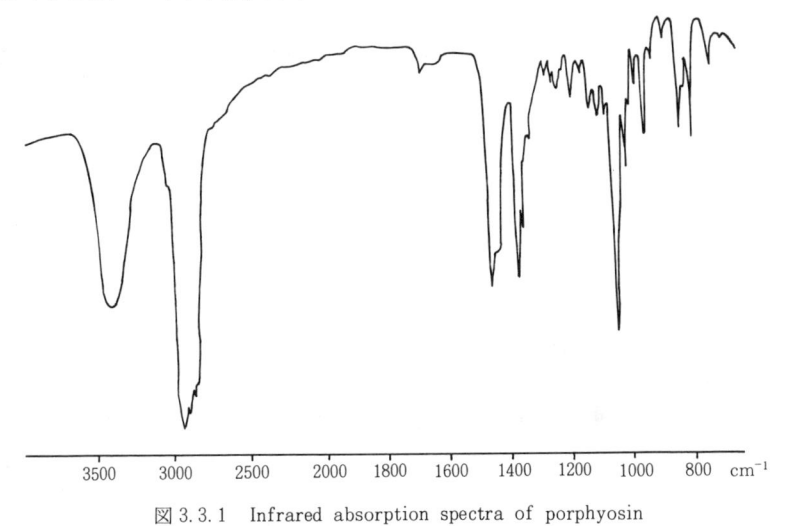

図3.3.1 Infrared absorption spectra of porphyosin

3.3.3 生物学的性質

(1) 抗 shay 潰瘍活性

結晶を粉砕して，1％C.M.C.水溶液に懸濁させたものはshay潰瘍に対し表3.3.5に示す予防率を示した。

表3.3.4 シリカゲル薄層クロマトグラフィーにおける *Rf* 値

溶 剤 系	*Rf* 値
n-ヘキサン:メタノール (20:1)	0.33
クロロホルム:酢酸エチル:メタノール (20:10:3)	0.84
n-ヘキサン:酢酸エチル (7:3)	0.47

表3.3.5 ラット (200 g) の shay 潰瘍に対する予防率

試 料	投 与 量	潰 瘍 指 数	予防率 (%)
ポルフィオシン	5 mg	0	100
1% C.M.C. aq.	1 ml	4	

(2) 抗 stress 潰瘍活性

結晶を微粉末化して, 1% C.M.C. 水溶液に懸濁させたものは stress 潰瘍に対し表3.3.6のような予防率を示した。

表3.3.6 ラット (200g) の stress 潰瘍に対する予防率

試 料	投 与 量	潰 瘍 指 数	予防率 (%)
ポルフィオシン	5 mg	4	0
1% C.M.C. aq.	1 ml	4	
Atropine sulfate	2 mg	0.64	84

(3) 抗ペプシ活性

抗 shay 潰瘍活性を示し, 抗 stress 潰瘍活性を示さないことから作用機序を解明するために, ペプシンに対する enzyme inhibitor としての活性を測定したが, 表3.3.7に示すように control にペプスタチン[4)-8)]を使用したが, ポルフィオシンは全くその効果を示さなかった。したがって, 直接, タンパク分解作用に抵抗を示さないことから, 胃液 pH 変化に及ぼす影響を検討する必要が考えられた。

表3.3.7 ペプシンに対する阻止活性

試 料	投与量 (μg/ml)	阻止率 (%)
ポルフィオシン	50	0
〃	25	-3.9
ペプスチタン	50	82.9

(4) 胃液 pH に対する影響

ラットの胃液を採取して，蒸溜水で 5 段階に倍数希釈して，その各々にポルフィオシンを加えて pH の変化を見たが，pH には全く変化が見られなかった。ただし，本活性物質の溶解度としては，水に不溶であるが，胃液に溶け初めは，一見不溶に見えるが，しばらくすると溶解する。

(5) 抗菌作用

本活性因子を微量のアセトンに溶解して，agar streak method により 10, 20, 40, 100 μg/ml 濃度で細菌 23 種類，カビ 13 種類，酵母 2 種類の 24 時間および 48 時間の成育阻害を検定したが，いずれの微生物の発育にも影響が見られなかった。

(6) 急性毒性

DD マウス(体重約 20g)に対する急性毒性は表 3.3.8 にあるように 1 群 6 匹の DD マウスに対し，試料を 1 % C.M.C. 水溶液に懸濁し，腹腔投与後 50 日まで観察したが，全く毒性を示さなかった。

表 3.3.8　ポルフィオシン急性毒性
DD マウス(体重約 20g)，腹腔注射

投　与　量　(mg/kg)	生　存　数
50	6/6
100	6/6

3.4 オゴノリ含有抗潰瘍物質

3.4.1 単　離

前述のように，オゴノリの酢酸エチル抽出部が抗 stress 潰瘍予防効果を示したので，酢酸エチル抽出乾燥物のラット投与量を倍数に希釈して，抗 stress 潰瘍予防率を見たのが，表 3.3.9 に示す値である。明らかに，活性因子が酢酸エチルで抽出されるものと判断された。これらの結果を参照して，千葉県富津海岸で採取した新鮮なオゴノリ *Gracilaria uerrucosa* (Hudson) Papenfuss 60 kg を水洗後，不純物を除き，オゴノリのみを 27°C の暗室中で風乾し，6.7 kg の乾

表 3.3.9　オゴノリの酢酸エチル抽出物のラットに対する抗 stress 潰瘍活性

投　与　量　(mg/kg)	予　防　率　(%)
40.0	31.0
20.0	28.2
10.0	25.1

第3章 海洋植物と生理活性物質

燥物を得た。この乾燥物を粉砕して，酢酸エチル 6.7ℓ を加え，室温下に撹拌しながら 30 分間抽出を行い，同量同条件下で酢酸エチル抽出を都合 3 回行った。抽出溶剤は減圧下で 1ℓ になるまで溜去濃縮を行った後，蒸溜水，塩酸水（pH 2.0），水酸化ナトリウム水（pH 9.0），蒸溜水の順序で不純物を除いた。さらに，減圧濃縮乾固して，純度 2.01 % の粗物質 8.9g が得られた。これをベンゼン 40 ml に懸濁溶解して Wakogel C-200 シリカゲルカラムに吸着させて，ベンゼン 1ℓ で最初不純物を洗浄したのち，活性因子は酢酸エチルでカラムから溶出した。溶出活性因子画分は減圧濃縮乾固して，純度 3.3 % の褐色粗物質 5.26g を得た。これをベンゼン 50 ml に溶解して，mallin ckrodt 100 mesh のシリカゲルカラムに吸着させた後ベンゼン 1ℓ で洗浄，不純物を除いたあと，ベンゼン：酢酸エチル混液（9：1）500 ml を用いて活性因子をシリカゲルカラムから溶出した。溶出した活性因子画分溶剤は減圧濃縮乾固し，純度 15.85 % の淡褐色粗物質 164 mg が得られた。同様条件で再度シリカゲルカラムクロマトグラフィーを行って，純度 50.50 % の淡黄色シラップ 51.48 mg が得られた。ここに得られたシラップにメタノール約 1.5 ml を加えて結晶化すると，純度 90.90 % の淡黄色結晶 18.6 mg が得られたが，さらにメタノールでの再結晶により純度 100 %，融点 145℃ の無色結晶 7.7 mg が得られた。本物質をベルコヨシンと命名した。

3.4.2 物理化学的性状

オゴノリから分離されたラットの抗 stress 潰瘍活性因子は無色鱗片状結晶で融点 145℃ で分解点を示さない。旋光度は $[\alpha]_D^{27} = 36.16$（$C = 1.0$, $CHCl_3$）であった。分子内には N, P, S, ハロゲンを含有せず，マススペクトルによる分子量は 414 である。元素分析の結果，分子式は $C_{29}H_{50}O$ であった。紫外部吸収はメタノール中で，207.5 nm（$E_{1cm}^{1\%} = 54.5$）と 242 nm（$E_{1cm}^{1\%} = 3.9$）に極大吸収を示し，KBr を用いての赤外線吸収スペクトルは図 3.3.2 に示した。溶剤に対する溶解度はエーテル，n-ヘキサン，ベンゼン，クロロホルム，酢酸エチル，酢酸ブチル，アセトンに容易であり，メタノール，エタノール，ブタノールに難溶であるが，水に不溶である。呈色反応はドラーゲンドルフ，塩化鉄反応，ニンヒドリン，レミュ反応はいずれも陰性であるが，硫酸により赤色を呈する。シリカゲルによる薄層クロマトグラフィーにより表 3.3.10 に示す Rf 値を有している。なお，いずれも単一スポットを示した。

3.4.3 生物学的性質

(1) 抗 shay 潰瘍活性

結晶を微粉末化して，1 % C.M.C. 水溶液に懸濁させたものは shay 潰瘍に対し表 3.3.11 に示す結果であった。

(2) 抗 stress 潰瘍活性

結晶を微粉末化して，1 % C.M.C. 水溶液に懸濁させたものは stress 潰瘍に対し表 3.3.12 に示す予防率を示した。

3 食用海藻由来の抗潰瘍物質

(3) 胃液 pH に対する影響

ラットの胃液を採取して，蒸溜水で5段階に倍数希釈して，その各々にベルコヨシンを加えてpHの変化を見たが，pHには全く変化が見られなかった。ただし，本活性物質は水に不溶であるが，胃液に対して初めは一見不溶に見えるが，しばらくすると溶解する。

(4) 抗菌作用

本活性因子を微量のアセトンに溶解して，agar streak method により，10, 20, 40, 100 μg/ml 濃度で細菌23種類，カビ13種類，酵母2種類の24時間および48時間での成育阻害を検討したが，被検微生物のいずれの発育にも影響が見られなかった。

(5) 急性毒性

DDマウス（体重約20g）に対する急性毒性は表3.3.13にあるように1群6匹のDDマウスに対し，試料を1% C.M.C. 水溶液に懸濁し，腹腔投与後50日間観察したが，全く毒性を示さ

表3.3.10 シリカゲル薄層クロマトグラフィーにおける *Rf* 値

溶 剤 系	*Rf* 値
クロロホルム：メタノール (20:1)	0.37
n-ヘキサン：酢酸エチル (7:3)	0.34
クロロホルム：酢酸エチル：メタノール (20:10:3)	0.89
ベンゼン：アセトン (5:1)	0.17

表3.3.11 ラット (200g) の shay 潰瘍に対する阻止率

試　　料	投　与　量	潰瘍指数	阻止率 (%)
ベルコヨシン	5 mg	3.5	12.5
〃	10 mg	3.6	10.0
1% C.M.C. aq.	1 ml	4.0	

表3.3.12 ラット (200g) の stress 潰瘍に対する阻止率

試　　料	投　与　量	潰瘍指数	阻止率 (%)
ベルコヨシン	5 mg	30.0	37.5
〃	10 mg	28.0	41.7
1% C.M.C. aq.	1 ml	48.0	
Atropine sulfate	2 mg	5.2	89.2

表3.3.13 ベルコヨシン急性毒性
　　　　　DDマウス（体重約20g），腹腔注射

投　与　量　(mg/kg)	生　存　数
50	6/6
100	6/6

第3章 海洋植物と生理活性物質

なかった。

3.5 おわりに

shay 潰瘍の発生には，タンパク分解酵素，特にカルボキシルプロテアーゼ酵素群がかかわりがあると理解されていて，胃液中のペプシン，ガストリシン，レンニンおよび細胞中のカテプシン等が含まれているが，なかでも胃酸とペプシンが，特に shay 潰瘍発生に深い関係ありとされてきた。したがって，shay 潰瘍の予防治療に関する化学療法剤の研究は，かつては，カルボキシルプロテアーゼに対する酵素作用阻害物質の研究に集中されてきた。天然物としては，放線菌の代謝物に enzyme inhibitor 活性が多く発見されてきた。ペプスタチン[4]～[8]，ペプスタノン A[9],[10]，ヒドロキシペプスタチン A[11]，ペプシノストレプチン[12]，および sp-I[13] 等が報告されている。他方 stress 潰瘍に関しては，その発生が神経伝達機構に関するものとされているが，神経伝達は化学物質による方法と電気的機構による方法に分けて考えられている[14]。神経伝達に関与する化学物質の研究は数多く発表されてきた。興奮性の伝達化学物質としてはアセチルコリン[15],[16] およびグルタミン酸[17]～[19] が，抑圧性の伝達物質としては γ-アミノ酪酸[20]～[22] およびグリシン[23]～[25] が，感覚神経に関してはP物質[26],[27] の他に，カテコールアミンとしては，ドーパミン[28]～[30] およびノルアドレナリン[31] が，インドールアミンとしてはセロトニン[32]～[34] が，イミダゾールアミンとしてはヒスタミン[35]～[38] およびアスパラギン酸[39] などが神経組織の神経伝達活性を示すものと考えられている。ストレスに関しては，ストレスが多くの疾病原因になっていることが明白であるにかかわらず，機構は必ずしも明確ではない，したがって，なお多くの新しいストレス伝達遮断物質の開発が要望されている。最近プロスタグランジン類の抗潰瘍作用が盛んに研究されており[40]～[42]，さらに gastric juice の pH を上げ，潰瘍原因の一つである reserpine 作用に抵抗する nephroton[43] が発表されている。また，gefarnate[44],[45]，trithiozine[46]，secretin[47]，sucralfate[48]，antaeid Simeco[48]，dalargin[49]，flavonoid[50]～[53]，prostanoid Ro 226923[54]，elcatonin[55]，polysaccharides[56]，imidazo pyridines[57]，imidazo piperidine[58]，pyrrde および pyrido 誘導体[59]，Al 誘導体[60] 等の抗潰瘍作用が報告されている。それらの作用機序の解明と相まって，なかには症状にあった合理的な臨床治療に応用される物質の存在も推定される。さらに人智の理解を超越した治療革命の進歩に対して，新天然生理活性物質の開発に期待される点が多い。食用海藻の抗潰瘍物質検索結果として，上記2新物質が分離された。この事実は，広く食用以外の海藻にも検索の幅を広げることで，さらに有用物質の開発が示唆されるものと信ずる。この意味で，新生理活性物質資源としての海藻の今後の発展が待望される。

文　献

1) U. S. v. Euler, *Avch. Exp. Pathol. Pharmakol.*, **175**, 78 (1934)
2) U. S. v. Euler, *Klin. Wochenschr.*, **14**, 1182 (1935)
3) B. Samuelsson, *J. Biol. Chem.*, **238**, 3229 (1963)
4) H. Umezawa, et al., *J. Antibiot.*, **23**, 259 (1970)
5) H. Morishima, et al., *J. Antibiot.*, **23**, 263 (1970)
6) T. Aoyagi, et al., *J. Antibiot.*, **24**, 687 (1971)
7) S. Kunimoto, et al., *J. Antibiot.*, **25**, 251 (1972)
8) T. Aoyagi, et al., *J. Antibiot.*, **26**, 539 (1973)
9) T. Miyano, et al., *J. Antibiot.*, **25**, 489 (1972)
10) T. Aoyagi, et al., *J. Antibiot.*, **25**, 689 (1972)
11) H. Umezawa, et al., *J. Antibiot.*, **26**, 615 (1973)
12) A. Kakinuma, et al., *J. Takeda, Res. Lab.*, **35**, 123 (1976)
13) S. Maruo, et al., *Agri. Biol. Chem.*, **34**, 1265 (1970)
14) K. Uchizono, *Nature*, **207**, 642 (1965)
15) J. C. Eccles, et al., *J. Physiol.* **126**, 524 (1954)
16) M. Kuno. et al., *J. Physiol.*, **187**, 177 (1966)
17) A. Takeuchi, et al., *Nature*, **198**, 490 (1963)
18) D. R. Curtio, et al., *Exp. Brain. Research.*, **1**, 195 (1966)
19) H. Jasper, et al., *Can. J. Physiol. Pharmacol.*, **47**, 889 (1969)
20) A.Takeuchi, et al., *Nature New Biol.*, **236**, 55 (1972)
21) J. Dudel, et al., *J. Physiol.*, **155**, 543 (1961)
22) K. Uchizono, *Nature*, **214**, 681 (1967)
23) R. Werman, et al., *Nature*, **214**, 681 (1967)
24) D. R. Curts, et al., *Exp. Brain Res.*, **12**, 547 (1971)
25) J. P. Hammerstadt, et al., *Brain. Res.*, **35**, 357 (1971)
26) M. M. Chang, et al., *J. Biol. Chem.*, **245**, 4784 (1970)
27) M. Otsuka, et al., *Proc. Jap. Acad.*, **48**, 342 (1972)
28) N. E. Anden, et al., *Acta. Physiol. Scand.*, **67**, 313 (1966)
29) A. Carlsson, *Pharmacol. Rev.*, **11**, 490 (1959)
30) I. Sano, et al., *Biochem. Biophys. Acta.*, **32**, 586 (1959)
31) K. Fuxe, *Acta. Physiol. Scand. Suppl.*, **247**, 37 (1965)
32) R. P. Maickel, et al., *Adv. in Pharmacol.*, **6** (A), 71 (1968)
33) K. Fuxe, et al., *Adv. in Pharmacol.*, 6 (A), 235 (1968)
34) T. N. Chase, et al., *Adv. in Pharmacol.*, **6** (A), 351 (1968)
35) K. M. Talor, et al., *J. Phavmacol. Exp. Therap.*, **173**, 619 (1971)
36) E. A. Caxlini, et al., *J.Pharmacol.* **20**, 264 (1963)
37) K. Kataoka, et al., *J. Pharmacol. Exp. Therap.*, **156**, 114 (1967)
38) U. S. v. Euler, *Acta. Physiol. Scand.*, **19**, 85 (1949)

39) G. A. R. Johnston, et al., J. Neurohem., **16**, 797 (1969)
40) P. Minuz, et al., Pharmacol. Res. Commun., **16**, 875 (1984)
41) A. William, Clin. Pharm., **3**, 563 (1984)
42) A. William, Clin. Pharm., **3**, 566 (1984)
43) I. Lambev, Farmatsiya, **35**, 22 (1985)
44) 原伸行，他，応用薬理，**29**, No. 4, 565 (1985)
45) 原伸行，他，応用薬理，**29**, No. 4, 571 (1985)
46) Y. Pei, et al., Beijing Yixueyuan Xuebao, **15**, 21 (1983)
47) 下山隆，他，現代医療，**17**, No. 5, 879 (1985)
48) M. W. Gouda, et al., Int. J. Pharm., **22**, 257 (1984)
49) V. G. Smagin, et al., Ter. Arkh., **56**, 49 (1984)
50) M. Tariq, et al., Res. Commun. Subst. Abuse, **5**, 157 (1984)
51) O. D. Barnaulov, et al., Khim.-Farm. Zh., **18**, 935 (1984)
52) O. D. Barnaulov, et al., Khim.-Farm. Zh., **18**, 1330 (1984)
53) A. Villar, et al., J. Pharm. Pharmacol., **36**, 820 (1984)
54) T. S. Gayinella, et al., J. Pharmacol. Exp. Ther., **232**, 202 (1985)
55) H. Ohno, et al., Japan J. Pharmacol., **37**, 67 (1985)
56) Tr. Nauchn, Akad. I. P. Pavlova., **83**, 95 (1984)
57) J. A. Bristol, et al., J. Med. Chem., **28**, 876 (1985)
58) G. Arcari, et al., Arzneim.-Forsch., **34**, 1467 (1984)
59) G. Doria, et al., Farmaco. Ed. Sci., **39**, 968 (1984)
60) J. Dupia, Arzneim-Forsch., **34**, 1373 (1984)

第4章　海洋動物由来の生理活性物質

小林淳一[*]

1　薬理活性物質（その1）

1.1　はじめに

　陸の生物とはかなり異なった環境に生息する海洋生物には，陸の生物に見られない新しいタイプの生理活性物質の存在が期待される。筆者らは，モルモットなど哺乳動物の摘出筋標本に対する薬理作用や，ATPaseなどの生化学的に重要な酵素に対する阻害作用を指標として，主に沖縄産の海洋動物より種々の生理活性物質を単離し，それらの化学的，生化学的ならびに薬理学的研究を行ってきた。本稿では，これまでに単離してきたこれらの生理活性物質の化学構造ならびにそれらの作用について紹介したい。

1.2　イモ貝の生理活性物質

　イモ貝は，熱帯および亜熱帯の海に生息する肉食性の巻貝で，毒矢を使って魚や貝などの餌生物を捕食する[1]。その種類は400種にのぼり，底生の小魚を食べるもの，貝類食のもの，ゴカイなどの多毛類を食べるものと，その食性により3つに大別される。イモ貝の生態学的研究や粗毒物の化学的，薬理学的研究[2]から，その食性と毒性ならびに毒の薬理作用が密接に関連していると指摘されていたが，毒の本体である生理活性物質の分離とその薬理作用機序の解明が残された課題であった。筆者らは，沖縄で採集した数10種のイモ貝の中で，哺乳動物の摘出筋標本に対して顕著な薬理作用を示す種[3]について，活性を指標にしてそれらの生理活性物質を分離し，その薬理作用機序を解明した。

1.2.1　イモ貝の毒器官

　イモ貝の毒器官は図4.1.1に示すように，毒球，毒腺，歯舌鞘，矢舌，吻よりなる。毒は毒腺でつくられて，歯舌鞘に送られ，そこで中空の矢舌に充塡される。毒球は，毒を毒腺から歯舌鞘に送り込むポンプの役目を果たすものと考えられている。歯舌鞘には数10本の矢舌が含まれ，矢舌は1本ずつ咽頭を通って先端を先にして吻に槍のように保持される。吻は目的物に矢舌を突き刺すように運動する。

---

[*]　Jun'ichi Kobayashi　三菱化成生命科学研究所

1.2.2 ジェオグラフトキシン

魚食性のイモ貝の一種アンボイナ *Conus geographus* は，猛毒をもっており，ヒトが誤って刺されると死亡することがあり，沖縄ではハブ貝と呼ばれ恐れられている。アンボイナの毒腺抽出物には，マウス骨格筋の直接電気刺激による収縮反応を顕著に抑制する作用が認められたので，この阻害作用を指標に分離精製を行い，ジェオグラフトキシン-I(1) および II (2) (GTX-I, II) と命名した2種のペプチドを活性成分として単離した[4]。22残基より成るこれらのペプチドの一次構造の決定には，ダンシル-エドマン法が用いられた[5]。GTX-I, II の化学的特徴は，天然界には稀なハイドロキシプロリン(Hyp)を3残基含むこと，6個のシステイン残基による3個のS-S結合が内部に存在することである。GTX-I および II は，互いに極めて類似したアミノ酸配列をもっており，C末端より5番目の Gln ⟷ Met 以外の変異は Lys と Arg, Gln と Arg, Arg と Lys で，いずれもコドンのひとつの塩基の置換で説明できる。GTX-I および II のマウス腹腔内投与における急性毒性(LD_{50})は，それぞれ 340 μg/kg, 110 μg/kg で，マウス横隔膜標本における直接電気刺激による収縮阻害効果(IC_{50})は，それぞれ 10^{-7}M, 3×10^{-8}M である。薬理作用機序を詳細に検討した結果，GTX-II の骨格筋抑制作用は，筋小胞体や筋収縮タンパクに対す

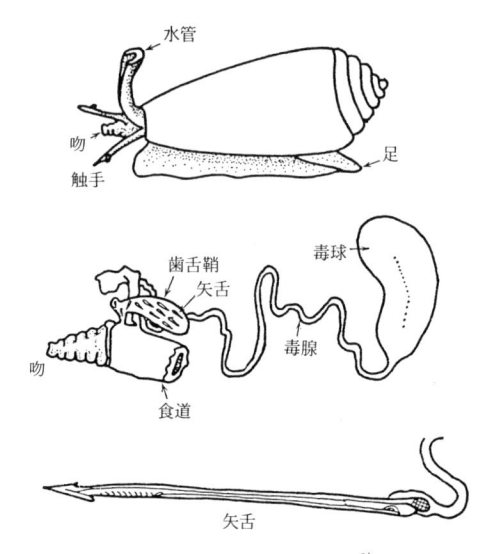

図 4.1.1　イモ貝の毒器官[2]

$$\text{Arg-Asp-Cys-Cys-}\overset{5}{\text{Thr}}\text{-Hyp-Hyp-Lys-Lys-}\overset{10}{\text{Cys}}\text{-Lys-Asp-Arg-Gln-}$$
$$\overset{15}{\text{Cys}}\text{-Lys-Hyp-Gln-Arg-}\overset{20}{\text{Cys}}\text{-Cys-Ala-NH}_2$$

1

$$\text{Arg-Asp-Cys-Cys-}\overset{5}{\text{Thr}}\text{-Hyp-Hyp-Arg-Lys-}\overset{10}{\text{Cys}}\text{-Lys-Asp-Arg-Arg-}$$
$$\overset{15}{\text{Cys}}\text{-Lys-Hyp-Met-Lys-}\overset{20}{\text{Cys}}\text{-Cys-Ala-NH}_2$$

2

図 4.1.2

る直接作用ではなく，細胞膜の電位依存性 Na チャンネルの阻害に基づくことが明らかにされた。最近 GTX-II は，高濃度にしてもある種の培養神経細胞や神経節の活動電位（Na スパイク）には影響を与えないという興味深い知見が得られており，Na チャンネルを分類するための生理，薬理試薬としての GTX-II の有用性が期待される[6]。

1.2.3 ストリアトキシン

魚食性のイモ貝であるニシキミナシ C. striatus の毒は，アンボイナの毒よりも弱いとされており，その刺毒による死亡例はないが，いくつかの重症例が報告されている。ニシキミナシの毒腺抽出物には，モルモット摘出左心房に対し顕著な収縮増強作用が認められたので，この活性を指標にして強心成分を分離し，ストリアトキシン（STX）と命名した[7]。STX は，電気泳動ならびにゲルろ過での挙動および PAS 染色により，分子量 25,000 の糖タンパク質であることが確認された。モルモット摘出左心房標本において，STX は 10^{-7} g/ml で持続性の強心作用を示し，この作用は Ca 拮抗剤ベラパミルの存在下でも顕著に認められたが，Na チャンネルの阻害剤テトロドトキシンの処理により完全に抑制された。したがって STX は，心筋細胞膜の Na^+ の透過性を増加させることにより強心作用を示すものと考えられる。またモルモット摘出回腸に STX を投与すると，収縮後に弛緩作用を示す二相性の反応が繰り返し認められた[8]。

魚食性のヤキイモ C. magus の毒腺抽出物からも，強心作用や二相性の作用など STX と極めて類似した薬理作用をもつペプチド（分子量約 1,500[9] および 45,000[10]）を分離した。ある種のイソギンチャクのペプチド毒[11]（分子量約 5,000）もまた，STX と類似の薬理作用を示すことが知られており，薬理学的に極めて珍しい作用を示すこれらのペプチドの活性部位の解明が今後の課題である。

1.2.4 エブルネトキシンとテズラトキシン

ゴカイなどの多毛類を餌とするクロザメモドキ C. eburneus の毒腺抽出物より，ウサギ摘出大動脈血管に対して顕著な収縮反応を引き起こす成分を分離し，エブルネトキシン（ETX）と命名した[12]。この血管収縮成分は分子量 28,000 のタンパク質である。ETX（3×10^{-7} g/ml）は，細胞膜の Ca^{2+} イオンの透過性を増大させることにより，ウサギ摘出大動脈を収縮させる。また，クロザメモドキと同様に虫食性のハルシャガイ C. tessulatus の毒腺抽出物より，ETX と類似の薬理作用を示す血管収縮成分としてテズラトキシン（TTX）を分離した[13]。TTX は，分子量 26,000 のタンパク質である。これらのタンパク毒は，Ca チャンネルとの関連で注目されよう。

1.2.5 その他の生理活性物質

近縁のイモ貝を餌とするタガヤサンミナシ C. textile の毒腺抽出物は，モルモット摘出回腸を顕著に収縮させる物質を含んでおり[14]，その本体としてアラキドン酸を分離したが，その毒腺中での含量は 0.6% にのぼる[15]。毒液に高含量で含まれるアラキドン酸の役割は現在のところ不明

第4章 海洋動物由来の生理活性物質

である。

1.3 海綿動物の生理活性物質

海綿動物の種類は6,000種にのぼるといわれるが，種が不明のものや同定の難しい種が少なくない。筆者らは，沖縄で採集した数10種の海綿の中から顕著な薬理作用や酵素阻害作用を示す種を取り上げ，その生理活性物質を単離し，それらの化学構造ならびに作用機序を解明した。

1.3.1 アアプタミン類

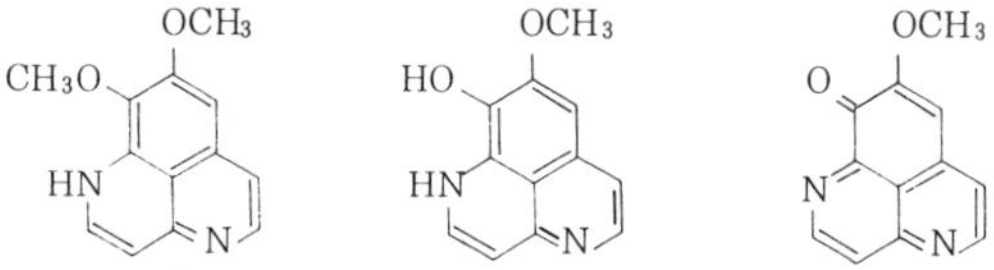

黄褐色の海綿 *Aaptos aaptos* の粗抽出物は，ウサギ摘出大動脈血管のノルエピネフリン（NE）による収縮反応を選択的に抑制する作用（α-受容体遮断作用）を示した。この薬理作用を指標

図4.1.3

にして分離精製を行い，活性成分としてアアプタミン(3)を単離した[16]。アアプタミンは，新規ベンゾナフチリジン骨格をもち，その生合成経路に興味がもたれる。アアプタミン(3×10^{-5}M)は，ウサギ大動脈および腎動脈のいずれの標本においても，NEの用量作用曲線を約8倍高用量側へ平行移動させるが，ヒスタミンおよびKClのそれには全く影響を与えない。同種の海綿より関連化合物として，デメチルアアプタミン(4)およびデメチルオキシアアプタミン(5)が得られた[17]。4,5および反応成績体5,6-ジヒドロアアプタミンは，$10^{-5}\sim10^{-4}$Mの濃度において上記血管の収縮反応に何ら影響を与えなかった。これらの結果より，アアプタミンのα-受容体遮断作用の活性発現には，9位のメチル基と三環性リングシステムの芳香性が重要であると推定される。

1.3.2 ケラマジン

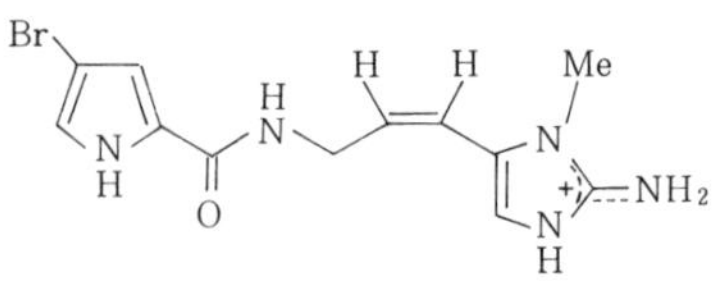

褐色の海綿 *Agelas nemoechinata* の粗抽出物は，ウサギ摘出大動脈のセロトニンによる収縮反応を選択的に抑制したので，この活性本体を種々のカラムクロマトグラフィーを用いて精製することにより，抗セロトニン活性成分としてケラマジ

図4.1.4

ン(6)を単離した[18]。この海綿からは，ケラマジンと関連した既知のブロモピロール化合物であるオロイジン[19]が主成分として得られているが，その抗セロトニン活性は6に比べて弱い。

1.3.3 テオネリン類

海綿 *Theonella* cf. *swinhoei* の抽出物より，ビサボレン型の新規セスキテルペンとして，テオ

1　薬理活性物質（その1）

リン(**7**)，およびそのイソチオシア
ネート体(**9**)とホルムアミド体(**8**)
が得られた[20]。生合成的には，**8**と
9は**7**のイソシアニド体より生成す
るものと推定される。現在のところ
これらの化合物には顕著な薬理作用
が見出されていない。

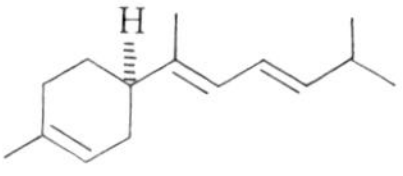

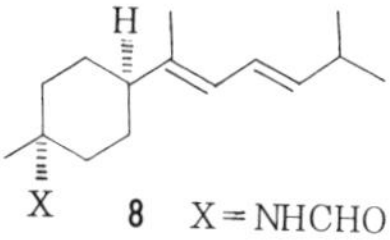

図 4.1.5

1.3.4　セストキノン

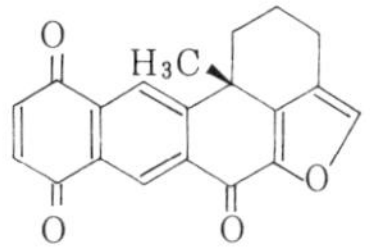

　黒色の海綿 *Xestospongia sapra* より，モルモット摘出左心房に
対して強心作用を示す成分としてセストキノン(**10**)を単離した[21]。
この五環性キノン化合物は，サイクリックAMP-ホスホジエステ
ラーゼを阻害することにより細胞内サイクリックAMP濃度を上昇
させ，その結果強心作用を引き起こす。この海綿の主成分ハレナキ
ノン[22]は，**10**と関連した既知化合物で類似
の強心作用を示すが，その作用は**10**に比べ
て数倍弱い。

図 4.1.6

1.3.5　アゲラシジン類とアゲラシン類

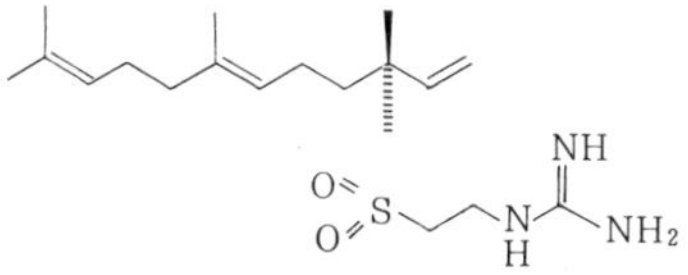

　橙色の海綿 *Agelas nakamurai* の抽出物
は，モルモット摘出回腸およびウサギ摘出
大動脈において，各種収縮薬による反応を
顕著に抑制する作用を示した。この鎮痙活
性成分として，スルホン基およびグアニジ
ン基を有するユニークな化合物，アゲラシ
ジン-A[23], B, C[24] (**11**～**13**)が得られた。
これらの化合物は，上記の鎮痙作用の他に
抗菌作用やNa, K-ATPase阻害作用を示
す。

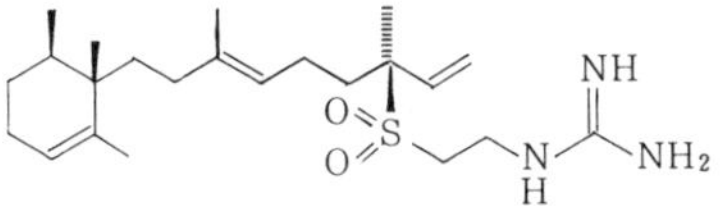

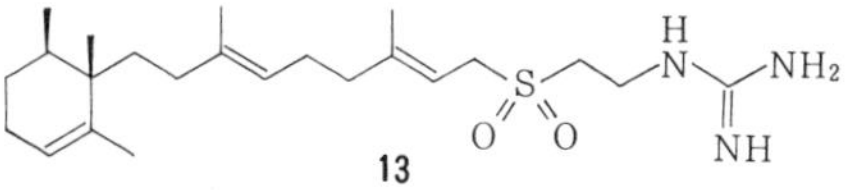

　さらに同種の海綿より，Na, K-ATPase

図 4.1.7

を阻害する化合物として，アゲラシン-A～F[25,26] (**14**～**19**)を単離した。上記の酵素阻害作用と
しては，アゲラシン-B (**15**)の活性が最も強く($IC_{50} = 10^{-5}$M)，その阻害様式はK$^+$に対する非
拮抗阻害である。9-メチルアデニン誘導体であるこれらの化合物について，構造活性相関を検討
した結果，活性発現には疎水性のテルペン部分と極性の高い塩基部分の両者が必要であることが

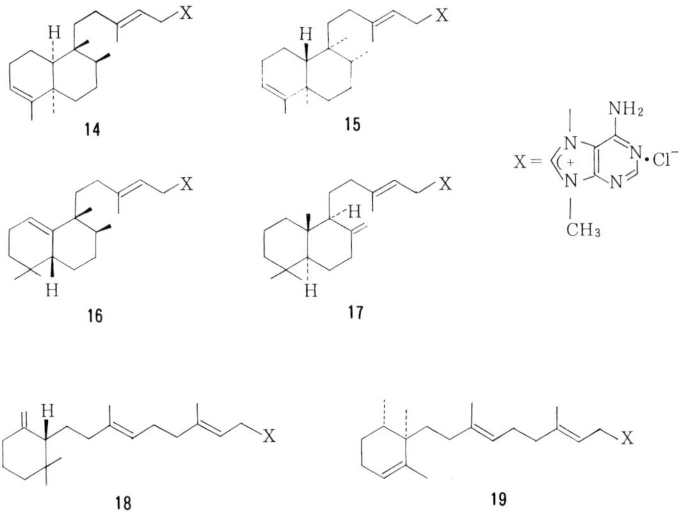

第4章 海洋動物由来の生理活性物質

図 4.1.8

明らかにされた[27]。

1.3.6 プレアリン類

黄褐色の海綿 *Pusammaplysilla purea* より, Na, K-ATPase 阻害物質としてプレアリン[28] (**20**) およびリポプレアリン-A, B, C[29] (**21~23**) が単離された。リポプレアリン類は, ブタ脳 Na, K-ATPase と同様に骨格筋のミオシン Ca-ATPase と K, EDTA-ATPase を阻害する。一方プレアリンは, ミオシン K, EDTA-ATPase を活性化し, ミオシン B の超沈殿現象を促進する。現在のところ, ミオシン K, EDTA-ATPase を活性化する化合物はプレアリン以外に知

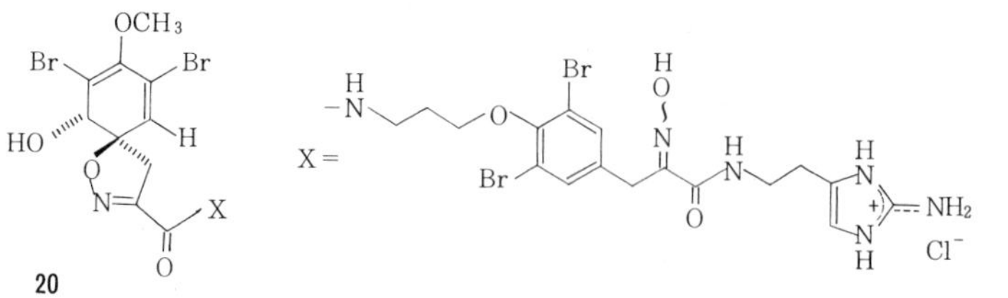

図 4.1.9

1 薬理活性物質（その1）

られていない。

1.4 ホヤの生理活性物質

原索動物ホヤ類は，皮のう類とも呼ばれ，幼生時に背骨に似た脊索をもつなど動物の系統発生学上は脊椎動物に最も近い特異な海洋生物である。ホヤは，海綿動物と同様に岩盤等に付着して生活するが，海綿は藍藻などとの共生を主体とするのに対し，ホヤ類は海水中の有機物をこし取るろ過食者である。ホヤ類からは，これまでに数多くの生理活性物質が報告されている[30]が，それらの化合物は細胞毒性や抗腫瘍性を示す場合が多い。

1.4.1 ブロモユージストミンD

筆者は，イリノイ大学留学中にカリブ海産の群体ボヤの一種 *Eudistoma olivaceum* より，抗ウイルス物質ならびにその関連化合物として，ユージストミンA〜Q と命名した一連のβ-カルボリン化合物を単離した[31),32)]。帰国後にこれらの化合物の薬理作用等を検討した結果，いくつかの化合物に以下に述べる興味ある作用を見出した。

筋収縮機構を研究する際に，カフェインは，筋小胞体よりCaを遊離させる薬物として汎用されてきたが，その作用は弱く高濃度を必要とする点が欠点とされている。上記のユージストミン類について，筋小胞体に対する作用を調べたところ，ユージストミンDはカフェインの10分の1，ユージストミンJはユージストミンDのさらに10分の1の低濃度で，カフェインと同様にCaの遊離を引き起こすことを見出した。そこでβ-カルボリンのベンゼン環上の水酸基と臭素の位置が，ユージストミンDとJのそれを兼ね合わせた構造をもつ，ブロモユージストミンD（BED）（**24**）を合成し，筋小胞体に対する作用を調べた。その結果BEDは，ユージストミンJのさらに4分の1，即ちカフェインの400分の1の低濃度でカフェインと同等のCa遊離を引き起こすことが明らかとなった[33)]。したがってBEDは，筋収縮機構を研究する上でカフェインにかわる活性物質として注目されよう。

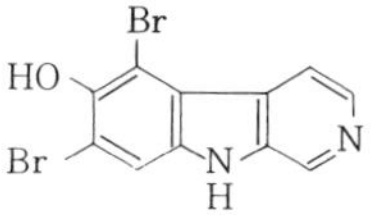

24

図 4.1.10

1.4.2 パリセン酸

青森県陸奥湾で採集したマボヤ *Halocynthia roretzi* より，337 nm には特異な紫外部吸収極大をもつパリセン酸（**25**）を単離した[34)]。シクロヘキセン環とアミノ酸より成るこのような紫外吸収物質は，他の海洋動植物からも10種類ほど見つかっている[35)]が，その生理学的役割は現在のところ不明である。**25**には，これまでのところ顕著な薬理作用は見出されていない。

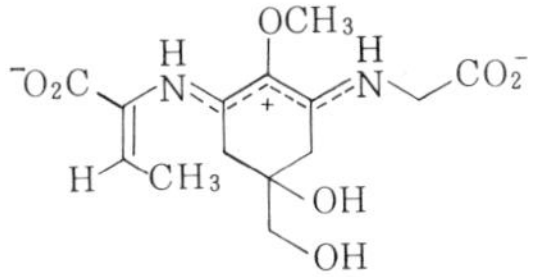

25

図 4.1.11

1.5 腔腸動物の生理活性物質
1.5.1 デオキシザルコフィン

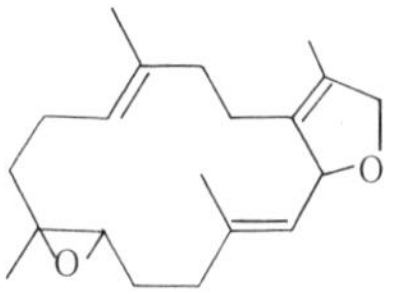

沖縄産の軟体サンゴ約50種の抽出物についてその薬理作用を調べた結果，ウミトサカの一種である *Sarcophyton* sp. の抽出物は，ウサギ摘出大動脈においてNEやセロトニンの収縮には影響を与えずに，KClの収縮反応を選択的に抑制する作用（Ca拮抗作用）を示した。このCa拮抗作用をもつ活性成分としてデオキシザルコフィン（**26**）を単離し，そのX線結晶解析により構造を決定した[36]。デオキシザルコフィンは，センブレン型のジテルペンであり，アルカロイド以外のCa拮抗物質は**26**が初めての例である。最近，制癌剤の長期使用による耐性の出現が癌治療上の大きな問題となっているが，Ca拮抗物質による癌耐性の克服の可能性が報告されている[37]。従来のCa拮抗物質とは全く構造の異なる**26**に対しても，制癌剤の作用増強効果が期待されている。

図4.1.12

1.5.2 イソギンチャクの紫外吸収物質

イソギンチャクの一種 *Radianthus* sp. より，310 nm, 334 nm, 334 nm に紫外部吸収極大をもつマイコスポリン系アミノ酸，**27**, **28**, **29** がそれぞれ得られているが[38]，これらの化合物に顕著な薬理作用は見出されていない。

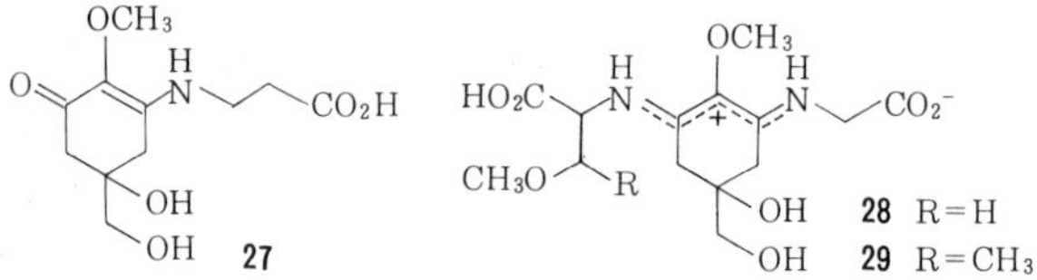

図4.1.13

1.6 その他の生物

棘皮動物であるイトマキヒトデ *Asterina pectinifera* より，330 nm に紫外吸収極大をもつアステリーナ-330（**30**）が得られている[39]。

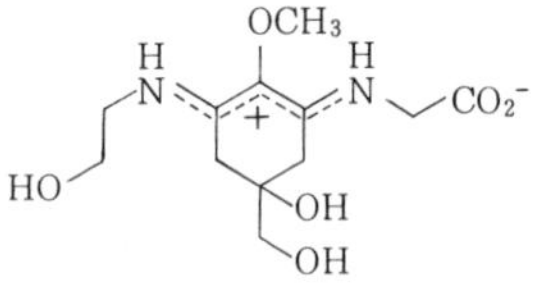

図4.1.14

1.7 おわりに

海洋動物の種類は，昆虫を除くと陸の動物にくらべて圧倒的に豊富である。本稿で紹介したように，筆者らが取り上げた海洋動物は，極めてわずかの種に過ぎないが，α-受容体遮断作用，抗セロトニン作用，Ca拮抗作用など，海洋生物では初めてという生理活性物質が続々と発見されてきた。また，プレアリンのように陸の生物にもみられない特異な作用を示す生理活性物質や，GTX-ⅡやBEDのように薬理試薬として研究に有用な生理活性物質も得られてきた。海洋動物

の生理活性物質の研究は，陸のそれにくらべ，まだ緒についたばかりであるが，未開拓といってもよい豊富な生物種と，本稿で述べてきた研究の手ごたえを考え合わせると，将来が極めて有望であると言えよう。

文　献

1) B. W. Halstead, "Poisonous And Venomous Marine Animals of The World", Revised Ed., The Darwin Press, p. 184 (1978)
2) 橋本芳郎，魚貝類の毒，学会出版センター，p. 188 (1977)
3) J. Kobayashi, H. Nakamura, Y. Hirata, Y. Ohizumi, *Toxicon*, **20**, 823 (1982)
4) H. Nakamura, J. Kobayashi, Y. Ohizumi, Y. Hirata, *Experientia*, **39**, 590 (1983)
5) S. Sato, H. Nakamura, Y. Ohizumi, J. Kobayashi, Y. Hirata, *FEBS Lett.*, **155**, 277 (1983)
6) 大泉康，小林淳一，中村英士，現代化学，No. 179 (2), p. 14 (1986)
7) J. Kobayashi, H. Nakamura, Y. Hirata, Y. Ohizumi, *Biochem. Biophys. Res. Commun.*, **105**, 1389 (1982)
8) J. Kobayashi, H. Nakamura, Y. Ohizumi, *Br. J. Pharmac.*, **73**, 583 (1981)
9) J. Kobayashi, H. Nakamura, Y. Ohizumi, *Eur. J. Pharmac.*, **86**, 283 (1983)
10) J. Kobayashi, H. Nakamura, Y. Ohizumi, *Toxicon*, **23**, 783 (1985)
11) Y. Ohizumi, S. Shibata, *Br. J. Pharmac.*, **72**, 239 (1981)
12) J. Kobayashi, H. Nakamura, Y. Hirata Y. Ohizumi, *Life Sci.*, **31**, 1085 (1982)
13) J. Kobayashi, H. Nakamura, Y. Hirata, Y. Ohizumi, *Comp. Biochem. Physiol.*, **74B**, 381 (1983)
14) J. Kobayashi, Y. Ohizumi, H. Nakamura, Y. Hirata, *Toxicon*, **19**, 757 (1981)
15) H. Nakamura, J. Kobayashi, Y. Ohizumi, Y. Hirata, *Experientia*, **38**, 897 (1982)
16) H. Nakamura, J. Kobayashi, Y. Ohizumi, Y. Hirata, *Tetrahedron Lett.*, **23**, 5555 (1982)
17) Y. Ohizumi, A. Kajiwara, H. Nakamura, J. Kobayashi, *J. Pharm. Pharmacol.*, **36**, 785 (1984)
18) H. Nakamura, Y. Ohizumi, J. Kobayashi, Y. Hirata, *Tetrahedron Lett.*, **25**, 2475 (1984)
19) S. Forenza, L. Minale, R. Riccio, *Chem. Commun.*, 1129 (1971)
20) H. Nakamura, J. Kobayashi, Y. Ohizumi, Y. Hirata, *Tetrahedron Lett.*, **25**, 5401 (1984)
21) H. Nakamura, J. Kobayashi, M. Kobayashi, Y. Ohizumi, Y. Hirata, *Chemistry Lett.*, **713** (1985)

22) D. M. Roll, P.J. Sheuer, G. K. Matsumoto, J. Clardy, *J. Am. Chem. Soc.*, **105**, 6177 (1983)
23) H. Nakamura, H. Wu, J. Kobayashi, Y. Ohizumi, Y. Hirata, T. Higashijima, T. Miyazawa, *Tetrahedron Lett.*, **24**, 4105 (1983)
24) H. Nakamura, H. Wu, J. Kobayashi, M. Kobayashi, Y. Ohizumi, Y. Hirata, *J. Org. Chem.*, **50**, 2494 (1985)
25) H. Nakamura, H. Wu, Y. Ohizumi, Y. Hirata, *Tetrahedron Lett.*, **25**, 2989 (1984)
26) H. Wu, H. Nakamura, J. Kobayashi, Y. Ohizumi, Y. Hirata, *Tetrahedron Lett.*, **25**, 3719 (1984)
27) H. Iio, K. Asao, T. Tokoroyama, *Chem. Commun.*, 774 (1985)
28) H. Nakamura, H. Wu, J. Kobayashi, Y. Nakamura, Y. Ohizumi, Y. Hirata, *Tetrahedron Lett.*, **26**, 4517 (1985)
29) H. Wu, H. Nakamura, J. Kobayashi, Y. Ohizumi, Y. Hirata, *Experientia*, in press.
30) 小林淳一, 化学と生物, **23**, No. 2, 119 (1985)
31) J. Kobayashi, G. C. Harbour, J. Gilmore, K. L. Rinehart, Jr. *J. Am. Chem. Soc.*, **106**, 1526 (1984)
32) K. L. Rinehart, Jr., J. Kobayashi, G. C. Harbour, R. G. Hughes, Jr., S. A. Mizsak, T. A. Scahill, *J. Am. Chem.Soc.*, **106**, 1524 (1984)
33) Y. Nakamura, J. Kobayashi, J. Gilmore, M. Mascal, K. L. Rinehart, Jr., H, Nakamura, Y. Ohizumi, *J. Biol. Chem.*, in press.
34) J. Kobayashi, H. Nakamura, Y. Hirata, *Tetrahedron Lett.*, **22**, 3001 (1981)
35) H. Nakamura, J. Kobayashi, Y. Hirata, *J. Chromatogr.*, **250**, 113 (1982)
36) J. Kobayashi, Y. Ohizumi, H. Nakamura, T. Yamakado, T. Matsuzaki, Y. Hirata, *Experientia*, **39**, 67 (1983)
37) 鶴尾隆, 蛋白質 核酸 酵素, **28**, No. 6, 865 (1983)
38) 中村英士, 小林淳一, 阿部玲子, 平田義正, 日本薬学会第103年会講演要旨集, p. 208 (1983)
39) H. Nakamura, J. Kobayashi, Y. Hirata, *Chemistry Lett.*, 1413 (1981)

2 薬理活性物質（その2）

遠藤　衛[*]

2.1 はじめに

　海洋薬理活性物質の研究においては，個々の生物に関する有用な活性の情報を，前もって得ることはほとんど不可能である。したがって，現状ではランダムスクリーニングによって，活性を有する材料を見出さなければならない。著者らはオーストラリア，パラオ，石垣島の各海域から581種の海洋生物標本を採集し，広範なランダムスクリーニングを実施した。その結果，海洋生物の抽出物は非常に高い確率で，薬理活性を発現することを見出した。また，どのような種類の生物が，どのような薬理活性を発現する傾向にあるかを示す相関図を作成した。一方，活性の見られた抽出物のいくつかについては，活性を指標としつつ精製を行い，細胞毒性化合物，冠血管拡張作用化合物，血圧低下作用化合物，ヒスチジンデカルボキシラーゼ阻害作用化合物を単離同定した。

2.2 抽出と一次スクリーニング

　各標本は凍結粉砕，凍結乾燥したのち，まず100％エタノールで抽出して，脂溶性画分を得，続いて40％エタノール水溶液で抽出して，水溶性画分を得た。一次スクリーニング系としては，迅速に，かつ，できるだけ幅広く活性を見ることができるように，以下の7項目のアッセイを設定した。各項目にはそれぞれ一定の基準を設け，各検体の活性の強さに応じて，原則として，＋＋＋，＋＋，＋，±，－の5段階で評価することとした[1]。

　抗菌作用：ペーパーディスク法を用い，以下の8種の微生物に対する作用で検定した。
Staphylococcus aureus, Bacillus subtilis, Micrococcus luteus, Mycobacterium smegmatis, Escherichia coli, Pseudomonas aeruginosa, Aspergillus flavus, Candida albicans.

　細胞毒性：BALB/3T3細胞をポリオーマウイルスで変移したPV_4培養細胞に対する細胞毒性によって，アッセイを行った。

　冠血管拡張作用・強心作用：摘出したモルモットの心臓を用い，ランゲンドルフの方法で灌流し，冠灌流圧，および心収縮力を測定した。

　抗ストレス性かいよう作用：マウスを水浸拘束してストレス性かいようを形成させ，このかいよう形成に対する検体の抑制効果でアッセイを行った。

　アンジオテンシン変換酵素阻害作用：アンジオテンシン変換酵素（ACE）は血圧上昇と関連のある酵素のひとつであり，ヒプリル－L－ヒスチジル－L－ロイシンと反応して馬尿酸を与える

---

　[*]　Mamoru Endo　サントリー（株）　生物医学研究所

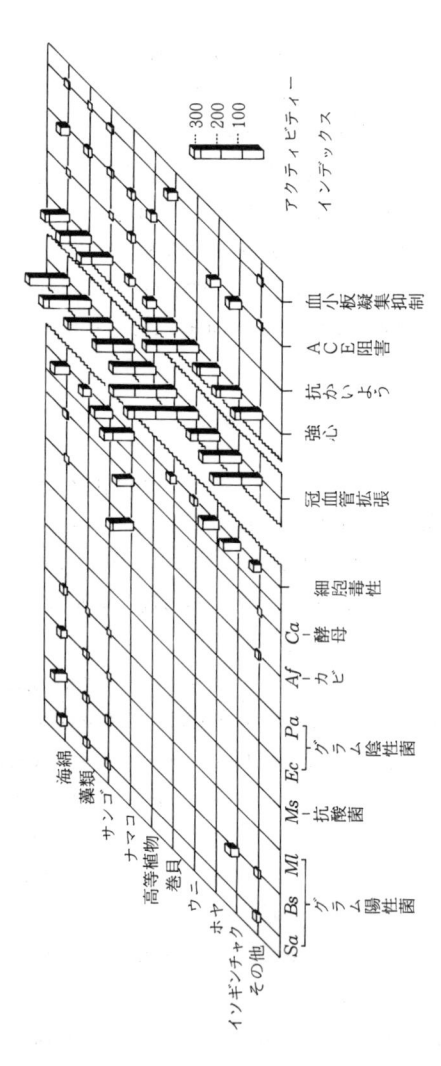

第 4 章　海洋動物由来の生理活性物質

図 4.2.1　アクティビティーインデックス

微生物名略号　Sa: *Staphylococcus aureus*, Bs: *Bacillus subtilis*, Ml: *Micrococcus luteus*, Ms: *Mycobacterium smegmatis*, Ec: *Escherichia coli*, Pa: *Pseudomonas aeruginosa*, Af: *Aspergillus flavus*, Ca: *Candida albicans*.

ことが知られている。ACE阻害作用は，この反応に対する検体の阻害作用でアッセイを行った。

血小板凝集抑制作用：アデノシン5′-リン酸，コラーゲン，またはアラキドン酸によってひきおこされるウサギ多血小板血漿での血小板凝集に対する抑制効果でアッセイを行った。

生物の分類と薬理活性の相関関係を見るために，オーストラリア海域で集めた415種の生物標本を海綿（142種），藻類（134種），サンゴ（66種），ナマコ（9種），高等植物（6種），巻貝（6種），ウニ（6種），ホヤ（12種），イソギンチャク（5種），その他（29種）の10グループに分けた。各グループが各アッセイ項目に対して活性を発現する頻度と，活性の強さの両方を反映する数値として，"アクティビティーインデックス"を以下のように設定した。活性の強さ，＋＋＋，＋＋，＋，±，－にそれぞれ定数，4，3，2，1，0を与え，＋＋＋，＋＋，＋，±，－が出現する％値にそれぞれの定数を乗じ，加え合せて算出した。すなわち，アクティビティーインデックスは400点満点で表現される数値である。例えば，海綿のグループは細胞毒性アッセイに対して，2.1％，2.8％，13.4％，33.8％，47.9％の割合で，＋＋＋，＋＋，＋，±，－の活性を発現した。したがって，次式によって海綿グループの細胞毒性に対するアクティビティーインデックスは77と計算される。

（2.1×4）＋（2.8×3）＋（13.4×2）＋（33.8×1）＋（47.9×0）＝77

これを各グループ：各アッセイ項目について計算し，柱状グラフとしたものが図4.2.1である。これから以下のような傾向を知ることができる。

1) 海綿グループは幅広く，多様な活性を発現している。
2) ナマコグループでは抗かび作用，抗酵母作用，細胞毒性について高い値が見られる。
3) イソギンチャクグループは *Bacillus subtilis* に対して特徴的に高い値を示している。
4) ほとんどすべてのグループが冠血管拡張作用，強心作用に対して高い値を示している。これは多くの抽出物に含まれている脂肪酸，あるいはアミン類に起因していることが，成分研究から明らかになった。

2.3 細胞毒性化合物

著者らは石垣島で採集したソフトコーラル，*Clavularia koellikeri* から2個の細胞毒性成分を単離，構造決定し，clavularin A **1a**，および clavularin B **1b** と命名した[2),3)]。両化合物ともにT/C ＝ 50％[1)] を与える濃度は 0.25 μg/ml で，非常に強い活性を有している。Clavularin A **1a** における1位から9位までの炭素鎖のつながりは，プロトンNMRにおける詳細なデカップリング実験によって，明らかにすることができた（表4.2.1）。1位と7位の炭素

1a:6,7 - *cis*
1b:6,7 - *trans*

第4章 海洋動物由来の生理活性物質

表 4.2.1 Clavularin A **1a** のプロトン NMR (360MHz)
」はデカップリング実験によって確認されたカップリングを示す。

	CDCl₃		C₆D₆	
	chemical shift δ ppm	coupling constant J Hz	chemical shift δ ppm	coupling constant J Hz
2-H	6.02	dd, 11.7, 2.7	5.97	ddd, 11.7, 1.6, 1.6
3-H	6.76	ddd, 11.7, 7.2, 4.1	6.27	ddd, 11.7, 4.5, 4.5
4α-H	ca. 2.42	m	ca. 1.93	m
4β-H	ca. 2.42	m	ca. 1.93	m
5α-H	ca. 2.1	m	1.68	m
5β-H	1.26	m	0.98	m
6α-H	ca. 2.1	m	1.76	m
6β-Me	0.83	d, 7.2	0.70	d, 6.8
7α-H	2.81	ddd, 9.7, 5.4, 4.1	2.58	ddd, 9.8, 5.5, 3.4
8-H	1.61	m	1.50	m
8-H	ca. 2.1	m	ca. 2.15	m
9-H	2.31	ddd, 17.1, 8.2, 6.6	ca. 2.15	m
9-H	2.49	ddd, 17.1, 9.0, 5.4	ca. 1.93	m
9-COMe	2.12	s	1.70	s

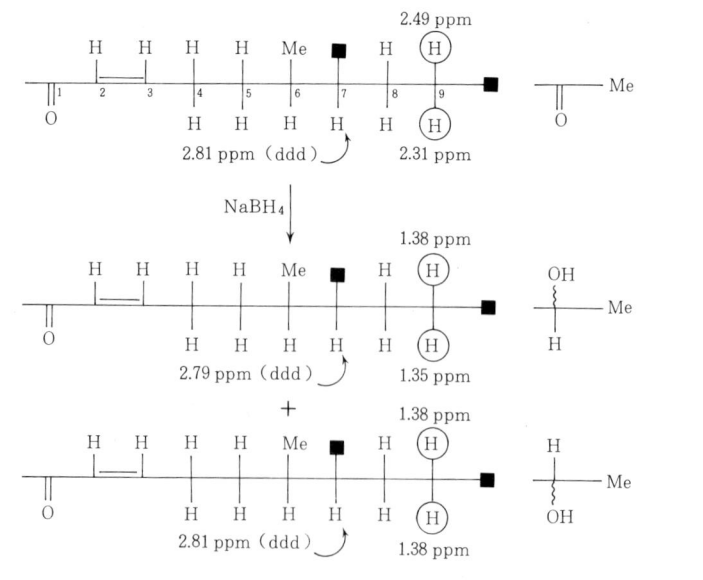

図 4.2.2 Clavularin A **1a** の還元反応
プロトン NMR は重クロロホルム中で測定

が結合した，7員環構造であるか，あるいは1位と9位の炭素が結合した，9員環構造であるかを決定するために，clavularin A **1a**を水素化ホウ素ナトリウムで還元した（図4.2.2）。得られた2個のアルコール体において，7位のメチンプロトンのNMRシグナルは，もとの化合物にくらべてほとんど変化しなかったが，9位のメチレンプロトンは大きく高磁場シフトした。このようにして，clavularin A **1a**の7員環構造が明らかにされた。また，2個のオレフィンプロトンのシス配位は，プロトンNMRにおいて，3位のプロトン（6.27 ppm，C_6D_6中）を照射することによって，2位のプロトン（5.97 ppm）に23％の核オーバーハウザー効果（NOE）が観測されることから明らかにされた（図4.2.3）。CDスペクトル（図4.2.4）において，K-バンド領域（224 nm）で負のコットン効果（$\Delta\varepsilon = -7.08$），R-バンド領域（339 nm）で正のコットン効果（$\Delta\varepsilon = +3.89$）が，それぞれ観測されることから，clavularin A **1a**のα,β-不飽和ケトンは，マイナスのねじれを持った構造であることがわかった[4),5)]。clavularin A **1a**のプロトンNMRにおいて，5β位のプロトンのシグナルはα,β-不飽和ケトンのカルボニル基のシールディング効果によって，異常に高磁場に観

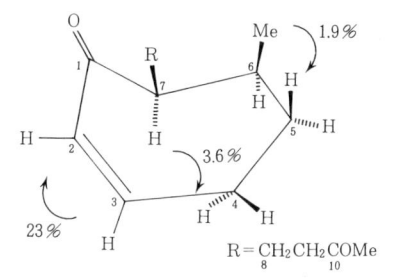

図4.2.3　Clavularin A **1a**のNOEとコンフォーメーション

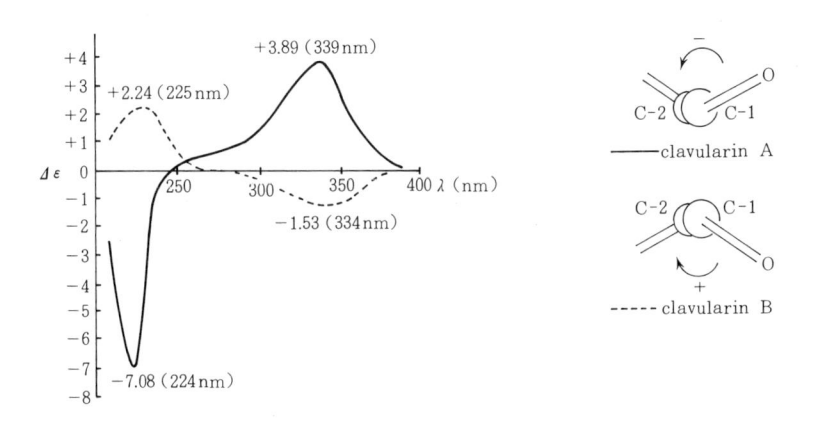

図4.2.4　Clavularin A **1a**，B **1b**のCDスペクトル（n-ヘキサン中）と，α,β-不飽和ケトンのねじれ

第4章 海洋動物由来の生理活性物質

測される（CDCl₃中1.26ppm, C₆D₆中0.98ppm）ことから帰属され，6位のメチル基（CDCl₃中0.83ppm）を照射すると，5β位のプロトンのシグナル（1.26ppm）にNOEが観測されることから，そのメチル基の6β配位が決定された（図4.2.3）。また，7位のプロトンがα配位であることは，このプロトン（2.81ppm）を照射することによって，4位のプロトン（2.42ppm）にNOE（3.6%）が観測されることから決定された（図4.2.3）。すなわち，分子モデルを用いて検討してみると，7位のプロトンはα配位のときにのみ，4位のプロトンの近傍に来ることができる。なお，clavularin A **1a**は小林らによって同じソフトコーラル，*Clavularia koellikeri*の成分，clavukerin Aから二段階の酸化反応によって導かれている[6]。一方，clavularin B **1b**はCDスペクトル（図4.2.4）において，K-バンド領域（225nm）で正のコットン効果（Δε=+2.24），R-バンド領域（334nm）で負のコットン効果（Δε=-1.53）を示す。このことから，clavularin B **1b**のα, β-不飽和ケトンは正のねじれを有していることが明らかになった。clavularin B **1b**のプロトンNMR（C₆D₆中）において，6位のメチル基（0.83ppm）を照射すると，7位のプロトン（2.21ppm）に3.6%のNOEが観測されることから，7位のプロトンはβ配位，つまりclavularin B**1b**はclavularin A**1a**の7位のエピマーであると推定できた。このことは，clavularin A **1a**にメタノール中，塩酸を作用させると，clavularin B **1b**が得られることによって証明された。なお，clavularin B **1b**の全合成がUrechによって報告されている[7]。

オーストラリアで採集された*Lemnalia* sp.のソフトコーラル抽出物は強い細胞毒性を示した。これを精製することによって，活性化合物として，アミノアルコール化合物 **2a** を単離した。細胞毒性は10μg/mlの濃度で，T/C=0%と非常に強いものであった。なお，構造はジアセテート体 **2b** のスペクトルデータから決定した。

$$CH_3(CH_2)_{14}\underset{|}{\overset{OR}{CH}}-\underset{|}{\overset{NHR}{CH}}CH_3$$

2a : R=H
2b : R=Ac

石垣島で採集した海綿，*Hymeniacidon aldis*，およびオーストラリアで採集した海綿，*Phakellia flabellata*の抽出物は，ともに細胞毒性を示した。単離操作の結果，活性化合物として両種から同一の黄色化合物 **3** を得た。この化合物は既に，Sharmaら[8]，北川ら[9]によって，同種の海綿の成分として，報告されているもののうちのひとつである。なお，この化合物の細胞毒性は100μg/mlの濃度で，T/C=32.5%とそれほど強くはなかった。

3

Kazlauskasら[10]は海綿，*Stelospongia conulata*から数種のキノン化合物を報告しているが，著者らはそれらのうちのひとつ，isospongiaquinone **4** をオーストラリアで採集した*Thorecta* sp.の海綿の細胞毒性成分として単離同定した。この化合物の細胞毒性は*in vitro*で10μg/mlの濃度において，T/C=10.5%であり，かつP388担癌マウスを用いた*in vivo*テストにおいて

2 薬理活性物質(その2)

も,ある程度の抗腫よう性が見られた。

オーストラリア,クイーンズランド州,ロッダリーフで採集した未同定の複合体ホヤから,2種の環状ペプチドが得られた[11]。これらは両者ともに10μg/mlの濃度で,T/C=0%と強い細胞毒性を示した。それらのうちの一方は,Irelandら[12]によって既に報告されているulithiacyclamide **5** であったが,他方は新規の環状ペプチド化合物であったので,ascidiacyclamide **6** と命名した。Ascidiacyclamide **6** の構造はイソロイシン,スレオニン,およびもう一個の加水分解物を与える加水分解反応,ならびに,デカップリングを用いたプロトンNMR,C-13NMR(表4.2.2)によって決定した。チアゾール環の置換様式は,C-13NMRシグナル;160.3(s),149.5(s),123.0 ppm (d),およびプロトンNMRシグナル;7.91ppm(s)のケミカルシフトが,ulicyclamideについて報告されている[12]データと非常によく一致することから決定した。イソロイシンとスレオニンが縮合して形成されたオキサゾリン環に関連する10位のプロトン(4.27ppm, dd, J=6.3, 1.2Hz)と,14位のプロトン(4.83ppm, ddd, J=8.1, 6.1, 1.2Hz)との間には,典型的なホモアリル位のカップリングが観測された[12,13]。1位の炭素のC-13NMRピークの帰属,および9位の炭素-(2)位の窒素-5位の炭素のつながりはLSPD法(Long Range Selective Proton Decoupling)を用いて確認することができた。すなわち,N(1)位のプロトンNMRシグナル(8.01ppm)を照射しつつ,C-13 NMRを観測すると,168.4ppmのマルチプレットがデカップリングされることから,1位の炭素の帰属ができ,また5位のプロトン(5.22ppm),またはN(2)位のプロトン(7.40ppm)を照射すると171.2ppmのマルチプレットがデカップリングされることから,9位の炭素-(2)位の窒素-5位の炭素のつながりが確認できた。なお,ascidiacyclamide **6** の合成が浜田らによ

5

6

第4章 海洋動物由来の生理活性物質

表4.2.2 Ascidiacyclamide **6** のNMRデータ
[はデカップリング実験によって観測されたカップリングを示す。

position	^{13}C (CDCl$_3$) δ ppm	^{1}H (CDCl$_3$) δ ppm
1	168.4	
2	160.3	
3	123.0	7.91 (1H, s)
4	149.5	
5	54.7	5.22 (1H, dd, J 6.3, 10.0Hz)
6	33.4	2.31 (1H, dqq, J 6.3, 6.1, 6.1Hz)
7	19.1	1.07 (3H, d, J 6.1Hz)
8	17.9	1.13 (3H, d, J 6.1Hz)
9	171.2	
10	73.5	4.27 (1H, dd, J 6.3, 1.2Hz)
11	81.5	4.86 (1H, dq, J 6.3, 6.3Hz)
12	21.7	1.49 (3H, d, J 6.3Hz)
13	168.9	
14	52.0	4.83 (1H, ddd, J 8.1, 6.1, 1.2Hz)
15	37.0	1.95 (1H, m)
16	24.6	1.17 (1H, m)
		1.27 (1H, m)
17	10.7	0.72 (3H, dd, J 6.8, 6.8Hz)
18	14.9	0.80 (3H, d, J 6.8Hz)
N(1)		8.01 (1H, d, J 8.1Hz)
N(2)		7.40 (1H, d, J 10.0Hz)

って報告されている[14]。

2.4 冠血管拡張作用化合物

Carteら[15]，およびNortonら[16]は海綿，*Dysidea herbacea* の抗菌成分として，多数のポリブロムジフェニルエーテル類を報告しているが，著者らはそれらのひとつ，**7** が強い冠血管拡張作用を有していることを見出した（ED$_{50}$ = 0.56μg/heart）。

海綿，*Ircinia wistari* の冠血管拡張作用成分として，フラノセスタテルペン，ircinianin **8**，ならびにラクトン環の加水分解されたもの，**9** を得た。活性は加水分解されたもの，**9**（ED$_{50}$ = 11μg/heart）の方がircinianin **8** 自身（ED$_{50}$ = 22μg/heart）よりやや強かった。なお，ircinianin **8** は Hofheinz らによって既に報告されている[17]。

7

2 薬理活性物質（その2）

表4.2.3　Xestospongin類のプロトンNMR（360MHz, C_6D_6中，δppm）

	xestospongin A	xestospongin B	xestospongin C	xestospongin D
2-H	3.28 (br. t, 11.5)	3.43 (br. t, 11.3)	3.48 (br. t, 10.9)	3.43 (br. t, 11.0)
3α-H	……	0.65 (br. d, 13.5)	0.77 (br. d, 13.0)	0.68 (br. d, 13.1)
3β-H	……	1.60 (m)	ca. 1.35	ca. 1.5
4α-H	2.75 (ddd, 11.0, 4.1, 2.5)	2.68 (br. d)	2.82 (dd, 13.5, 3.0)	2.68 (dd, 12.6, 4.5)
4β-H	2.00 (ddd, 11.0, 11.0, 2.7)	2.90 (ddd, 13.7, 13.7, 3.3)	3.08 (ddd, 13.5, 13.5, 3.1)	2.88 (ddd, 12.6, 11.1, 3.4)
6α-H	2.60 (br. d, 10.3)	2.95 (ddd, 13.7, 13.7, 2.7)	ca. 3.12	2.94 (ddd, 11.1, 11.1, 3.1)
6β-H	1.87 (ddd, 10.3, 10.3, 2.5)	2.09 (br. d, 13.7)	2.36 (br. d, 10.9)	2.09 (br. d, 11.1)
10-H	3.06 (d, 9.1)	4.17 (s)	4.40 (br. d, 1.4)	4.17 (s)
2'-H	3.28 (br. t, 11.5)	……	3.30 (br. t, 10.8)	3.28 (br. t, 11.0)
3'α-H	……	ca. 1.67	……	……
3'β-Me		0.51 (d, 6.5)		
4'α-H	2.75 (ddd, 11.0, 4.1, 2.5)	2.83 (dd, 13.4, 4.5)	2.79 (ddd, 12.0, 3.5, 2.3)	2.78 (ddd, 11.2, 3.9, 1.9)
4'β-H	2.00 (ddd, 11.0, 11.0, 2.7)	2.72 (dd, 13.4, 11.0)	2.04 (ddd, 12.0, 12.0, 2.8)	2.02 (ddd, 11.2, 11.2, 3.1)
6'α-H	2.60 (br. d, 10.3)	……	2.64 (br. d, 11.2)	2.65 (br. d, 11.3)
6'β-H	1.87 (ddd, 10.3, 10.3, 2.5)	2.45 (br. d, 10.2)	1.90 (ddd, 11.2, 11.2, 2.6)	ca. 1.83
10'-H	3.06 (d, 9.1)	4.40 (br. d)	3.13 (d, 8.6)	3.13 (d, 8.5)

表4.2.4　Xestospongin類のC-13 NMR（90MHz, C_6D_6中，δppm）

	xestospongin A	xestospongin B	xestospongin C	xestospongin D
2-C	75.35 (d)	76.28 (d)	76.18 (d)	76.54 (d)
3-C	……	26.29 (t)	26.41 (t)	26.67 (t)
4-C	53.35 (t)	52.74 (t)	53.26 (t)	53.00 (t)
6-C	54.55 (t)	44.66 (t)	46.03 (t)	44.86 (t)
7-C	……	21.38 (t)	……	21.74 (t)
8-C	……	23.43 (t)	……	23.69 (t)
9-C	40.95 (d)	70.64 (s)	40.84 (d)	70.90 (s)
10-C	96.32 (d)	91.08 (d)	88.18 (d)	91.33 (d)
2'-C	75.35 (d)	82.22 (d)	75.50 (d)	75.50 (d)
3'-C	……	28.69 (d)	……	……
4'-C	53.35 (t)	61.10 (t)	54.85 (t)	54.71 (t)
6'-C	54.55 (t)	46.56 (t)	54.85 (t)	54.71 (t)
9'-C	40.95 (d)	40.83 (d)	41.43 (d)	41.07 (d)
10'-C	96.32 (d)	87.72 (d)	96.22 (d)	96.09 (d)
3'C-Me		14.62 (q)		

第4章 海洋動物由来の生理活性物質

Diisocyanoadociane **10** は既に, Baker ら[18], Kazlauskasら[19]
によって海綿, *Adocia* sp. の成分として報告されているが, この
化合物は $ED_{50} = 10\,\mu g/heart$ の冠血管拡張作用を有していること
が見出された。

オーストラリアで採集した海綿, *Xestospongia exigua* の血管
拡張作用を持つ成分として, ユニークな構造を有する一群の1-オキサキノリジディン化合物を
単離し[20], xestospongin A **11**, xestospongin B **12**, xestospongin C **13a**, xestospongin D **13
b**と命名し, その構造を明らかにすると同時に, 薬理活性についても検討した。まず, xesto-
spongin C **13a** の構造をX線結晶解析によって決定し, 続いて他の化合物の構造をスペクトルデ
ータを相互に比較することによって決定した（表4.2.3, 表4.2.4）。 Xestospongin D **13b**
のプロトン, およびC-13 NMRをxestospongin C **13a**のそれらと比較すると, xestospongin
C **13a** の10位のプロトンシグナルは4.40 ppmにダブレットで観測されるのに対して, xestosp-
ongin D **13b** においては, 4.17 ppmにシングレットで観測される。また, xestospongin D **13b**
の9位の炭素のシグナルは70.90 ppmで, xestospongin C **13a**のそれ（40.84 ppm）よりも低磁

13a : R = H
13b : R = OH

場に観測される。これらのことから，xestospongin D13b の水酸基の位置を 9 位と決定した。Xestospongin A 11 の C-13 NMR スペクトルには 14 個のシグナルのみが観察されるが，これはその対称構造に由来する。それらのケミカルシフトが xestospongin C 13a の CD 環のデータと良い一致を示すことから，その構造が決定された。赤外線吸収スペクトルにおいて，xestospongin A 11 (2758 cm^{-1}), xestospongin C 13a (2760 cm^{-1}), xestospongin D 13 b (2762 cm^{-1})ではトランスキノリジディン構造に特有の Bholman バンド[21]が観測されるのに対して，xestospongin B 12 にはこのバンドが観測されない。このことは，xestospongin B 12 においては，AB 環，CD 環ともに，シスキノリジディンコンフォーメーションをとっている事を示すものである。これは，xestospongin B 12 の 10 位 (4.17 ppm)，10′位 (4.40 ppm)のプロトン NMR シグナルが，ともに比較的低磁場に観察されることによっても支持される。さらに xestospongin B 12 の AB

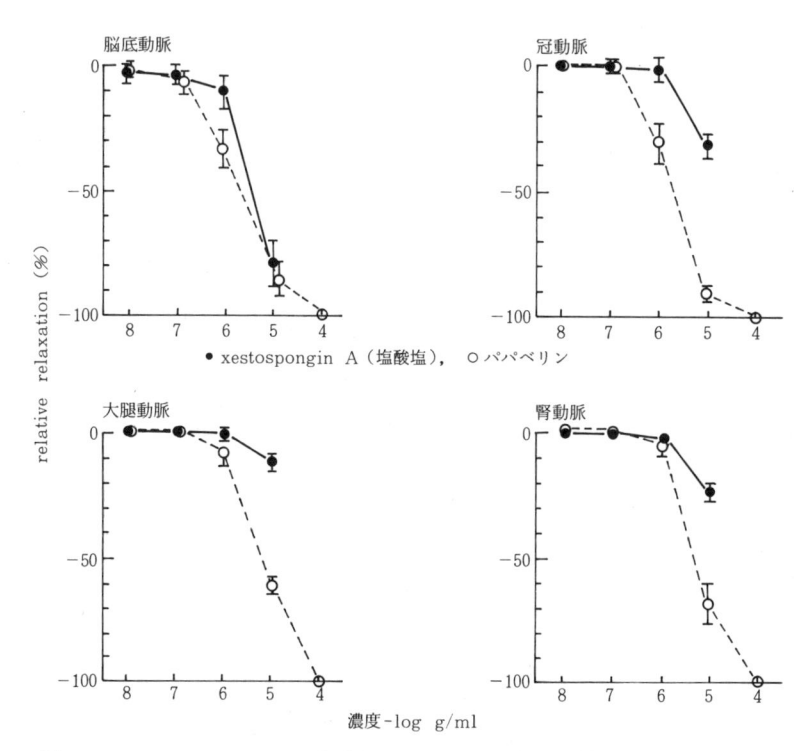

図 4.2.5 Xestospongin A 11 (塩酸塩) のイヌの各種摘出動脈条片に対する弛緩作用
摘出血管は，40 mM 塩化カリウムを含む Krebs 液で部分的に収縮させて，実験を行った。
−100 % はパパベリン 10^{-4} g/ml によってひきおこされる弛緩作用である。

第4章 海洋動物由来の生理活性物質

環のプロトンNMRシグナルはxestospongin D **13b**のそれと良い一致を示すことから，AB環の構造が決定された。また，xestospongin B **12**は二級のメチル基のプロトンNMRシグナル(0.51 ppm)を与え，かつ4′位のα-プロトン(2.83 ppm, dd, J=13.4, 4.5 Hz)，β-プロトン(2.72 ppm, dd, J=13.4, 11.0 Hz)がともにddのカップリングを有することから，3′位のメチル基の位置が決定された。Xestospongin類(塩酸塩)を麻酔開胸イヌに動脈内投与すると，1, 3, および10 μg/kgの用量で，用量依存的に冠血流量の増加をきたした。この増加は同量のパパベリン投与時と同程度のものであった。麻酔イヌの静脈内投与では，0.3, 1.0および3.0 mg/kgの用量において，パパベリン投与時と同様に，血圧の低下，椎骨動脈血流量の増加，大腿動脈血流量の増加，心拍数の増加が見られた。左心室内圧，および，その最大上昇速度はパパベリンで上昇するのに対して，xestosponginでは逆に低下した。イヌの摘出血管条片(各種動脈のラセン状標本)を用いた実験においては，xestosponginは脳底動脈＞冠動脈＞腎動脈＞大腿動脈の順の強度で弛緩作用を発現した。このような動脈標本の種類による弛緩作用の強度の差はパパベリンでは見られないものであった(図4.2.5)。

2.5 海綿から得られた血圧低下作用物質

海綿の成分として，アルデヒド基を有するセスキテルペン，ジテルペン，セスタテルペン化合物が既に多数報告されている。著者らはパラオで採集した海綿，*Hyrtios erecta*の抽出物が血圧低下作用を示し，その活性成分はCiminoら[22)]が海綿，*Spongia nitens*の成分として報告しているジアルデヒドセスタテルペン，scalaradial **14**であることを明らかにした。この化合物は麻酔ラットにおいて，0.05 mg/kgの静脈内投与で顕著で，かつ長時間持続する血圧低下作用を示した。

オーストラリア産の海綿，*Chondropsis* sp.から，強いヒスチジンデカルボキシラーゼ(HDC)阻害作用を有する新規のセレブロサイド化合物が混合物**15a**として得られた[23)]。この化合物はIC$_{50}$=2.8×10^{-4} mg/mlのHDC阻害作用を有していると同

15a : R=H
15b : R=Ac

2 薬理活性物質（その2）

時に，麻酔ラットにおいて5mg/kgの静脈内投与で，顕著な血圧低下作用も示した。赤外線吸収スペクトルにおいて，アミド結合（1656,1544 cm^{-1}），および水酸基（3361,1076,1047 cm^{-1}）の吸収が見られ，プロトンNMRスペクトル（270MHz，重ピリジン中）においては，2個の二級メチル基によるダブレット（0.85ppm, 6H, J=7.3Hz）と，1個の末端メチル基によるトリプレット（0.85ppm, 3H, J=7.0Hz）とが重なって観測された。また，1.25ppmに直鎖のメチレンプロトンのシグナルが，そして，5.71ppm（dt, J=15.4, 8.1Hz），5.94ppm（dt, J=15.4, 8.1Hz）に2個のオレフィンプロトンのシグナルが，それぞれに観測された。C-13NMRスペクトルにおいて，175.61ppmにアミド基のカルボニル炭素のシグナル，133.67，および126.60ppmに2個のオレフィン炭素のシグナル，そして51.93ppm～75.82ppmに10個の低磁場シグナルが観測された。これらの物理データから，この化合物は1個の一級アミド基，1個の二重結合，1本のメチレン長鎖を有するセレブロサイド化合物であることが推定された。この化合物の部分構造はヘプタアセチル化体**15b**の二次元NMRによって明らかにすることができたが，全体の構造は以下の分解反応によって確立された。セレブロサイド**15a**を5％塩酸で加水分解すると，糖，スフィンゴシン，セレブロン酸の3個のフラグメントが得られた。糖はベンゾイル化体に導き，D-ガラクトースであると同定し，セレブロン酸はジアゾメタンでメチル化体とし，スペクトルデータによって同定した。一方，スフィンゴシン部分のメチレン鎖の長さを決定する目的で，ヘプタアセチル化体**15b**をオゾン分解し，得られたアルデヒドをJones酸化し，カルボン酸を得た。そのカルボン酸をジアゾメタンでメチル化し，GC-マスで分析することによって，メチレン鎖の長さが8,あるいは9のものが主な成分であることを明らかにした。

文　献

1) M. Endo, M. Nakagawa, Y. Hamamoto, M. Ishihama, *Pure & Appl. Chem.*, **58**, 387 (1986)
   各アッセイの評価基準は以下に示す。
   抗菌作用；5,000 μg/disk の濃度での阻止円の直径で評価した。-：阻止円なし，±：直径＜10mm，＋：10mm＜直径≦14mm，＋＋：14mm＜直径≦20mm，＋＋＋：20mm＜直径。
   細胞毒性；T/C=検体を含む培養中の生存細胞数/コントロール培養中の生存細胞数で，表されるT/C％で評価した。-：100μg/mlの濃度で，培養8日目で，60％≦T/C，±：100μg/mlの濃度で，培養8日目で，T/C≦60％，かつ，10μg/mlの濃度で，培養8日目で，60％≦T/C，＋：10μg/mlの濃度で，培養8日目で，40％＜T/C＜60％，＋＋：10μg/mlの濃度で，培養24時間で，0％＜T/C≦40％，＋＋＋：10μg/mlの濃度で，培養24時間で，T/C=0％。

第4章 海洋動物由来の生理活性物質

冠血管拡張作用；パパベリン33μg/heart投与時の効果を標準（100％）として，比較することによって評価した。－：水溶性区分500μg/heart投与で，効果＜50％，脂溶性画分100μg/heart投与で，効果＜20％，＋：水溶性画分500μg/heart投与で,50％≦効果，かつ，100μg/heart投与で，効果＜50％，脂溶性画分100μg/heart投与で，20％≦効果＜50％，＋＋：100μg/heart投与で，50％≦効果で，かつ，10μg/heart投与で，効果＜50％，＋＋＋：10μg/heart投与で，50％≦効果。
強心作用；パパベリン33μg/heart投与時の効果を標準として，比較評価した。－：500μg/heartでの効果＜標準，＋：標準≦500μg/heartでの効果，かつ，100μg/heartでの効果＜標準，＋＋：標準＜100μg/heartでの効果。
20％≦効果＜50％，＋＋：100μg/heart投与で，50％≦効果で，かつ，10μg/heart投与で，効果＜50％，＋＋＋：10μg/heart投与で，50％≦効果。
強心作用；パパベリン33μg/heart投与時の効果をスタンダードとして，比較評価した。－：500μg/heartでの効果＜スタンダード，＋：スタンダード≦500μg/heartでの効果，かつ，100μg/heartでの効果＜スタンダード，＋＋：スタンダード＜100μg/heartでの効果。
抗ストレス性かいよう作用；500mg/kgの経口投与でのかいよう形成に対する抑制率で評価した。－：抑制率＜50％，＋：50％≦抑制率＜70％，＋＋：70％≦抑制率＜90％，＋＋＋：90％≦抑制率。
ACE阻害作用：水溶性画分は400μg/ml，脂溶性画分は600μg/mlでアッセイを行った。－：阻害率＜30％，＋：30％≦阻害率＜50％，＋＋：50％≦阻害率＜80％，＋＋＋：80％≦阻害率。
血小板凝集抑制作用；50％抑制の濃度（IC_{50}）で評価を行った。－：抑制なし，±：200μg/ml＜IC_{50}，＋：100μg/ml＜IC_{50}≦200μg/ml，＋＋：10μg/ml＜IC_{50}≦100μg/ml，＋＋＋：IC_{50}≦10μg/ml。

2) M. Endo, M. Nakagawa, Y. Hamamoto, T. Nakanishi, *J. Chem. Soc., Chem. Commun.*, 322 (1983)
3) M. Endo, M. Nakagawa, Y. Hamamoto, T. Nakanishi, *J. Chem. Soc., Chem. Commun.*, 980 (1983)
4) G. Snatzke, "Optical Rotatory Dispersion, and Circular Dichroism in Organic Chemistry", p. 208, Heyden and Son Ltd., London (1967)
5) P. Crabbé, "An Introduction to the Chiroptical Method in Chemistry", p. 34 (1971)
6) M. Kobayashi, B. W. Son, M. Kido, Y. Kyogoku, I. Kitagawa, *Chem. Pharm. Bull.*, **31**, 2160 (1983)
7) R. Urech, *J. Chem. Soc., Chem. Commun.*, 989 (1984)
8) G. M. Sharma, J. S. Buyer, M. W. Pomerantz, *J. Chem. Soc., Chem. Commun.*, 435 (1980)
9) I. Kitagawa, M. Kobayashi, K. Kitanaka, M. Kido, Y. Kyogoku, *Chem. Pharm. Bull.*, **31**, 2321 (1983)
10) R. Kazlauskas, P. T. Murphy, R. G. Warren, R. J. Wells, J. F. Blount, *Aust. J. Chem.*, **31**, 2685 (1978)
11) Y. Hamamoto, M. Endo, M. Nakagawa, T. Nakanishi, K. Mizukawa, *J. Chem. Soc., Chem. Commun.*, 323 (1983)
12) C. Ireland, P. J. Scheuer, *J. Am. Chem. Soc.*, **102**, 5688 (1980)
13) M. A. Weinberger, R. Greenhalgh, *Can. J. Chem.*, **41**, 1038 (1963)

14) Y. Hamada, S. Kato, T. Shioiri, *Tetrahedron Lett.*, **26**, 3223 (1985)
15) B. Carte, D. J. Faulkner, *Tetrahedron*, **37**, 2335 (1981)
16) R. S. Norton, K. D. Kroft, R. J. Wells, *Tetrahedron*, **37**, 2341 (1981)
17) W. Hofheinz, P. Shönholzer, *Helv. Chim. Acta.*, **60**, 1367 (1977)
18) J. T. Baker, R. J. Wells, W. E. Oberhänsli, G. B. Hawes, *J. Am. Chem. Soc.*, **98**, 4010 (1976)
19) R. Kazlauskas, P. T. Murphy, R. J. Wells, J. F. Blount, *Tetrahedron Lett.*, **21**, 315 (1980)
20) M. Nakagawa, M. Endo, *Tetrahedron Lett.*, **25**, 3227 (1984)
21) M. Uskovic̓, H. Bruderer, C. von Planta, T. Williams, A. Brossi, *J. Am. Chem. Soc.*, **86**, 3364 (1964)
22) G. Cimino, S. De Stefano, A. Di Luccia, *Experientia*, **35**, 1277 (1979)
23) M. Nakagawa, M. Endo, Y. Hamamoto, M. Ishihama, H. Kubota, The 1984 International Chemical Congress of Pacific Basin Societies, Honolulu, Hawaii, December, 1984, Book of Abstracts, 10E 69

3 海産プロスタノイドと抗腫瘍活性

3.1 はじめに

本多 厚*

プロスタグランジン(PG)は，陸上哺乳動物の種々の組織で微量生理活性物質として産生され，多彩な生物活性をもつことがここ約50年の間に明らかにされた。このPG研究領域で，血小板でつくられ，血小板を凝集させる物質トロンボキサン A_2 の発見(1975年，Samuelssonら)と，血管壁でつくられ，血小板凝集を阻止する物質プロスタサイクリン(PGI_2)の発見(1976年，Vaneら)は，それらの活性の強さにより世界中を驚かし，一躍脚光を浴びるようになった。現在，これらを無視して心脈管系の病態生理を語るのは困難とさえなってきている。また，アラキドン酸のリポ

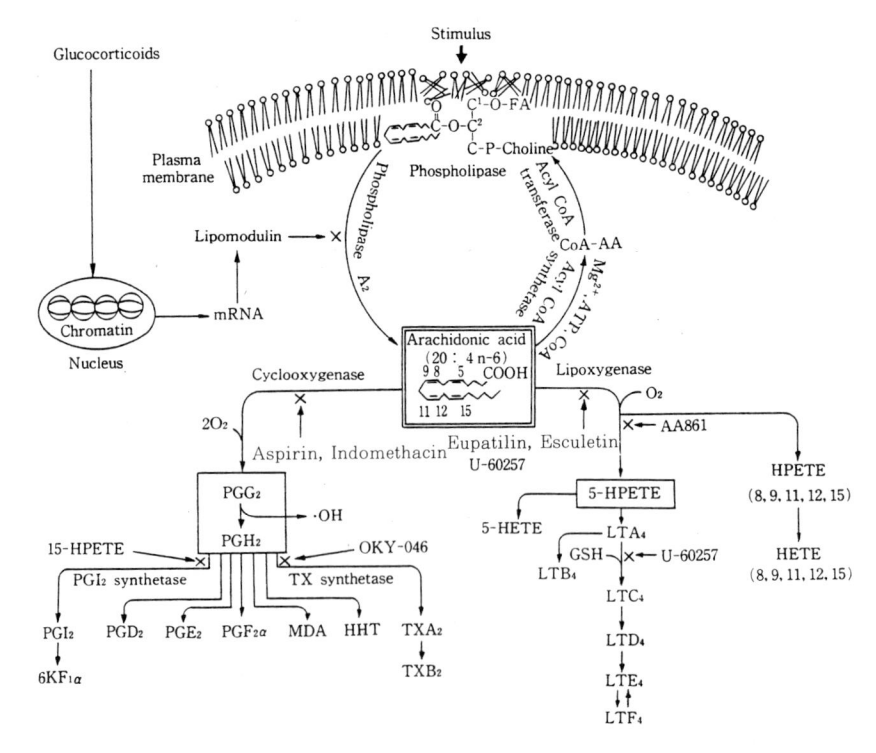

図 4.3.1　アラキドン酸カスケード

* Atsushi Honda　東京薬科大学　第一生化学教室

3 海産プロスタノイドと抗腫瘍活性

キシゲナーゼ産物であるロイコトリエンの発見(1979年, Samuelssonら)は, アレルギー喘息やアレルギー炎症の成因究明へ飛躍的な進歩をもたらした。これら多彩な生理活性を持つアラキドン酸代謝産物は, すべて細胞内でアラキドン酸からつくられる。今日では, これらアラキドン酸代謝産物の産生経路を称して"アラキドン酸カスケード"とよんでいる(図4.3.1), そして1982年のノーベル医学・生理学賞が3人のPG研究者(Bergström, Samuelsson, Vane各博士)に贈られたことはまだ記憶に新しいことである。本邦においては, これらの研究領域に関する優れた総説[1],[2], 解説書[3],[4], 実験書[5]等が多数あるので興味のある方はそれらを参考にされたい。

一方, 海洋動物にもプロスタグランジンをはじめとするプロスタノイドの存在が認識されるようになったのは, 1969年 Weinheimerら[6]が海洋腔腸動物(八放サンゴの一種)*Plexaura homomalla* にPGA系のプロスタノイド(((15R)-PGA$_2$とそのジエステル体)が多量に含まれていることを発見したことにはじまる。その後, 腔腸動物のみならず, 魚類, 貝類などの海洋動物にもプロスタノイドの存在が種々報告され, 海洋動物由来のプロスタノイドの生理活性および存在意義にも焦点があてられるようになった。1982年本邦の沖縄産の腔腸動物 *Clavularia viridis*から発見された新規な化学構造をもつ海産プロスタノイドclavulone[7] 別名 claviridenone[8]とその類縁化合物には強い抗腫瘍活性が見いだされ[9]~[11], 以来これらの抗腫瘍性プロスタノイドに対して大きな関心が寄せられるようになった。

筆者は, これらclavuloneとその類縁化合物の抗腫瘍活性等の生物活性に特に興味を持ち, 最近, 東京薬科大学山田泰司教授との共同研究の機会を得た。本稿では, 海産動物由来のプロスタノイドについて概説するとともに, clavuloneのヒト培養癌細胞および正常細胞に対する作用機序について筆者らの最近得た知見[11]を中心に紹介し, 分担執筆の任を果たしたい。

3.2 腔腸動物に含まれるプロスタノイド

腔腸動物の分類を図4.3.2に示す。腔腸動物の中でプロスタノイドは, 主にサンゴより発見されたものが多いことからこれらを Coral prostanoidとよんでいる。"サンゴ"という言葉を定義することは難しいが, 一般に①石サンゴ類(石サンゴ目), ②八放サンゴ(ソフトコーラル)類(ヤギ目, ウミウチワ類), ③ヒドロサンゴ類(アナサンゴモドキ目)の3つのグループに分かれている[12]。

3.2.1 *Plexaura homomalla*

Weinheimerおよび Spraggins[6]はフロリダ近海産の八放サンゴ類ヤギ目の一種 *Plexaura homomalla* が多量のプロスタノイドを含有していることを発見した。単離・構造決定したところ, これらはいずれもPGA系のプロスタノイドであり, その含有量は乾燥重量にして(15R)-PGA$_2$

第4章 海洋動物由来の生理活性物質

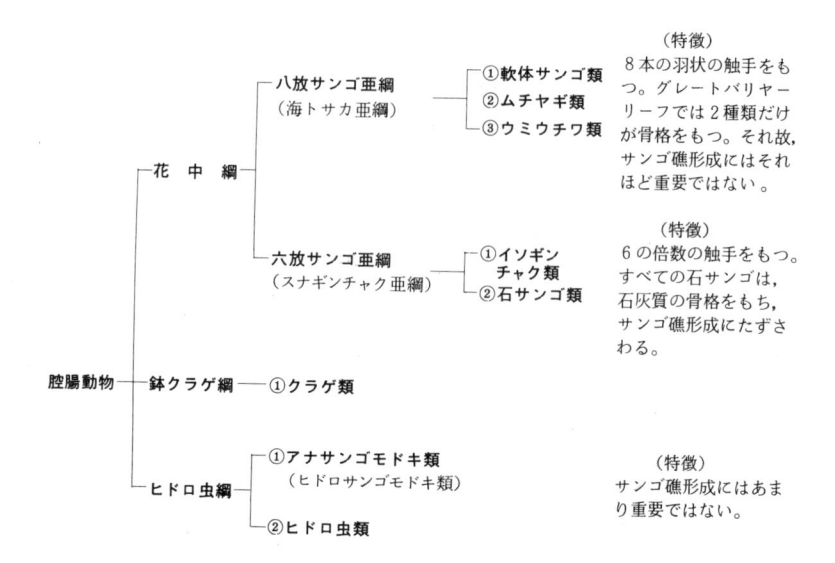

```
                                    ┌─①軟体サンゴ類       （特徴）
                  ┌八放サンゴ亜綱 ──┼─②ムチヤギ類        8本の羽状の触手をも
                  │ （海トサカ亜綱）└─③ウミウチワ類     つ。グレートバリヤー
                  │                                       リーフでは2種類だけ
          ┌花 中 綱                                       が骨格をもつ。それ故,
          │       │                                       サンゴ礁形成にはそれ
          │       │                                       ほど重要ではない。
          │       │
          │       │                    ┌─①イソギン       （特徴）
          │       └六放サンゴ亜綱 ──┤  チャク類        6の倍数の触手をもつ。
          │         （スナギンチャク亜綱）└─②石サンゴ類  すべての石サンゴは,
腔腸動物──┤                                               石灰質の骨格をもち,
          │                                                 サンゴ礁形成にたずさ
          │                                                 わる。
          │
          ├鉢クラゲ綱 ── ①クラゲ類
          │
          │              ┌─①アナサンゴモドキ類        （特徴）
          └ヒドロ虫綱 ──┤  （ヒドロサンゴモドキ類）   サンゴ礁形成にはあま
                         └─②ヒドロ虫類                り重要ではない。
```

図4.3.2 腔腸動物の分類[12]

が0.2%, その diester が1.3%という大量であった。また, ω側鎖のC-15位の立体配置は従来哺乳動物に見いだされたPG類がすべてS配置であるのに反しR配置であった。当時天然に存在し生物活性のあるPGは (15S) 型と考えられていたことと, 哺乳類に含まれるPG類が微量であるのに比べサンゴには極めて多量に存在していることから, この知見は驚きをもって迎えられた。以後, 本海洋動物のプロスタノイドに関する研究が次々と報告された。

Schneider ら[13]は, カリブ海で採集した同種のサンゴに哺乳動物と同じ生理活性のある(15S)-PGが多量に存在することを報告した。収量は, 乾燥重量にして(15S)-PGA_2が1.4%, そのメチルエステルが0.4%, (15S)-PGE_2が0.06%であった。

Light および Samuelson[14]はフロリダ海域の同種のサンゴについて検討し, (15R)-PGA_2の他に (15R)-PGE_2 (乾燥重量の0.1～0.2%) および methyl-(15R)-PGE_2, さらに少量の (15S)-PGの存在を報告した。

かくして, Plexaura homomalla の中にはC-15位の立体配置がR配置のプロスタノイドを含むものと, その逆のS配置のものを含むものの2種が存在することが示された。以後, R配置のプロスタノイドを含む Plexaura homomalla を R-variant, S配置のものを含むものを S-variant と呼び区別するようになった。しかし, この違いが Plexaura homomalla の変種によ

3 海産プロスタノイドと抗腫瘍活性

るものか,またはサンゴの生息海域の差によるのか明らかではない。

Light ら[15]は,これらの立体配置の違いを前駆体である $C_{20:4}$ 脂肪酸の立体構造の違いによるのではないかと考え,R-variant と S-variant の $C_{20:4}$ 脂肪酸を調べた。両者とも含有する $C_{20:4}$ 脂肪酸の 97% 以上がアラキドン酸で,5-*cis*,8-*cis*,11-*cis*,14-*trans* eicosatetra-enoic acid は 2.4% 以下であった。したがって前駆体脂肪酸の立体構造の違いにより R 配置,S 配置のプロスタノイドが生じるのではないと報告した。

天然に存在する生物活性のある PG はすべて C-15 位の立体配置は S 配置であると考えられている。たとえば (15S)-PGA_2 は哺乳類の血圧を低下させる作用があるが (15R)-PGA_2 にはない。しかし最近,(15S)-PGA_2 も (15R)-PGA_2 もマウス B16a melanoma 細胞の増殖を同程度に抑制することが報告[16]されたので,少なくとも抗腫瘍活性(細胞増殖抑制効果)に関してみる限り C-15 位の立体配置は無関係と考えられる。

以上 *Plexaura homomalla* から単離されたプロスタノイドの構造を図 4.3.3 に示す。

一方,これらのプロスタノイドが哺乳動物とまったく同じ生合成経路(機構)により合成され

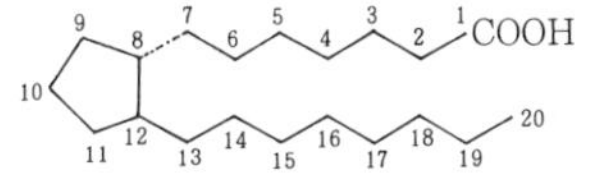

プロスタン酸骨格

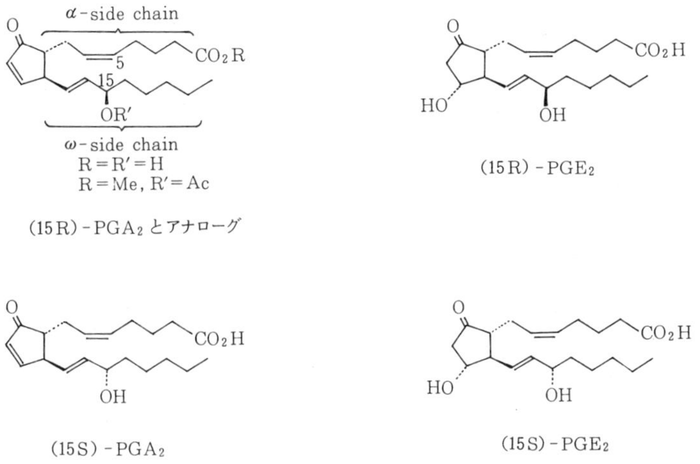

(15R)-PGA_2 とアナローグ
R = R' = H
R = Me, R' = Ac

(15R)-PGE_2

(15S)-PGA_2

(15S)-PGE_2

図 4.3.3 *Plexaura homomalla* に含まれるプロスタノイド[6),13),14)]

第4章 海洋動物由来の生理活性物質

ているのかどうかについては大変興味ある点であるが，まだ充分な情報は得られていないのが現状である。

Corey ら[17]は，*Plexaura homomalla* の PG 合成酵素系を可溶化し，これを用いてアイソトープで標識されたアラキドン酸と反応させ，サンゴのPGA類がアラキドン酸から生合成される（転換率10%）ことを示した。哺乳動物ではPGAは非酵素的にあるいは酵素的にPGEを経て生合成されると考えられているが，このサンゴの合成酵素系を用いて標識PGE_2からPGA_2は生合成できなかった。また，シクロオキシゲナーゼ阻害剤であるインドメサシンやアスピリンでPGA_2の生合成阻害は認められず，生合成の際にグルタチオン，システイン，CoA などの co-factor も必要としなかった。しかも哺乳動物のPG合成中間体，すなわちPG-endoperoxide であるPGH_2からPGA_2は生成されなかった。したがって，サンゴでは哺乳動物とは異なる生合成経路を介してPGA_2が生合成されるものと考えざるをえない。また Corey ら[18]は，この酵素系はサンゴに共生する共生藻類（*Zooxanthellae*）に由来するものではなく，*Plexaura homomalla* に含まれるものと結論づけている。

3.2.2 *Lobophyton depressum*

Plexaura homomalla と近縁の紅海産八放サンゴ類ウミトサカ目 *Lobophyton depressum* から Carmely ら[19]は PGF 系に属する4種のプロスタノイドを単離した（図4.3.4）。

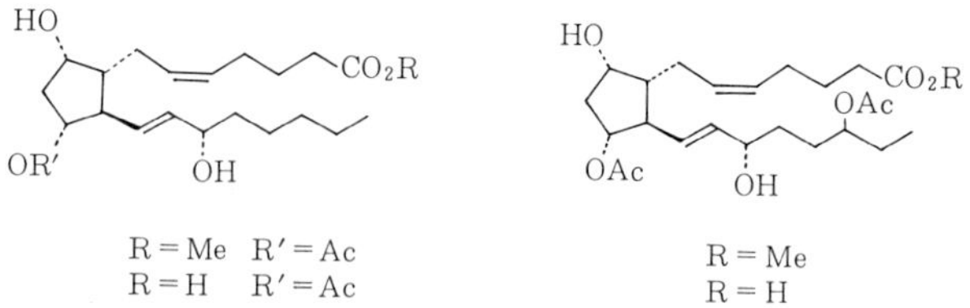

R = Me R' = Ac
R = H   R' = Ac

R = Me
R = H

図4.3.4 *Lobophyton depressum* に含まれるプロスタノイド[19]

3.2.3 *Euplexaura erecta*

菰田ら[20]は本邦相模湾産八放サンゴ類ヤギ目オウギフトヤギ *Euplexaura erecta* のメタノール抽出物から$PGF_{2\alpha}$を単離同定した。

3.2.4 *Clavularia viridis*

(1) Clavulone

1982年東京薬科大学，山田泰司教授のグループ[7]および大阪大学，北川勲教授のグループ[8]により別々に沖縄産の腔腸動物 *Clavularia viridis* Quoy and Gaimard（八放サンゴ類相生目

3 海産プロスタノイドと抗腫瘍活性

ツツウミヅタ）から新しい海産プロスタノイドが抽出され，構造決定がなされた。それぞれ cla-vulone[7]あるいは claviridenone[8] と名付けられた。図 4.3.5 に示すように，clavulone は従来発見されたプロスタノイドとは以下の点 ── ① Δ^7 - prostaglandin A アナローグで C-4 位と C-12 位に $-OCOCH_3$ 基を有す。② C-7 位と C-14 位に二重結合を有す。③ C-15 位に allyl alcohol (-OH) 基を持たない ── で構造が異なり新規プロスタノイドであった。これらプロスタノイドの発見，構造決定に関しては，山田の総説[21]があるので参照されたい。現在では化学合成にてこれら clavulone 類の全合成が達成されている[22]。

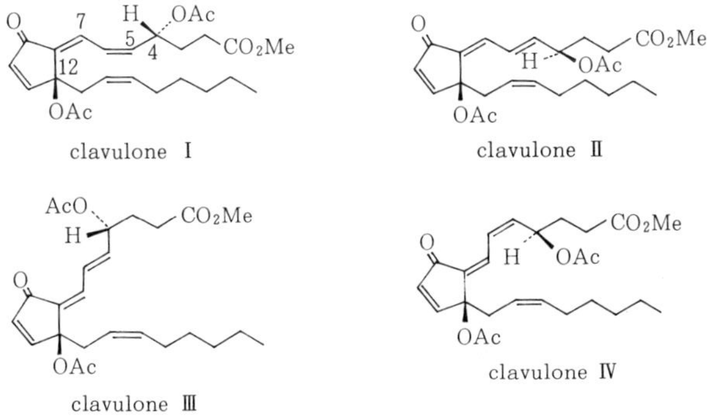

clavulone I

clavulone II

clavulone III

clavulone IV

図 4.3.5 Clavulone の構造式[7]

(2) Clavulone の抗腫瘍活性

Clavulone の抗腫瘍活性に関しては，筆者らの最近得た知見[11]を中心に以後やや詳しく述べたい。

① Clavulone の *in vitro* におけるヒト培養癌細胞，正常細胞に対する増殖抑制効果と殺細胞効果

clavulone のヒト培養癌細胞，正常細胞に対する作用を，IC_{50}（50％細胞増殖抑制濃度）と殺細胞効果（Cytotoxic effect）の生じる濃度とで示した（表 4.3.1）。ヒトの癌細胞としては前骨髄性白血病細胞（HL-60 cells）と子宮頸管由来の癌細胞 HeLa 細胞を，また正常細胞としては，Chang 肝細胞と肺線維芽細胞（TIG-1）を用いた。Clavulone に対して白血病細胞（HL-60 cells）は子宮癌細胞（HeLa 細胞）や正常細胞（Chang 肝細胞，肺線維芽細胞）よりも IC_{50} でみた場合約 2.5 倍感受性が高いことを示した。また，clavulone は白血病細胞（HL-60 cells）に対して正常細胞に対する約半分の濃度で殺細胞効果（Cytotoxic effect）を示した。このことは，cla-

表 4.3.1　clavulone のヒト培養癌細胞，正常細胞に対する増殖抑制効果と殺細胞効果[11]

Cell line	IC_{50}	Cytotoxic effect
癌細胞		
HL-60 cells	0.4 μM (0.2 μg/ml)	>1μM (0.5 μg/ml)
HeLa cells	1.0 μM (0.5 μg/ml)	>2μM (1.0 μg/ml)
正常細胞		
Chang liver cells	1.0 μM (0.5 μg/ml)	>2μM (1.0 μg/ml)
Lung fibroblasts (TIG-1)	1.0 μM (0.5 μg/ml)	>2μM (1.0 μg/ml)

vulone が前骨髄性白血病細胞に対して in vitro で選択性があることを示している。図4.3.6 a は，ヒト前骨髄性白血病細胞（HL-60 cells）の増殖に対する clavulone の増殖抑制効果を調べたものである。Clavulone は用量依存的に，しかも時間依存的に HL-60細胞の増殖を抑制した。IC_{50} は図4.3.6 b）から IC＝0.4 μM (0.2μg/ml) と算出された。これは哺乳動物に存在するPGD_2 のマウス白血病細胞（L_{1210}）に対するIC_{50}＝2～4 μg/ml[23] の約10倍強く，またPGA_2のIC_{50}＝1～2 μg/ml[23] の約5倍強に匹敵する。特にClavuloneは 0.5 μg/ml，2 μg/mlの濃度ではヒト白血病細胞に対して殺細胞効果（Cytotoxic effect）が認められた。

② Clavulone のヒト白血病細胞（HL-60 cells）に対する DNA 合成阻害効果

Clavuloneを培養ヒト白血病細胞の培地（10％仔牛血清を含む RPMI 1640培地）に，0, 0.25

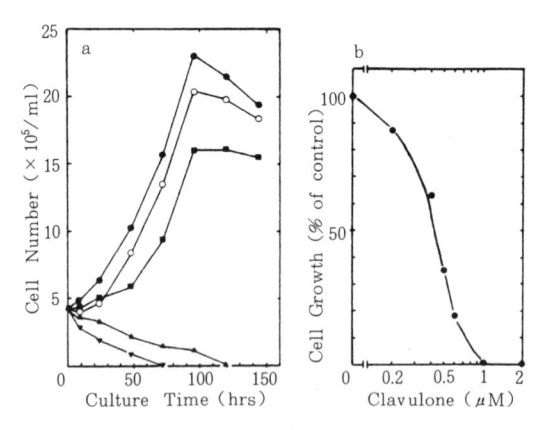

図4.3.6　Clavulone のヒト白血病細胞（HL-60 cells）に対する細胞増殖抑制効果と殺細胞効果[11]
　a）HL-60細胞の細胞増殖に及ぼす効果
　　　Clavulone Ⅰ：(—●—) none, (—〇—) 0.1 μg/ml,
　　　(—■—) 0.25 μg/ml, (—▲—) 0.5 μg/ml, (—▼—) 2 μg/ml.
　b）Clavulone の用量依存曲線

μg/ml, 0.5 μg/ml, 2 μg/ml と添加後, 0時間, 1時間, 3時間, 9時間, 24時間後のDNA合成活性を[^{3}H]-thymidineのトリクロル酢酸不溶性画分への取り込み量として液体シンチレーションカウンターを用いて測定した（表4.3.2）。DNA合成, すなわち[^{3}H]-thymidineの取り込みは対照では24時間まで増大した。Clavulone添加濃度を0.25 μg/mlから2 μg/mlと増大させると[^{3}H]-thymidineの取り込みは著しく抑制された。0.5 μM (0.25 μg/ml) の濃度では24時間処理後には対照の38.5％にまで, また1 μM (0.5 μg/ml) の濃度では対照の1％以下まで抑制された。4 μM (2 μg/ml) の濃度では1時間処理でDNA合成が対照の40％にまで抑制され, 3時間処理後には対照の約8％, 9時間後には対照の1％以下まで抑制された。この結果は, clavulone処理された白血病細胞（HL-60 cells）は極めて短時間にDNA合成が阻害されることを示唆している。

表4.3.2　Clavulone のヒト白血病細胞 (HL-60 cells) に対する
　　　　　DNA合成阻害効果[11]

Culture time (時間)	[^{3}H]-Thymidine incorporated (dpm/10^5 cells)				
	0	1	3	9	24
Clavulone I					
0	1,641	1,933	2,257	5,326	7,470
	(100)	(100)	(100)	(100)	(100)
0.5 μM (0.25 μg/ml)	—	—	1,296	5,156	2,876
			(57.4)	(96.8)	(38.5)
1.0 μM (0.5 μg/ml)	—	—	1,636	1,284	27
			(72.5)	(24.1)	(0.4)
4.0 μM (2.0 μg/ml)	—	775	178	16	15
		(40.1)	(7.9)	(0.3)	(0.2)

（　）は対照に対する％を示す。

③ Clavulone のヒト白血病細胞（HL-60 cells）の細胞周期に及ぼす効果

通常細胞は, 細胞周期の模式図（図4.3.7）のように, G_1期（DNA合成前期）, S期（DNA合成期）, G_2期（DNA合成後期）, M期（分裂期）と細胞周期（cell cycle）を回転して増殖していくと考えられている。そこでclavuloneがヒト白血病細胞の細胞周期のどこの段階で作用するかをフローサイトメーターで解析した。clavuloneを0, 0.5 μg/ml, 2 μg/ml 添加後, 24時間培養した細胞をエタノール固定後, Propidium iodideでDNAを蛍光染色し, フローサイトメーターで解析したのが図4.3.8である。対照としての対数増殖期にあるヒト白血病細胞は, 図4.3.8 aに示すように最初に2倍体であるG_1期細胞の鋭いピーク（35.0％）と4倍体であるG_2とM期の細胞からなる後のピーク（11.0％）, そしてその間に2倍体から4倍体のDNA量の異なるS期の細胞（54.0％）とからなることが示された。clavulone (0.5 μg/ml) 添加された細胞では, 図4.3.

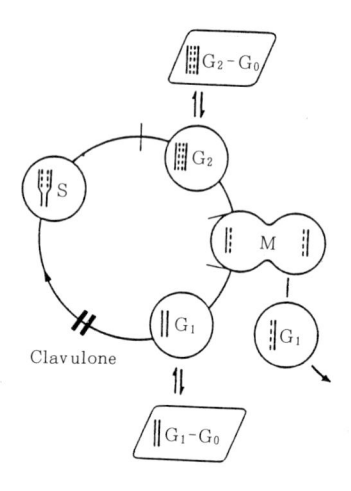

第4章　海洋動物由来の生理活性物質

図4.3.7　細胞周期の模式図と Clavulone の作用機序

8 b) に示すように S 期細胞の減少(36.6%) に伴う G_1 期細胞の蓄積 (54.0%) が認められ，さらに濃度を $2\mu g/m\ell$ と上昇させると G_2-M期の細胞 (4.6%) のピークも非常に減少した (図4.3.8 c)。

これらの結果から clavulone は，細胞が G_1 期から S 期へ移行する過程を阻害し G_1 期に蓄積させる結果，細胞の増殖を抑制させる G_1-blocker と解釈できる (図4.3.7)。このような薬剤は現在まであまり知られておらず，今後その詳細な分子レベルでの機構解明が急務である。

④ Clavulone の *in vivo* での効果

以上 clavulone が *in vitro* でヒト白血病細胞 (HL-60 cells) に対して強い細胞増殖抑制効果および殺細胞効果があるという筆者らの知見[11]を紹介したが，新規抗腫瘍薬開発にはclavuloneの *in vivo* での抗腫瘍効果が重要となる。福島ら[10]は，抗腫瘍剤の一次スクリーニングの系である Ehrlich 腹水癌移植マウスの腹腔中に clavulone を投与し，それらの抗腫瘍効果を検討した。Clavulone を 10 mg/kg/day で 5 日間投与したところ，実験マウスの平均生存日数の延長 (%ILS) は 50.8% であり，60日以上の長期生存は 6 匹中 2 匹であったと報告している。今後さらに clavulone の Pharmacokinetics の検討，有効な Drug delivery system の開発等臨床基礎両面での成果に期待したい。

(3) Chlorovulone の発見と抗腫瘍活性[24]

最近，東京薬科大学，山田泰司教授のグループで α 鎖 C-7 位に二重結合，C-9 位にケト基，

3 海産プロスタノイドと抗腫瘍活性

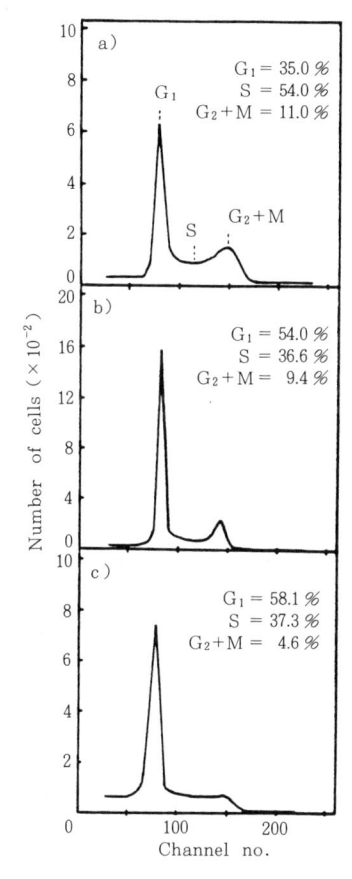

図 4.3.8 Clavulone のヒト白血病細胞 (HL-60 cells) の細胞周期に及ぼす効果[11]

横軸は DNA 含量を示し,縦軸は細胞数を示す。
a) 対数増殖期の対照の細胞 (24時間培養)
b) Clavulone 1.0 μM (0.5 μg/ml) 添加後, 24時間培養した細胞
c) Clavulone 4.0 μM (2 μg/ml) 添加後, 24時間培養した細胞

C-11位に二重結合をもち Δ^7-PGA の構造をとり, C-10位にクロール, C-12位に水酸基を有する chlorovulone が同じ沖縄産腔腸動物 Clavularia viridis から発見された[24](図4.3.9)。筆者ら[24]が抗腫瘍活性を検討したところ, ヒト前骨髄性白血病細胞 (HL-60 細胞) で $IC_{50}=0.03\,\mu$M (0.01 μg/ml) であり, Clavulone の約13倍も強いことが判明した (表4.3.3)。これは, ハワイの Scheuer ら[25]がハワイ産の八放サンゴ Telesto riisei から抽出したプロスタノイド punaglandin とほぼ同程度の抗腫瘍活性を有しているものと考えられる。

3.2.5 Telesto riisei

1985年, 前ハワイ大学の Scheuer 教授のグループがハワイ産八放サンゴ類小枝目 Octocoral telestoriisei から新しいプロスタノイド punaglandin を抽出分離し, 構造決定した[25]。図4.3.10に示すようにこの化合物は, α鎖 C-7 位に二重結合, C-9 位にケト基, C-11位に二重結合をもち Δ^7-PGA の構造をとるが, C-10位にクロール, C-12位に水酸基をもつのが特徴である。福島ら[10]の報告によると, マウス白血病細胞 (L_{1210} cells) に対する punaglandin 3 の $IC_{50}=0.02\,\mu$g/ml で, clavulone の約15倍強いという。

3.3 魚類および貝類に含まれるプロスタノイド

PG 研究はこれまで哺乳動物とサンゴが主であった。しかし, 魚類からもプロスタノイドが発見された。ニジマスの鰓からは PGE_3 および $PGF_{3\alpha}$ に加えて新規なプロスタノイド C_{22}-$PGF_{4\alpha}$ が発見された[26]。これは, これまで知られていなかった4-シリーズのプロスタノイドで, ドコサヘキサエン酸から生合成されると考えられている。野村ら[27]は, 海洋動物の PG 類の検索を行い, 魚類においては, 軟骨魚ドチザ

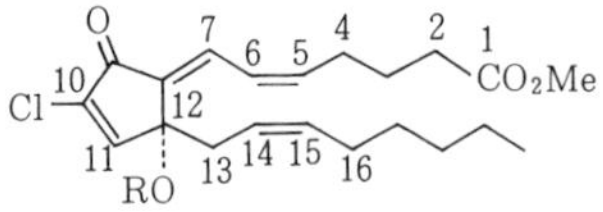

第4章 海洋動物由来の生理活性物質

1 R=H chlorovulone I
5 R=Ac

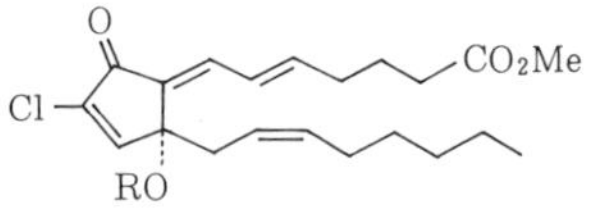

2 R=H chlorovulone II
6 R=Ac

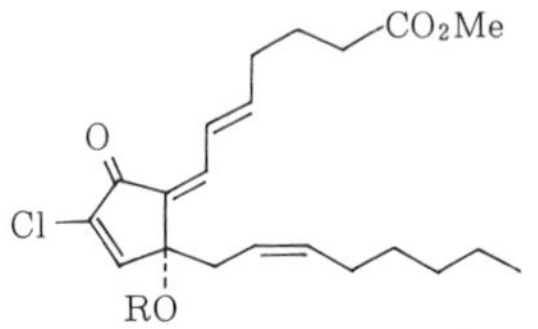

3 R=H chlorovulone III
7 R=Ac

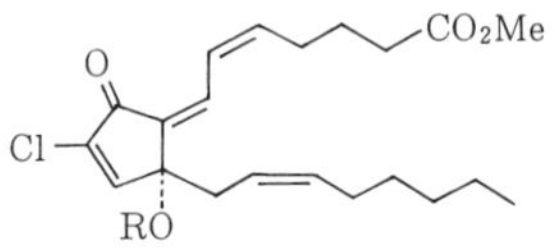

4 R=H chlorovulone IV
8 R=Ac

図4.3.9 Chlorovulones の構造式[24]

表4.3.3 chlorovulone のヒト白血病細胞 (HL-60 cells) に対する細胞増殖抑制効果と殺細胞効果[24]

	IC_{50}	Cytotoxic effect
Chlorovulone I	0.03 μM (0.01 μg/ml)	>0.3 μM (0.1 μg/ml)
Clavulone I	0.4 μM (0.2 μg/ml)	>1 μM (0.5 μg/ml)

メ (*Triakis scyllia*) の消化管から PGE_2 を, カレイ, マグロの精巣とシロサケの精液中にE型とF型のPGを検出した。一方, ムラサキイガイ, ホタテガイなどの貝類, ホヤ, イソギンチャクなどにも PGE が含有されていることを bioassay で検出している[28]。その概要を表4.3.4に引用するにとどめ, さらにその詳細については野村の優れた総説[29], 成書[30]を参照されたい。組織別にみると, 高等海洋動物の場合には, 消化管, 心臓, 鰓などに比較的多くプロスタノイドが含有される傾向にある。

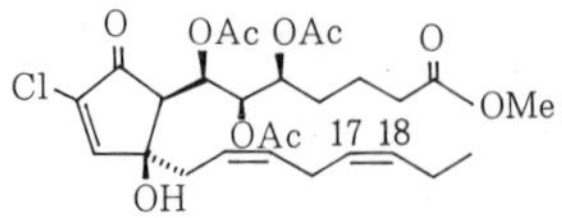

1
2 17, 18-dihydro-1

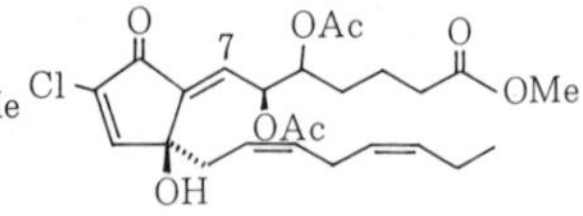

3
4 17, 18-dihydro-3

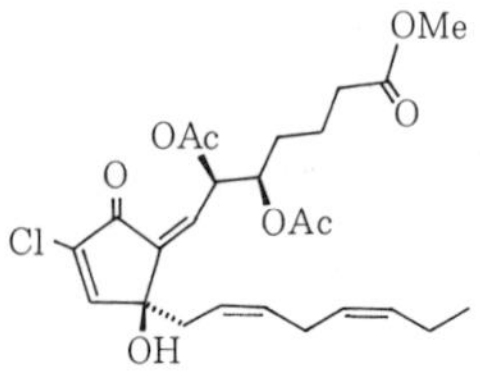

5
6 17, 18-dihydro-5

図4.3.10 Punaglandin の構造式[25]

表4.3.4 生物検定法によるプロスタグランジンの魚貝類における分布[29]
(PGE_2換算 ng/g・組織)

動物	組織	PG
ヒト	精液	38,500
シロネズミ	消化管	27
	皮膚	2
	精巣	3
	肺	27
	脳	1
	膵臓	8
	心臓	<1
	腎臓	89
ドチザメ	肝臓	<1
	消化管	31
	皮膚・鰭	53
	筋肉	29
	鰓	17
	脳	5
ムラサキイガイ	卵巣	6
	鰓	8
	消化盲嚢	4
	足	6
	外套膜	12
ホタテガイ	鰓	4
	消化盲嚢	<1
	足	2
	外套膜	2
	閉介筋	<1
マボヤ	皮嚢	9
	卵巣	2
	肝臓	0
	筋肉	1
エボヤ	皮嚢	1
ヒトデ	全体	<1
イトマキヒトデ	全体	1
イソギンチャク	全体	3
エゾイソギンチャク	全体	9
エラコ	全体	<1
イソメ	全体	<1
ゴカイ	全体	<1

3.4 おわりに

以上概説したように，海洋動物由来のプロスタノイドには陸上哺乳動物に含まれるものと同一のものも存在するが，従来にない新規構造を有するものも多く発見されている。特に腔腸動物（サ

ンゴ)由来のプロスタノイドで特筆すべき特徴としては以下の点があげられる。

1) 哺乳動物のプロスタノイドに比べ,サンゴのは生体内における存在量が驚くほど多量であり,なかには乾燥重量の1％におよぶものもある。しかも生体内に貯蔵されていると考えられる。

2) サンゴのPGAおよびΔ^7-PGA化合物（clavulone, chlorovulone, punaglandin）の生合成経路に関しては不明な点が多く,どうも哺乳動物のプロスタノイドとは異なると考えられる。

3) サンゴにおけるこれらプロスタノイドの存在意義については充分明らかにされていないが,PGA_2およびΔ^7-PGA化合物（clavulone, chlorovulone, punaglandin）の持つ非常に強い細胞増殖抑制効果,殺細胞効果を考慮すると,これらは,サンゴ礁海域の生態系でサンゴが生存競争に勝つための巧妙な防御物質あるいは他の海洋動物に対する忌避物質となっている可能性が考えられる。筆者らは,このサンゴの持つ本来の生物作用をヒトに対する新しい白血病治療薬あるいは癌化学療法剤開発に利用（創薬）できないかという夢をいだいている。これら抗腫瘍性プロスタノイドの構造-活性相関に関する知見によると,プロスタノイドの5員環内のエノン構造に共役するα,β-二重結合が側鎖に存在するいわゆる"アルキリデンシクロペンテノン構造"が抗腫瘍活性発現には重要であることが,成宮ら[23],Honnら[16]により指摘されている。

このように,海洋動物にはまだ構造的にも生合成的にも,また生理活性の面からも未知な新プロスタノイド発見の素材としての可能性が充分あり,今後この領域での医薬品等の研究開発等,新たな発展が期待される。

最後に,御校閲を賜った東京薬科大学,森 陽教授に感謝いたします。また,沖縄産腔腸動物 *Clavuria viridis* のプロスタノイドに関し種々御教授を賜り,しかも貴重な試料を御供与下さいました東京薬科大学,山田泰司教授に深謝いたします。

文　献

1) 室田誠逸,医学のあゆみ,**114**,No. 9-13 (1980)
2) 室田誠逸,生化学,**54**,No. 1, 1 (1982)
3) 鹿取信,山本尚三,佐藤和雄,プロスタグランジン,講談社サイエンティフィク (1978)
4) 室田誠逸編,現代化学 "プロスタグランジンと病態",増刊1,東京化学同人 (1984)
5) 室田誠逸編,プロスタグランジンの生化学（基礎と実験）,東京化学同人 (1982)
6) A. J. Weinheimer, R. L. Spraggins, *Tetrahedron Lett.*, 5185 (1969)
7) H. Kikuchi, *et al.*, *Tetrahedron Lett.*, **23**, 5171 (1982) ; *idem, ibid.*, **24**, 1549 (1983)

8) M. Kobayashi, *et al.*, *Tetrahedron Lett.*, **23**, 5331 (1982) ; M. Kobayashi *et al.*, *Chem. Pharm. Bull.*, **31**, 1440 (1983)
9) 福島雅典ほか，日本癌学会第42回総会講演要旨集，p. 243 (1983)
10) M. Fukushima, *et al.*, *Proc. Am. Assoc. Cancer Res.*, **26**, 249 (1985)
11) A. Honda, *et al.*, *Biochem. Biophys. Res. Commun.*, **130**, 515 (1985)
12) S. Domm, *et al.*, "Corals of the Great Barrier Reef" 白井祥平訳，サンゴ礁の世界，マリン企画，p. 13 (1981)
13) W. P. Schneider, *et al.*, *J. Am. Chem. Soc.*, **94**, 2122 (1972)
14) R. J. Light, B. Samuelsson, *Eur. J. Biochem.*, **28**, 232 (1972)
15) R. J. Light, *Biochim. Biophys. Acta*, **296**, 461 (1973)
16) K. V. Honn, L. J. Marnett, *Biochem. Biophys. Res. Commun.*, **129**, 34 (1985)
17) E. J. Corey, *et al.*, *J. Am. Chem. Soc.*, **95**, 2054 (1973)
18) E. J. Corey, *et al.*, *J. Am. Chem. Soc.*, **96**, 934 (1974)
19) S. Carmely, *et al.*, *Tetrahedron Lett.*, **21**, 875 (1980)
20) Y. Komoda, *et al.*, *Chem. Pharm. Bull.*, **27**, 2491 (1979)
21) 山田泰司，ファルマシア，**20**, No. 9, 881 (1984)
22) H. Nagaoka, *et al.*, *Tetrahedron Lett.*, **25**, 3621 (1984)
23) 成宮周ほか，生化学，**57**, No. 7, 578 (1985)
24) K. Iguchi, A. Honda, *et al.*, *Tetrahedron Lett.*, **26**, 5787-5790 (1985)
25) B. J. Baker, *et al.*, *J. Am. Chem. Soc.*, **107**, 2976 (1985)
26) J. Mai, *et al.*, *Prostaglandins*, **21**, 691 (1981)
27) H. Ogata, T. Nomura, *Biochim. Biophys. Acta*, **388**, 84 (1975)
28) T. Nomura, H. Ogata, *Biochim. Biophys. Acta*, **431**, 127 (1976)
29) 日本化学会編，化学総説"海洋天然物化学"，p. 235 (1979)
30) 野村正，海洋生物の生理活性物質，化学の領域選書15，南江堂 (1978)

第4章 海洋動物由来の生理活性物質

4 Toxinについて

4.1 はじめに

安元　健[*]

Toxin, 毒, とは生体に対して顕著な作用を発現する成分の中で, その有害作用が優先する物質と考えられよう。有用物質と毒との境界は時として微妙であって, 医薬品でも用量を誤まれば毒と変じる。一方, 矢毒に用いられたクラーレや強心配糖体が麻酔薬や強心剤として有用性が確立された例もある。一般に有用活性を追求して発見された成分は毒性の故に実用化に至らなくとも毒として記載されることは少なく, 本稿でも除外した。ここでは有害作用が端的に優先する成分のみを扱い, その特異な作用によって生体機能解析の試薬として利用価値の高い成分のみを記述した。なお, 紙数の都合で成書や総説に記載されている成分は原報の引用を略した。細部について知りたい方は, 引用した総説に記載された文献を参照されたい。

4.2 イソメ毒の農薬への応用

釣餌として広く利用されている環形動物のイソメに蝟集した蝿がまひしてしまう現象が端緒となって殺虫成分ネライストキシンの単離, 構造決定が行われた[1]。比較的単純な構造（図4.4.1）と特異な活性が注目をひき, 各種誘導体の調製と殺虫性試験が行われた。その結果, 経皮的施用でニカメイチュウに対する速効的まひ作用と強い致死作用を示す誘導体 1, 3-bis (carbamoyl-thio)-2-N, N-dimethyl-aminopropan（図4.4.2）が得られ, 優れた合成法も確立されて新農薬パダンとして開発されるに至った。他の農薬の有機リン剤やカルバメート剤がコリンエステラーゼ阻害剤として働くのに対し, ネライストキシンと誘導体はシナプス後膜のアセチルコリン受容体に結合し, アセチルコリンの接近を競合的に妨げるしゃ断剤である。海産毒が基本となって商品の開発が行われた極めて特異な例である[2]。

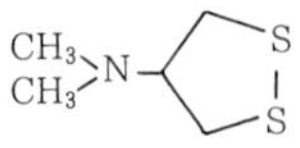

図 4.4.1　ネライストキシン 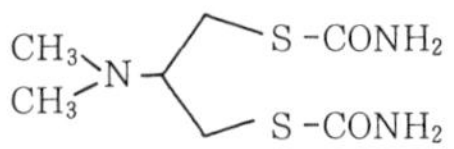　　　　図 4.4.2　農薬パダン

4.3 ナトリウムチャンネルに作用する毒

4.3.1 テトロドトキシン

フグの毒テトロドトキシン $C_{12}H_{17}O_8N_3$（図4.4.3）はヘテロ原子が多いこと, ヘミラクタール

---

[*]　Takeshi　Yasumoto　東北大学　農学部

4 Toxin について

環を形成していること，キラリティー原子の多いこと，カルビノールアミンを有することなどの多くの化学的な特異性を有している．さらに，毒性が強いのみならず（$10\mu g/kg$，マウス，ip）筋肉や神経の興奮膜の脱分極時のNa^+の流入を特異的に阻害することで知られている．この作用の特異性にもとづいて，薬理学や生理学の実験でNaチャンネルしゃ断剤として広く使用されている．ま

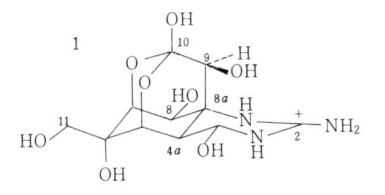

図4.4.3 テトロドトキシン

た，テトロドトキシンの種々の誘導体の構造とNaチャンネルしゃ断作用との対比によってチャンネルとの結合の様式を究明する試みがなされている[3]．その結果，C_4位の水酸基の立体配置が結合に重要であること，C_{11}位のヒドロキシメチル基は重要でないこと，グアニジウム基の解離の状態が作用の発現に重要なことなどが指摘されている．また，Naチャンネルの構造の解明は薬学，生理学，生化学の分野にとって極めて重要な課題であるが，標識したテトロドトキシンまたは誘導体をチャンネルに結合させて取り出し，解析を行う試みが盛んに行われている．これまでに得られた標識化合物の収率，比活性，純度等は不充分なものが多く，優れた標識化合物の調製が切望されている．

フグの毒として有名なテトロドトキシンも陸上のイモリやカエルをはじめとして，軟体動物，棘皮動物，甲殻類その他の多様な生物から検出されている[4]．さらに筆者らは海洋細菌の1種からテトロドトキシンを検出しているが，その生産能は低く，生産，供給に利用するのは困難と考えられる[5]．幸いに我が国では有毒なフグの内臓が入手できる．また市販品の購入も可能であるが，種々の誘導体の調製を試みるには大量の毒を安価に入手する必要がある．

4.3.2 サキシトキシンと誘導体

渦鞭毛藻の *Protogonyaulax* （= *Gonyaulax*）spp. や *Pyrodinium bahamense* var. *compressa* 等が生産する毒が食物連鎖によって二枚貝に蓄積され，高死亡率の食中毒の原因となることがあり，まひ性貝中毒と呼ばれている．最初に単離，構造決定の行われた成分はサキシトキシンと命名された．その後，多数の誘導体群が単離，同定されている（図4.4.4）．今後もその数は増加すると予想されている．

サキシトキシンとその誘導体の薬理作用はテトロドトキシンと全く同様にNaチャンネルの阻害である．したがって，薬理，生理学の実験でNaチャンネルの特異的阻害剤として用いられている．また，多様な誘導体の構造と活性の相関を調べることによって，チャンネルとの結合様式を調べるのに有利だと考えられている．活性発現にはイミダゾール基の解離状態，C_{12}位の抱水ケトンの有無，カルバモイル基のスルホン化等が重要な役割を果たすことが知られている[3]．一方，

第4章 海洋動物由来の生理活性物質

	R1	R2	R3
サキシトキシン	$-H$	$-H$	$-CONH_2$
ネオサキシトキシン	$-OH$	$-H$	$-CONH_2$
ゴニオトキシン-I	$-OH$	$-\alpha OSO_3^-$	$-CONH_2$
ゴニオトキシン-II	$-H$	$-\alpha OSO_3^-$	$-CONH_2$
ゴニオトキシン-III	$-H$	$-\beta OSO_3^-$	$-CONH_2$
ゴニオトキシン-IV	$-OH$	$-\beta OSO_3^-$	$-CONH_2$
ゴニオトキシン-V	$-H$	$-H$	$-CONHSO_3^-$
ゴニオトキシン-VI	$-OH$	$-H$	$-CONHSO_3^-$
ゴニオトキシン-VIII	$-H$	$-\beta OSO_3^-$	$-CONHSO_3^-$
サルフォカルバモイル ゴニオトキシン-II	$-H$	$-\alpha OSO_3^-$	$-CONHSO_3^-$
サルフォカルバモイル ゴニオトキシン-I	$-OH$	$-\alpha OSO_3^-$	$-CONHSO_3^-$
サルフォカルバモイル ゴニオトキシン-IV	$-OH$	$-\beta OSO_3^-$	$-CONHSO_3^-$
デカルバモイル サキシトキシン	$-H$	$-H$	$-H$

図 4.4.4 まひ性貝毒

　放射性標識化合物が調製できれば Na チャンネル解析に有用なことはテトロドトキシンの場合と同様である。トリチウム水中で C_{11} 位の水素を置換して標識することは容易であるが，短時間で再置換されてしまう。テトロドトキシンに比して化学的にはやや安定であり，修飾可能な部位も多いので試料の入手が可能になれば，標識化合物調製の試みは盛んになるであろう。

　サキシトキシンと誘導体群は渦鞭毛藻の培養によって入手できる。しかし，細菌と異なって増殖速度が遅く，到達細胞密度も低いので非効率的である。毒化した二枚貝は我が国でも入手できるので抽出原料とする方策もあるが，多様な類縁体を単離するには多大な労力を要する。米国ではアラスカバタークラーム（ウチムラサキガイの1種）の水管に特異的にサキシトキシンが蓄積される現象を利用して，効率良く抽出を行っている。淡水産らん藻 Aphanizomenon flos-aquae もサキシトキシンとネオサキシトキシンを生産するので毒の入手に利用できる。

4.3.3　シガトキシン

　熱帯，亜熱帯のサンゴ礁の発達した海域では，通常は無毒な食用魚が毒化して食中毒が頻発することがある。シガテラと呼ばれるこの中毒の症状は消化器障害，血圧や脈搏低下等の循環器障害，知覚や平衡感覚の異常等多岐にわたる。回復には長期を要することが多いが死亡率は低い。毎年1～2万人の中毒患者が発生すると推定され，南方海域の沿岸漁業や食品衛生にとって重要な問題となる。魚が毒化する理由は海藻付着性の渦鞭毛藻 Gambierdiscus toxicus の生産するシガトキシンとマイトトキシンが魚に蓄積するためである。この場合，脂溶性のシガトキシンはさらに食物連鎖高位の魚に移行し，中毒症発現に重要な役割を果たすが，水溶性のマイトトキシンは藻食性魚の内臓のみにとどまる。

　シガトキシンはハワイ大学の Scheuer 教授によって精製され，結晶が得られた。分子量1,111.7

± 0.3 で相当する分子式として $C_{53}H_{77}NO_{24}$ または $C_{54}H_{78}O_{24}$ が提案されている。酸素原子の大部分はエーテル結合したポリエーテル化合物と推定されているが構造は未定である。マウス腹腔内投与による半数致死量は $0.45\mu g/kg$ でテトロドトキシンの20倍も毒性が強い[6]。

シガトキシンは興奮性膜に直接作用してテトロドトキシン感受性の Na チャンネルの Na^+ 透過性を増大させ,さらに各種収縮薬に対する増感現象を引き起こす[7]。大泉はその総説の中で平滑筋にテトロドトキシン感受性のチャンネルの存在を示唆し,シガトキシンが Na チャンネル研究試薬として極めて興味ある物質であると指摘した。

シガトキシンの生産種と見なされている *G. toxicus* が人工培地ではマイトトキシンのみを生産するので,毒化した魚から抽出する以外にシガトキシンの入手法がない。本成分の利用の上で最大の難点である。

4.3.4 ブレベトキシン

渦鞭毛藻の *Ptychodiscus brevis* (= *Gymnodinium breve*)はフロリダ沿岸で赤潮を形成して魚類の大量斃死を招くことで有名である。魚毒成分として brevetoxin A, B, C および GB-3 と命名された毒が単離され,A を除く各成分の構造が決定された (図 4.4.5)[7〜9]。

ブレベトキシンB:R =〔構造式〕CHO
ブレベトキシンC:R =〔構造式〕Cl
GB-3   :R =〔構造式〕OH

図 4.4.5 ブレベトキシン

ブレベトキシンBも Na チャンネルに作用して Na^+ の透過性を特異的に増大させると考えられている。分子末端のアルデヒド基を利用して活性のある誘導体を調製したり,放射性の標識を行うことができる。さらに,アルブミンに結合させることも容易で,抗体が得られる。したがって Na チャンネルの構造や作用の解明に有用な試薬であると指摘されている[10]。本成分群は渦鞭毛

第4章 海洋動物由来の生理活性物質

藻の培養によって入手することができるが，多大な労力を必要とする。

4.4 カルシウムチャンネルに作用する毒
4.4.1 マイトトキシン

シガテラの主要毒がシガトキシンであることはすでに述べた。しかし，食物連鎖の下位にある藻食性の魚を食べた患者の症状が，食物連鎖上位の肉食魚による中毒症状と多少異なることが観察され，藻食魚サザナミハギの内臓から水溶性の毒が検出された。マイトトキシンの名称は本魚種のタヒチ名（マイト）に由来する。分子量は 3,400 前後と推定され，アミノ酸などの既知物質の繰り返し構造を持たない新奇化合物であるが構造は未決定である。マウス腹腔内投与による半数致死量が約 $0.15\mu g/kg$ を示し，非タンパク性の天然物としては最強の毒性を示す。

マイトトキシンの薬理作用は大泉ら[11]によって詳しく検討された。種々の細胞や組織を用いた実験系でマイトトキシンの作用が外液の Ca^{2+} 濃度依存性を示し，Na^+ 除去やテトロドトキシンの影響を受けないこと，二価陽イオンやカルシウム拮抗剤によって抑制されること，イオノフォア作用のないことが示された。さらにその他の実験結果も考慮するとマイトトキシンが天然物としては最初の Ca チャンネル活性物質である可能性が高い。Ca 依存性の薬理作用の研究のみならず，Ca^{2+} が調節的に機能する種々の生体現象，例えば細胞の増殖，運動，サイトーシス，分泌等の研究に極めて有用であろうと想定される。事実，バージニア大学の McLeod 教授らを中心にホルモン分泌や脳の神経伝達物質放出機構の解明に応用され，その有用性が実証されつつある。将来標識化合物が得られれば，Ca チャンネル研究用の生化学試薬として一段と重用されるであろう。

マイトトキシンは *G. toxicus* の培養によって入手できる。しかし，本鞭毛藻の生長は極めて遅く，抽出，精製にも多大の労力を要する。試薬として広く提供できないのが難点である。

4.4.2 オカダ酸

オカダ酸とは海綿動物の *Halichondria okadai* から単離，構造決定のなされたポリエーテル

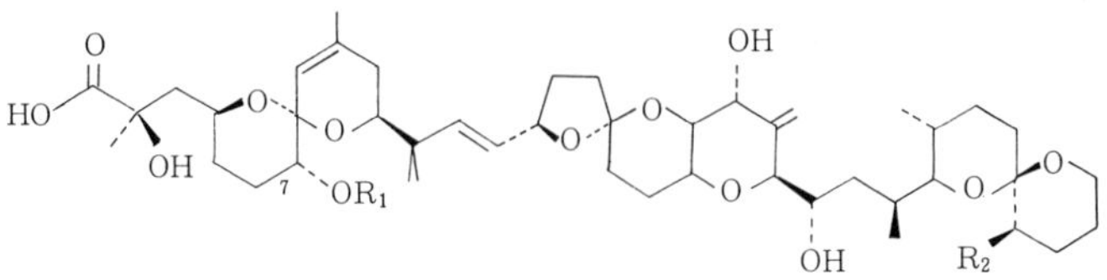

オカダ酸　　　　　　　　　　　：$R_1=H$，$R_2=H$
ディノフィシストキシン-I：$R_1=H$，$R_2=CH_3$
ディノフィシストキシン-II：$R_1=$脂肪酸（$C_{14}-C_{22}$），$R_2=CH_3$

図 4.4.6　オカダ酸および誘導体

4 Toxin について

化合物で細胞毒性が強い[12]。その後筆者らによって渦鞭毛藻 *Prorocentrum lima* による生産が確認された[13]。さらにその後，下痢性貝中毒と命名した二枚貝による下痢症の原因毒がオカダ酸とその誘導体であることが明らかとなった[14]。図4.4.6に構造を示す。

Shibataら[15]はオカダ酸が平滑筋系に持続性の収縮をひき起こし，その作用は各種のレセプター阻害剤で影響されないので神経を介するのではなく，直接に筋に作用すると推定した。Na^+濃度を下げたり，テトロドトキシンを加えても影響がないので，筋の収縮にはNa^+の流入は関与していない。さらにCa^{2+}存在下でCa拮抗剤を加えても影響は見られず，Caイオノフォアの添加はむしろ弛緩をもたらした。さらにその他の検討も加えて，オカダ酸の平滑筋収縮作用はCaチャンネルを介するCa^{2+}の細胞内流入によるものではなく，細胞内Caの流動化によってもたらされると推論した。細胞内Caの流動化を端緒とする生体現象の解明試薬として供給を望む声は高い。

オカダ酸の入手は海綿動物の抽出や渦鞭毛藻の培養に限られていたが，最近，市川らは全合成に成功した[16]。供給の途が開けることが望まれる。

4.4.3 パリトキシン

軟体サンゴのイワスナギンチャク類（*Palythoa* spp.）は猛毒を有していることがあり，古代

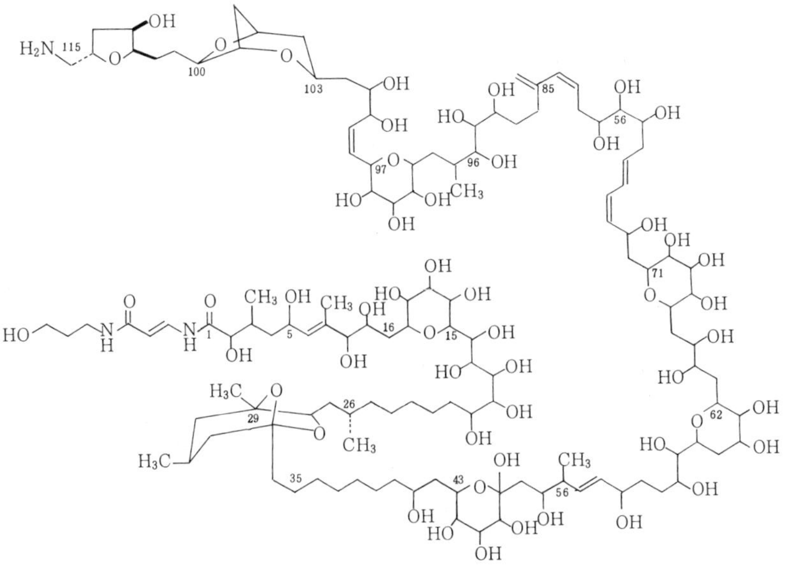

図4.4.7 パリトキシン[17]

ハワイ住民が矢毒に用いたと言い伝えられている。毒の本体パリトキシンについては平田,上村の総説で全容を知ることができる[17]。パリトキシンは分子量2,678,分子式$C_{129}H_{223}N_3O_{54}$の大きな化合物で,糖やアミノ酸など既知化合物の繰り返し構造を持たない。その全構造の決定は天然物有機化学の先端に位置する(図4.4.7)。

パリトキシンはテトロドトキシンの10倍以上強い毒性でも注目された。冠状動脈に特異的に作用して狭心症を起こすと言われている。OhizumiとShibataはその薬理作用を検討し,モルモット輸精管を用いた実験で2相性の収縮を認めた[18]。第1相は無Ca^{2+}液やMg^{2+}添加で阻害されることから平滑筋細胞へCa^{2+}が直接流入することによって起きると考えられた。第2相はテトロドトキシンやカルシウム拮抗剤のベラパミールの添加,あるいはレセプター阻害剤の添加で抑制され,外液のNa^+濃度を低下することでも影響を受けた。したがって第2相はパリトキシンが神経末端に作用してノルエピネフリンの放出を増大させた結果であると推定された。Ca^{2+},Na^+の両イオンが関与するので高い選択性の要求される薬理,生化学実験には不利である。しかし,他の研究者による興味ある作用も報告されつつあり,試薬としての需要があるので市販されている。ただし,純度は良くない。

パリトキシンの供給源は現在のところイワスナギンチャクであるが,地域によりあるいは季節によって含量は大きく変動し,共生微生物が生産するのではないかとも疑われている。なお,筆者らはフィリピンで発生する食中毒の原因種ヒロハオウギガニおよびウロコオウギガニの一種もパリトキシンを高濃度に蓄積することを見出した[19]。

さらに最近,紅藻のハナヤナギにも本毒があることが判明した[20]。本化合物の真の起源に興味が持たれる。

4.5 その他の毒
4.5.1 ネオスルガトキシンとプロスルガトキシン

肉食性の巻貝バイは日本沿岸の砂泥地に棲息し,広く食用に供されている。この巻貝による食中毒が1957年に新潟県寺泊町で発生し,5名の患者中3名が死亡した。その後1965年に静岡県沼津市我入道地先のバイの喫食による食中毒が多発した。中毒症状は寺泊町の事例と異なり瞳孔散大による視力減退,口渇,血圧低下を主とし,死亡者はなかった。中毒原因物質についての初期の研究は橋本ら[1]により行われ,その後,小管,辻により完成された[21]。中毒原因物質としては図4.4.8に示すネオスルガトキシンとプロスルガトキシンが単離され,構造決定がなされた。両成分は不安定で,容易に無毒のスルガトキシン(図4.4.8)に変換する。

ネオスルガトキシンは0.2~0.3μgでマウスの瞳孔を完全に拡大させ,アトロピンの約10倍の活性を示す。プロスルガトキシンの作用は若干弱いが,バイ消化腺中にはプロスルガトキシンの

4 Toxin について

ネオスルガトキシン
 R = 6′-(ミオイノシトール-5-1(β)-キシロピラノース)
プロスルガトキシン
 R = 6′-ミオイノシトール

スルガトキシン

図 4.4.8　プロ，ネオスルガトキシン

方が多く存在する。

　ネオスルガトキシンはニコチン性受容体に特異的に作用し，10 nM の低濃度でモルモット腸管のニコチンによる収縮をしゃ断する。その活性の強さは現在使用されている神経節しゃ断薬のヘキサメトニウムやメカミラミンの 1,000 倍以上に達する。ニコチン性神経伝達機構に支配されている生体機能の解明にネオスルガトキシンと類縁体は極めて有力な武器となることが予想される。

　さらに小菅，辻らはバイの消化腺から分離した細菌の *Corineform* sp. の培養液から両毒成分を検出した。化学的に不安定な両成分に代わってスルガトキシンを単離，同定し，毒の起源を突き止めた。海産毒が細菌に由来することを示した最初の事例として重要である[22]。しかし，細菌の生産する毒量は少なく，単離も困難なことから，培養によって毒を供給するにはまだまだ支障が多いようである。培養の改良と合成研究の進展が期待される。

4.6　おわりに

　以上にあげた海産毒以外にも海産らん藻の毒で強い発がんプロモーターとして知られるリングビアトキシン A，淡水産らん藻の生産するペプチド性肝臓毒シアノギノシン類，黄色鞭毛藻の生産する溶血，魚毒性物質のプリムネシン等の多様の毒がある。それぞれの毒性発現機構の追求によって生体機能解明に寄与しているが，用途が特殊なので本稿では割愛した。

　海産毒の有効利用をはかる上で常に問題となるのは供給の困難性である。試料の供給が改善されれば，多数の研究者の手に渡って新しい用途が発見される機会が増えるであろう。また，分子構造の一部を改変したり，標識化合物を調製して価値を高めることも可能である。合成や培養を通じた試料供給の拡大が今後の有効利用の発展への鍵となろう。

第4章 海洋動物由来の生理活性物質

文　献

1) 橋本芳郎, 魚貝類の毒, 学会出版センター, p.309 (1983)
2) 平井 弘ほか, 武田研究所年報, **28**, 272 (1969)
3) C.Y.Kao, *Toxicon*, supplement **3**, 211 (1983)
4) 橋本周久, 野口玉雄, 海洋科学, **16**, 566 (1984)
5) T.Yasumoto et al., *Agric. Biol. Chem.*, **50**, 793 (1986)
6) M.Nukina et al., *Toxicon*, **22**, 169 (1984)
7) Y.Y.Lin et al., *J. Am. Chem. Soc.*, **103**, 6773 (1981)
8) J.Golik et al., *Tetrahedron Lett.*, **23**, 2535 (1982)
9) N.H.Chou, Y.Shimizu, *Tetrahedron Lett.*, **23**, 5521 (1982)
10) D.G.Baden, "Toxic Dinoflagellates, Proceedings of the Third International Conference" Elsevier/North-Holland, in press
11) 大泉 康, 海洋科学, **16**, 605 (1984)
12) K.Tachibana et al., *J. Am. Chem. Soc.*, **103**, 2469 (1981)
13) Y.Murakami et al., *Bull. Jpn. Soc. Sci. Fish.*, **47**, 1029 (1981)
14) T.Yasumoto et al., *Terahedron*, **41**, 1019 (1985)
15) S.Shibata et al., *J. Pharmacol. Experi. Therapeu.*, **223**, 135 (1982)
16) 市川善康ほか, 第27回天然物有機化合物討論会講演要旨集, p.84 (1985)
17) 平田義正, 上村大輔, 薬学雑誌, **105**, 1 (1985)
18) Y.Ohizumi, S.Shibata, *J. Pharmacol. Experi. Therapeu.*, **214**, 209 (1980)
19) T.Yasumoto et al., *Agric. Biol. Chem.*, **50**, 163 (1986)
20) 前田満ほか, 第27回天然物有機化合物討論会講演要旨集, p.616 (1985)
21) 小菅卓夫, 辻 邦郎, 海洋科学, **16**, 576 (1984)
22) T.Kosuge et al., *Chem. Pharm. Bull.*, **33**, 3059 (1985)

5 抗腫瘍物質

5.1 はじめに

伏谷伸宏*

　広大な海には，地球上の80％，50万種以上に及ぶ動物が生息するという。この豊富さに加え，生息環境の特異さから，陸上の動植物にはみられないような化学構造と生物活性をもつ物質が海洋生物に発見されることが期待され，1960年代後半から海洋生物の生理活性物質に関する研究が本格的に始められた。とくに，ガンによる死亡率が高まるなかで，特効薬を海に求めようという動きが高まり，抗腫瘍活性をもつ代謝産物の探索が活発に行われてきた。これらの研究により，いくつかの重要な抗腫瘍物質が発見され，米国ガン研究所（NCI）のPhase I 試験にまで進んでいるものもある。また，過去に海洋動物から発見された化合物をモデルとして新しい抗腫瘍物質が合成された例[1]もあり，このような海洋天然化合物の利用法も必要と思われる。いずれにしても，本格的な研究が始まってからまだ日も浅く，調べられた動物種もごく一部に限られるので，海洋生物の医薬資源としての真の評価はこれからである。

　ここでは，1978年以降に得られた抗腫瘍物質のうち，主なものについて動物門ごとに概説したい。1977年以前のものについては成書[1〜3]を参照されたい。

5.2 海洋動物の抗腫瘍活性

　海洋生物の抗腫瘍活性については，Pettit ら[4]の先駆的報告に続き，多くの研究例がある。たとえば，WeinheimerとKarns[5]はカリブ海やオーストラリアなどで採集した1,535種類の動物を調べ，136種に抗腫瘍活性（NCIのKBおよびPS試験）を認めている。もっと新しいところでは，Rinehartら[6]のカリブ海産の海洋無脊椎動物に関する研究がある。これまでの検索の結果，海綿，腔腸，軟体および原索動物に抗腫瘍活性の発見頻度が高いようである。これは，日本産無脊椎動物を対象として行ったわれわれの検索結果（未発表）ともよく一致する。さらに，これまでに得られた抗腫瘍物質からも，海綿，軟体および原索動物が抗腫瘍物質探索の対象として有望なことが支持される。

5.3 海綿動物

　海綿動物は最も下等な多細胞動物で，約10,000種が知られる。ラン藻やバクテリアを始め多くの共生生物をもつものが多いのも特徴である。上記のように，抗腫瘍活性を示す確率が高く，いきおい活性成分も多く得られている。

---

*　Nobuhiro　Fusetani　東京大学　農学部

第4章 海洋動物由来の生理活性物質

まず，多くのブロモチロシン誘導体[1]が主に *Verongia* 属の海綿から得られているが，これらのなかには抗腫瘍性を示すものもある。カリブ海の Virgin 諸島の海綿 *Aplysina fistularis f. fulva* からは，fistularin-1～3[7] が分離されている。このうち，fistularin-1 (**1**) はKBとP-388細胞に対しED$_{50}$値は 21～35 μg/ml の活性を示し，一方，fistularin-3(**2**)はそれぞれ 4.1 および 4.3 μg/ml であった。

テルペン類では，紀伊半島産の *Epipolasis kushimotoensis* から得られた epipolasinthiourea A[8] (**3**) が L-1210 細胞に対し 4.1 μg/ml，ミクロネシアのトラック島の *Dysidea arenaria* から分離された arenarol (**4**) と arenarone (**5**)[9] がP-388細胞に対しそれぞれ 17.5 および 1.7 μg/ml，

そしてアメリカ領 Virgin 諸島で採集された *Igernella notabilis* から単離された spongiane 骨格をもつジテルペン (**6**)[10] が P-388細胞に対しED$_{50}$は 6.5 μg/ml の活性を示したという。

最近，海綿の成分中で興味がもたれているのは，ポリエーテル化合物である。1981年にハワイ大学の Scheuer 一派[11] が三浦半島産のクロイソカイメン *Halichondria okadai* などからオカダ酸(**7**)を 1.2×10^{-4} ％(湿重量)の収量で単離・構造決定して以来，海洋生物から次々と特異なポリエーテル化合物が発見され話題になっている。これらの化合物は構造が特異であることに加え，強い抗腫瘍活性があるため注目されている。とくに，ごく最近同じクロイソカイメンから得られた halichondrin と総称される一連のポリエーテルマクロライド[12),13)] は，

5 抗腫瘍物質

in vivo でも強い活性を示し，臨床への応用も期待されている。これらのうち，norhalichondrin A (**8**) と halichondrin B (**9**) の B-16 メラノーマ細胞に対する IC_{50} はそれぞれ 5.2 および 0.093 ng/ml で，後者の B-16 メラノーマ細胞および P-388 細胞を接種したマウスに対する延命効果は 5.0 μg/kg 投与でそれぞれ 244 および 236% という。このように，これらの化合物は非常に有望と思われるが，ただ含量が非常に低い（$5 \times 10^{-6} \sim 3 \times 10^{-7}$ % 湿重量）こと，構造が非常に複雑なことなど問題がある。

オカダ酸は，P-388 と L-1210 細胞に対しそれぞれ 1.7×10^{-3} および 1.7×10^{-2} μg/ml の IC_{50} を示すが，0.12 mg/kg 以上でマウスに対し毒であった。一方，アメリカ領 Virgin 諸島産の *Pandaros acanthifolium* から分離された acanthifolicin (**10**)[14] は，P-388，L-1210 および KB 細胞に対しそれぞれ 2.8×10^{-4}，2.1×10^{-3} および 3.9×10^{-3} μg/ml の ED_{50} を与えた。

第4章 海洋動物由来の生理活性物質

10

なお,オカダ酸およびその誘導体は,植物プランクトンの *Prorocentrum lima* や *Dinophysis fortii* からも発見されている(安元:p.220参照)ので,海綿のポリエーテル化合物は,共生するバクテリアあるいは微細藻類が生産するものと考えられる。さらに,米国のメキシコ湾沿岸で大規模な赤潮を引き起こす渦鞭毛藻 *Ptychodiscus brevis* (*Gymnodinium breve*) が生産する特異なポリエーテル brevetoxin 群のうち,brevetoxin B(**11**)[15]は P-388, L-1210 および KB 細胞に対し,それぞれ 0.32, 0.42 および 0.26 μg/ml の活性をもつ。

11

これまで述べたほか注目されるのは,最近カリブ海の *Tedania ignis* から得られたマクロライド tedanolide (**12**)[16]である。これは P-388 と KB 細胞に対しそれぞれ ED_{50} は 0.016 および 0.25 ng/ml と強い活性を示した。

12

5.4 腔腸動物

世界中に広く分布し,約9,000種が知られる。抗腫瘍活性を示すものが多いが,研究対象となっているのはソフトコラールとヤギ類で,サンゴ礁を形成する石サンゴ類などはあまりかえりみられていない。

南太平洋の Fiji 島産のソフトコラール *Sinularia brongersmai* から分離されたスペルミジン誘導体(**13**)[17]は,P-388, L-1210 および KB 細胞に対しそれぞれ ED_{50} は 0.40, 0.30 および 1.0 μg/

mlという細胞毒性を示す。二重結合を還元しても活性は全く変わらない。なお，最近抗ガン物質 Ara-Uがナポリ湾産のヤギ *Eunicella cavolini*[18]から高収量で得られ注目されている。

テルペン類では，ソフトコラールからセンブレン骨格をもつ多くの抗腫瘍性のジテルペン[1]が報告されている以外あまり注目すべきものはない。

$$CH_3(CH_2)_8 C(=O)=CHCNH(CH_2)_3 N(CH_3)(CH_2)_4 N(CH_3)_2$$

13

現在，腔腸動物の抗腫瘍成分として最も話題になっているのは，ソフトコラール類から得られているプロスタノイドである。まず，沖縄の石垣島を始め八重山諸島に多くみられる *Clavularia viridis* から claviridenone a〜d (clavulone I〜IV)[19] (**14〜17**) が得られた。これらの物質は L-1210細胞に対して IC_{50} は 0.2〜0.4 μg/ml という強い活性を示した。続いて，ハワイ産の *Telesto riisei* から塩素原子を含む punaglandin 1〜4 (**18〜21**)[20] が高収量で得られた。これらは claviridenone 類よりも強い活性（punaglandin 3 の L-1210 に対する IC_{50} は 0.02 μg/ml）を示し注目されている。ヒト白血病細胞 HL-60 を使った実験によると，claviridenone は S期の DNA 合成を阻害するという[21]。活性にはシクロペンテノン構造が不可欠である。

14　　**15**　　**16**

17　　**18**　**19**: $\triangle^{17,18}$　　**20**　**21**: $\triangle^{17,18}$

同じ *Clavularia* 属のソフトコラールからは，抗腫瘍活性を示すステロイド stoloniferane A[22] (**22**) のほか 3 つの類縁体と clavularin A および B (**23, 24**)[23] と呼ばれる化合物が報告されている。Stoloniferone A は P-388 細胞を 1 μg/ml の濃度で 69 %阻害し，一方 clavularine A と B はポリオーマウイルスで形質変化させた PV_4 細胞に対し ED_{50} は 0.25 μg/ml を示したという。

最後に，インド洋の Mauritius 島で採集されたスナギンチャク *Palythoa liscia* から強い抗腫瘍活性を示す高分子化合物が得られているので紹介したい。これらは分子量 3,000〜4,500 のペプ

第4章 海洋動物由来の生理活性物質

チド palystatin A～D[24]および分子量13万～2,000万のリポタンパク質の palystatin 1～3[25]で，前者のP-388細胞に対するED$_{50}$は1.8～2.3 ng/mlと非常に強いが，in vivo ではあまり強くない。一方，palystatin 1（分子量128,000±12,000）の活性はさらに強く，P-388に対するED$_{50}$は0.13～0.55 ng/mlであった。なお，Palythoa spp.から発見された猛毒 palytoxin 類も強い抗腫瘍活性を示すが，毒性が非常に強い（安元：p. 221参照）。

22　　　　　　23　　　　　　24

5.5 環形，軟体，外肛および棘皮動物

5.5.1 環形動物

約9,000種が知られている。この動物から臭素原子を含むフェノール類が多く知られている[1]が，目ぼしいものはない。環形動物の代謝産物で最も注目されるのは，ユムシ類に属する大西洋産のボネリムシ Bonellia viridis の吻から単離されたクロロフィル誘導体の bonellin (**25**)[26] である。この物質は最近化学療法において話題になっている hematoporphyrin (**26**)[27]と同様な作用用を示す（p. 9参照）。

25　　　　　　26

5.5.2 軟体動物

現在約8万種が知られている。これらのうち，抗腫瘍活性を示すものは，アメフラシやウミウシ類などの後鰓類に多い。これらの動物は，物理的防御手段である殻をもたないか，あるいはあっても痕跡程度のものが多く，化学的防御機構が発達している。したがって，抗菌・抗腫瘍活性

5 抗腫瘍物質

などを示す物質が豊富に存在する[2,28]。

Puerto Rico 産のアメフラシ *Aplysia dactylomela* の消化腺から分離されたジテルペン parguerol (**27**), deoxyparguerol (**28**) および isoparguerol (**29**) は，P-388 細胞に対しそれぞれ 3.8, 4.3 および 0.38 μg/ml の ED_{50} 値を示した[29]。また，最近カサガイの仲間からポリプロピオン酸誘導体が次々に発見されているが，これらのなかには抗腫瘍活性が報告されているものもある。Guam 島で採集された *Peronia peronii* から得られた peroniatrial I と II (**30, 31**) は，L-1210 に対してそれぞれ 5.5 および 3.1 μg/ml の IC_{50} を示したという[30]。

ごく最近，われわれの研究室で石垣島で採集した未同定ウミウシの放出卵から，kabiramide と命名した 5 種の化合物を分離した[31]。これらの物質はトリスオキサゾール構造をもつ非常に変わったマクロライドであるとともに，強い抗腫瘍活性をもつので注目される。最も主要な kabiramide C (**32**) の L-1210 と P-388 細胞に対する ED_{50} はそれぞれ 0.007 および 0.009 μg/ml であった。

セイロン産のアメフラシ *Dolabella auricularia* から dolastatin 1～9 と命名された 9 種の抗腫瘍物質が発見されている。これらのうち，dolastatin 3 (**33**)[32] は，P-388 に対し ED_{50} 値は，$<1\times10^{-4}$

第4章 海洋動物由来の生理活性物質

~10^{-7} μg/ml と非常に強い活性をもち話題になったが，提出された構造が合成研究により間違いだったことがわかった。この物質は，アメフラシ100 kg からやっと 1 mg 得られるだけなので，もし臨床に応用できるにしても合成に頼らなければならず，真の構造の解明が待たれる。

日本産のアメフラシ Aplysia kurodai からは，殺ガン活性の強い3つのタンパク質が分離されて注目されている。このうち，卵から精製された aplysianin E は分子量25万の糖タンパク質で，種々の腫瘍細胞を5 μg/ml 程度の濃度で殺すという[33]。In vivo でも高い活性を示す。このタンパクは腫瘍細胞の DNA と RNA の合成を阻止する。抗菌性ももつ。高分子性の抗腫瘍物質としては，二枚貝のものが古くから知られている。ホタテガイから分子量21,000のタンパク質，10万のペプチドグリカンおよび300万以上のタンパク質2種が，in vivo でサルコーマ180に活性を示す物質として得られている[34]。

5.5.3 外肛動物

苔虫類は岩石や海藻など種々の物体に着生して群体を形成する動物で，約4,000種が知られている。これらの代謝産物としては，インドールアルカロイドなどが報告されているにすぎないが，Pettit 一派の長年の研究により，日本にも広く分布するフサコケムシ Bugula neritina から bryostatin と称せられるマクロライドが抗腫瘍物質として次々と発見され注目されるようになった[35),36)]。現在までに，11種の bryostatin 類（ここでは代表例として bryostatin 1 (**34**) と 3 (**35**) をあげたい）が得られているが，いずれも P-388 細胞に対して ED_{50} が 10^{-3}~10^{-5} μg/ml と強い活性をもつ。In vivo においても高い活性（10~180 μg/kg の投与で150~180％の延命率）が認められているが，最近の情報によると米国 NCI での検討の結果，臨床への応用は見送られた

5 抗腫瘍物質

という。なお，bryostatin はホルボールエステルとよく似た性質を示すという報告がある[37]。

5.5.4 棘皮動物

ウニ，ヒトデ，ナマコおよびウミシダ類からなる棘皮動物門には，約6,000種が記載されている。ヒトデとナマコ類には，動物界では珍しいサポニンが広く分布し，これらに抗腫瘍性が報告されている[2]。

ウニの殻には抗腫瘍性高分子が存在することが知られているが，カナダの Nova Scotia 産のウニ *Strongylocentrotus droebachiensis* からは，strongylostatin 1 および 2 と呼ばれる糖タンパク質が得られている[38]。これらはP-388細胞接種マウスに対し 35～53% の延命効果を示した。35～38%の糖を含む 4,000 万以上の巨大分子という。

5.6 原索および脊椎動物

海洋動物としては，本動物門に属するのはホヤ類と魚類が主であるが，抗腫瘍物質の検索対象になっているのは，群体ボヤと呼ばれる海藻や岩石などの物体に帯状に付着生息する種類である。なお，原索動物は約2,000種現存し，魚類は約 2 万種が知られる。

5.6.1 原索動物

群体ボヤから抗腫瘍性を示す環状ペプチドが多く得られているが，最も注目されているのがカリブ海産の *Trididemnum* sp. から発見された didemnun A，B および C (**36～38**)[39] である。これらはL-1210細胞に対しED$_{50}$値1.1ng/mlを示すとともに，P-388細胞接種マウスに 1 mg/kg 投与すると99%の延命効果を示す[40]。現在，NCI で Phase I の試験が行われているが，海洋天然物中最も有望な抗ガン物質といえる。なお，didemnunは強い抗ウイルス作用ももつ。

1980年に西カロリン諸島の Eil Mulk島で採集された群体ボヤ *Lissoclinum pattella* から uli-cyclamide (**39**) と ulithiacyclamide (**40**)[41] が分離されて以来，次々とチアゾール環を含む環状ペプチドが発見された[42),43)]。最近これらのうち数種のものが合成研究により構造の誤りを指摘

第4章 海洋動物由来の生理活性物質

40

41

された。これらのペプチドの抗腫瘍活性は，L-1210 に対する IC_{50} が 2.0〜10 μg/ml とあまり強くない。オーストラリアのグレートバリアーリーフで採集された未同定の群体ボヤから得られた ascidiacyclamide (**41**) は，ポリオーマウイルスにより形質転換された PV4 細胞を 10 μg/ml の濃度で 100 ％阻害したという[44]。

ペプチド以外では，抗腫瘍活性をもつインドール誘導体がいくつか報告されているが，ここでは2例を紹介するに止めたい。Fiji 島産の群体ボヤ *Polycitorella mariae* から分離された citorellamine (**42**)[45] は L-1210 細胞に対し IC_{50} 3.7 μg/ml を示した。一方，フランスの Bretagne で採集された *Dendrodoa grossularia* からは L-1210 細胞の DNA 合成を阻害するチアジアゾール環をもつ dendrodoine (**43**)[46] が報告されている。なお，カリフォルニア湾産の *Polyandrocarpa* sp. から分離された抗腫瘍物質 polyandrocarpidine I と II[1] は，後に polyandrocarpidine A〜D (**44〜47**) と訂正された[47]。

42

43

44: $n=5$
45: $n=4$

46: $n=5$
47: $n=4$

5.6.2 魚 類

魚類は，抗腫瘍活性を示すものが多い[5]にもかかわらず，研究例が少ない。
軟骨魚類のアカシュモクザメ *Sphyrna lewini* の血液と体液から得られた sphyrnastatin 1 お

よび2は,いずれも分子量4,000万以上の糖タンパク質であるが,これらを11～13 mg/kg 投与すると,P-388担ガンマウスに対して30～40%の延命効果を示すという[48]。さらに,同じサメ類のウバザメ Cetorhinus maximus の軟骨のグアニジン緩衝液抽出物中に,V_2 腫などの固型ガンに新しい血管の伸長を阻止する作用をもつ物質が存在することが認められている[49]。この作用は,結果的にガンの生長を抑える。なお,アイザメ Centrophorus atromarginatus などの深海ザメの肝臓に多量に含まれるスクアレンに抗腫瘍性が認められたという報告[50]もある。

5.7 おわりに

1978年以降発見された主な抗腫瘍物質を中心に概説したが,いうまでもなく,ここであげた物質に加え膨大な数の海洋動物由来の新規化合物が次々に発見されている。大多数のものについては,生物活性が調べられていないので,今後この辺のところも検討する必要がある。前にも述べたように,研究が本格的に始められてから歳月も浅く,ごく一部の種類しか検索されていないのが現状で,今後研究が進めば目ざましい物質が発見されることも期待される。

文　献

1) 伏谷伸宏, "海洋の生化学資源",恒星社厚生閣, p.104 (1979)
2) 橋本芳郎, "魚貝類の毒", 学会出版 (1977)
3) G. R. Pettit, et al., "Biosynthetic Products for Cancer Chemothraphy", Vol. 4, Elsevier (1984)
4) G. R. Pettit, et al., Nature, **227**, 962 (1970)
5) A. F. Weinheimer, T. K. B. Karns, "Food-Drugs from the Sea Proceedings 1974", Marine Technol. Soc., p.491 (1976)
6) K. L. Rinehart, Jr., et al., Pure Appl. Chem., **53**, 795 (1981)
7) Y. Gopichand, F. J. Schmitz, **Tetrahedron Lett.**, 3921 (1979)
8) H. Tada, F. Yasuda, Chem. Pharm. Bull., **33**, 1941 (1985)
9) F. J. Schmitz, et al., J. Org. Chem., **49**, 241 (1984)
10) F. J. Schmitz, et al., J. Org. Chem., **50**, 2862 (1985)
11) K. Tachibana, et al., J. Am. Chem. Soc., **103**, 2469 (1981)
12) D. Uemura, et al., J. Am. Chem. Soc., **107**, 4796 (1985)
13) 上村大輔ほか, "第27回天然有機化合物討論会講演要旨集", p.389 (1985)
14) F. J. Schmitz, et al., J. Am. Chem. Soc., **103**, 2467 (1981)
15) K. Nakanishi, Toxicon, **23**, 473 (1985)

16) F. J. Schmitz, et al., J. Am. Chem. Soc., **106**, 7251 (1984)
17) F. J. Schmitz, et al., Tetrahedron Lett., 3387 (1979)
18) G. Cimino, et al., Experientia, **40**, 339 (1984)
19) I. Kitagawa, et al., Tetrahedron, **41**, 995 (1985)
20) B. J. Baker, et al., J. Am. Chem. Soc., **107**, 2976 (1985)
21) A. Honda, et al., Biochem. Biophys. Res. Commun., **130**, 515 (1985)
22) M. Kobayashi, et al., Tetrahedron Lett., **25**, 5925 (1984)
23) M. Endo, et al., J. Chem. Soc. Chem. Commun., **1983**, 322
24) G. R. Pettit, et al., J. Nat. Prod., **45**, 272 (1982)
25) G. R. Pettit, et al., J. Nat. Prod., **45**, 263 (1982)
26) J. A. Ballantine, et al., J. Chem. Soc. Perkin 1, **1980**, 1080
27) 加藤大典, サイエンス, **16** (6), 98 (1984)
28) P. J. Schenes, Naturwissenschaften, **69**, 528 (1982)
29) F. J. Schmitz, et al., J. Am. Chem. Soc., **104**, 6415 (1982)
30) J. E. Biskupiak, C. M. Ireland, Tetrahedron Lett., **26**, 4307 (1985)
31) S. Matsunaga, et al., J. Am. Chem. Soc., 108, in press
32) G. R. Pettit, et al., J. Am. Chem. Soc., **104**, 905 (1982)
33) M. Yamazaki, et al., FEBS Lett., **185**, 295 (1985)
34) T. Sasaki, et al., J. Natl. Cancer Inst., **60**, 1499 (1978)
35) G. R. Pettit, et al., J. Am. Chem. Soc., **104**, 6846 (1982)
36) G. R. Pettit, et al., Tetrahedron, **41**, 985 (1985)
37) R. L. Berkow, A. S. Kraft, Biochem. Biophys. Res. Commun., **131**, 1109 (1985)
38) G. R. Pettit et al., J. Nat. Prod., **44**, 701 (1981)
39) K. L. Rinehart, Jr., et al., J. Am. Chem. Soc., **103**, 1857 (1981)
40) K. L. Rinehart, Jr., et al., Science, **212**, 933 (1981)
41) C. Ireland, P. J. Scheuer, J. Am. Chem. Soc., **102**, 5688 (1980)
42) J. M. Wasylyk, et al., J. Org. Chem., **48**, 4445 (1983)
43) C. M. Ireland, et al., J. Org. Chem., **47**, 1807 (1982)
44) Y. Hashimoto, et al., J. Chem. Soc. Chem. Commun., **1983**, 323
45) D. M. Roll, C. M. Ireland, Tetrahedron Lett., **26**, 4303 (1985)
46) S. Heitz, et al., Tetrahedron Lett., **1980**, 1457.
47) B. Carté, D. J. Faulkner, Tetrahedron Lett., **23**, 3863 (1983)
48) G. R. Pettit, R. H. Ode, J. Pharm. Sci., **66**, 757 (1977)
49) A. Lee, R. Langer, Science, **221**, 1185 (1983)
50) 木原俊男, フレグランスジャーナル臨時増刊 No. 4, 130 (1983)

第5章　海洋生物資源利用の実際技術

1　海洋生物生産のための深層水利用技術

中島敏光[*]

1.1　はじめに

　全地球表面積の2/3を占める海洋，ここには植物，動物を含む多種多様の生物が分布し，古くからタンパク食糧源として人間生活に重要な役割を果たしてきた。将来においても人口増加，生活水準の向上などに伴うタンパク食糧源の需要が増大し，その補給源としての海洋生物資源への依存度はさらに高まり，特に動物性タンパク質供給量の約50％を海洋生物資源に依存しているわが国の場合，ますます質的および量的にその重要度が高まるであろう。

　しかし，乱獲にみられるように海洋生物資源は無尽蔵ではなく，科学的根拠に基づく資源管理の下で，かつ資源増強の方策を講じつつその有効利用を図ることが重要である。科学技術庁資源調査会の報告[1]によれば，水産生物資源を質的および量的に増強するためには海洋生態系の中での生物生産機構を有効に活用すること，すなわち基礎生産—植物プランクトンを起点とし低次・高次の魚介類にいたる食物連鎖に着目して各段階の相互関係を的確に管理・活用することが重要であると指摘している。

　深層の水が上層の有光層に運ばれる湧昇海域は生物生産力が大きい。Rytherは海洋を外洋，沿岸および湧昇海域の3水域に区分し，海域別に基礎生産，魚類生産などについて推算した[2]。そして湧昇海域の平均基礎生産力は外洋海域の約6倍，沿岸海域の約3倍であり，しかも全海洋面積の0.1％に過ぎないこの湧昇海域の魚類生産は全海洋での魚類生産の1/2を占めると見積もった。

　深層の水に起因し大きな生物生産をもたらす湧昇海域の自然現象は"深層水人工湧昇"という技術により深層水の潜在的生物生産力を引きだそうとする考え方を刺激した。そして1970年代初頭から深層水を活用し食物連鎖の基底に位置する植物プランクトンや高次の貝類，魚類などの生産を可能にする技術の研究開発が米国などで着手され始めた。

　本稿では生物生産への深層水利用という技術的側面から深層水の特性について述べるとともに実際の技術開発事例を取り上げ，技術開発の状況およびその展望について論じる。

---

[*]　Toshimitsu Nakashima　海洋科学技術センター　海洋開発研究部

第 5 章　海洋生物資源利用の実際技術

1.2　深層水の諸特性

　海洋のどの部分を深層水と呼ぶか，その定義は曖昧で分野によって中身がかなり異なっている。ここでは海洋の生物生産を取り扱うために，食物連鎖の基になっているのが無機物から有機物を合成する植物プランクトンなどの光合成藻類であるという考えから，これら光合成藻類が生長できない有光層以深，つまり補償深度（海表面照度に対する相対照度が 1 ％程度の深度）より深い層の水を深層水として便宜的に呼称し，内湾海域以外の開放性海域を対象にして取り扱った。

　海水の水質性状は物理・化学的および生物的諸過程の影響により海域に応じて時間的および空間的に変化する。特に海洋の上層では気象，流れ，生物活動などの影響によりその変化も大きい。図 5.1.1 に富山湾海域および室戸岬沖合海域の水温と硝酸塩の鉛直分布を示す。この図からわかるように鉛直分布パターンは海域により異なるが一般に深度が深くなるとともに水温は低くなり，硝酸塩濃度は高くなる傾向を示す。

　海洋深層水を生物環境水として表層水（本稿では有光層の水を称する）と比較した場合，次のような水質性状特性があげられる。

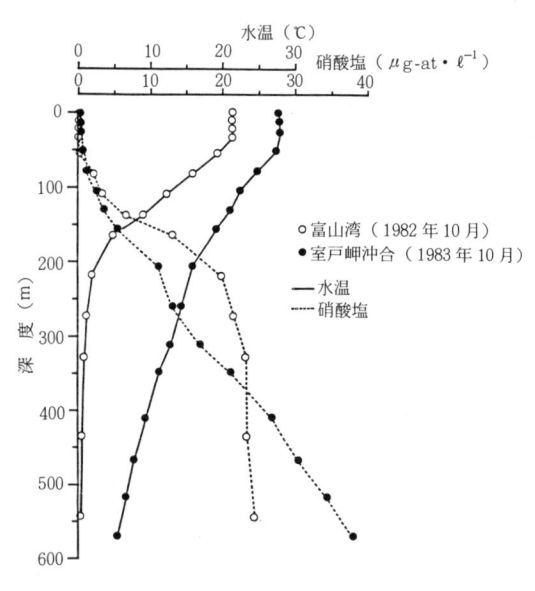

図 5.1.1　水温および硝酸塩の鉛直分布
（気象庁海洋気象観測資料により作成）

- ○　低水温であり，安定した物理・化学的性質を有する（低水温特性）。
- ○　植物プランクトンなどの光合成藻類の生長に必要な無機栄養物，特にリン酸塩，硝酸塩およびケイ酸塩に富み，また，それらの組成比が安定している（富栄養特性）。
- ○　懸濁粒状および溶存有機物濃度が低く，微生物学的に安定している（清浄特性）。
- ○　魚介類に寄生する寄生虫や付着生物などが少なく，また，疾病などを誘発する病原菌や細菌類などが少ない（清浄特性）。
- ○　PCB や重金属類などの人工汚染物の影響が少ない（清浄特性）。

　このような諸特性を有する深層水が植物プランクトンやその他の生物に対してどのような効果があるのか，以下に実験・調査の結果例をあげる。

1 海洋生物生産のための深層水利用技術

図 5.1.2 は植物プランクトンに対する深層水の潜在的生産効果をみるために，珪藻類 *Skeletonema costatum* を用いて伊豆諸島周辺海域の各深度層の水に対するその収量（最大増殖細胞密度）実験を行った結果を示す。本実験は水温23℃，照度3,000 ルックス(12時間明ー暗サイクル照射）の条件下で静置培養により行ったものである。また，実験試水の採水時における海域の補償深度は40～50m深度付近にあった。図からわかるように40m深度までの表層水では増殖せず収量は得られなかった。一方，40m深度以深の深層水では増殖がみられ，深度が増すとともにそ

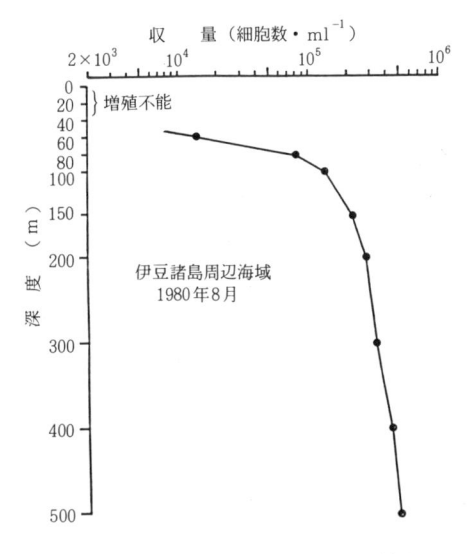

図 5.1.2　植物プランクトン収量に対する深層水の潜在的生産効果

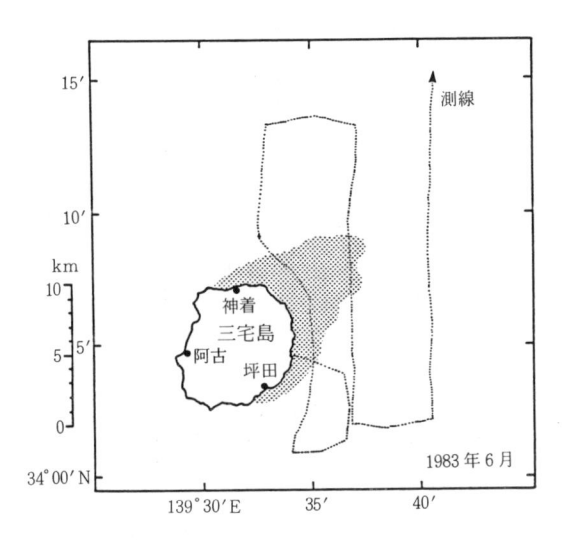

図 5.1.3　三宅島の島背海域における湧昇プルーム分布（陰影部）

第5章　海洋生物資源利用の実際技術

の収量は増大し、300m深度の深層水では1ml当たり約35万細胞の収量が得られた。収量は深層水に含まれる無機栄養塩類濃度と高い相関を示した。

深層水では増殖する植物プランクトンの種類に対しても影響を与える可能性がある。伊豆諸島周辺海域の深層水による自然植物プランクトン群集を対象にした静置培養および連続培養実験では珪藻類が優先的に増殖する結果[3]が得られた。

次に自然海域における深層水の生物生産効果についてみてみる。

黒潮もしくはその分岐流域に位置する伊豆諸島では島の南北両端に地形性渦流が生じ、この渦流により亜表層の水（本稿では深層水として扱っている。）が有光層に湧昇して、流れの下手の島背海域に高栄養塩濃度および低水温で特徴づけられる湧昇プルーム（舌状水塊）の形成が報告されている[4〜6]。伊豆諸島の三宅島でも同様な現象がみられ、図5.1.3に示すように島背海域に湧昇プルームが形成される。このような湧昇域では周辺域に比べ植物プランクトン現存量の指標となるクロロフィルa量が数倍高く、また、根付き水産生物の漁獲資料の解析によると西側の非湧昇沿岸域に比べ湧昇側の沿岸域が海藻類、貝類、エビ類などの漁獲生産量は大きいという結果[7]が得られた。図5.1.4に非湧昇および湧昇域側におけるテングサ（紅藻類）の年生産量の比較を示す。生産量の比較は非湧昇および湧昇域側の漁民数と漁場海岸線長が同規模になるように漁業

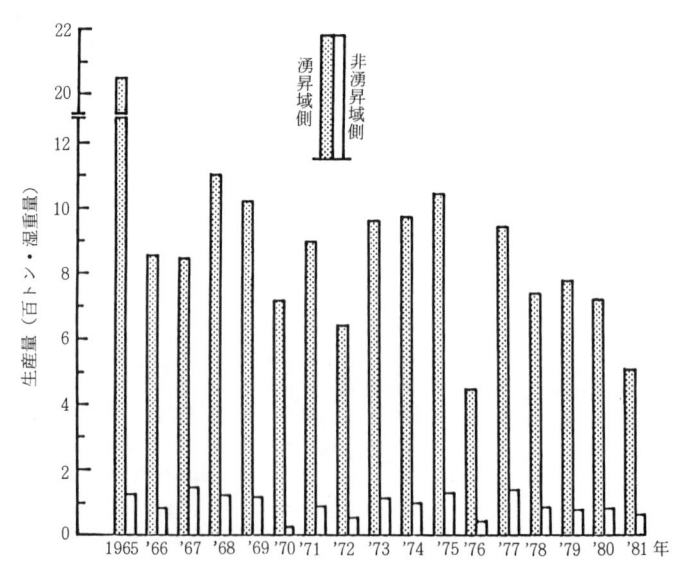

図5.1.4　三宅島の湧昇域と非湧昇域におけるテングサ生産量の比較

（三宅島漁業協同組合漁獲資料により作成）

1 海洋生物生産のための深層水利用技術

協同組合を選定し,それぞれの漁獲資料を用いて検討したものである。図からわかるように湧昇域側が非湧昇域側に比ベテングサ生産量は大きく,非湧昇域側の約10倍の生産効果がみられた。また,トコブシ(貝類)およびイセエビについても湧昇域側の生産量が大きく,いずれも約3倍の漁獲生産効果がみられた。さらに,テングサの成長が盛んな11月から翌年4月頃までの期間中に深層水の湧昇が活発であるほど翌年の湧昇域側の生産量が増大するとともに,トコブシ(テングサを摂餌するといわれている)の漁獲生産量も増大するという相関結果が得られた。

このように深層水は植物プランクトンや食物連鎖系の高次の諸生物に対して直接または間接的に生産を高める効果を有しており,技術的に深層水の諸特性の有効利用を図ることにより,有用な海洋生物の生産やその資源増大を可能にすることが期待される。

1.3 生物生産のための深層水利用技術
1.3.1 技術開発の状況

栄養塩類が豊富な深層水を人工的に湧昇して海洋の生物生産に活用するという考えは古くからあり[8]],わが国における人工漁礁も技術効果は別にしてその考えを反映している1つであろう。しかし,実質的な技術開発は1970年代に入り,主に米国で着手され始めた。

技術形態としては深層水を陸上部に揚水し,ここで生物生産を図る"陸上生産型深層水利用技術"および海域の有光層に深層水を揚水し,海域での生物生産を図る"海域生産型深層水利用技術"に大別される。

陸上生産型深層水利用技術については米国およびわが国において技術開発が進められている。米国ではセントクロイ島,シューアードおよびハワイ島に深層水人工湧昇システムが建造され,植物プランクトン,海藻類,貝類,エビ類,魚類などを対象にした技術開発が進められ,既に多くの生物種の生産に対する技術的見通しが得られているとともに,アワビ生産については商用化の見通しも得られつつある。一方,わが国では植物プランクトンを対象にして屋内シミュレーション・プラントによる技術的可能性が実証されているが技術的見通しを得るまでには至っていない。

海域生産型深層水利用技術については米国によりカリフォルニア沿岸海域に深層水人工湧昇機能を備えた海藻栽培支持構造物が設置され,海藻類を対象にした技術開発が進められているが,まだ技術的見通しを得るまでには至っていない。

1.3.2 技術開発事例
(1) 米国における技術開発事例
① セントクロイ島(St.Croix)における技術開発

1972年,コロンビア大学が政府資金援助の下でカリブ海に位置するバージン諸島のセントクロ

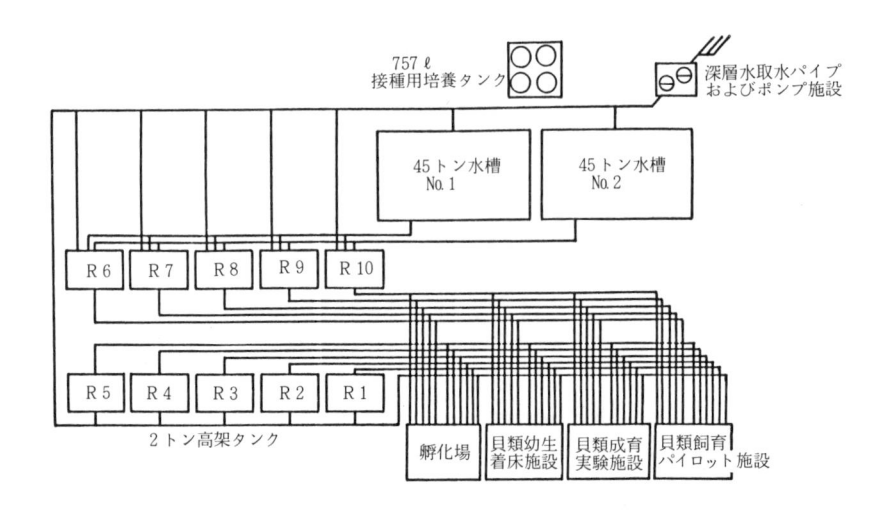

第5章 海洋生物資源利用の実際技術

図5.1.5 セントクロイ島人工湧昇システムにおける深層水および生産植物プランクトンの流路系
(Roels他,1975より)

イ島北岸に深度870mの深層水を揚水する人工湧昇システムを建造し，植物プランクトンおよび貝類を対象にした技術開発に着手した[9]~[11]。

当システムは深層水取水施設および陸上施設から構成されている。深層水取水施設は海底上に敷設された全長1,830m，管径7.5cmの3本からなるポリエチレン製パイプラインにより深層水を陸上施設に揚水（最大揚水能力：250ℓ/分）する機能を有し，その取水口は沖合1.6km地点の海底上部30mに保持されている。陸上施設は餌料植物プランクトンの増殖試験を行うための45トン水槽2基および2トン水槽20基をもつ培養施設，貝類孵化施設，稚貝のための幼生着床施設，最適な給餌率や飼育密度などを試験する貝類成育実験施設，システムの効率やコストなどを検討する貝類飼育パイロット施設が備えられている。

図5.1.5に人工湧昇システムにおける揚水された深層水および生産された植物プランクトンの流路系を示す。

当システムでは植物プランクトンの連続生産およびこれらを餌料とした貝類の生産試験とともに，最適な深層水流水速度や生産プラントの構造などの検討が行われ，最大生産効率をもたらす深層水利用技術およびその経済的見込みを得るための開発が実施されている。

当システムによる貝類の生産効果について，既に次のような結果が得られている。

○ 温帯，亜熱帯および熱帯の自然海域と熱帯海域に位置する当システムでのハマグリ類の成

表 5.1.1　セントクロイ島人工湧昇システムにより
マーケットサイズまで飼育された貝類

種　　類	学　　名
ヨーロッパ産カキ	Ostrea edulis
マガキ（太平洋産カキ）	Crassostrea gigas
マガキ（熊本産カキ）	C. gigas
アサリ	Tapes japonica
南方産ハマグリ	Mercenaria campechiensis
F_1 ハマグリ	M. campechiensis × M. mercenaria
ホタテガイ	Argopecten irradians
アコヤガイ	Pinctada martensii

長比較試験では，南方産ハマグリ (Mercenaria campechiensis) および F_1 ハマグリ (M. campechiensis と M. mercenaria の交配種) が当システムでは 6.5～13カ月内に殻長 1mm の稚貝から殻幅 25.5mm 以上のマーケットサイズに成育したのに対して他の自然海域のものは13カ月過ぎてもマーケットサイズまで成育しなかった。

○　細菌などの影響を避けるために当システムで数世代にわたって飼育されたアサリ (Tapes japonica) は幼生着床後の生残率が 85％ にまで達した。

○　当システムで生産された貝類の味覚は他の自然環境で生産された同種のものより優っていることが専門家による味覚テストで確かめられた。

当システムによりマーケットサイズまで飼育された貝類の種類を表 5.1.1 に示す。

② シューアード (Seward) における技術開発

1974年，アラスカ大学が政府資金援助の下でアラスカの太平洋側にあるシューアードに深度75mの深層水を揚水する人工湧昇システムを建造し，植物プランクトン，貝類および魚類を対象にした技術開発に着手した[12)～15)]。

深層取水施設は Resurrection Bay のフィヨルド海底上に敷設された塩化ビニール製パイプラインにより深層水を陸上施設に揚水（最大揚水能力：570 ℓ/分）する機能をもち，陸上施設には1,000トン水槽 2 基およびその他の試験施設が備えられている。

当システムでは植物プランクトン群集の連続生産およびこれらを餌料とする貝類生産そして魚類生産の技術開発が実施されている。

当システムでは次のような結果が得られている。

○　植物プランクトン群集，特に珪藻類が当システム周辺の自然海域に比べて高濃度に生産される。

第5章 海洋生物資源利用の実際技術

○ 当システム周辺海域でのムラサキイガイ（*Mytilus edulis*）が殻長30mmまで成育するのに4年を要するのに対し当システムによる同種の成育試験では殻長8.8mmから30.2mmまで90日間で成育した。

○ サケ（*Oncorhynchus keta*）の稚魚による飼育試験では平均湿重量0.6gの稚魚が28日後に2.5gに成育し，56日後に3.9gに成育した。そして56日間の飼育試験期間中の死亡率は1％以下であった。

③ ハワイ島における技術開発

1981年，ハワイ州によりハワイ島のKe-ahole Pointに人工湧昇実験場が整備された[16),17)]。当実験場は多分野の深層水利用技術の開発を行うために建設された実海域レベルの実験場としては世界で唯一のものである。

施設としては深層水供給システム，表層水供給システムおよび研究支援

写真5.1.1　ハワイ島人工湧昇実験場の深層水および表層水の取水パイプライン

（後方は人工湧昇実験場）

写真5.1.2　深層水による貝類飼育実験風景

写真5.1.3　深層水による魚類飼育実験風景

施設が備えられている。本施設は他の研究機関（民間および外国機関も含む。）の利用も可能であり，その場合深層水の使用量も含めた施設利用は有償制という運用方式が採用されている。

深層水供給システムは海底上に敷設された管径30cmの塩化ビニール製パイプラインにより深度610mの深層水を陸上部に揚水し，その取水口は海底上部15mに保持されている。揚水量は1.9トン/分，3.8トン/分および5.8トン/分の3段階で，揚水深層水への接触部はすべて非金属製である。

写真 5.1.4　深層水の低水温を利用したイチゴ栽培実験風景

表層水供給システムは管径30cmの2本の塩化ビニール製パイプラインにより深度4.5mおよび7.5mの表層水を陸上部に揚水し，その最大揚水量は7.6トン/分である。揚水表層水への接触部は深層水供給システムの場合と同様にすべて非金属製でできている。

実験場敷地内には分析実験棟などの支援施設の他にプラント建設用地も確保されている。また，各分野の専門技術者による支援体制もできている。

表 5.1.2　ハワイ島人工湧昇システムでの対象生物の種類と開発進捗状況

対象生物種（学名）		利用する深層水の特性			研究開発状況	
		低水温	富栄養	清浄	技術的見込み	商用化の見込み
海藻類	ケルプ（Macrocystis pyrifera）	○	○		○	○
	ノリ（Porphyra tenera）	○	○		○	有望
	オゴノリ（Gracilaria coronopifolia）	○	○		○	研究中
	微細藻類（Spirulina plaiensis）		○		研究中	研究中
貝類	アワビ（Haliotis refcscens）	○		○	○	○
	マガキ（Crassostrea gigas）	○		○	研究中	研究中
エビ類	ロブスター（Homarus americanus）	○		○	○	有望
魚類	ニジマス（Salmo gairdneri）	○		○	○	研究中
	ギンザケ（Oncorhynchus kisutch）	○		○	○	研究中
	マスノスケ（O. tahawytscha）	○		○	○	有望
陸上植物	イチゴ（Fragaria sp.）	○			○	研究中

第5章 海洋生物資源利用の実際技術

深層水および表層水の取水パイプラインの一部を写真5.1.1に示す。

当実験場では生物生産のための深層水利用技術および海洋温度差発電技術の開発が主に行われている。生物生産については深層水の富栄養特性，低水温特性，清浄特性などを活用して海藻類，貝類（写真5.1.2），エビ類および魚類（写真5.1.3）を対象にした技術開発が行われている。また，これらの他に農業への応用としてイチゴ栽培技術（写真5.1.4）の研究開発も実施されている。

表5.1.2に対象生物の種類とそれぞれの開発進捗状況を示す。

対象生物の内，既に8種類について技術的見込みが得られており，中でもアワビ生産については商用化の見込みが得られ，1984年6月から商用化サイズのプラント建設が民間企業により進められている。一方，オアフ島での海洋温度差発電商用プラント（総発電量：約40MW，深層水揚水量：約7,200トン/分）の建造計画が検討されており，この商用プラントにより利用される深層水を生物生産に再利用することに期待がもたれ，アワビ，ノリ，ロブスター，マスノスケなどが対象生物種としてあげられている。

④ カリフォルニア沿岸海域における海藻生産の技術開発

本技術開発はバイオマス変換技術開発の中の海洋バイオマスとして位置づけられ，1973年からエネルギー省やAGA（American Gas Association）などの資金援助の下に開始された[18],[19]。

開発内容は生長速度が大きいといわれる海藻類ジャイアント・ケルプ（*Macrocystis pyrifera*）を対象生物種とし，その生長に必要な栄養物に富む深層水を有光層に人工湧昇させてケルプ生産を行い，その収穫体からメタンをはじめとして，化学薬品，肥料，飼料などを生産しようとするものである。

1978年，上記AGAがスポンサーとなりジェネラル・エレクトリック社（GE）によるQuarter Acre Module（4,000㎡）のテスト農場がカリフォルニアのCorona Der Marの沖合7.5kmに設置され，栽培，収穫，海洋工学，経済性などについて検討が行われている。

QAMでの深層水利用によるケルプ栽培の実海域実験用に開発された海藻栽培支持構造物を図5.1.6に示す。

当構造物は直径2.7mの円柱状ブイが中心となり深度500mの海域に係留される。

この円柱ブイに長さ15mの6本のアームが放射状にユニバーサルジョイントを介して取り付けられており，これらのアームの間にはケルプを植え付けるためのロープがクモの巣状に張られている。これらのアームおよびロープは深度9～18mに位置するようになっている。また，当構造物は円柱状ブイ下方部に結合している直径60cmのポリエチレン製パイプを通して深度300mの深層水を波動ポンプで揚水し，ロープ上に植え付けられたケルプ周辺に放水する機構を備えているとともに波高12mおよび潮流1.5ノットの条件に耐えるように設計されている。

1 海洋生物生産のための深層水利用技術

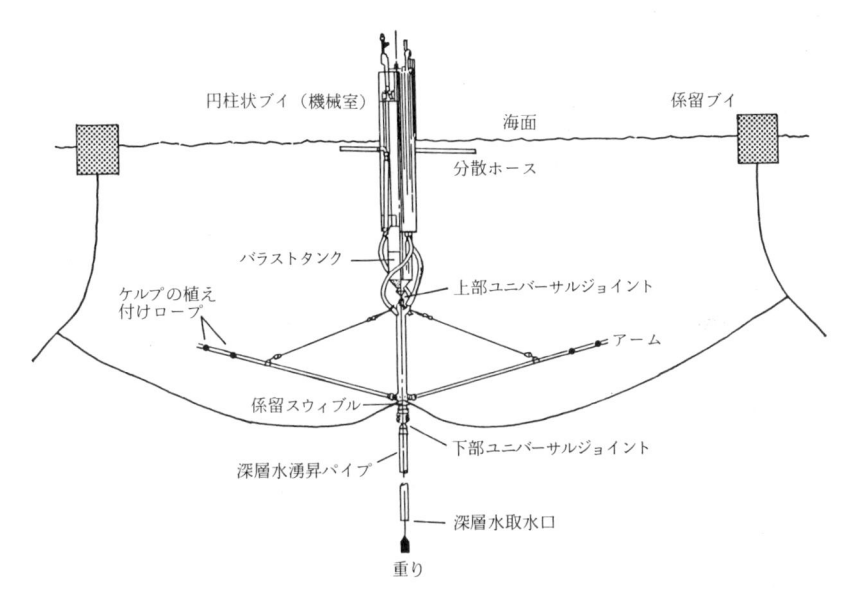

図5.1.6 海藻栽培支持構造物(Leone, 1980 より)

実海域実験では当構造物により深層水が人工湧昇され,ケルプ生産に効果があるという結果が得られ,その有効性が確証された。しかし,荒天時にアームが破壊され,まだ構造物に対する工学的検討を行う必要があり,技術的見込みを得る段階まで至っていないのが実状である。

(2) わが国における技術開発事例

わが国での生物生産への深層水利用技術の開発は海洋科学技術センターで実施されており,1984年,屋内型深層水連続流水シミュレーション・プラントにより種苗生産用餌料として用いられている珪藻類を対象にし,また,伊豆諸島海域の深層水(深度200〜600m)を用いて陸上生産型深層水利用技術の開発を目標にした連続生産実験が実施された。

本実験では珪藻の連続生産量制御やサイズ制御が深層水の流水速度,表層水混合比率などにより可能であるという結果が得られ,さらに,高次の生物も含めた生物的検討や取水技術などの工学的検討が行われている。しかし,わが国の技術開発は米国にみられるような実海域レベルでの実証実験を行うまでには進んでおらず,検討段階にあるのが実状である。

1.4 今後の展望

これまで述べてきたように植物プランクトンを含む海藻類,貝類,エビ類,魚類などの多種の

第5章 海洋生物資源利用の実際技術

生物生産に深層水を利用する技術の可能性およびその効果が実証されてきており,特に陸上生産型深層水利用技術の開発については技術的見込みを得る開発段階から商用化レベルに向けての開発段階に入りつつあるといえる。

深層水利用技術は貧栄養海域における生物生産力を強化し,また,有用生物の種苗生産技術の導入・開発を可能にするとともに飼育技術の質的向上を促し,栽培漁業を振興するための有効な技術として期待される。

わが国では種苗生産をはじめとする栽培漁業が国や県などにより公共事業レベルで推進されているが,種苗初期餌料の確保,水質悪化に伴う飼育生物の疾病および死亡率の増加,夏季の高水温期における飼育環境の管理などの問題に対応すべき技術的課題も多く,深層水利用技術はこのような課題に対してもその技術的効果が期待できよう。

今後,商用化レベルに向けての技術を確立するためには経済価値の高い生物種の選択,深層水の諸特性を有効に活用する飼育・管理面での生物技術,深層取水法の工学技術の開発などが重要な課題となろう。特に深層取水コストは全体コストに占める割合が高く,そのコストダウンを図る方向で技術開発を進める必要がある。そのためには生物側の条件を考慮しつつ,取水立地条件をはじめとして取水深度,取水量,取水動力源などの検討が行われるとともに取水パイプの材質,耐久性,パイプ敷設工法などの検討が十分に行われる必要がある。

また,生物生産の他に深層水を利用する技術として海洋温度差発電,造水などがあり,このような技術との複合化を図ることも技術の経済性を高め,商用化レベルでの技術確立をより実現可能なものにするであろう。

文 献

1) 科学技術庁資源調査会報告書,No. 91, p. 226 (1983)
2) J. H. Ryther, *Science*, **166**, 1300 (1969)
3) 中島敏光,ほか,海洋科学技術センター内部研究報告資料 (1980, 1983)
4) 宇田道隆,海洋漁場学,恒星社厚生閣,p. 347 (1976)
5) M. Takahashi, *et al.*, *J. Oceanogra. Soc. Jap.*, **36**, 209 (1980)
6) M. Takahashi, *et al.*, "Coastal Upwelling" American Geophysical Union, Washington, D. C., p. 529 (1981)
7) 中島敏光,ほか,海洋科学技術センター内部研究報告資料 (1983)
8) 宇田道隆,海,岩波新書,p. 247 (1974)
9) O. A. Roels, *et al.*, Offshore Technol. Conf., Preprint OTC-1764, p. 1391 (1973)

10) O. A. Roels. "Artificial Upwelling" Progress Report/1975, Sea Grant Project No. 04-5-158-59, p. 291 (1975)
11) O. A. Roels, et al., *Ocean Management*, **5**, 199 (1979)
12) R. A. Nevé, et al., *Mar. Sci. Commun.*, **2**, No. 2, 109 (1976)
13) A. J. Paul, et al., *Aquaculture*, **9**, 387 (1976)
14) A. J. Paul, et al., *J. Cons. Int. Explor. Mer.*, **38**, No. 1, 100 (1978)
15) A. J. Paul, et al., *Mar. Sci. Commun.*, **5**, No. 1, 79 (1979)
16) 豊田孝義, 海洋科学技術センター内部調査報告資料 (1984)
17) The Natural Energy Laboratory of Hawaii, Annual Report (1983)
18) 日本海洋開発産業協会, 海藻によるエネルギー回収システム研究開発調査報告書 (1979)
19) J. E. Leone, *Mar. Technol. Soc. J.*, **14**, No. 2, 12 (1980)

第5章 海洋生物資源利用の実際技術

2 深海生物調査手法の現状

橋本 惇*

2.1 はじめに

従来,深海域に生息する生物に関する研究は,ワイヤーの先端に取り付けられたトロール,ドレッジ,グラブ,コアなどのような比較的単純な採集機器により得られたサンプルについて実施されてきた[20]。そして,膨大な分類学的・動物地理学的データの蓄積と実績が積みあげられてきた。

深海生物を理解し,評価するためには,まず,現場における生物の群集組成,現存量,環境構造,行動,諸活性などについて,可能な限り詳細に把握しなければならない。

しかし,トロールなど従来の調査手法によるものでは,特定の生物を選択的に採集するといったことはできず,ましてや,生きた状態で深海生物を採集・観察することはほとんど不可能であった。さらに,深海生物の生息環境の物理・化学的・地質学的要因については,船上からの作業の困難さもあって,せいぜい数項目程度しかデータを得ることができていない。それゆえ,深海生物に関する生理学的・生態学的研究はほとんど手つかずの状態であったといっても過言ではない。

1970年代以降,航法学,電子工学,音響学などの発達に伴い,多くの深海用調査機器が開発された。そして,それら調査機器を総合的かつ有機的に結びつけた新しい深海調査手法が出現し,深海生物の生理学的・生態学的研究が可能となった。その新しい深海生物調査手法とは,有人潜水調査船によるものであり,無索あるいは有索の無人潜水機によるものである。

従来の手法による深海生物の調査は有効な手段であり,現在でも多くの研究機関で実施しているが,ここでは,最近行われている新しい深海生物調査手法について紹介する。

2.2 航法システム

洋上における各種調査では,高精度の航法システムが要求される。ある特定の地点で繰り返し調査を行うような場合は,同一調査地点に再び戻ることができるように数m程度の精度が必要とされる。

洋上における船位の計測は,第二次世界大戦以降,多くの双曲線航法システム(ロラン,オメガ,デッカ,NNSSなど)が次々と開発され,実用化されてきた。これら航法システムでは,波長が100 kHz~400 MHzの電波の時間差や位相差を測定して船位を求めるものであり,測位精度は比較的精度の高い NNSS で,測定条件の良い海域において0.1マイル(約185 m)程度である。双曲線航法は,使用する電波の周波数,測定方式などにより一長一短があり,最近では,

---

* Jun Hashimoto 海洋科学技術センター 深海研究部

2 深海生物調査手法の現状

その目的に合わせて数種の航法システムを組み合わせたハイブリッド航法システムを搭載する船が多くなっている。

洋上において、さらに高い測位精度が要求される場合、現在では、3GHz～30GHz といったマイクロ波と称される波長の短い電波を用いた測位システムが使用されている。マイクロ波測位システムは、船上に設置される主局と、通常陸上に2局設置される従局とで構成され、沿岸域（陸上から80～100km程度）でしか使用できない。しかし、測定条件が良ければ数m程度の精度が得られるといわれている。

洋上での測位精度が高くとも、海中での潜水調査船や無人探査機の測位精度が高くなくては不充分である。海中の測位には、伝搬損失の大きい電波を利用することができず、潜水調査船や無人探査機の測位には、海中で比較的伝搬損失の少ない音響信号を使った音響測位システムが唯一の手段となっている。現在実用化されている音響測位システムは、海底にトランスポンダと称する音響機器を設置して行うトランスポンダ航法システムである。洋上で船から海底に設置もしくは潜水調査船や無人探査機に搭載したトランスポンダに質問信号を送ると、トランスポンダはそれに対し応答信号を送ってくる。船とトランスポンダとの相対的位置関係は、応答信号の方位および斜距離との関係をコンピュータで計算することにより、即座に船上のプロッタ上に記録することができる。このトランスポンダ航法システムには、使用するトランスポンダの数や音響信号の測定方式により、LBL(Long Base-Line)方式、SBL(Short Base-Line)方式、SSBL(Super Short Base-Line)方式などがあるが、いずれも、測定条件が良ければ数m程度の精度が得られると言われている。図5.

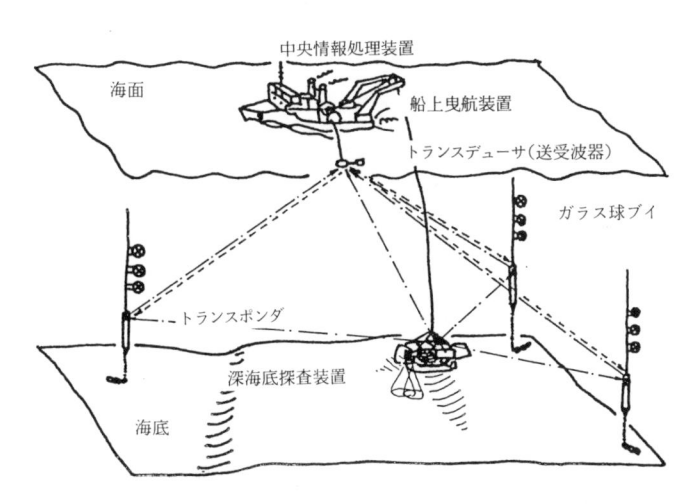

図5.2.1　LBL方式によるトランスポンダ航法システムの概念図

第5章 海洋生物資源利用の実際技術

2.1にLBL方式によるトランスポンダ航法システムの概念図を示す。

2.3 測深と海底面の探査

調査海域の水深および海底地形を把握することは，地質学研究者にはもちろん，生物学研究者にとっても不可欠である。現在，測深には音響測深機が使用されている。音響測深機は，船底に装備された送受波器から短い音響パルスを送信し，それが海底で反射し，再び戻ってくるまでの伝搬時間と音速から水深を測定するものであり，その原型は第二次世界大戦以前に開発されている[12]。音響測深機に用いられる超音波の周波数は，水深により使い分けられており，浅海（200m以浅）では100kHz～200kHz，中・深海（2,000m以浅）では24kHz～50kHz，深海（11,000m以浅）では12kHzが一般的である。

従来，海底地形を調査する場合，その海域について，格子状に船を走らせ，航路図上に音響測深機で得られた水深値を記入し，各点を結ぶことにより等深線図を描いていた。しかし，それには多くの時間と労力が費されるため効率的とは言えず，また，複雑な海底地形の場合には，その解釈に困難が伴った。

そこで開発された調査機器が「シービーム（マルチナロービーム型音響測深機の一商品名）」である。シービームは，周波数12kHzの超音波を使用しており，指向幅を狭くした16本の超音波ビームにより海底地形のデータを帯状に記録し，そのデータをコンピュータで処理することにより，

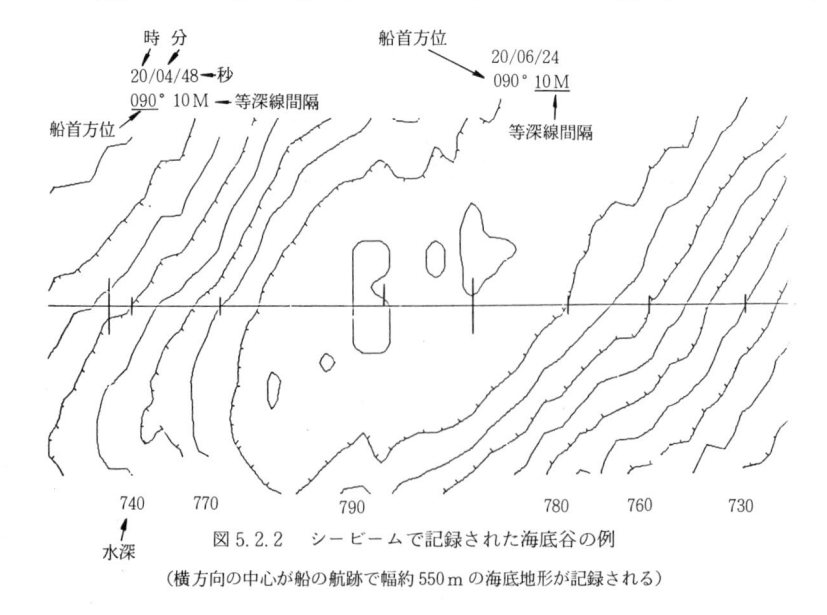

図5.2.2　シービームで記録された海底谷の例
（横方向の中心が船の航跡で幅約550mの海底地形が記録される）

2 深海生物調査手法の現状

適当な縮尺の海底地形図を高速プロッタ上に描かせることができる装置である。シービームは各測線に沿って，水深の約70％の幅の海底地形図を得ることができる。このシービームが開発されたことにより，従来の音響測深機による「線の測深」から「面の測深」へ移行するという技術的な革新が成し遂げられた[1]。現在，我が国では，海上保安庁水路部の測量船「拓洋」および海洋科学技術センターの海中作業実験船「かいよう」にこのシービームが搭載されており，今後の成果が期待されている。図5.2.2にシービームで記録された海底地形の等深線図の例を示す。

また，サイドスキャンソーナーと称する海底地形図を面でとらえる装置も開発され使用されている。サイドスキャンソーナーは，海底からの高度を10m～100m程度に保ち曳航し，ファンビームと呼ばれるうちわのような形をした指向性をもつ送受波器から音響パルス

写真5.2.1　サイドスキャンソーナーの曳航体

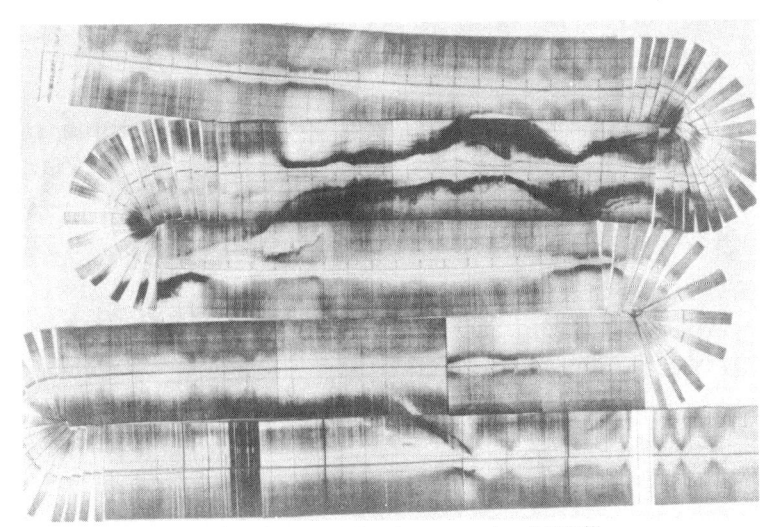

写真5.2.2　サイドスキャンソーナーの記録例
（記録を船の航跡に沿って継ぎ合わせてある。
写真上部に両側に数段の段差がある海底谷があることが判る。）

第5章 海洋生物資源利用の実際技術

を送信し，海底で反射し戻ってくる受波レベルや時間から，海底の起伏や底質の違いなどを，その絶対値がはっきりしなくても，記録機やディスプレイ上に，一目にして判るように表示することができる装置である。表示できる海底の幅は，機種により異なり，また，目的にあわせて変更可能であるが，海洋科学技術センターが使用しているものでは最大片舷1,000m程度までである。写真5.2.1にサイドスキャンソーナー曳航体の例を，写真5.2.2にそのサイドスキャンソーナーの記録例を示す。サイドスキャンソーナーによる海底地形の調査は，潜水調査船や無人探査機によるスモールスケールの深海生物調査のための事前調査として有効である。

2.4 光学機器による深海生物調査

従来，深海生物を光学的に観察・記録するためには，多くの困難が伴った。しかし，現在では，深海カメラや深海TVの発達により，自然状態での深海生物の観察・記録が比較的容易になり，後述する潜水調査船や無人潜水機に光学機器が搭載され活用されている。

光学機器による調査では，自然状態の深海生物を記録することができる他，トロールやドレッジなど従来の調査手法による場合より精度の高い深海生物の量的な把握も可能である。

深海カメラによる深海生物調査手法としては，フレームに固定したカメラやストロボをワイヤーなどで吊り降ろし，タイマやボトムコンタクトスイッチなどでカメラを駆動させるというオペレーションが一般的である。

その他に，ポップ・アップ方式深海カメラシステムと称するものを用いたオペレーション方式もある。ポップ・アップ方式深海カメラシステムは，基本的に，カメラ，ストロボ，切離装置，浮力用ブイ，位置表示装置（ラジオビーコン，フラッシャーなど）および重錘から構成され，重錘によりカメラシステムを海底に沈め，そのまま放置して使用するものである。カメラ駆動はタイマにより行い，写真撮影終了後，切離装置により重錘から切り離し，システムを自己浮上させ回収する。切離装置は，タイマ解放方式と音響命令解放方式とに大別され，各々の方式によりソレノイドや電磁石を駆動させたり，ワイヤーに電流を流し強制的に電蝕を起こさせワイヤーを切断したりして重錘を切り離す。ポップ・アップ方式深海カメラシステムは，海底の一地点に設置された状態で使用するものであるが，カメラ視野内に餌を取り付け，その餌に蝟集する深海生物の摂餌行動などを撮影・記録することができる。ポップ・アップ方式深海カメラシステムは，比較的簡便な深海生物調査手法として，一つのジャンルを持つものである。図5.2.3にポップ・アップ方式深海カメラシステムの例を示す。

また，深海生物探査システムという，超音波を利用して物体がカメラの視野内にあることを確認してからカメラを駆動させるシステムの試作も行われている[2]。

TVは，深海生物を観察・記録するために，極めて有効な調査機器の一つである。しかし，TV

2 深海生物調査手法の現状

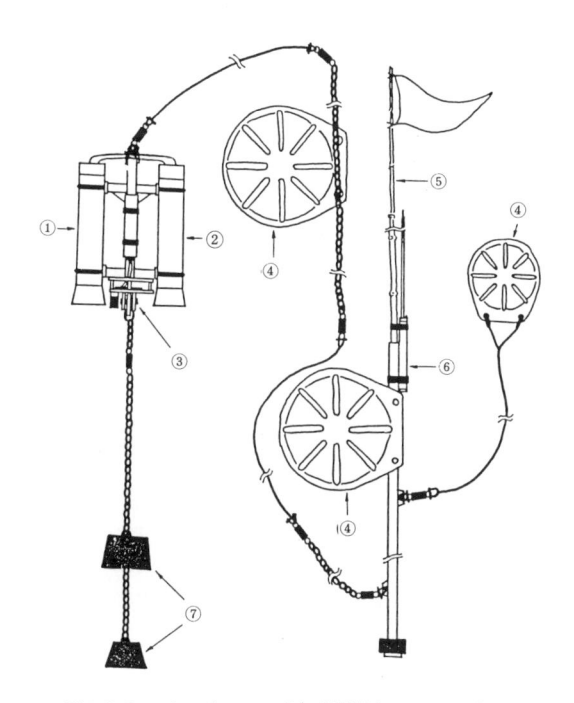

図5.2.3 ポップ・アップ方式深海カメラシステム
①：カメラ ②：ストロボ ③：切離装置
④：ブイ ⑤：旗竿 ⑥：ラジオビーコン
⑦：重錘

により調査を行う場合，船上から減衰の大きな長いケーブルを使ってTVカメラや照明用ライトに大きな電力を供給したり，広い周波数帯域を持つ映像信号を送受信することが必要となり，浅海域の場合はともかく，深海域の場合では，従来，技術的に困難であった。しかしながら現在では，海洋科学センターにより曳航式深海TVシステムが開発され，深海域の情報をリアルタイムでとらえることが可能となった。曳航式深海TVシステムは，深海カラーTV，深海カメラを搭載した曳航体（写真5.2.3）と船上ユニット（写真5.2.4）で構成され，曳航体は長さ4,000mの二重鎧装同軸ケーブルで曳航される。船上ユニットからは，この同軸ケーブルを通して曳航体に電力供給，コマンド信号の送信が行われ，逆に曳航体のTVカメラで得られた海底のカラー画像は船上ユニットにリアルタイムで送信される。そして，船上ユニットのTVモニタを深海カメラのファインダーとして使用し，随時，写真を撮影することができる。この曳航式深海TVシステムが開発されたことにより，深海生物はもちろん，海底地形・地質などに関する広範囲の情報をカラーで得ることが可能となった。また，白黒TV画像であれば，同様に水深6,000m以上まで

第5章 海洋生物資源利用の実際技術

得ることが可能である。

従来,海生生物は光に対して反応するものが多く,生態観察を目的とする場合,連続光を使用しての観察には限界があり,TVをモニタとしてシャッターチャンスを探るといった方法はとれない[21]と言われてきた。しかし,曳航式深海TVシステムや,潜水調査船による観察結果では,深海域に生息する大型の表在性底生生物に限れば,連続光によって異常行動を示す例は少ない傾向にある。

光学機器による深海生物の調査は,トロールなど従来の調査に比べ深海生物の生息環境を攪乱しないため深海生物の真の生態を観察することができ,ステレオ技法などにより精度の高い深海生物の分布量について把握することが可能である。また,深海生物のみならず,深海生物の生息環境についても同時に画像として記録することができるというメリットも重要である。しかしながら,光学機器による調査では,特別な場合を除き対象生物は表在性のものに限られ,写真やTV画像の解像力により対象生物のサイズに制限がある。また,記録された画像から深海生物の種の同定を行うことが困難なことも多い。それゆえ,光学的調査手法による深海生物のデータは,トロールなど従来の調査手法により得られたデータを補足することにより,はじめてその真価を発揮するものである[16]。

写真5.2.3 曳航式深海TVシステムの曳航体

2.5 潜水調査船と無人潜水機

深海生物をはじめ,深海底の地形や地質などの調査には,潜水調査船や無人潜水機の使用が有効である。

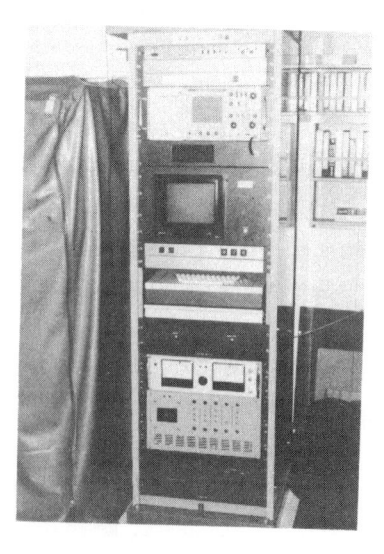

写真5.2.4 曳航式深海TVシステムの船上ユニット

2 深海生物調査手法の現状

写真 5.2.5. 日本の潜水調査船「しんかい2000」

現在運用されている潜水調査船には，アメリカの「アルビン」，「シークリフ」，フランスの「シアナ」，「ノーティール」，我が国の「しんかい2000」などがある。「シークリフ」や「ノーティール」は6,000 mまで潜航可能であり，我が国では，6,500 mまで潜航できる潜水調査船の建造計画も進められている。写真5.2.5に「しんかい2000」を示す。

従来，潜水調査船は，純粋に深海域での観察手段として用いられてきた。もちろん，深海生物の調査では，その行動や分布状態などを直接観察するということが極めて重要であることは言うまでもない。現在では，先にも述べた通り，その他潜水調査船に装備されているカメラやTVを用いての深海生物の定量・分布調査，潜水調査船用に開発されたグラブ，コアなどをマニピュレータで操作して行う深海生物の採集や深海生物の諸活性の現場測定，および潜水調査船に装備された各種計測機器による深海生物の生息環境に関する物理・化学的要因の同時，同所的測定などが行われている。また，最近では，潜水調査船を利用して，深海域の環境状態を保持したままで洋上に回収することができる保圧回収装置も開発され，端脚類など大型の生物をも生きたままで観察可能となり，さらに，現場と同様な高圧環境を人工的につくり，その状態のもとで深海生物の諸活性測定なども可能となっている。

無人潜水機は，有索のものと無索のものに大別され，有索のものは，さらに曳航式と自航式に分類される。曳航式無人潜水機は，前述のサイドスキャンソーナーや曳航式深海TVシステムなどである。深海生物の調査に用いられた自航式無人潜水機の1つはRUMと称される。RUMには深海カメラ，深海ストロボ，深海TVの他，マニピュレータが装備されており，スラスタにより海底に沿って自航することができる。このRUMを用いて，深海生物の分布状態の調査や呼吸率の測定調査が実施されている。我が国でもドルフィル3Kと称する同様な自航式無人潜水機を建造中である。フランスでは「EPAULARD」という水深6,000 mで8時間のオペレーションが可能な，

第5章　海洋生物資源利用の実際技術

写真5.2.6　フランスの無索の無人潜水機 "EPAULARD"
（IFREMER のパンフレットから掲載）

音響コントロール方式の無索の無人潜水機を開発した（写真5.2.6）。この無人潜水機は海底からの高度を一定に保ち写真撮影ができるもので，水深5,300mまでの深海域で40回以上の潜水を行い，8万枚以上の海底写真を撮影している[12]。この無人潜水機によっても深海生物の調査は可能であろう。その他，ワシントン大学では，「SPURV II」という無索の無人潜水機を開発している。

2.6　おわりに

　深海域に生息する生物の調査は，ここで述べてきたように，各種音響システムにより洋上もしくは海中での位置を高精度で確認しつつ，測深や海底面の探査により深海生物の生息環境の概略を把握した上で，各種深海生物用調査手法を組み合わせて行わなければならない。深海生物の生理学的・生態学的研究は，現在のところ潜水調査船によるところが多いようである。しかし，潜水調査船のオペレーションには多大の経費が必要であり，天候に左右されやすく，人命の危険性を避けることができないというデメリットがある。このデメリットを軽減する代替調査手法が無人潜水機によるものである。無人潜水機のオペレーション経費は潜水調査船に比べ安価であり，人命の危険性は少ない。現在では，無人潜水機による単独の深海生物調査も行われているが，技術的制限も多く認められる。今後，新しい無人潜水機の開発や改良が繰り返されることにより，現在以上に精度の良い，複雑な深海生物調査が可能となり，現在行われている潜水調査船による調査の多くの部分を無人潜水機で代替することが可能となるであろう。もちろん潜水調査船による深海生物調査は重要であり，高解像力のある目視による観察ができ，かつ，現場でのあらゆる調

査時の変化に対し,適宜,対処することができるという最大のメリットを生かし,今後も多くの,より複雑な深海生物調査のための一つの手段として潜水調査船が利用されて行くであろう。

文　　　献

1) 網谷泰孝,"海中作業実験船「かいよう」搭載のシービームについて[22]",日本造船学会誌, **670**, p.31-38, (1985)
2) 青山恒雄,ほか,"深海生物を探る —— 探査システムの開発と利用 —— ",化学と生物, **19**, 10, p.665-670, (1981)
3) 新崎盛敏,ほか,"海藻・ベントス",東海大学出版会, p.451, (1976)
4) 電波航法研究会,"双曲線航法",海文堂, p.175, (1978)
5) J. F. Grassle, et al., "Pattern and Zonation: A study of the bathyal megafauna using the research submersible ALVIN., *Deep-Sea Res.*, **22**, p.457-481, (1975)
6) 橋本惇,ほか,"ポップ・アップ方式深海カメラシステム", *JAMSTEC TR.*, **13**, p.43-50, (1984)
7) 橋本惇,ほか,"曳航式深海TVシステムおよび「しんかい2000」による表在性メガロベントス分布密度推定の試み", JAMSTEC TR.,「しんかい2000」研究シンポジウム特集, p.107-118, (1985)
8) B. C. Heezen, et al., "The face of the deep", Oxford University Press, London, p.659, (1971)
9) J. B. Hersey, "Deep-Sea Photography", Johns Hopkins Press, Baltimore, p.310, (1967)
10) R. R. Hessler, et al., "Giant amphipod from the abyssal Pacific Ocean, "*Science*, **175**, p.636-637, (1972)
11) J. D. Isaacs, et al., "Active animals of the deep-sea floor, *Sci. Am.*, **223**, 4, p.85-91 (1975)
12) 海洋音響研究会,"海洋音響 —— 基礎と応用 —— , p.259, (1984)
13) 北川大二,ほか,"三陸沖深海域におけるキチジの分布特性", JAMSTEC TR.,「しんかい2000」シンポジウム特集, p.107-118, (1985)
14) W. E. Nodland, et al., "SPURV II- An unmanned, free-swimming, submersible developed for oceanographic research, IEEE, Ocean '81, p.92-98, (1981)
15) 太田秀,ほか,"水中カメラによるサクラエビ群集密度と分布層の観察の試み",日本海洋学会誌, **30**, p.86-89, (1974)
16) 太田秀,"水中カメラによるクモヒトデ類その他の生態観察と個体数推定の試み",ベントス研連誌, 9/10, (1975)
17) S. Ohta, "Photographic census of large-sized benthic organims in the bathyal

zone of Suruga Bay, central Japan", *Bull. Ocean Res Inst.*, Univ. Tokyo, **15**, p. 244, (1983)
18) T. Okutani, "Synposis of bathyal and abyssal megalo-invertebrates from Sagami Bay and south of Boso Peninsula trawled by the R/S Soyo-Maru", *Bull. Tokai Reg. Fish, Res. Lab.*, **57**, p. 61, (1969)
19) A. L. Rice *et al.*, "The quantitative estimation of the deep-Sea megabenthos; a new approach to an old problem", *Oceanologica Acta*, **5**, p. 63-72, (1982)
20) G. T. Rowe, "Deep-Sea Biology", John Wiley & Sons Inc., New York, p. 560, (1983)
21) K. L. Smith, *et al.*, "Respiration of benthopelagic fishes; In situ measurments at 1230 meters", *Science*, **184**, p. 282-283, (1974)
22) P. S. Tabor, *et al.*, "A pressure retaining deep ocean sampler and transfer system for measurement of microbial activity on the deep-sea", *Microb. Ecol.*, **7**, p. 51-65, (1981)
23) 田中一夫, "最新電波航法システム", 海文堂, p. 149, (1978)
24) 土屋利雄, ほか, "曳航式深海底探査テレビシステムの開発", *JAMSTEC TR.*, **11**, p. 13-30, (1983)
25) 土屋利雄, "海中作業実験船「かいよう」の航法システムについて", 日本造船学会誌, **669**, p. 26-39, (1985)
26) A. A. Yayanos, "Recovery and maintenance of live amphipods at a pressure of 580 bar from an ocean depth of 5700 meters", *Science*, **200**, p. 1056-1059, (1978)

《CMC テクニカルライブラリー》発行にあたって

弊社は、1961年創立以来、多くの技術レポートを発行してまいりました。これらの多くは、その時代の最先端情報を企業や研究機関などの法人に提供することを目的としたもので、価格も一般の理工書に比べて遙かに高価なものでした。

一方、ある時代に最先端であった技術も、実用化され、応用展開されるにあたって普及期、成熟期を迎えていきます。ところが、最先端の時代に一流の研究者によって書かれたレポートの内容は、時代を経ても当該技術を学ぶ技術書、理工書としていささかも遜色のないことを、多くの方々が指摘されています。

弊社では過去に発行した技術レポートを個人向けの廉価な普及版《CMC テクニカルライブラリー》として発行することとしました。このシリーズが、21世紀の科学技術の発展にいささかでも貢献できれば幸いです。

2000年12月

株式会社　シーエムシー出版

海洋生物資源の有効利用 (B668)

1986年 3月10日　初　版　第1刷発行
2002年10月27日　普及版　第1刷発行

編　集　　内藤　敦　　　　　　　　　Printed in Japan
発行者　　島　健太郎
発行所　　株式会社　シーエムシー出版
　　　　　東京都千代田区内神田1-4-2（コジマビル）
　　　　　電話03（3293）2061

［印刷　三松堂印刷株式会社］　　　　　©A.Naito, 2002

定価は表紙に表示してあります。
落丁・乱丁本はお取替えいたします。

ISBN4-88231-775-3　C3047

☆本書の無断転載・複写複製（コピー）による配布は、著者および出版社の権利の侵害になりますので、小社あて事前に承諾を求めて下さい。

CMCテクニカルライブラリー のご案内

ハイブリッド複合材料
監修／植村益次・福田 博
ISBN4-88231-768-0　　　　　　　　B661
A5判・334頁　本体4,300円＋税（〒380円）
初版 1986年5月　普及版 2002年8月

構成および内容：ハイブリッド材の種類／ハイブリッド化の意義とその応用／ハイブリッド基材（強化材・マトリックス）／成形と加工／ハイブリッドの力学／諸特性／応用（宇宙機器・航空機・スポーツ・レジャー）／金属基ハイブリッドとスーパーハイブリッド／軟質軽量心材をもつサンドイッチ材の力学／展望と課題　他
執筆者：植村益次／福田博／金原寿 他10名

光成形シートの製造と応用
著者／赤松 清・藤本健郎
ISBN4-88231-767-2　　　　　　　　B660
A5判・199頁　本体2,900円＋税（〒380円）
初版 1989年10月　普及版 2002年8月

構成および内容：光成形シートの加工機械・作製方法／加工の特徴／高分子フィルム・シートの製造方法（セロファン・ニトロセルロース・硬質塩化ビニル）／製造方法の開発（紫外線硬化キャスティング法）／感光性樹脂（構造・配合・比重と屈折率・開始剤）／特性および応用／関連特許／実験試作法　他

高分子のエネルギービーム加工
監修／田附重夫・長田義仁・嘉悦 勲
ISBN4-88231-764-8　　　　　　　　B657
A5判・305頁　本体3,900円＋税（〒380円）
初版 1986年4月　普及版 2002年7月

構成および内容：反応性エネルギー源としての光・プラズマ・放射線／光による高分子反応・加工（光重合反応・高分子の光崩壊反応・高分子表面の光改質法・光硬化性塗料およびインキ・光硬化接着剤・フォトレジスト材料・光計測 他）プラズマによる高分子反応・加工／放射線による高分子反応・加工（放射線照射装置 他）
執筆者：田附重夫／長田義仁／嘉悦勲 他35名

機能性色素の応用
監修／入江正浩
ISBN4-88231-761-3　　　　　　　　B654
A5判・312頁　本体4,200円＋税（〒380円）
初版 1996年4月　普及版 2002年6月

構成および内容：機能性色素の現状と展望／色素の分子設計理論／情報記録用色素／情報表示用色素（エレクトロクロミック表示用・エレクトロルミネッセンス表示用）／写真用色素／有機非線形光学材料／バイオメディカル用色素／食品・化粧品用色素／環境クロミズム色素　他
執筆者：中村振一郎／里村正人／新村勲 他22名

コーティング・ポリマーの合成と応用
ISBN4-88231-760-5　　　　　　　　B653
A5判・283頁　本体3,600円＋税（〒380円）
初版 1993年8月　普及版 2002年6月

構成および内容：コーティング材料の設計の基礎と応用／顔料の分散／コーティングポリマーの合成（油性系・セルロース系・アクリル系・ポリエステル系・メラミン・尿素系・ポリウレタン系・シリコン系・フッ素系・無機系）／汎用コーティング／重防食コーティング／自動車・木工・レザー他
執筆者：桐生春雄／増田初蔵／伊藤義勝 他13名

バイオセンサー
監修／軽部征夫
ISBN4-88231-759-1　　　　　　　　B652
A5判・264頁　本体3,400円＋税（〒380円）
初版 1987年8月　普及版 2002年5月

構成および内容：バイオセンサーの原理／酵素センサー／微生物センサー／免疫センサー／電極センサー／FETセンサー／フォトバイオセンサー／マイクロバイオセンサー／圧電素子バイオセンサー／医療・発酵工業・食品・工業プロセス／環境計測／海外の研究開発・市場　他
執筆者：久保いずみ／鈴木博章／佐野恵一 他16名

カラー写真感光材料用高機能ケミカルス
－写真プロセスにおける役割と構造機能－
ISBN4-88231-758-3　　　　　　　　B651
A5判・307頁　本体3,800円＋税（〒380円）
初版 1986年7月　普及版 2002年5月

構成および内容：写真感光材料工業とファインケミカル／業界情勢／技術開発動向／コンベンショナル写真感光材料／色素拡散転写法／銀色素漂白法／乾式銀塩写真感光材料／写真用機能性ケミカルスの応用展望／増感系・エレクトロニクス分野・医薬分野への応用　他
執筆者：新井厚明／安達慶一／藤田眞作 他13名

セラミックスの接着と接合技術
監修／速水諒三
ISBN4-88231-757-5　　　　　　　　B650
A5判・179頁　本体2,800円＋税（〒380円）
初版 1985年4月　普及版 2002年4月

構成および内容：セラミックスの発展／接着剤による接着／有機接着剤・無機接着剤・超音波はんだ／メタライズ／高融点金属法／銅化合物法／銀化合物法／気相成長法／厚膜法／固相液相接合／溶融接合／セラミックスの機械的接合法／将来展望　他
執筆者：上野力／稲野光正／門倉秀公 他10名

※書籍をご購入の際は、最寄りの書店にご注文いただくか、㈱シーエムシー出版のホームページ（http://www.cmcbooks.co.jp/）にてお申し込み下さい。

CMCテクニカルライブラリーのご案内

ハニカム構造材料の応用
監修／先端材料技術協会・編集／佐藤 孝
ISBN4-88231-756-7　　　　　　　　B649
A5判・447頁　本体4,600円＋税（〒380円）
初版1995年1月　普及版2002年4月

構成および内容：ハニカムコアの基本・種類・主な機能・製造方法／ハニカムサンドイッチパネルの基本設計・製造・応用／航空機／宇宙機器／自動車における防音材料／鉄道車両／建築マーケットにおける利用／ハニカム溶接構造物の設計と構造解析、およびその実施例　他
執筆者：佐藤孝／野口元／田所真人／中谷隆　他12名

ホスファゼン化学の基礎
著者／梶原鳴雪
ISBN4-88231-755-9　　　　　　　　B648
A5判・233頁　本体3,200円＋税（〒380円）
初版1986年4月　普及版2002年3月

構成および内容：ハロゲンおよび疑ハロゲンを含むホスファゼンの合成／$(NPCl_2)_3$から部分置換体$N_3P_3Cl_{6-n}R_n$の合成／$(NPR_2)_3$の合成／環状ホスファゼン化合物の用途開発／$(NPCl_2)_3$の重合／$(NPCl_2)_n$重合体の構造とその性質／ポリオルガノホスファゼンの性質／ポリオルガノホスファゼンの用途開発　他

二次電池の開発と材料
ISBN4-88231-754-0　　　　　　　　B647
A5判・257頁　本体3,400円＋税（〒380円）
初版1994年3月　普及版2002年3月

構成および内容：電池反応の基本／高性能二次電池設計のポイント／ニッケル-水素電池／リチウム系二次電池／ニカド蓄電池／鉛蓄電池／ナトリウム-硫黄電池／亜鉛-臭素電池／有機電解液系電気二重層コンデンサ／太陽電池システム／二次電池回収システムとリサイクルの現状　他
執筆者：高村勉／神田基／山木準一　他16名

プロテインエンジニアリングの応用
編集／渡辺公綱／熊谷 泉
ISBN4-88231-753-2　　　　　　　　B646
A5判・232頁　本体3,200円＋税（〒380円）
初版1990年3月　普及版2002年2月

構成および内容：タンパク質改変諸例／酵素の機能改変／抗体とタンパク質工学／キメラ抗体／医薬と合成ワクチン／プロテアーゼ・インヒビター／新しいタンパク質作成技術とアロプロテイン／生体外タンパク質合成の現状／タンパク質工学におけるデータベース　他
執筆者：太田由己／榎本淳／上野川修一　他13名

有機ケイ素ポリマーの新展開
監修／櫻井英樹
ISBN4-88231-752-4　　　　　　　　B645
A5判・327頁　本体3,800円＋税（〒380円）
初版1996年1月　普及版2002年1月

構成および内容：現状と展望／研究動向事例（ポリシラン合成と物性／カルボシラン系分子／ポリロキサンの合成と応用／ゾル-ゲル法とケイ素系高分子／ケイ素系高耐熱性高分子材料／マイクロパターニング／ケイ素系感光材料）／ケイ素系高耐熱性材料へのアプローチ　他
執筆者：吉田勝／三治敬信／石川満夫　他19名

水素吸蔵合金の応用技術
監修／大西敬三
ISBN4-88231-751-6　　　　　　　　B644
A5判・270頁　本体3,800円＋税（〒380円）
初版1994年1月　普及版2002年1月

構成および内容：開発の現状と将来展望／標準化の動向／応用事例（余剰電力の貯蔵／冷凍システム／冷暖房／水素の精製・回収システム／Ni・MH二次電池／燃料電池／水素の動力利用技術／アクチュエーター／水素同位体の精製・回収／合成触媒）
執筆者：太田時男／宛森俊樹／田村英雄　他15名

メタロセン触媒と次世代ポリマーの展望
編集／曽我和雄
ISBN4-88231-750-8　　　　　　　　B643
A5判・256頁　本体3,500円＋税（〒380円）
初版1993年8月　普及版2001年12月

構成および内容：メタロセン触媒の展開（発見の経緯／カミンスキー触媒の修飾・担持・特徴）／次世代ポリマーの展望（ポリエチレン／共重合体／ポリプロピレン）／特許からみた各企業の研究開発動向　他
執筆者：柏典夫／潮村哲之助／植木聡　他4名

バイオセパレーションの応用
ISBN4-88231-749-4　　　　　　　　B642
A5判・296頁　本体4,000円＋税（〒380円）
初版1988年8月　普及版2001年12月

構成および内容：食品・化学品分野（サイクロデキストリン／甘味料／アミノ酸／核酸／油脂精製／γ-リノレン酸／フレーバー／果汁濃縮・清澄化　他）／医薬品分野（抗生物質／漢方薬効成分／ステロイド発酵の工業化）／生化学・バイオ医薬分野　他
執筆者：中村信之／菊池啓明／宗像豊魁　他26名

※書籍をご購入の際は、最寄りの書店にご注文いただくか、㈱シーエムシー出版のホームページ（http://www.cmcbooks.co.jp/）にてお申し込み下さい。

CMCテクニカルライブラリー のご案内

書名	構成および内容
バイオセパレーションの技術 ISBN4-88231-748-6　B641 A5判・265頁　本体3,600円+税（〒380円） 初版1988年8月　普及版2001年12月	**構成および内容**：膜分離（総説／精密濾過膜／限外濾過法／イオン交換膜／逆浸透膜）／クロマトグラフィー（高性能液体／タンパク質のHPLC／ゲル濾過／イオン交換／疎水性／分配吸着 他）／電気泳動／遠心分離／真空・加圧濾過／エバポレーション／超臨界流体抽出 他 ◆執筆者：仲川勤／水野高志／大野省太郎 他19名
特殊機能塗料の開発 ISBN4-88231-743-5　B636 A5判・381頁　本体3,500円+税（〒380円） 初版1987年8月　普及版2001年11月	**構成および内容**：機能化のための研究開発／特殊機能塗料（電子・電気機能／光学機能／機械・物理機能／熱機能／生態機能／放射線機能／防食／その他）／高機能コーティングと硬化法（造膜法／硬化法） ◆執筆者：笠松寛／鳥羽山満／桐生春雄／田中丈之／荻野芳夫
バイオリアクター技術 ISBN4-88231-745-1　B638 A5判・212頁　本体3,400円+税（〒380円） 初版1988年8月　普及版2001年12月	**構成および内容**：固定化生体触媒の最新進歩／新しい固定化法（光硬化性樹脂／多孔質セラミックス／絹フィブロイン）／新しいバイオリアクター（酵素固定化分離機能膜／生成物分離／多段式不均一系／固定化植物細胞／固定化ハイブリドーマ）／応用（食品／化学品／その他） ◆執筆者：田中渥夫／飯田高三／牧島亮男 他28名
ファインケミカルプラントFA化技術の新展開 ISBN4-88231-747-8　B640 A5判・321頁　本体3,400円+税（〒380円） 初版1991年2月　普及版2001年11月	**構成および内容**：総論／コンピュータ統合生産システム／FA導入の経済効果／要素技術（計測・検査／物流／FA用コンピュータ／ロボット）／FA化のソフト（粉体プロセス／多目的バッチプラント／パイプレスプロセス）／応用例（ファインケミカル／食品／薬品／粉体） 他 ◆執筆者：高松武一郎／大島榮次／梅田富雄 他24名
生分解性プラスチックの実際技術 ISBN4-88231-746-X　B639 A5判・204頁　本体2,500円+税（〒380円） 初版1992年6月　普及版2001年11月	**構成および内容**：総論／開発展望（バイオポリエステル／キチン・キトサン／ポリアミノ酸／セルロース／ポリカプロラクトン／アルギン酸／PVA／脂肪族ポリエステル／糖類／ポリエーテル／プラスチック化木材／油脂の崩壊性／界面活性剤）／現状と今後の対策 他 ◆執筆者：赤松清／持田晃一／藤井昭治 他12名
環境保全型コーティングの開発 ISBN4-88231-742-7　B635 A5判・222頁　本体3,400円+税（〒380円） 初版1993年5月　普及版2001年9月	**構成および内容**：現状と展望／規制の動向／技術動向（塗料・接着剤・印刷インキ・原料樹脂）／ユーザー（VOC排出規制への具体策・有機溶剤系塗料から水系塗料への転換・電機・環境保全よりみた木工塗装・金属缶）／環境保全への合理化・省力化ステップ 他 ◆執筆者：笠松寛／中村博忠／田邉幸男 他14名
強誘電性液晶ディスプレイと材料 監修／福田敦夫 ISBN4-88231-741-9　B634 A5判・350頁　本体3,500円+税（〒380円） 初版1992年4月　普及版2001年9月	**構成および内容**：次世代液晶とディスプレイ／高精細・大画面ディスプレイ／テクスチャーチェンジパネルの開発／反強誘電性液晶のディスプレイへの応用／次世代液晶化合物の開発／強誘電性液晶材料／ジキラル型強誘電性液晶化合物／スパッタ法による低抵抗ITO透明導電膜 他 ◆執筆者：李継／神辺純一郎／鈴木康 他36名
高機能潤滑剤の開発と応用 ISBN4-88231-740-0　B633 A5判・237頁　本体3,800円+税（〒380円） 初版1988年8月　普及版2001年9月	**構成および内容**：総論／高機能潤滑剤（合成系潤滑剤・高機能グリース・固体潤滑と摺動材・水溶性加工油剤）／市場動向／応用（転がり軸受用グリース・OA関連機器・自動車・家電・医療・航空機・原子力産業） ◆執筆者：岡部平八郎／功刀俊夫／三嶋優 他11名

※書籍をご購入の際は、最寄りの書店にご注文いただくか、㈱シーエムシー出版のホームページ（http://www.cmcbooks.co.jp/）にてお申し込み下さい。

CMCテクニカルライブラリーのご案内

有機非線形光学材料の開発と応用
編集／中西八郎・小林孝嘉
　　　中村新男・梅垣真祐
ISBN4-88231-739-7　　　　　　　　B632
A5判・558頁　本体4,900円+税（〒380円）
初版1991年10月　普及版2001年8月

構成および内容：〈材料編〉現状と展望／有機材料／非線形光学特性／無機系材料／超微粒子系材料／薄膜, バルク, 半導体系材料〈基礎編〉理論・設計／測定／機構〈デバイス開発編〉波長変換／EO変調／光ニュートラルネットワーク／光パルス圧縮／光ソリトン伝送／光スイッチ 他
◆執筆者：上宮崇文／野上隆／小谷正博 他88名

超微粒子ポリマーの応用技術
監修／室井宗一
ISBN4-88231-737-0　　　　　　　　B630
A5判・282頁　本体3,800円+税（〒380円）
初版1991年4月　普及版2001年8月

構成および内容：水系での製造技術／非水系での製造技術／複合化技術〈開発動向〉乳化重合／カプセル化／高吸水性／フッ素系／シリコーン樹脂〈現状と可能性〉一般工業分野／医療分野／生化学分野／化粧品分野／情報分野／ミクロゲル／PP／ラテックス／スペーサ 他
◆執筆者：川口春馬／川瀬進／竹内勉 他25名

炭素応用技術
ISBN4-88231-736-2　　　　　　　　B629
A5判・300頁　本体3,500円+税（〒380円）
初版1988年10月　普及版2001年7月

構成および内容：炭素繊維／カーボンブラック／導電性付与剤／グラファイト化合物／ダイヤモンド／複合材料／航空機・船舶用CFRP／人工歯根用／導電性インキ・塗料／電池・電極材料／光応答／金属炭化物／炭窒化チタン系複合セラミックス／SiC・SiC-W 他
◆執筆者：嶋崎勝乗／遠藤守信／池上繁 他32名

宇宙環境と材料・バイオ開発
編集／栗林一彦
ISBN4-88231-735-4　　　　　　　　B628
A5判・163頁　本体2,600円+税（〒380円）
初版1987年5月　普及版2001年8月

構成および内容：宇宙開発と宇宙利用／生命科学／生命工学〈宇宙材料実験〉融液の凝固におよぼす微少重力の影響／単相合金の凝固／多相合金の凝固／高品位半導体単結晶の育成と微少重力の利用／表面張力誘起対流実験〈SL-1の実験結果〉半導体の結晶成長／金属凝固／流体運動 他
◆執筆者：長友信人／佐藤温重／大島泰郎 他7名

機能性食品の開発
編集／亀和田光男
ISBN4-88231-734-6　　　　　　　　B627
A5判・309頁　本体3,800円+税（〒380円）
初版1988年11月　普及版2001年9月

構成および内容：機能性食品に対する各省庁の方針と対応／学界と民間の動き／機能性食品への発展が予想される素材／フラクトオリゴ糖／大豆オリゴ糖／イノシトール／高機能性健康飲料／機能性ベスタ／企業化する問題点と対策／機能性食品に期待するもの 他
◆執筆者：大山超／稲葉博／岩元睦夫／太田明一 他21名

植物工場システム
編集／髙辻正基
ISBN4-88231-733-8　　　　　　　　B626
A5判・281頁　本体3,100円+税（〒380円）
初版1987年11月　普及版2001年6月

構成および内容：栽培作物別工場生産の可能性／野菜／花き／薬草／穀物／養液栽培システム／カネコのシステム／クローン増殖システム／人工種子／馴化装置／キノコ栽培技術／種菌生産／栽培装置とシステム／施設園芸の高度化／コンピュータ利用 他
◆執筆者：阿部芳巳／渡辺光男／中山繁樹 他23名

液晶ポリマーの開発
編集／小出直之
ISBN4-88231-731-1　　　　　　　　B624
A5判・291頁　本体3,800円+税（〒380円）
初版1987年6月　普及版2001年8月

構成および内容：〈基礎技術〉合成技術／キャラクタリゼーション／構造と物性／レオロジー〈成形加工技術〉射出成形技術／成形機械技術／ホットランナシステム技術 〈応用〉光ファイバ用被覆材／高強度繊維／ディスプレイ用材料／強誘電性液晶ポリマー 他
◆執筆者：浅田忠裕／鳥海弥和／茶谷陽三 他16名

イオンビーム技術の開発
編集／イオンビーム応用技術編集委員会
ISBN4-88231-730-3　　　　　　　　B623
A5判・437頁　本体4,700円+税（〒380円）
初版1989年4月　普及版2001年6月

構成および内容：イオンビームと個体との相互作用／発生と輸送／装置／イオン注入による表面改質技術／イオンミキシングによる表面改質技術／薄膜形成表面被覆技術／表面除去加工技術／分析評価技術／各国の研究状況／日本の公立研究機関での研究状況 他
◆執筆者：藤本文範／石川順三／上條栄治 他27名

※書籍をご購入の際は、最寄りの書店にご注文いただくか、㈱シーエムシー出版のホームページ（http://www.cmcbooks.co.jp/）にてお申し込み下さい。

CMCテクニカルライブラリーのご案内

エンジニアリングプラスチックの成形・加工技術
監修／大柳　康
ISBN4-88231-729-X　　　　　　　　B622
A5判・410頁　本体 4,000円＋税（〒380円）
初版 1987年12月　普及版 2001年6月

構成および内容：射出成形／成形条件／装置／金型内流動解析／材料特性／熱硬化性樹脂の成形／樹脂の種類／成形加工法の基礎／成形加工法の特徴／押出成形／コンパウンティング／フィルム・シート成形／性能データ集／スーパーエンプラの加工に関する最近の話題　他
◆執筆者：高野菊雄／岩橋俊之／塚原　裕 他6名

新薬開発と生薬利用 II
監修／糸川秀治
ISBN4-88231-728-1　　　　　　　　B621
A5判・399頁　本体 4,500円＋税（〒380円）
初版 1993年4月　普及版 2001年9月

構成および内容：新薬開発プロセス／新薬開発の実態と課題／生薬・漢方製剤の薬理・薬効（抗腫瘍薬・抗炎症・抗アレルギー・抗菌・抗ウイルス）／天然素材の新食品への応用／生薬の品質評価／民間療法・伝統薬の探索と評価／生薬の流通機構と需給　他
◆執筆者：相山律夫／大島俊幸／岡田稔 他14名

新薬開発と生薬利用 I
監修／糸川秀治
ISBN4-88231-727-3　　　　　　　　B620
A5判・367頁　本体 4,200円＋税（〒380円）
初版 1988年8月　普及版 2001年7月

構成および内容：生薬の薬理・薬効／抗アレルギー／抗菌・抗ウイルス作用／新薬開発のプロセス／スクリーニング／商品の規格と安定性／生薬の品質評価／甘草／生姜／桂皮素材の探索と流通／日本・世界での生薬素材の探索／流通機構と需要／各国の薬用植物の利用と活用　他
◆執筆者：相山律夫／赤須ատ範／生田安喜良 他19名

ヒット食品の開発手法
監修／太田静行・亀和田光男・中山正夫
ISBN4-88231-726-5　　　　　　　　B619
A5判・278頁　本体 3,800円＋税（〒380円）
初版 1991年12月　普及版 2001年6月

構成および内容：新製品の開発戦略／消費者の嗜好／アイデア開発／食品調味／食品包装／官能検査／開発のためのデータバンク〈ヒット食品の具体例〉果汁グミ／スーパードライ〈ロングヒット食品開発の秘密〉カップヌードル／エバラ焼き肉のたれ／減塩醤油　他
◆執筆者：小杉直輝／大形　進／川合信行 他21名

バイオマテリアルの開発
監修／筏　義人
ISBN4-88231-725-8　　　　　　　　B618
A5判・539頁　本体 4,900円＋税（〒380円）
初版 1989年9月　普及版 2001年5月

構成および内容：〈素材〉金属／セラミックス／合成高分子／生体高分子〈特性・機能〉力学特性／細胞接着能／血液適合性／骨組織結合性／光屈折・酸素透過能〈試験・認可〉滅菌法／表面分析法〈応用〉臨床検査系／歯科系／心臓外科系／代謝系　他
◆執筆者：立石哲也／藤沢　章／澄田政哉 他51名

半導体封止技術と材料
著者／英　一太
ISBN4-88231-724-9　　　　　　　　B617
A5判・232頁　本体 3,400円＋税（〒380円）
初版 1987年4月　普及版 2001年7月

構成および内容：〈封止技術の動向〉ICパッケージ／ポストモールドとプレモールド方式／表面実装〈材料〉エポキシ樹脂の変性／低吸湿化／高信頼性 VLSI セラミックパッケージ〈プラスチックチップキャリア〉構造／加工／リード／信頼性試験〈GaAs〉高速論理素子／GaAs ダイ／MCV〈接合技術と材料〉TAB 技術／ダイアタッチ　他

トランスジェニック動物の開発
著者／結城　惇
ISBN4-88231-723-0　　　　　　　　B616
A5判・264頁　本体 3,000円＋税（〒380円）
初版 1990年2月　普及版 2001年7月

構成および内容：誕生と変遷／利用価値〈開発技術〉マイクロインジェクション法／ウイルスベクター法／ES細胞法／精子ベクター法／トランスジーンの発現／発現制御系〈応用〉遺伝子解析／病態モデル／欠損症動物／遺伝子治療モデル／分泌物利用／組織，臓器利用／家畜／課題〈動向・資料〉研究開発企業／特許／実験ガイドライン　他

水処理剤と水処理技術
監修／吉野善彌
ISBN4-88231-722-2　　　　　　　　B615
A5判・253頁　本体 3,500円＋税（〒380円）
初版 1988年7月　普及版 2001年5月

構成および内容：凝集剤と水処理プロセス／高分子凝集剤／生物学的凝集剤／濾過助剤と水処理プロセス／イオン交換体と水処理プロセス／有機イオン交換体／排水処理プロセス／吸着剤と水処理プロセス／水処理分離膜と水処理プロセス　他
◆執筆者：三上八州家／鹿野武彦／倉根隆一郎 他17名

※書籍をご購入の際は、最寄りの書店にご注文いただくか、㈱シーエムシー出版のホームページ（http://www.cmcbooks.co.jp/）にてお申し込み下さい。

CMCテクニカルライブラリーのご案内

食品素材の開発
監修／亀和田光男
ISBN4-88231-721-4 B614
A5判・334頁　本体3,900円＋税（〒380円）
初版1987年10月　普及版2001年5月

構成および内容：〈タンパク系〉大豆タンパクフィルム／卵タンパク〈デンプン系と畜血液〉プルラン／サイクロデキストリン〈新甘味料〉フラクトオリゴ糖／ステビア〈健食新素材〉ＥＰＡ／レシチン／ハーブエキス／コラーゲンキチン・キトサン 他
◆執筆者：中島庸介／花岡譲一／坂井和夫 他22名

老人性痴呆症と治療薬
編集／朝長正徳・齋藤洋
ISBN4-88231-720-6 B613
A5判・233頁　本体3,000円＋税（〒380円）
初版1988年8月　普及版2001年4月

構成および内容：記憶のメカニズム／記憶の神経的機構／老人性痴呆の発症機構／遺伝子・染色体の異常／脳機構に影響を与える生体内物質／神経伝達物質／甲状腺ホルモン／スクリーニング法／脳循環・脳代謝試験／予防・治療へのアプローチ 他
◆執筆者：佐藤昭夫／黒澤美枝子／浅香昭雄 他31名

感光性樹脂の基礎と実用
監修／赤松　清
ISBN4-88231-719-2 B612
A5判・371頁　本体4,500円＋税（〒380円）
初版1987年4月　普及版2001年5月

構成および内容：化学構造と合成法／光反応／市販されている感光性樹脂モノマー，オリゴマーの概況／印刷板／感光性樹脂凸版／フレキソ版／塗料／光硬化型塗料／ラジカル重合型塗料／インキ／UV硬化システム／UV硬化型接着剤／歯科衛生材料 他
◆執筆者：吉村　延／岸本芳男／小伊勢雄次 他8名

分離機能膜の開発と応用
編集／仲川　勤
ISBN4-88231-718-4 B611
A5判・335頁　本体3,500円＋税（〒380円）
初版1987年12月　普及版2001年3月

構成および内容：〈機能と応用〉気体分離膜／イオン交換膜／透析膜／精密濾過膜〈キャリア輸送膜の開発〉固体電解質／液膜／モザイク荷電膜／機能性カプセル膜〈装置化と応用〉酸素富化膜／水素分離膜／浸透気化法による有機混合物の分離／人工腎臓／人工肺 他
◆執筆者：山田純男／佐田俊勝／西田　治 他20名

プリント配線板の製造技術
著者／英　一太
ISBN4-88231-717-6 B610
A5判・315頁　本体4,000円＋税（〒380円）
初版1987年12月　普及版2001年4月

構成および内容：〈プリント配線板の原材料〉〈プリント配線基板の製造技術〉硬質プリント配線板／フレキシブルプリント配線板／〈プリント回路加工技術〉フォトレジストとフォト印刷／スクリーン印刷〈多層プリント配線板〉構造／製造法／多層成型〈廃水処理と災害環境管理〉高濃度有害物質の廃棄処理 他

汎用ポリマーの機能向上とコストダウン

ISBN4-88231-715-X B608
A5判・319頁　本体3,800円＋税（〒380円）
初版1994年8月　普及版2001年2月

構成および内容：〈新しい樹脂の成形法〉射出プレス成形（SPモールド）／プラスチックフィルムの最新製造技術〈材料の高機能化とコストダウン〉超高強度ポリエチレン繊維／耐候性のよい耐衝撃性PVC〈応用〉食品・飲料用プラスティック包装材料／医療材料向けプラスチック材料 他
◆執筆者：浅井治海／五十嵐聡／高木否都志 他32名

クリーンルームと機器・材料

ISBN4-88231-714-1 B607
A5判・284頁　本体3,800円＋税（〒380円）
初版1990年12月　普及版2001年2月

構成および内容：〈構造材料〉床材・壁材・天井材／ユニット式〈設備機器〉空気清浄／温湿度制御／空調機器／排気処理機器材料／微生物制御〈清浄度測定評価〉〈応用別〉医薬(GMP)／医療／半導体〈今後の動向〉自動化／防災システムの動向／省エネルギ／清掃（維持管理）他
◆執筆者：依田行夫／一和田眞次／鈴木正身 他21名

水性コーティングの技術

ISBN4-88231-713-3 B606
A5判・359頁　本体4,700円＋税（〒380円）
初版1990年12月　普及版2001年2月

構成および内容：〈水性ポリマー各論〉ポリマー水性化のテクノロジー／水性ウレタン樹脂／水系UV・EB硬化樹脂〈水性コーティング材の製法と処法化〉常温乾燥コーティング／電着コーティング〈水性コーティング材の周辺技術〉廃水処理技術／泡処理技術 他
◆執筆者：桐生春雄／鳥羽山満／池林信彦 他14名

※書籍をご購入の際は、最寄りの書店にご注文いただくか、㈱シーエムシー出版のホームページ(http://www.cmcbooks.co.jp/)にてお申し込み下さい。

CMCテクニカルライブラリーのご案内

レーザ加工技術
監修／川澄博通
ISBN4-88231-712-5　　　　　　　B605
A5判・249頁　本体3,800円＋税（〒380円）
初版1989年5月　普及版2001年2月

構成および内容：〈総論〉レーザ加工技術の基礎事項〈加工用レーザ発振器〉CO_2レーザ〈高エネルギービーム加工〉レーザによる材料の表面改質技術〈レーザ化学加工・生物加工〉レーザ光化学反応による有機合成〈レーザ加工周辺技術〉〈レーザ加工の将来〉他
◆執筆者：川澄博通／永井治彦／末永直行　他13名

臨床検査マーカーの開発
監修／茂手木皓喜
ISBN4-88231-711-7　　　　　　　B604
A5判・170頁　本体2,200円＋税（〒380円）
初版1993年8月　普及版2001年1月

構成および内容：〈腫瘍マーカー〉肝細胞癌の腫瘍／肺癌／婦人科系腫瘍／乳癌／甲状腺癌／泌尿器腫瘍／造血器腫瘍〈循環器系マーカー〉動脈硬化／虚血性心疾患／高血圧症〈糖尿病マーカー〉糖質／脂質／合併症〈骨代謝マーカー〉〈老化度マーカー〉他
◆執筆者：岡崎伸生／有吉寛／江崎治　他22名

機能性顔料
ISBN4-88231-710-9　　　　　　　B603
A5判・322頁　本体4,000円＋税（〒380円）
初版1991年6月　普及版2001年1月

構成および内容：〈無機顔料の研究開発動向〉酸化チタン・チタンイエロー／酸化鉄系顔料〈有機顔料の研究開発動向〉溶性アゾ顔料（アゾレーキ）〈用途展開の現状と将来展望〉印刷インキ／塗料〈最近の顔料分散技術と顔料分散機の進歩〉顔料の処理と分散性　他
◆執筆者：石村安雄／風間孝夫／服部俊雄　他31名

バイオ検査薬と機器・装置
監修／山本重夫
ISBN4-88231-709-5　　　　　　　B602
A5判・322頁　本体4,000円＋税（〒380円）
初版1996年10月　普及版2001年1月

構成および内容：〈DNAプローブ法-最近の進歩〉生化学検査試薬の液状化-技術的背景〈蛍光プローブと細胞内環境の測定〉〈臨床検査用遺伝子組み換え酵素〉〈イムノアッセイ装置の現状と今後〉〈染色体ソーティングとDNA診断〉〈アレルギー検査薬の最新動向〉〈食品の遺伝子検査〉他
◆執筆者：寺岡宏／高橋豊三／小路武彦　他33名

カラーPDP技術
ISBN4-88231-708-7　　　　　　　B601
A5判・208頁　本体3,200円＋税（〒380円）
初版1996年7月　普及版2001年1月

構成および内容：〈総論〉電子ディスプレイの現状〈パネル〉AC型カラーPDP／パルスメモリー方式DC型カラーPDP〈部品加工・装置〉パネル製造技術とスクリーン印刷／フォトプロセス／露光装置／PDP用ローラーハース式連続焼成炉〈材料〉ガラス基板／蛍光体／透明電極材料　他
◆執筆者：小島健博／村上宏／大塚晃／山本敏裕　他14名

防菌防黴剤の技術
監修／井上嘉幸
ISBN4-88231-707-9　　　　　　　B600
A5判・234頁　本体3,100円＋税（〒380円）
初版1989年5月　普及版2000年12月

構成および内容：〈防菌防黴剤の開発動向〉〈防菌防黴剤の相乗効果と配合技術〉防菌防黴剤の併用効果／相乗効果を示す防菌防黴剤／相乗効果の作用機構〈防菌防黴剤の製剤化技術〉水和剤／可溶化剤／発泡製剤〈防菌防黴剤の応用展開〉繊維用／皮革用／塗料用／接着剤用／医薬品用　他
◆執筆者：井上嘉幸／西村民男／高麗寛紀　他23名

快適性新素材の開発と応用
ISBN4-88231-706-0　　　　　　　B599
A5判・179頁　本体2,800円＋税（〒380円）
初版1992年1月　普及版2000年12月

構成および内容：〈繊維編〉高風合ポリエステル繊維（ニューシルキー素材）／ピーチスキン素材／ストレッチ素材／太陽光蓄熱保温繊維素材／抗菌・消臭繊維／森林浴効果のある繊維〈住宅編、その他〉セラミック系人造木材／圧電・導電複合材料による制振新素材／調光窓ガラス　他
◆執筆者：吉田敬一／井上裕光／原田隆司　他18名

高純度金属の製造と応用
ISBN4-88231-705-2　　　　　　　B598
A5判・220頁　本体2,600円＋税（〒380円）
初版1992年11月　普及版2000年12月

構成および内容：〈金属の高純度化プロセスと物性〉高純度化法の概要／純度表〈高純度金属の成形・加工技術〉高純度金属の複合化／粉体成形による高純度金属の利用／高純度銅の線材化／単結晶化・非昌化／薄膜形成〈応用展開の可能性〉高耐食性鋼材および鉄材／超電導材料／新合金／固体触媒〈高純度金属に関する特許一覧〉他

※書籍をご購入の際は、最寄りの書店にご注文いただくか、㈱シーエムシー出版のホームページ（http://www.cmcbooks.co.jp/）にてお申し込み下さい。

CMCテクニカルライブラリーのご案内

電磁波材料技術とその応用
監修／大森豊明
ISBN4-88231-100-3　　　　　B597
A5判・290頁　本体 3,400 円＋税（〒380 円）
初版 1992 年 5 月　普及版 2000 年 12 月

構成および内容：〈無機系電磁波材料〉マイクロ波誘電体セラミックス／光ファイバ〈有機系電磁波材料〉ゴム／アクリルナイロン繊維〈様々な分野への応用〉医療／食品／コンクリート構造物診断／半導体製造／施設園芸／電磁波接着・シーリング材／電磁波防護服　他
◆執筆者：白崎信一／山田朗／月岡正至　他 24 名

自動車用塗料の技術

ISBN4-88231-099-6　　　　　B596
A5判・340頁　本体 3,800 円＋税（〒380 円）
初版 1989 年 5 月　普及版 2000 年 12 月

構成および内容：〈総論〉自動車塗装における技術開発〈自動車に対するニーズ〉〈各素材の動向と前処理技術〉〈コーティング材料開発の動向〉防錆対策用コーティング材料〈コーティングエンジニアリング〉塗装装置／乾燥装置〈周辺技術〉コーティング材料管理　他
◆執筆者：桐生春雄／鳥羽山満／井出正／岡裏二　他 19 名

高機能紙の開発
監修／稲垣　寛
ISBN4-88231-097-X　　　　　B594
A5判・286頁　本体 3,400 円＋税（〒380 円）
初版 1988 年 8 月　普及版 2000 年 12 月

構成および内容：〈機能紙用原料繊維〉天然繊維／化学・合成繊維／金属繊維〈バイオ・メディカル関係機能紙〉動物関連用／食品工業用〈エレクトリックペーパー〉耐熱絶縁紙／導電紙〈情報記録用紙〉電解記録紙／湿式法フィルターペーパー〉ガラス繊維濾紙／自動車用濾紙　他
◆執筆者：尾鍋史彦／篠木孝典／北村孝雄　他 9 名

新・導電性高分子材料
監修／雀部博之
ISBN4-88231-096-1　　　　　B593
B5判・245頁　本体 3,200 円＋税（〒380 円）
初版 1987 年 2 月　普及版 2000 年 11 月

構成および内容：〈基礎編〉ソリトン，ポーラロン，バイポーラロン：導電性高分子における非線形励起と荷電状態／イオン注入によるドーピング／超イオン導電体（固体電解質）〈応用編〉高分子バッテリー／透明導電性高分子／導電性高分子を用いたデバイス／プラスティックバッテリー　他
◆執筆者：A. J. Heeger／村田惠三／石黒武彦　他 11 名

導電性高分子材料
監修／雀部博之
ISBN4-88231-095-3　　　　　B592
B5判・318頁　本体 3,800 円＋税（〒380 円）
初版 1983 年 11 月　普及版 2000 年 11 月

構成および内容：〈導電性高分子の技術開発〉〈導電性高分子の基礎理論〉共役系高分子／有機一次元導電体／光伝導性高分子／導電性複合材料／Conduction Polymers〈導電性高分子の応用技術〉導電性フィルム／透明導電性フィルム／導電性ゴム／導電性ペースト　他
◆執筆者：白川英樹／吉野勝美／A. G. MacDiamid　他 13 名

クロミック材料の開発
監修／市村　國宏
ISBN4-88231-094-5　　　　　B591
A5判・301頁　本体 3,000 円＋税（〒380 円）
初版 1989 年 6 月　普及版 2000 年 11 月

構成および内容：〈材料編〉フォトクロミック材料／エレクトロクロミック材料／サーモクロミック材料／ピエゾクロミック金属錯体〈応用編〉エレクトロクロミックディスプレイ／液晶表示とクロミック材料／フォトクロミックメモリメディア／調光フィルム　他
◆執筆者：市村國宏／入江正浩／川西祐司　他 25 名

コンポジット材料の製造と応用

ISBN4-88231-093-7　　　　　B590
A5判・278頁　本体 3,300 円＋税（〒380 円）
初版 1990 年 5 月　普及版 2000 年 10 月

構成および内容：〈コンポジットの現状と展望〉〈コンポジットの製造〉微粒子の複合化／マトリックスと強化材の接着／汎用繊維強化プラスチック（FRP）の製造と成形〈コンポジットの応用〉／プラスチック複合材料の自動車への応用／鉄道関係／航空・宇宙関係　他
◆執筆者：浅井治海／小石眞純／中尾富士夫　他 21 名

機能性エマルジョンの基礎と応用
監修／本山　卓彦
ISBN4-88231-092-9　　　　　B589
A5判・198頁　本体 2,400 円＋税（〒380 円）
初版 1993 年 11 月　普及版 2000 年 10 月

構成および内容：〈業界動向〉国内のエマルジョン工業の動向／海外の技術動向／環境問題とエマルジョン／エマルジョンの試験方法と規格〈新材料開発の動向〉最近の大粒径エマルジョンの製法と用途／超微粒子ポリマーラテックス〈分野別の応用動向〉塗料分野／接着剤分野　他
◆執筆者：本山卓彦／葛西壽一／滝沢稔　他 11 名

※書籍をご購入の際は、最寄りの書店にご注文いただくか、
㈱シーエムシー出版のホームページ（http://www.cmcbooks.co.jp/）にてお申し込み下さい。

CMCテクニカルライブラリーのご案内

無機高分子の基礎と応用
監修／梶原　鳴雪
ISBN4-88231-091-0　　　　　　　　B588
A5判・272頁　本体 3,200円＋税（〒380円）
初版 1993年10月　普及版 2000年11月

構成および内容：〈基礎編〉前駆体オリゴマー、ポリマーから酸素ポリマーの合成／ポリマーから非酸化物ポリマーの合成／無機－有機ハイブリッドポリマーの合成／無機高分子化合物とバイオリアクター〈応用編〉無機高分子繊維およびフィルム／接着剤／光・電子材料　他
◆執筆者：木村良晴／乙咩重男／阿部芳首　他14名

食品加工の新技術
監修／木村　進・亀和田光男
ISBN4-88231-090-2　　　　　　　　B587
A5判・288頁　本体 3,200円＋税（〒380円）
初版 1990年6月　普及版 2000年11月

構成および内容：'90年代における食品加工技術の課題と展望／バイオテクノロジーの応用とその展望／21世紀に向けてのバイオリアクター関連技術と装置／食品における乾燥技術の動向／マイクロカプセル製造および利用技術／微粉砕技術／高圧による食品の物性と微生物の制御　他
◆執筆者：木村進／貝沼圭二／播磨幹夫　他20名

高分子の光安定化技術
著者／大澤　善次郎
ISBN4-88231-089-9　　　　　　　　B586
A5判・303頁　本体 3,800円＋税（〒380円）
初版 1986年12月　普及版 2000年10月

構成および内容：序／劣化概論／光化学の基礎／高分子の光劣化／光劣化の試験方法／光劣化の評価方法／高分子の光安定化／劣化防止概説／各論－ポリオレフィン、ポリ塩化ビニル、ポリスチレン、ポリウレタン他／光劣化の応用／光崩壊性高分子／高分子の光機能化／耐放射線高分子　他

ホットメルト接着剤の実際技術
ISBN4-88231-088-0　　　　　　　　B585
A5判・259頁　本体 3,200円＋税（〒380円）
初版 1991年8月　普及版 2000年8月

構成および内容：〈ホットメルト接着剤の市場動向〉〈HMA材料〉EVA系ホットメルト接着剤／ポリオレフィン系／ポリエステル系〈機能性ホットメルト接着剤〉〈ホットメルト接着剤の応用〉〈ホットメルトアプリケーター〉〈海外におけるHMAの開発動向〉　他
◆執筆者：永田宏二／宮本禮次／佐藤勝亮　他19名

バイオ検査薬の開発
監修／山本　重夫
ISBN4-88231-085-6　　　　　　　　B583
A5判・217頁　本体 3,000円＋税（〒380円）
初版 1992年4月　普及版 2000年9月

構成および内容：〈総論〉臨床検査薬の技術／臨床検査機器の技術〈検査薬と検査機器〉バイオ検査薬用の素材／測定系の最近の進歩／検出系と機器
◆執筆者：片山善章／星野忠／河野均也／細荘和子／藤巻道男／小栗豊子／猪狩淳／渡辺文夫／磯部和正／中井利昭／高橋豊三／中島憲一郎／長谷川明／舟橋真一　他9名

紙薬品と紙用機能材料の開発
監修／稲垣　寛
ISBN4-88231-086-4　　　　　　　　B582
A5判・274頁　本体 3,400円＋税（〒380円）
初版 1988年12月　普及版 2000年9月

構成および内容：〈紙用機能材料と薬品の進歩〉紙用材料と薬品の分類／機能材料と薬品の性能と用途〈抄紙用薬品〉パルプ化から抄紙工程までの添加薬品／パルプ段階での添加薬品〈紙の2次加工薬品〉加工紙の現状と加工薬品／加工用薬品〈加工技術の進歩〉　他
◆執筆者：稲垣寛／尾鍋史彦／西尾信之／平岡誠　他20名

機能性ガラスの応用
ISBN4-88231-084-8　　　　　　　　B581
A5判・251頁　本体 2,800円＋税（〒380円）
初版 1990年2月　普及版 2000年8月

構成および内容：〈光学的機能ガラスの応用〉光集積回路とニューガラス／光ファイバー〈電気・電子的機能ガラスの応用〉電気用ガラス／ホーロー回路基盤〈熱的・機械的機能ガラスの応用〉〈化学的・生体機能ガラスの応用〉〈用途開発展開中のガラス〉　他
◆執筆者：作花済夫／栖原敏明／高橋志郎　他26名

超精密洗浄技術の開発
監修／角田　光雄
ISBN4-88231-083-X　　　　　　　　B580
A5判・247頁　本体 3,200円＋税（〒380円）
初版 1992年3月　普及版 2000年8月

◆**構成および内容**：〈精密洗浄の技術動向〉精密洗浄技術／洗浄メカニズム／洗浄評価技術〈超精密洗浄技術〉ウェハ洗浄技術／洗浄用薬品〈CFC-113と1,1,1-トリクロロエタンの規制動向と規制対応状況〉国際法による規制スケジュール／各国国内法による規制スケジュール　他
◆執筆者：角田光雄／斉木篤／山本芳彦／大部一夫　他10名

※書籍をご購入の際は、最寄りの書店にご注文いただくか、㈱シーエムシー出版のホームページ（http://www.cmcbooks.co.jp/）にてお申し込み下さい。

CMCテクニカルライブラリー のご案内

機能性フィラーの開発技術
ISBN4-88231-082-1　　　　　　　　B579
A5判・324頁　本体3,800円＋税（〒380円）
初版1990年1月　普及版2000年7月

◆構成および内容：序／機能性フィラーの分類と役割／フィラーの機能制御／力学的機能／電気・磁気的機能／熱的機能／光・色機能／その他機能／表面処理と複合化／複合材料の成形・加工技術／機能性フィラーへの期待と将来展望

◆執筆者：村上謙吉／由井浩／小石真純／山田英夫他24名

高分子材料の長寿命化と環境対策
監修／大澤　善次郎
ISBN4-88231-081-3　　　　　　　　B578
A5判・318頁　本体3,800円＋税（〒380円）
初版1990年5月　普及版2000年7月

◆構成および内容：プラスチックの劣化と安定性／ゴムの劣化と安定性／繊維の構造と劣化、安定化／紙・パルプの劣化と安定化／写真材料の劣化と安定化／塗膜の劣化と安定化／染料の退色／エンジニアリングプラスチックの劣化と安定化／複合材料の劣化と安定化　他

◆執筆者：大澤善次郎／河本圭司／酒井英紀　他16名

吸油性材料の開発
ISBN4-88231-080-5　　　　　　　　B577
A5判・178頁　本体2,700円＋税（〒380円）
初版1991年5月　普及版2000年7月

◆構成および内容：〈吸油（非水溶液）の原理とその構造〉ポリマーの架橋構造／一次架橋構造とその物性に関する最近の研究〈吸油性材料の開発〉無機系／天然系吸油性材料／有機系吸油性材料〈吸油性材料の応用と製品〉吸油性材料／不織布系吸油性材料／固化型　油吸着材　他

◆執筆者：村上謙吉／佐藤悌治／岡部潔　他8名

消泡剤の応用
監修／佐々木　恒孝
ISBN4-88231-079-1　　　　　　　　B576
A5判・218頁　本体2,900円＋税（〒380円）
初版1991年5月　普及版2000年7月

◆構成および内容：泡・その発生・安定化・破壊／消泡理論の最近の展開／シリコーン消泡剤／バイオプロセスへの応用／食品製造への応用／パルプ製造工程への応用／抄紙工程への応用／繊維加工への応用／塗料、インキへの応用／高分子ラテックスへの応用　他

◆執筆者：佐々木恒孝／高橋葉子／角田淳　他14名

粘着製品の応用技術
ISBN4-88231-078-3　　　　　　　　B575
A5判・253頁　本体3,000円＋税（〒380円）
初版1989年1月　普及版2000年7月

◆構成および内容：〈材料開発の動向〉粘着製品の材料／粘着剤／下塗剤〈塗布技術の最近の進歩〉水系エマルジョンの特徴およびその塗工装置／最近の製品製造システムとその概説〈粘着製品の応用〉電気・電子関連用粘着製品／自動車用粘着製品／医療用粘着製品　他

◆執筆者：福沢敬司／西田幸平／宮崎正常　他16名

複合糖質の化学
監修／小倉　治夫
ISBN4-88231-077-5　　　　　　　　B574
A5判・275頁　本体3,100円＋税（〒380円）
初版1989年6月　普及版2000年8月

◆構成および内容：KDOの化学とその応用／含硫シアル酸アナログの化学とその応用／シアル酸誘導体の生物活性とその応用／ガングリオシドの化学とその応用／セレブロシドの化学と応用／糖脂質糖鎖の多様性／糖タンパク質糖鎖の癌性変化／シクリトール類の化学と応用　他

◆執筆者：山川民夫／阿知波一雄／池田潔　他15名

プラスチックリサイクル技術
ISBN4-88231-076-7　　　　　　　　B573
A5判・250頁　本体3,000円＋税（〒380円）
初版1992年1月　普及版2000年7月

◆構成および内容：廃棄プラスチックとリサイクル促進／わが国のプラスチックリサイクルの現状／リサイクル技術と回収システムの開発／資源・環境保全製品の設計／産業別プラスチックリサイクル開発の現状／樹脂別形態別リサイクリング技術／企業・業界の研究開発動向他

◆執筆者：本多淳祐／遠藤秀夫／柳澤孝成／石倉豊他14名

分解性プラスチックの開発
監修／土肥　義治
ISBN4-88231-075-9　　　　　　　　B572
A5判・276頁　本体3,500円＋税（〒380円）
初版1990年9月　普及版2000年6月

◆構成および内容：〈廃棄プラスチックによる環境汚染と規制の動向〉〈廃棄プラスチック処理の現状と課題〉分解性プラスチックスの開発技術〉生分解性プラスチックス／光分解性プラスチックス〈分解性の評価技術〉〈研究開発動向〉〈分解性プラスチックの代替可能性と実用化展望〉他

◆執筆者：土肥義治／山中唯義／久保直紀／柳澤孝成他9名

※書籍をご購入の際は、最寄りの書店にご注文いただくか、
㈱シーエムシー出版のホームページ（http://www.cmcbooks.co.jp/）にてお申し込み下さい。

CMCテクニカルライブラリーのご案内

ポリマーブレンドの開発
編集／浅井 治海
ISBN4-88231-074-0　　　　　　　　　B571
A5判・242頁　本体 3,000 円＋税（〒380 円）
初版 1988 年 6 月　普及版 2000 年 7 月

◆構成および内容：〈ポリマーブレンドの構造〉物理的方法／化学的方法〈ポリマーブレンドの性質と応用〉汎用ポリマーどうしのポリマーブレンド／エンジニアリングプラスチックどうしのポリマーブレンド〈各工業におけるポリマーブレンド〉ゴム工業におけるポリマーブレンド　他
◆執筆者：浅井治海／大久保政芳／井上公雄　他 25 名

自動車用高分子材料の開発
監修／大庭 敏之
ISBN4-88231-073-2　　　　　　　　　B570
A5判・274頁　本体 3,400 円＋税（〒380 円）
初版 1989 年 12 月　普及版 2000 年 7 月

◆構成および内容：〈外板、塗装材料〉自動車用SMCの技術動向と課題、RIM材料〈内装材料〉シート表皮材料、シートパッド〈構造用樹脂〉繊維強化先進複合材料、GFRP板ばね〈エラストマー材料〉防振ゴム、自動車用ホース〈塗装・接着材料〉鋼板用塗料、樹脂用塗料、構造用接着剤他
◆執筆者：大庭敏之／黒川滋樹／村田佳生／中村胖他23名

不織布の製造と応用
編集／中村 義男
ISBN4-88231-072-4　　　　　　　　　B569
A5判・253頁　本体 3,200 円＋税（〒380 円）
初版 1989 年 6 月　普及版 2000 年 4 月

◆構成および内容：〈原料編〉有機系・無機系・金属系繊維、バインダー、添加剤〈製法編〉エアレイパルプ法、湿式法、スパンレース法、メルトブロー法、スパンボンド法、フラッシュ紡糸法〈応用編〉衣料、生活、医療、自動車、土木・建築、ろ過関連、電気・電磁波関連、人工皮革他
◆執筆者：北村孝雄／萩原勝男／久保栄一／大垣豊他15名

オリゴマーの合成と応用
ISBN4-88231-071-6　　　　　　　　　B568
A5判・222頁　本体 2,800 円＋税（〒380 円）
初版 1990 年 8 月　普及版 2000 年 6 月

◆構成および内容：〈オリゴマーの最新合成法〉〈オリゴマー応用技術の新展開〉ポリエステルオリゴマーの可塑剤／接着剤・シーリング材／粘着剤／化粧品／医薬品／歯科用材料／凝集・沈殿剤／コピートナーバインダー他
◆執筆者：大河原信／塩谷啓一／廣瀬拓治／大橋徹也／大月裕／大見賀広芳／土岐宏俊／松原次男／富田健一他7名

DNAプローブの開発技術
著者／高橋 豊三
ISBN4-88231-070-8　　　　　　　　　B567
A5判・398頁　本体 4,600 円＋税（〒380 円）
初版 1990 年 4 月　普及版 2000 年 5 月

◆構成および内容：〈核酸ハイブリダイゼーション技術の応用〉研究分野、遺伝病診断、感染症、法医学、がん研究・診断への応用〈試料DNAの調製〉濃縮・精製の効率化他〈プローブの作成と分離〉〈プローブの標識〉放射性、非放射性標識他〈新しいハイブリダイゼーションのストラテジー〉〈診断用DNAプローブと臨床微生物検査〉他

ハイブリッド回路用厚膜材料の開発
著者／英 一太
ISBN4-88231-069-4　　　　　　　　　B566
A5判・274頁　本体 3,400 円＋税（〒380 円）
初版 1988 年 5 月　普及版 2000 年 5 月

◆構成および内容：〈サーメット系厚膜回路用材料〉〈厚膜回路におけるエレクトロマイグレーション〉〈厚膜ペーストのスクリーン印刷技術〉〈ハイブリッドマイクロ回路の設計と信頼性〉〈ポリマー厚膜材料のプリント回路への応用〉〈導電性接着剤、塗料への応用〉ダイアタッチ用接着剤／導電性エポキシ樹脂接着剤によるSMT他

植物細胞培養と有用物質
監修／駒嶺 穆
ISBN4-88231-068-6　　　　　　　　　B565
A5判・243頁　本体 2,800 円＋税（〒380 円）
初版 1990 年 3 月　普及版 2000 年 5 月

◆構成および内容：有用物質生産のための大量培養－遺伝子操作による物質生産／トランスジェニック植物による物質生産／ストレスを利用した二次代謝物質の生産／各種有用物質の生産－抗腫瘍物質／ビンカアルカロイド／ベルベリン／ビオチン／シコニン／アルブチン／チクル／色素他
◆執筆者：高山眞策／作田正明／西荒介／岡崎光雄他21名

高機能繊維の開発
監修／渡辺 正元
ISBN4-88231-066-X　　　　　　　　　B563
A5判・244頁　本体 3,200 円＋税（〒380 円）
初版 1988 年 8 月　普及版 2000 年 4 月

◆構成および内容：〈高強度・高耐熱〉ポリアセタール〈無機系〉アルミナ／耐熱セラミック〈導電性・制電性〉芳香族系／有機系〈バイオ繊維〉医療用繊維／人工皮膚／生体筋と人工筋〈吸水・撥水・防汚繊維〉フッ素加工〈高風合繊維〉超高収縮、高密度繊維／超極細繊維他
◆執筆者：酒井紘／小松民邦／大田康雄／飯塚登志雄他24名

※書籍をご購入の際は、最寄りの書店にご注文いただくか、㈱シーエムシー出版のホームページ（http://www.cmcbooks.co.jp/）にてお申し込み下さい。

CMCテクニカルライブラリーのご案内

導電性樹脂の実際技術
監修／赤松　清
ISBN4-88231-065-1　　　　　B562
A5判・206頁　本体2,400円+税　（〒380円）
初版1988年3月　普及版2000年4月

◆構成および内容：染色加工技術による導電性の付与／透明導電膜／導電性プラスチック／導電性塗料／導電性ゴム／面発熱体／低比重高導電プラスチック／繊維の帯電防止／エレクトロニクスにおける遮蔽技術／プラスチックハウジングの電磁遮蔽／微生物と導電性／他
◆執筆者：奥田昌宏／南忠男／三谷雄二／斉藤信夫他8名

形状記憶ポリマーの材料開発
監修／入江　正浩
ISBN4-88231-064-3　　　　　B561
A5判・207頁　本体2,800円+税　（〒380円）
初版1989年10月　普及版2000年3月

◆構成および内容：〈材料開発編〉ポリイソプレイン系／スチレン・ブタジエン共重合体／光・電気誘起形状記憶ポリマー／セラミックスの形状記憶現象〈応用編〉血管外科的分野への応用／歯科用材料／電子配線の被覆／自己制御型ヒーター／特許・実用新案他
◆執筆者：石井正雄／唐牛正夫／上野桂二／宮崎修一他

光機能性高分子の開発
監修／市村　國宏
ISBN4-88231-063-5　　　　　B560
A5判・324頁　本体3,400円+税　（〒380円）
初版1988年2月　普及版2000年3月

◆構成および内容：光機能性包接錯体／高耐久性有機フォトロミック材料／有機DRAW記録体／フォトクロミックメモリ／PHB材料／ダイレクト製版材料／CEL材料／光化学治療用光増感剤／生体触媒の光固定化他
◆執筆者：松田実／清水茂樹／小関健一／城田靖彦／松井文雄／安藤栄司／岸井典之／米沢輝彦他17名

DNAプローブの応用技術
著者／髙橋　豊三
ISBN4-88231-062-7　　　　　B559
A5判・407頁　本体4,600円+税　（〒380円）
初版1988年2月　普及版2000年3月

◆構成および内容：〈感染症の診断〉細菌感染症／ウイルス感染症／寄生虫感染症〈ヒトの遺伝子診断〉出生前の診断／遺伝病の治療〈ガン診断の可能性〉リンパ系新生物のDNA再編成〈諸技術〉フローサイトメトリーの利用／酵素的増幅法を利用した特異的塩基配列の遺伝子解析〈合成オリゴヌクレオチド〉他

多孔性セラミックスの開発
監修／服部　信・山中　昭司
ISBN4-88231-059-7　　　　　B556
A5判・322頁　本体3,400円+税　（〒380円）
初版1991年9月　普及版2000年3月

◆構成および内容：多孔性セラミックスの基礎／素材の合成（ハニカム・ゲル・ミクロポーラス・多孔質ガラス）／機能（耐火物・断熱材・センサ・触媒）／新しい多孔体の開発（バルーン・マイクロサーム他）
◆執筆者：直野博光／後藤誠史／牧島亮男／作花済夫／荒井弘通／中原佳子／守屋善郎／細野秀雄他31名

エレクトロニクス用機能メッキ技術
著者／英　一太
ISBN4-88231-058-9　　　　　B555
A5判・242頁　本体2,800円+税　（〒380円）
初版1989年5月　普及版2000年2月

◆構成および内容：連続ストリップメッキラインと選択メッキ技術／高スローイングパワーはんだメッキ／酸性硫酸銅浴の有機添加剤のコント／無電解金メッキ〈応用〉プリント配線板／コネクター／電子部品および材料／電磁波シールド／磁気記録材料／使用済み無電解メッキ浴の廃水・排水処理他

機能性化粧品の開発
監修／髙橋　雅夫
ISBN4-88231-057-0　　　　　B554
A5判・342頁　本体3,800円+税　（〒380円）
初版1990年8月　普及版2000年2月

◆構成および内容：Ⅱアイテム別機能の評価・測定／Ⅲ機能性化粧品の効果を高める研究／Ⅳ生体の新しい評価と技術／Ⅴ新しい原料、微生物代謝産物、角質細胞間脂質、ナイロンパウダー、シリコーン誘導体他
◆執筆者：尾沢達也／高野勝弘／大細保治／福田英憲／赤堀敏之／萬秀憲／梅田達也／吉田酵他35名

フッ素系生理活性物質の開発と応用
監修／石川　延男
ISBN4-88231-054-6　　　　　B552
A5判・191頁　本体2,600円+税　（〒380円）
初版1990年7月　普及版1999年12月

◆構成および内容：〈合成〉ビルディングブロック／フッ素化／〈フッ素系医薬〉合成抗菌薬／降圧薬／高脂血症薬／中枢神経系用薬／〈フッ素系農薬〉除草剤／殺虫剤／殺菌剤／他
◆執筆者：田口武夫／梅本照雄／米田徳彦／熊井清作／沢田英夫／中山雅陽／大高博／塚本悟郎／芳賀隆弘

※ 書籍をご購入の際は、最寄りの書店にご注文いただくか、㈱シーエムシー出版のホームページ（http://www.cmcbooks.co.jp/）にてお申し込み下さい。

CMCテクニカルライブラリーのご案内

マイクロマシンと材料技術
監修／林 輝
ISBN4-88231-053-8　　　　　　　　B551
A5判・228頁　本体2,800円＋税（〒380円）
初版1991年3月　普及版1999年12月

◆構成および内容：マイクロ圧力センサー／細胞およびDNAのマニュピュレーション／Si-Si接合技術と応用製品／セラミックアクチュエーター／pH変化形アクチュエーター／STM・応用加工他
◆執筆者：佐藤洋一／生田幸士／杉山進／鷲津正夫／中村哲郎／高橋貞行／川崎修／大西一正他16名

UV・EB硬化技術の展開
監修／田畑 米穂　編集／ラドテック研究会
ISBN4-88231-052-X　　　　　　　　B549
A5判・335頁　本体3,400円＋税（〒380円）
初版1989年9月　普及版1999年12月

◆構成および内容：〈材料開発の動向〉〈硬化装置の最近の進歩〉紫外線硬化装置／電子硬化装置／エキシマレーザー照射装置〈最近の応用開発の動向〉自動車部品／電気・電子部品／光学／印刷／建材／歯科材料他
◆執筆者：大井吉晴／実松徹司／柴田譲治／中村茂／大庭敏夫／西久保忠臣／滝本靖之／伊達宏和他22名

特殊機能インキの実際技術
ISBN4-88231-051-1　　　　　　　　B548
A5判・194頁　本体2,300円＋税（〒380円）
初版1990年8月　普及版1999年11月

◆構成および内容：ジェットインキ／静電トナー／転写インキ／表示機能性インキ／装飾機能インキ／熱転写／導電性／磁性／蛍光・蓄光／減感／フォトクロミック／スクラッチ／ポリマー厚膜材料他
◆執筆者：木下晃男／岩田靖久／小林邦昌／寺山道男／相原次郎／笠置一彦／小浜信行／高尾道生他13名

プリンター材料の開発
監修／髙橋 恭介・入江 正浩
ISBN4-88231-050-3　　　　　　　　B547
A5判・257頁　本体3,000円＋税（〒380円）
初版1995年8月　普及版1999年11月

◆構成および内容：〈プリンター編〉感熱転写／バブルジェット／ピエゾインクジェット／ソリッドインクジェット／静電プリンター・プロッター／マグネトグラフィ〈記録材料・ケミカルス編〉他
◆執筆者：坂本康治／大西勝／橋本憲一郎／碓井稔／福田隆／小鍛治徳雄／中沢亨／杉崎裕他11名

機能性脂質の開発
監修／佐藤 清隆・山根 恒夫
　　　岩橋 槇夫・森 弘之
ISBN4-88231-049-X　　　　　　　　B546
A5判・357頁　本体3,600円＋税（〒380円）
初版1992年3月　普及版1999年11月

◆構成および内容：工業的バイオテクノロジーによる機能性油脂の生産／微生物反応・酵素反応／脂肪酸と高級アルコール／混酸型油脂／機能性食用油／改質油／リポソーム用リン脂質／界面活性剤／記録材料／分子認識場としての脂質膜／バイオセンサ構成素子他
◆執筆者：菅野道廣／原健次／山口道広他30名

電気粘性（ER）流体の開発
監修／小山 清人
ISBN4-88231-048-1　　　　　　　　B545
A5判・288頁　本体3,200円＋税（〒380円）
初版1994年7月　普及版1999年11月

◆構成および内容：〈材料編〉含水系粒子分散型／非含水系粒子分散型／均一系／EMR流体〈応用編〉ERアクティブダンパーと振動抑制／エンジンマウント／空気圧アクチュエーター／インクジェット他
◆執筆者：滝本淳一／土井正男／大坪泰文／浅子佳延／伊ケ崎文和／志賀亨／赤塚孝寿／石野裕一他17名

有機ケイ素ポリマーの開発
監修／櫻井 英樹
ISBN4-88231-045-7　　　　　　　　B543
A5判・262頁　本体2,800円＋税（〒380円）
初版1989年11月　普及版1999年10月

◆構成および内容：ポリシランの物性と機能／ポリゲルマンの現状と展望／工業的製造と応用／光関連材料への応用／セラミックス原料への応用／導電材料への応用／その他の含ケイ素ポリマーの開発動向他
◆執筆者：熊田誠／坂本健吉／吉良満夫／松本信雄／加部義夫／持田邦夫／大中恒明／直井嘉威他8名

有機磁性材料の基礎
監修／岩村 秀
ISBN4-88231-043-0　　　　　　　　B541
A5判・169頁　本体2,100円＋税（〒380円）
初版1991年10月　普及版1999年10月

◆構成および内容：高スピン有機分子からのアプローチ／分子性フェリ磁性体の設計／有機ラジカル／高分子ラジカル／金属錯体／グラファイト化途上炭素材料／分子性・有機磁性材料の応用展望他
◆執筆者：富田哲郎／熊谷正志／米原祥友／梅原英樹／飯島誠一郎／溝上恵彬／工位武治

※ 書籍をご購入の際は、最寄りの書店にご注文いただくか、㈱シーエムシー出版のホームページ（http://www.cmcbooks.co.jp/）にてお申し込み下さい。

CMCテクニカルライブラリー のご案内

高純度シリカの製造と応用
監修/加賀美 敏郎・林 瑛
ISBN4-88231-042-2　　　　　　　　B540
A5判・313頁　本体3,600円+税（〒380円）
初版1991年3月　普及版1999年9月

◆構成および内容：〈総論〉形態と物性・機能/現状と展望/〈応用〉水晶/シリカガラス/シリカゾル/シリカゲル/微粉末シリカ/IC封止用シリカフィラー/多孔質シリカ他
◆執筆者：川副博司/永井邦彦/石井正/田中映治/森本幸裕/京藤倫久/滝田正俊/中村哲之他16名

最新二次電池材料の技術
監修/小久見 善八
ISBN4-88231-041-4　　　　　　　　B539
A5版・248頁　本体3,600円+税（〒380円）
初版1997年3月　普及版1999年9月

◆構成および内容：〈リチウム二次電池〉正極・負極材料/セパレーター材料/電解質/〈ニッケル・金属水素化物電池〉正極と電解液/〈電気二重層キャパシタ〉EDLCの基本構成と動作原理〈二次電池の安全性〉他
◆執筆者：菅野了次/脇原將孝/逢坂哲彌/稲葉稔/豊口吉徳/丹治博司/森田昌行/井土秀行他12名

機能性ゼオライトの合成と応用
監修/辰巳 敬
ISBN4-88231-040-6　　　　　　　　B538
A5判・283頁　本体3,200円+税（〒380円）
初版1995年12月　普及版1999年6月

◆構成および内容：合成の新動向/メソポーラスモレキュラーシーブ/ゼオライト膜/接触分解触媒/芳香族化触媒/環境触媒/フロン吸着/建材への応用/抗菌性ゼオライト他
◆執筆者：板橋慶治/松方正彦/増田立男/木下二郎/関沢和彦/小川政英/水野光一他

ポリウレタン応用技術
ISBN4-88231-037-6　　　　　　　　B536
A5判・259頁　本体2,800円+税（〒380円）
初版1993年11月　普及版1999年6月

◆構成および内容：〈原材料編〉イソシアネート/ポリオール/副資材/〈加工技術編〉フォーム/エラストマー/RIM/スパンデックス/〈応用編〉自動車/電子・電気/OA機器/電気絶縁/建築・土木/接着剤/衣料/他
◆執筆者：高柳弘/岡部憲昭/奥薗修一他

ポリマーコンパウンドの技術展開
ISBN4-88231-036-8　　　　　　　　B535
A5判・250頁　本体2,800円+税（〒380円）
初版1993年5月　普及版1999年5月

◆構成および内容：市場と技術トレンド/汎用ポリマーのコンパウンド（金属繊維充填、耐衝撃性樹脂、耐燃焼性、イオン交換膜、多成分系ポリマーアロイ）/エンプラのコンパウンド/熱硬化性樹脂のコンパウンド/エラストマーのコンパウンド/他
◆執筆者：浅井治海/菊池巧/小林俊昭/中條澄他23名

プラスチックの相溶化剤と開発技術
－分類・評価・リサイクル－
編集/秋山 三郎
ISBN4-88231-035-X　　　　　　　　B534
A5判・192頁　本体2,600円+税（〒380円）
初版1992年12月　普及版1999年5月

◆構成および内容：優れたポリマーアロイを作る鍵である相溶化剤の「技術的課題と展望」「開発と実際展開」「評価技術」「リサイクル」「市場」「海外動向」等を詳述。
◆執筆者：浅井治海/上田明/川上雄資/山下晋三/大村博/山本隆/大前忠行/山口登/森田英夫/相部博史/矢崎文彦/雪間聡/他

水溶性高分子の開発技術
ISBN4-88231-034-1　　　　　　　　B533
A5判・376頁　本体3,800円+税（〒380円）
初版1996年3月　普及版1999年5月

◆構成および内容：医薬品/トイレタリー工業/食品工業における水溶性ポリマー/塗料工業/水溶性接着剤/印刷インキ用水性樹脂/用廃水処理用水溶性高分子/飼料工業/水溶性フィルム工業/土木工業/建材建築工業/他
◆執筆者：堀内照夫他15名

機能性高分子ゲルの開発技術
監修/長田 義仁・王 林
ISBN4-88231-031-7　　　　　　　　B531
A5判・324頁　本体3,500円+税（〒380円）
初版1995年10月　普及版1999年3月

◆構成および内容：ゲル研究—最近の動向/高分子ゲルの製造と構造/高分子ゲルの基本特性と機能/機能性高分子ゲルの応用展開/特許からみた高分子ゲルの研究開発の現状と今後の動向
◆執筆者：田中穣/長田義仁/小川悦代/原一広他

※書籍をご購入の際は、最寄りの書店にご注文いただくか、
㈱シーエムシー出版のホームページ(http://www.cmcbooks.co.jp/)にてお申し込み下さい。

CMCテクニカルライブラリーのご案内

熱可塑性エラストマーの開発技術
編著／浅井　治海
ISBN4-88231-033-3　　　　　　　　B532
A5判・170頁　本体2,400円＋税（〒380円）
初版1992年6月　普及版1999年3月

◆構成および内容：経済性、リサイクル性などを生かして高付加価値製品を生みだすことと既存の加硫ゴム製品の熱可塑性ポリマー製品との代替が成長の鍵となっているTPEの市場／メーカー動向／なぜ成長が期待されるのか／技術開発動向／用途展開／海外動向／他

シリコーンの応用展開
編集／黛　哲也
ISBN4-88231-026-0　　　　　　　　B527
A5判・288頁　本体3,000円＋税（〒380円）
初版1991年11月　普及版1998年11月

◆構成および内容：概要／電気・電子／輸送機／土木、建築／化学／化粧品／医療／紙・繊維／食品／成形技術／レジャー用品関連／美術工芸へのシリコーン応用技術を詳述。
◆執筆者：田中正喜／福田健／吉田武男／藤木弘直／反町正美／福永憲朋／飯塚徹／他

コンクリート混和剤の開発技術
ISBN4-88231-027-9　　　　　　　　B526
A5判・308頁　本体3,400円＋税（〒380円）
初版1995年9月　普及版1998年9月

◆構成および内容：序論／コンクリート用混和剤各論／AE剤／減水剤・AE減水剤／流動化剤／高性能AE減水剤／分離低減剤／起泡剤・発泡剤他／コンクリート用混和剤各論／膨張材他／コンクリート関連ケミカルスを詳述。
◆執筆者：友澤史紀／他21名

機能性界面活性剤の開発技術
著者／堀内　照夫ほか
ISBN4-88231-024-4　　　　　　　　B525
A5判・384頁　本体3,800円＋税（〒380円）
初版1994年12月　普及版1998年7月

◆構成および内容：新しい機能性界面活性剤の開発と応用／界面活性剤の利用技術／界面活性剤との相互作用／界面活性剤の応用展開／医薬品／農薬／食品／化粧品／トイレタリー／合成ゴム・合成樹脂／繊維加工／脱墨剤／高性能AE減水剤／防錆剤／塗料他を詳述

高分子添加剤の開発技術
監修／大勝　靖一
ISBN4-88231-023-6　　　　　　　　B524
A5判・331頁　本体3,600円＋税（〒380円）
初版1992年5月　普及版1998年6月

◆構成および内容：HALS・紫外線吸収剤／フェノール系酸化防止剤／リン・イオウ系酸化防止剤／熱安定剤／感光性樹脂の添加剤／紫外線硬化型重合開始剤／シランカップリング剤／チタネート系カップリング剤による表面改質／エポキシ樹脂硬化剤／他

フッ素系材料の開発
編集／山辺　正顕，松尾　仁
ISBN4-88231-018-X　　　　　　　　B518
A5判・236頁　本体2,800円＋税（〒380円）
初版1994年1月　普及版1997年9月

◆構成および内容：フロン対応／機能材料としての展開／フッ素ゴム／フッ素塗料／機能性膜／光学電子材料／表面改質材／撥水撥油剤／不活性媒体・オイル／医薬・中間体／農薬・中間体／展望について、フッ素化学の先端企業，旭硝子の研究者が分担執筆。

※書籍をご購入の際は、最寄りの書店にご注文いただくか、㈱シーエムシー出版のホームページ（http://www.cmcbooks.co.jp/）にてお申し込み下さい。